程国政 编注
路秉杰 主审

中国古代建筑文献集要

【宋辽金元】下（修订本）

同济大学出版社

内 容 提 要

本册按照时代顺序，精选宋辽金元的建筑文献，分上、下两本，共选文200余篇，内容涉及历史事件、城池营造、园林营构、著名建筑、典章制度、水利工程和技术等方面，力求通过文章的遴选勾勒出这一时期建筑历史发展的轨迹。

全书文字简约、精到。每篇由提要、正文、作者简介和注释等组成。本书为建筑文献读本，适合广大建筑专业本、专科生及古建筑工作者和爱好者阅读、收藏。

图书在版编目(CIP)数据

中国古代建筑文献集要. 宋辽金元. 下/程国政编注. --修订本. --上海:同济大学出版社,2016.8

ISBN 978-7-5608-6517-1

Ⅰ.①中… Ⅱ.①程… Ⅲ.①建筑学-古籍-中国-辽宋金元时代 Ⅳ.①TU-092.2

中国版本图书馆CIP数据核字(2016)第208785号

上海市“十二五”重点图书

上海文化发展基金会图书出版专项基金项目

中国古代建筑文献集要 宋辽金元 下(修订本)

程国政 编注 路秉杰 主审

责任编辑 封 云 **责任校对** 徐春莲 **封面设计** 陈益平

出版发行 同济大学出版社 www.tongjipress.com.cn

(地址:上海市四平路1239号 邮编:200092 电话:021-65985622)

经 销 全国各地新华书店

印 刷 浙江广育爱多印务有限公司

开 本 787mm×1092mm 1/16

印 张 154.75

字 数 3 863 000

版 次 2016年10月第1版 2016年10月第1次印刷

书 号 ISBN 978-7-5608-6517-1

定 价 980.00元(全8册)

目 录

南 宋

元　代

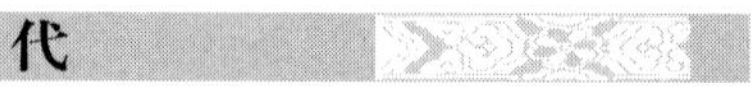

南宋

贤乐堂记

南宋·宗　泽

【提要】

本文选自《宗泽集》(浙江古籍出版社 1984 年版)。

贤乐堂,在今四川巴州城。按照作者的说法,在州佐办公地点的北边。熙宁以来,20 余州佐更迭,没有一人看中这“掩鼻蹙额,唾之而去”的地方。

宗泽一到,踌躇四顾一番,决心化腐朽为神奇。于是,“斩荆棘,锄蓬茅,易败坏,泄污潦”,开始造园。造园的方法是:因高而基之,就下而凿之。高处构一堂,堂之东面挖一方池,翠竹环之,小阁隐其中,以便“思逸”;堂之西,“洄为曲池,种桃以复其岛”,然后小桥……堂居其中,正所谓方寸之间有天地。在这里,宗泽“可以鉴荣谢”“高吟大笑”“脱然远迹于声利之场”,“洒然如出风尘之外也”,因为“众美并见”,“因榜之曰‘贤乐’”。

然而,是独乐还是众乐?是内乐还是外乐,作者设客问,“一拳之石,与泰山同体;一勺之水,与沧海同性”,称:“方寸所寓,自有至大者存。”正所谓心有乾坤则月印万川。

文章条理清晰、辞藻优美,诵之不由心生改变环境、改造世界的宏愿。言为心声,两年后,宗泽离开巴州,赴磁州任,开始了挽狂澜于既倒的救国历程。

宋代,“叠山理水”的造园方法已渐臻成熟,但此处园子远在巴州,颇值一提。

巴别乘治廨之北[1],有地数亩,荒秽不治[2],其日久矣。自熙宁命倅以来[3],凡更二十余政。间有好事者足迹及之,往往掩鼻蹙额,唾之而去。其他则未尝过而问也。

宣和六年春,朝廷以仆承乏郡贰,视事屡月,日有暇矣。因一访焉,为之踌躇四顾[4],怡然有得于心者。噫!天下佳处尝藏于众人不识之地,而臭腐化为神奇。且物有是理,则兹境也,未必不待我而后显,又乌知仆之意不出于造化之所使耶?

于是斩荆棘,锄蓬茅[5],易败坏[6],泄污潦[7],因高而基之,就下而凿之。首构一堂,独擅群胜,四山回环,如列屏嶂,争雄竞秀,来人目中。岩花春盛,木叶秋落,于此可以鉴荣谢;岫云朝出,林翮暮归[8],于此可以喻出处。非特是也,堂之东浚为方池,植竹以环其峰,强名曰“竹溪”。临溪为小阁,目曰“思逸”。于是可以想见徂徕之侣[9],依翠阴,俯清涟,放浪沉饮,高吟大笑于清圣浊贤之间,脱然远迹于声利之场也。堂之西洄为曲池,种桃以复其岛,强名曰“桃溪”。跨溪为小桥,目曰“访隐”。于是可以想见武陵桃源[10],流水莹碧,落英泛红,渔舟之子,访昔隐人,夜半月明,魂清骨冷,洒然如出风尘之外也。堂居其中,众美并见,因榜之曰“贤乐。”

有客登堂而笑曰:“贤者之乐固如是乎?”仆因莞尔应之曰:“然,客固不知也。昔者恶木蔽天,不剪不伐,枭鸱捷鸣于其上[11]。今则桃李成蹊,松柏如盖,春莺鸣,秋鹤唳矣[12]。昔者蔓草据地,不芟不夷[13],蛇虺蟠伏于其下[14],今则兰杜夹径[15],芙蕖满塘,鸳鹭游,嘉鱼跃矣。方时序之良[16],景物之美,揖宾友而进之,游目堂上,纵步堂下,无复败人意者,赏心油然生矣。或举白痛饮,或挥麈剧谈,或射,或弈,或琴,或啸,披襟清径,弄花香渚,终日与鱼鸟相乐,恍然无异濠梁之观、海上之游也[17]。此其所乐,人之所同者也。若曰是地不过数十步,山得无谢昆仑之高乎[18]?水得无谢云梦之大乎?堂得不为大厦耽耽者羞乎[19]?不知一拳之石,与泰山同体;一勺之水,与沧海同性。堂高数仞,榱题数尺[20],亦古人得志者所不为。而吾耳目所寄,方寸所寓,自有至大者存,虽在环堵之间[21],旷兮曾无异乎广莫之野、无何有之乡也[22]。此之所乐,已之所独者也。人之所同,其乐自外[23];已之所独,其乐自内[24]。二境虽不同,要之非贤者则不与知也。”

客改容谢曰:“斯堂之名,真得之矣。余内外俱进矣,愿纪之以告予之俦[25]。”仆曰:“诺!”于是乎书。

【作者简介】

宗泽(1060—1128),字汝霖,婺州义乌(今浙江义乌)人。北宋元祐六年(1091)中进士。历任山东馆陶尉及龙游、赵城、掖县、登州等地方官。靖康元年(1126)任磁州知州。修复城墙,整治兵器,招募义兵,广集粮饷以备敌。不久,康王赵构赴金议和至磁州,宗泽叩马劝止,乃留相州。是年冬,宋钦宗任康王为兵马大元帅,宗泽为副帅。连战连胜,金人称为“宗爷爷”。建炎元年(1127)六月,泽以七十高龄任东京留守,知开封府,招聚义兵近 200 万,分署京郊 16 县,与金兵隔黄河对峙。时岳飞投奔宗泽,见而奇其才,给以五百骑兵,大破敌,自此岳飞就在宗泽部下南征北战。建炎元年七月起,一年上疏 24 次,名《乞回銮殿疏》。泽忧愤成疾,疽发于背,连呼“渡河!渡河!”而逝。

【注释】

[1] 别乘:别驾。宋代常称通判为别驾,为州长官副手。治廨:指州判官办公地点。

[2] 荒秽:谓杂草丛生,污浊肮脏。不治:未加整治。

[3] 熙宁:宋神宗赵顼(xū)年号,1068—1077 年。命倅:谓设置州刺史副职。倅:音 cuì,副,副职。

[4] 踌躇:考虑,停留。

[5] 蓬茅:荆棘杂草。

[6] 败坏:腐烂之物。

[7] 污潦:指污败停聚的死水。

[8] 林翮:林中离鸟。翮:音 hé,羽毛中间的硬管。此代指鸟。

[9] 徂徕:音 cú lái,徂徕山,在今山东任城。山中有竹溪。唐代,以李白为首的“竹溪六隐”孔巢父、裴政、陶沔、韩准、张叔明等隐于徂徕山,终日沉饮。宗泽羡其境界,故园中亦造“竹溪”。清人李清濂有《山阳道上望徂徕山怀竹溪六隐》:远看山已近,行行山还远。山光非远人,

半途人自返。缅怀昔高人,缥缈隔层巘。朝出钓海鳌,夕归煮麻饭。醉饮竹轩清,高眠松榻稳。箕踞白云间,何知冕与兖。岂无凌云志,胡为蠖蟠蜿。日月如水流,谁复防石堰。寄语石上人,林景返照晚。

[10] 武陵桃源:武陵,在今湖南常德市。桃源:谓桃花源。晋陶渊明《桃花源记》中描述的与世隔绝的世外乐土,其地人人丰衣足食,怡然自得,不知世间祸乱忧患为何物。作者取陶氏意境营构“桃溪”。

[11] 枭鸱:谓猛禽。即猫头鹰。旧时以为恶鸟,因亦喻恶人。鸱,音 chī。捷鸣:劲捷地鸣叫。

[12] 唳:音 lì,高亢地鸣叫。

[13] 芟:音 shān,铲除杂草。夷:谓平整。

[14] 蛇蚖:谓毒蛇。

[15] 兰杜:兰草、杜若等香草植物。

[16] 时序:季节,光阴。

[17] 濠梁之观:语出《庄子・秋水》。庄子、惠子观鱼于濠梁之上,见一群鲦鱼来回游动,悠然自得。庄子曰:“鲦鱼出游从容,是鱼之乐也。”惠子曰:“子非鱼,安知鱼之乐?”庄子曰:“子非我,安知我不知鱼之乐?”惠子曰:“我非子,固不知子矣;子固非鱼也,子不知鱼之乐,全矣!”庄子曰:“请循其本。子曰‘汝安知鱼乐’云者,既已知吾知之而问我。我知之濠上也。”濠梁:谓水上。梁,桥梁。濠梁之观:后形容悠然自得,寄情物外。海上之游:语出《列子・黄帝篇》:“海上之人,有好沤鸟者,每旦之海上,从沤鸟游,沤鸟之至者,百数而不止。”其景其境,仙也!

[18] 无谢:犹不让,不亚于。

[19] 耽耽:深邃貌。

[20] 榱题:亦作“榱提”。屋椽的端头。常伸出屋檐,因通称出檐。榱:音 cuī,椽。

[21] 环堵:谓四面环着一方丈的土墙。形容狭小、简陋的居室。

[22] 广莫之野:指空旷广阔之地,什么也没有的虚空地带。语出《庄子・逍遥游》:“今子有大树,患其无用,何不树之于无何有之乡,广莫之野?”

[23] 其乐自外:谓由名胜景物生发之乐。

[24] 其乐自内:谓由内心愿望(如立德、立功、立言等)生发的乐趣。

[25] 俦:音 chóu,同类,同辈。

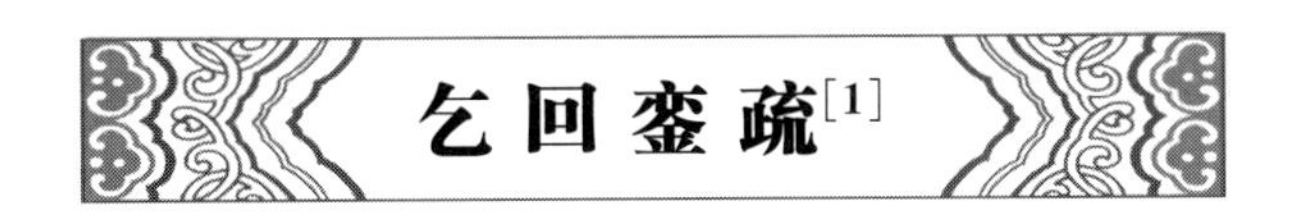

乞回銮疏[1]

南宋・宗 泽

【提要】

本文选自《宗泽集》(浙江古籍出版社 1984 年版)。

1125 年,金太宗完颜晟深秋下诏,整合军队,开始了对宋朝的全面进攻。金军两路攻宋,完颜宗翰(粘罕)为左副元帅,攻太原;完颜宗望(斡离不)为右副元帅,攻燕京,最后的目的地,一齐指向宋朝都城——东京汴梁。

金军围困京城数月,破之,随即拘押钦宗,旨在勒索金银财宝。金军用尽各种卑鄙手段,巧取豪夺,共得金 21 万两、银 714 万两、锦缎 100 万匹,掏空了京城内上至皇亲国戚、下至平民百姓,甚至僧道、倡优人等的所有财产,最后下令废了徽、钦二帝,另立张邦昌为帝,国号曰楚。然后于四月初一班师北撤。随队掳走徽、钦二帝及后妃、皇子、皇女、宗室、贵戚,加上官吏、内侍、宫女、技艺工匠、倡优等共 3 000 余人。张邦昌在金军撤走的第十天即宣布退位,恭迎未被金人掳去的哲宗废后孟氏垂帘听政,恢复大宋旗号,并传国玺于康王赵构。赵构即位于南京(今河南商丘),是为高宗。宗泽往见,被任命为龙图阁学士,权知开封府尹,时建炎元年(靖康二年)六月十日。八月五日又下诏改授宗泽为延康殿学士、东京留守兼开封府尹,时宗泽已 69 岁高龄。

宗泽在东京一心一意重整旧日河山,安抚百姓,招募义勇,整修城池,严惩盗贼、奸商,储备粮草,并在开封城周围修筑了 24 座碉堡,联络各地义军,互相支援,抵抗金兵。后来颇有名望的岳飞,当时即在宗泽麾下。他们团结一致,众志成城,屡次挫败金兵的进攻,战绩卓著。使东京再次成为抗金之中心,也为开封人民赢得了休养生息的时间。

按照宗泽的意愿,是要整治好开封,恭迎高宗还都的,他曾一连上了 24 道奏章,请高宗回来。这通奏请写于建炎二年五月。文中,宗泽详细描述了自去年七月到任以来,“夙夜究心,营缮楼橹城壁,扫除宫禁阙廷,分布栅寨,训练士卒”,以图光复大宋;与此同时,“北首燕路,访大辽子孙,兴灭继绝”,规划两路夹击盗贼。今年以来,两次遣属吏“奉表远诣行在投进,恳请车驾西上……再造王室”。

可赵构不但没有回来,反而越走越远,去了扬州,最后去了临安(杭州)。宗泽目睹此景此情,忧愤交加,背发疽疮,不治而亡。建炎三年(1129)金军再次南下来攻开封,接任宗泽开封府尹的杜充弃城而逃,东京汴梁最终被金人占领。

臣犬马之年已七十矣,陛下不以臣衰老无用,付之东京留钥[2]。臣自去年七月到任,夙夜究心[3],营缮楼橹城壁,扫除宫禁阙廷,分布栅寨,训练士卒,教习车阵。比及终冬,诸事稍稍就绪[4],都城帖然[5],风物如旧,人人延颈跂踵,日夜徯望圣驾还阙[6]。

臣以故自今年正月、三月,两次遣属吏及臣之子捧表远诣行在投进[7],恳请车驾西上,归肆大赦于宣德门,使天下晓然皆知陛下言旋旧都,再造王室,命令用是通达[8],盗贼用是消弭,无复有方命阻兵之患。

然后,用臣为陛下条画措置[9],造膝陈请[10],遣一使泛海道入高丽[11],谕以元丰构好之旧[12],令出兵攻仇方之西;又复遣官从间道趋河东,谕折氏修其旧职,以固吾圉[13]。使三陲交攻金贼,令彼应敌不暇。吾方大举六月之师,一道由滑浚,一道出怀卫,涉河并进[14]。北首燕路,访大辽子孙,兴灭继绝,约为与国,则燕蓟之感恩荷德,不患不为吾用。

如此则仇方势必孤弱,自可缚而臣之。二圣天眷自此决有归期,两河故地自此决可收复[15]。而况两河之人,感祖宗二百年涵养之泽,虽陷敌逾年,而戴宋之心初无携贰[16]。使吾大兵渡河而战,则东北人民必有背敌归我,前徒倒戈攻于后以北,谁不愿为吾死!

孟子曰:"虽有智慧,不如乘势,虽有镃基[17],不如待时。"今时则易然也。臣尝以今日时势观之,天意悔祸,人心固结,虽三尺童子,争欲奋臂鼓勇,恨不碎仇方之首,食仇方之肉,又况当六月宣王北伐之时[18],机会间不容发,陛下何惮而不亟还京师,使臣获奉咫尺之威,请借箸以筹。黄帝书曰:日中必熭[19],操刀必割。此言时不可失也。谚曰:当断不断,反受其乱。此言断不可诬也。今日之事,臣愿陛下以时果断而行之,毋惑谗邪之言,毋沮忠鲠之论[20]。

倘陛下以臣言为是,愿大驾即日还都,使臣为陛下得尽愚计。若陛下以臣言为非,愿陛下即日放罢老臣,或重窜责[21],臣所不辞。惟明主可与忠言,臣故昧死以闻。

【注释】

[1] 宗泽前后上疏24次。原注:建炎二年五月,通前后表疏,系第23次奏请。

[2] 东京:今河南开封。时又称汴梁、汴京。留钥:谓留守。

[3] 究心:专心研究。

[4] 稍稍:逐渐,渐渐。

[5] 帖然:安然,平静。

[6] 傒望:希望,期待。傒:音xī,等待。

[7] 行在:天子所在的地方。

[8] 用是:因此。

[9] 条画:筹划,谋划。措置:安排,料理。

[10] 造膝:犹促膝。

[11] 高丽:简称丽,由王建创立,定都开京(今朝鲜开城)。采用中土国家的皇室制度。与宋朝关系密切,在明州(今宁波)设有高丽使馆。

[12] 元丰:宋神宗赵顼年号,1078—1085年。宋神宗赵顼继位,对高丽王朝采取"恩丽""宠丽"政策,实施特殊优待。熙宁七年(1074),高丽"遣其臣金良鉴来言,欲远契丹乞改途由明州诣阙",北宋朝廷出于同样考虑,允许高丽使节改由明州登岸,同时严禁舶商自海道往登、莱州并取北路航线往返高丽。明州即成为赴高丽、日本等国海外贸易的唯一合法始发港。元丰元年(1078),宋廷派遣安焘出使高丽,高丽举国欢腾,"时与宋绝久,焘等初至,(高丽)王及国人欣庆"。当时高丽国王王徽已身染重病,在安焘等回国时,"王附表谢之,且自陈风痺,请医官、药材"。宋廷得知后,即遣医官前往诊视。为表谢意,高丽国王遣使如宋"谢赐药材,仍献方物"(《高丽史》卷八,另见《宋史》卷四八七)。

[13] 折氏:折氏是党项大家庭。宋朝邓名世《古今姓氏书辨证》称:羌族有河西折氏,世家云中,为北蕃大族。自唐以来,世为麟、府州节度使。《宋史·党项传》称:"太祖建隆二年(961),代州刺史折乜埋来朝。乜埋,党项之大姓,世居河右,有捍边之功,故授以方州,召令入觐而遣还。"

折氏的发迹,是从五代开始的。李克用时,折嗣伦由镇将升为麟州刺史。嗣伦之子折从阮于后唐时"加检校工部尚书,复授府州刺史"。自此折氏遂成大姓。唐初以来,折氏为中原各朝廷效力500余年,折德扆、佘(折)太君都是赫赫有名的人物。圉:音 yǔ,边境,边疆。

[14] 滑浚:滑州、浚州,俱在今河南境。怀卫:怀州、卫州,俱在今河南境。

[15] 两河:谓黄河、淮河两地。

[16] 携贰:离心,有二心。

[17] 镃基:大锄。

[18] 宣王北伐:《诗经·小雅·六月》记叙周宣王北伐猃狁之事。其诗赞美宣王时的中兴功臣尹吉甫的文韬武略和堪为万邦宪范。作者引此,借以阐发机不可失、稍纵即逝之意。

[19] 熭:音 wèi,曝干。

[20] 沮:音 jǔ,阻止。

[21] 窜责:放逐处罚。

守城录(节选)

南宋·陈　规 等

【提要】

本文选自《传世藏书》(海南国际新闻中心1996年版)。

《守城录》是中国宋代城邑防御的专著。全书由陈规的《〈靖康朝野佥言〉后序》《守城机要》和汤琫的《德安守御录》三部分组成,原各自成帙,宁宗以后合为一书,刊行于世。

该书根据攻城武器的发展和实战经验,着重阐述了城防制度、守城战法的改革。书中认为,旧的城防体系已经不能适应大炮广泛使用的攻防战,应该革除旧弊,创立新制。具体提出拆除城门外的瓮城,改筑一道横墙;收缩易攻不易守的4个城角,增强防御能力;改一城一壕为三城两壕,即在外壕里侧修一道高厚的城墙,并在大城里侧再挖一壕,壕里侧再筑一城,形成多层防御体系;主张拆除马面墙上的附楼,另筑高厚墙等。

战略战术方面,书中提出"善守城者"不能只守无攻,而要"守中有攻",主张多开城门,扫平城外障碍,以便随时出城奇袭敌军。还提出根据敌人攻城的特点,制定守御之策,强调"唯在乎守城之人于敌未至之前,精加思索应变之术,预为之备尔"。

人与武器方面,人的主观能动性与新兵器的利用都应得到足够的重视。文中说,"强者复弱,弱者复强,强弱之势,自古无定,惟在用兵之人何如耳"。作者还阐述了炮在守城中新的使用方法,即由明置城头变为暗设城脚,隐蔽炮击,并在城头增设炮兵观察哨,指挥炮击,修正射向和弹着点。不仅如此,陈规还亲自研制新式武器,制成长竹竿火枪20余支,加入城防。这种火枪是最早的手持管形火器,在科技史上具有重要意义。

宋孝宗乾道八年(1172),南宋朝廷将《守城机要》一卷作为参考书颁发给各地将领。绍熙四年(1193),汤琇将《建炎德安守御录》上呈朝廷。后来,宋宁宗下旨将三者合编为《守城录》四卷。《守城录》对后世影响很大,其内容被明清的众多兵书所引用,乾隆皇帝更是对其嘉许不已。

《靖康朝野佥言》后序(节选)

南宋·陈　规

尼玛哈攻太原之寿阳[1],寿阳城小而百姓死守。凡三攻,残敌之众万人,而竟不拔。此必守城人中有善为守御之策者。《佥言》以为城小而百姓死守者,非也。攻城者有生有死,善守者有生无死。寿阳之人,可谓善守,而不得谓之死守。又或云城小而坚者,亦非也。若城太小,矢石交通[2],善守者亦难以设险施策。规以为城愈大而守愈易,分段数作限隔,则易守。若已先策定险备,设使贼欲登城,纵令登城,已登即死;贼欲入城,引之入城,已入即死。今夫百里之城,内有数步之地,贼人登之,守城之人便自甘心伏其城拔。乞命于贼者,非攻之善,乃守之不善也!

……

筑城之制,城面上必作女头墙[3]。女头中间立狗脚木一条[4],每两女头中挂搭篦篱。惟可以遮隔弓箭,于炮石则难以遮隔。若改作平头墙,不用篦篱,只于近下留"品"字方空眼,与女头相似,亦甚济用。

或问何以备御城外脚下?自有马面墙,两边皆见城外脚下,于墙头之上,下害敌之物。当敌人初到城下,观其攻械,势恐难遏,宜便于城里脚下取土为深阔里壕,去壕数丈,再筑里城一重。对旧城门,更不作门,却于新筑城下缘里壕入三二里地新城上开门,使人入得大城,直行不得,须于里壕垠上新城脚下缭绕行三二里[5],方始入门。若此,则假使敌善填壕,止不过填得里壕。若由门入城,须行新城脚下里壕垠上。新城上人直下临敌,何物不可施用?正是敌人死地,必不敢入。由正门入城尚且不敢,则岂肯用命打城?但只如此为备,则敌兵虽多,攻械百种,诚可谈笑以待之矣。又况京师旧城,亦自可守,若逐急措置[6],便可使势如金汤,有不可犯之理。兼京城之内,军兵百姓,金银粟帛,计以亿兆之数亦莫能尽。若令竭力修作,不独添筑一城一壕,可不日而成;假令添筑城壕数重,亦不劳而办。重城重壕既备,然后招敌人入城议事,彼若见之,必不攻而自退。俗谚云:"求人不如求己。"古人云:"上策莫如自治",又"事贵制人,不贵制于人"。皆此之谓也。

州郡城池之制,人皆以为尽善。城上有敌楼,而敌人用大炮摧击;城高数丈,而敌人用天桥、鹅车、对楼、幔道、云梯等攻具登城[7]。据其城池之制作,可以自谓坚固,前古所未有。奈何敌人攻械之备,亦前古所未有。故事贵乎仍旧,而人惮于改作,皆不可必者。古人所谓"利不百者不变法,功不十者不易器"。以今城池之制观之,虽利不至于百,功不至于十,然自古圣人之法,未尝有一定之制,可则因,否则革也。为今之计,如敌楼者,不可仍旧制也。宜于马面上筑高厚墙,下留“品”字样方径及尺空眼[8],以备觇望及设施枪路[9]。墙里近下,以细木盖一两架瓦棚,可令守御人避寒暑风雨。屋在墙里,比墙低下,则炮在外虽大而数多,施设千万,悉莫能及人。

壕上作桥,桥中作吊桥,暂时隔敌则可,若出兵则不能无碍。宜为实桥,则兵出入俱利。

城门宜迂回曲折,移向里百余步置。不独敌人矢石不入,其旧作门楼处,行入一步向里,便是敌人落于阱。何谓落阱?盖百步内两壁城上,下临敌人,应敌之具皆可设施。又于旧门前横筑护门墙,高丈余,两头遮过门三二丈。城门启闭,人马出入,壕外人皆不见,孰敢窥伺?

城外脚下去城二丈临壕垠上,宜筑高厚羊马墙[10],高及一丈,厚及六尺。墙脚下亦筑鹊台,高二三尺,阔四尺。鹊台上立羊马墙,上亦留“品”字空眼,以备觇望及通枪路。亦如大城上女头墙,墙里鹊台上栽埋排叉木[11],以备敌填平壕堑。及攻破羊马墙至城脚下,则敌于羊马墙内两边受敌,头上大城向下所施矢石,即是敌当一面,而守城人三面御之。羊马墙内兵,赖羊马墙遮隔壕外矢石。是羊马墙与大城,系是上下两城,相乘济用,使敌人虽破羊马墙而无敢入者。故羊马墙比大城虽甚低薄,其捍御坚守之效,不在大城之下也。又羊马墙内所置之兵,正依城下寨以当伏兵,不知敌人以何术可解?若此,则既有羊马墙,而鹿角木可以不用[12]。仍于大城上多设暗门,以备遣兵于羊马墙内出入。又羊马墙脚去大城脚止于二丈,不令太远者,虑大城上抛掷砖石,难过墙外,反害墙内人;又不令太近者,虑其太窄,难以回转长枪。又于大城里城脚下作深阔里壕,里壕上向里度地五七丈,可作来往路外,筑里城,排叉木,但多备下敌攻城应敌处。用此以设备,虽使敌人善攻,不足畏也!

【作者简介】

陈规(1072 1141),字元则,密州安丘(今属山东)人。先后任安陆令、德安知府、池州知府、沿江安抚使、顺昌知府、龙图阁直学士及知庐州兼淮西安抚使等职。任安陆令时,遇德安府(在今湖北,领安陆、应城、孝感、应山、云梦五县,府治安陆)被围,太守弃城而逃,陈规毅然担任守御重任,乱兵九犯德安,陈规率军“九攻九拒,应敌无穷,十万百万,靡不退却”(《德安守御录》)。周边州郡全部陷落,唯德安一城独存。因功,陈规被正式任命为德安知府,后改任顺昌知府,与刘琦同守顺昌,打败金兀术数十万军队的围攻,升枢密院直学士。绍兴十一年(1140)宋金议和后,移任庐州知府兼淮西安抚使,次年病死。

【注释】

[1] 寿阳:位于晋中地区北端,东北与阳泉市交界,西北邻太原。

[2] 交通:此谓箭矢、炮石全面覆盖城内。

[3] 女头墙:通常叫“女儿墙”或“女墙”。《释名·释宫室》:“城上垣,曰睥睨……亦曰女墙,言其卑小比之于城。”指城墙顶部筑于外侧的连续凹凸的齿形矮墙,垛口上部的孔用来瞭望来犯之敌,下部有通风孔。

[4] 狗脚木：古代一种守城器械。明茅元仪《武备志》：狗脚木，植二柱于女墙内，相去五尺，准墙为高下，柱上施横钩挂，以悬竹笆之属，防敌之矢石。

[5] 垠：岸际。

[6] 措置：安排。

[7] 鹅车：攻城用的战车，形状如鹅，梯如鹅颈，钩搭城垣，以利攀城。幔道：张帷幔以形成攻城的通道，以避箭矢火石之击。

[8] 尺空眼：谓一尺见方的洞眼。

[9] 觇望：窥视，观望。觇：音 chān，偷偷察看。

[10] 羊马墙：古代为御敌而在城外筑的类似城圈的工事。《通典》：于城外四面壕内，去城十步，更立小隔城，厚六尺，高五尺，仍立女墙，谓之羊马城。亦作"羊马垣""羊马墙"。

[11] 排叉：军事防御设施。以带丫杈的树枝排列插在地上以阻遏敌人。

[12] 鹿角木：即行马，阻拦人马通行的木架。一木横中，两木互穿以成四角，以为路障。

守城机要

南宋·陈　规

● 城门旧制，门外筑瓮城，瓮城上皆敌楼[1]，费用极多。以御寻常盗贼，则可以遮隔箭凿；若遇敌人大炮，则不可用。须是除去瓮城，止于城门前离城五丈以来，横筑护门墙，使外不得见城门启闭，不敢轻视，万一敌人奔冲，则城上以炮石向下临之。更于城门里两边各离城二丈，筑墙丈五六十步，使外人乍入，不知城门所在，不可窥测；纵使奔突入城，亦是自投陷阱。故城门不可依旧制也。

● 护门墙，只于城门十步内横筑高厚墙一堵。亦设鹊台，高二丈。墙在鹊台上，高一丈三尺，脚厚八尺，上收三尺，两头遮过门三二丈，所以遮隔冲突。门之启闭，外不得知；纵使突入墙内，城上炮石雨下，两边羊马墙内可以夹击。

● 城门贵多不贵少，贵开不贵闭。城门既多且开，稍得便利去处，即出兵击之。夜则斫其营寨，使之昼夜不得安息，自然不敢近城立寨。又须为牵制之计，常使彼劳我逸。又于大城多设暗门，羊马城多开门窦[2]，填壕作路，以为突门[3]。大抵守城常为战备，有便利则急击之。

● 城门旧制皆有门楼，别无机械，不可御敌。须是两层，上层施劲弓弩，可以射远；下层施刀枪。又为暗板，有急则揭去，注巨木石以碎攻门者。门为三重，却后一门，如常制，比旧加厚；次外一重门，以径四五尺坚石，圆木凿眼贯串以代板，不必用铁叶钉裹；又外一重，以木为栅，施于护门墙之两边。比之一楼一门，大段济事。

● 城门外壕上，旧制多设钓桥[4]，本以防备奔冲，遇有寇至，拽起钓桥，攻者不可越壕而来。殊不知正碍城内出兵。若放下钓桥，然后出兵，则城外必须先见，得以为备；若兵已出复拽起桥板，则缓急难于退却，苟为敌所逼逐，往往溺于壕中。

此钓桥有害无益明矣。止可先于门前施机械,使敌必不能入。拆去钓桥,只用实桥,城内军马进退皆便;外人皆惧城内出兵,昼夜不敢自安。

● 干戈板,旧制用铁叶钉裹,置于城门之前,城上用辘轳车放,亦是防遏冲突。其碍城内出兵,则与钓桥无异。既于城门里外安置机械,自可不用干戈板,以为出兵快便之利。

● 城身,旧制多是四方,攻城者往往先务攻角,以其易为力也。城角上皆有敌楼、战棚,盖是先为堤备。苟不改更,攻城者终是得利。且以城之东南角言之,若直是东南角攻,则无足畏。炮石力小,则为敌楼、战棚所隔;炮石力大,则必过入城里。若攻城人于城东立炮,则城上东西数十步,人必不能立;又于城南添一炮,则城上南北数十步,人亦不能立,便可进上城之具。此城角不可依旧制也。须是将城角少缩向里[5]。若攻东城,即便近北立炮;若攻南城,则须近西立炮,城上皆可用炮倒击其后。若正东南角立炮,则城上无敌楼、战棚,不可下手。将城角缩向里为利,甚不可忽也!

● 女头墙,旧制于城外边约地六尺一个,高者不过五尺,作"山"字样。两女头间留女口一个。女头上立狗脚木一条,挂搭皮、竹笓篱牌一片[6],遮隔矢石,若御大炮,全不济事。又女头低小,城外箭凿可中守御人头面。须是于城上先筑鹊台,高二丈,阔五尺。鹊台上再筑墙,高六尺,厚二尺。自鹊台向上一尺五寸,留方眼一个,眼阔一尺,高八寸。相离三尺,又置一个。两眼之间,向上一尺,又置一个,状如"品"字。向上作平头墙。敌上登城,只于方眼中施枪刀,自可刺下。方眼向下,自有平头墙,即是常用笓篱牌挂搭,不必临时施设也。更于鹊台上靠墙,每相去四寸,立排叉木一条,高出女墙五尺,横用细木夹勒两道或三道。攻城者或能过"品"字眼,亦不能到平头墙上。更兼墙上又有排叉木限隔,若要越过排叉木,必须用手攀援,则刀斧斫之,枪刃刺之,无不颠仆。守者用力甚少,攻者必不得志也。

● 马面,旧制六十步立一座,跳出城外不减二丈,阔狭随地利不定,两边直觑城脚。其上皆有楼子,所用木植甚多,若要毕备,须用毡皮挂搭,然不能遮隔大炮,一为所击,无不倒者。楼子既倒,守御人便不得安。或谓须豫备楼子,随即架立。是未尝经历攻守者之言也。楼子既倒,敌必以炮石弓弩并力临城,则损害人命至多,亦不可架立。今但只于马面上筑高厚墙,中留"品"字空眼,以备觇望,又可通过枪刀;靠城身两边开两小门,下看城外,可施御捍之具。墙里造瓦厦屋,与守御人避风雨,遇有攻击,便拆去瓦厦屋。靠墙立高大排叉木,用粗绳横编,若造笆相似。任其攻击,必不能为害。

● 城不必太高,太高则积雨摧塌,修筑费力。城面不可太阔,太阔则炮石落在城上,缓急击中守御人。城面通鹊台只可一丈五尺或一丈六尺,高可三丈或三丈五尺。沿边大郡城壁,高亦不过五丈,阔不过二丈而已。

● 羊马墙,旧制州郡或无之,其有者,亦皆低薄,高不过六尺,厚不过三尺,去城远近,各不相同,全不可用。盖羊马城之名,本防寇贼逼逐人民入城,权暂安泊羊马而已,故皆不以为意,然捍御寇攘[7],为利甚薄。当于大城之外,城壕之里,去城三丈，筑鹊台，高二尺，阔四尺。台上筑墙，高八尺，脚厚五尺，上收三尺。每一丈留空眼一个，以备觇望。遇有缓急，即出兵在羊马墙里作伏兵，正是披城下寨，仍不妨安泊羊马。不可去城太远，太远则大城上抛砖不能过，太近则不可运转长枪。大凡攻城，须填平壕，方可到羊马墙下。使其攻破羊马墙，亦难为入，入亦不能驻足。攻者止能于所填壕上一路直进，守者可于羊马墙内两下夹击，又大城上砖石如雨下击，则是一面攻城，三面受敌，城内又有一小炮可施。凡攻城器械，皆不可直抵城脚。攻计百出，皆有以备之也。

● 羊马墙内，须酌量地步远近，安排叉木，作排叉门；分布安排人兵，易于点检，兼防奸细入城。

● 城郭，旧制只是一重，城外有壕，或有低薄羊马城者。使善守者守之，虽遇大敌，攻计百出，亦可退却。或不经历攻守者，忽遇大敌围城，无不畏怯，须是先为堤备。当于外壕里修筑高厚羊马墙，与大城两头相副[8]，即是一壕两城。更于大城里开掘深阔里壕，上又筑月城[9]，即是两壕三城。使攻城者皆是能者，亦无可攻之理。大抵城与壕水，一重难攻于一重。至若里城里壕，则必不可犯。计羊马墙与里城、里壕之费，亦不甚多。若为永久之计，实不可缺。

● 修筑里城，只于里壕垠上，增筑高二丈以上，上设护险墙。下临里壕，须阔五丈、深二丈以上。攻城者或能上大城，则有里壕阻隔，便能使过里壕，则里城亦不可上。若此则不特可御外敌，亦可潜消内患。里城、里壕，费用不多，不可不设，庶免临急旋开筑也。

● 修城，旧制多于城外脚下，或临壕栽了叉木，名为鹿角，大为无益。若城中人出至鹿角内，壕外人施放弓弩，鹿角不能遮隔。若乘风用火，可以烧毁。不如除去为便也。

● 今来修城制度，止是在外州郡城池。若非京都会府，须于城内向里，量度远近，再于外修筑一重，其外安置营寨；向里更筑一重，作官府。若此，岂特坚固而已哉，内外之患，无不革尽。

● 攻城用云梯，是欲蚁附登城。今女头上既留“品”字眼，又有排叉木，又有羊马墙，重重限隔，则云梯虽多，无足畏也。

● 攻城用洞子[10]，止是遮隔城上箭凿，欲以搬运土木砖石，填垒壕堑，待其填平，方进攻具；或欲逼城挖掘。今既有羊马墙为之限隔，则洞子亦自难用。

● 对楼则与城上楼子高下相对。鹅车稍高，向前瞰城头，向下附城脚。天桥与对楼无异，止是于楼上用长板作脚道，或折叠翻在城上。皆是登城之具。今羊马墙既有人守，自可两边横施器刃。敌人别用撞竿，与其他应急机械，自不足畏。大凡攻城用天桥、鹅车、对楼、火车、火箭，皆欲人惊畏，有以备之，则不能害。

● 攻城多填幔道，有至三数条者，高与城等，直逼城头。今羊马墙中既有人拒敌，又大城上抛掷砖石，自然难近大城。更照所填幔道，于城内靠城脚急开里壕，垠上更筑月城，两边栽立排叉木。大城上又起木棚，置人于棚上。又于欲来路上，多设签刺。使能登城，亦不能入城；或能入城，亦不能过里壕；纵过里壕，决不能过月城。以幔道攻城者,百无一二。今所备如此,亦何足畏! 凡攻城者有一策,则以数策应之。

● 攻城用大炮,有重百斤以上者,若用旧制楼橹[11],无有不被摧毁者。今不用楼子,则大炮已无所施。兼城身与女头皆厚实,城外炮来,力大则自城头上过,但令守御人靠墙坐立,自然不能害人;力小则为墙所隔。更于城里亦用大炮与之相对施放,兼用远炮,可及三百五十步外者,以害用事首领。盖攻城必以驱掳胁从者在前[12],首领及同恶者在后。城内放炮,在城上人照料偏正远近,自可取的。万一敌炮不攻马面,只攻女头,急于女头墙里栽埋排叉木,亦用大绳实编,如笆相似,向里用斜柱撑抢,炮石虽多,亦难击坏。炮既不能害人,天桥、对楼、鹅车、幔道之类,又皆有以备之,则人心安固,城无可破之理。

● 攻守利器,皆莫如炮。攻者得用炮之术,则城无不拔;守者得用炮之术,则可以制敌。守城之炮,不可安在城上,只于城里量远近安顿;城外不可得见,可以取的。每炮于城立一人,专照斜直远近,令炮手定放。小偏则移定炮人脚,太偏则移动炮架,太远则减拽炮人,太近则添拽炮人,三两炮间,便可中物。更在炮手出入脚步,以大炮施小炮三及三百步外。若欲摧毁攻具,须用大炮;若欲害用事首领及搬运人,须用远炮。炮不厌多备。若用炮得术,城可必固。其于制造炮架精巧处,又在守城人工匠临时增减。

● 用炮摧毁攻具,须用重百斤以上或五七十斤大炮。若欲放远,须用小炮。只黄泥为团,每个干重五斤,轻重一般,则打物有准,圆则可以放远。又泥团到地便碎,不为敌人复放入城,兼亦易办。虽是泥团,若中人头面胸臆,无不死者;中人手足,无不折跌也。

● 城被围闭,城内务要安静。若城外有人攻击,城内惊扰,种种不便。须是将城内地步,分定界分,差人巡视。遇有人逼城,号令街巷,不得往来。非籍定系上城守御及策应人,不得辄上城[13];在城上人,不得辄下城。过当防闲,不特可免惊惶,亦可杜绝不虞[14]。

【注释】

[1] 敌楼:城墙上御敌的城楼,亦称谯楼。

[2] 门窦:门洞。

[3] 突门:正式城门以外的秘密出口。

[4] 钓桥:同"吊桥",桥面可以吊起的桥。

[5] 少:稍稍,稍微。

[6] 篦篱牌:竹子做的篱笆牌。

[7] 攘:音 rǎng,侵夺。

[8] 副:相称,齐等。

[9] 月城:围绕在城门外的半圆形小城。

[10] 洞子:攻城者以牛皮蒙木笼上,士卒蒙戴而进,谓之。

[11] 楼橹:守城或攻城用的高台战具。

[12] 驱掳:谓掳掠而来的人。

[13] 辄:随便。

[14] 过当:得当,有分寸。防闲:防备,禁阻。不虞:不测。

德安守御录上(节选)

南宋·汤 琦

王在、党忠寇德安二十日引去

靖康元年十二月二十一日,群贼王在、党忠、阎仅、薛广等攻陷随州[1],守臣陆德先以下俱逃,或尽室遭掳,遂犯德安府。知安陆县事陈规先被差部押县兵赴京,行至信阳,群盗梗路[2]。二十八日,承府牒抽回赴府捍御。二十九日,还至应山县七里河,贼伙阎仅千余人在寮子市置酒张乐,邀截归路[3]。二年正月初一日,规率同部押官知应城县宋理、应山县丞权县事夏翚,各以所部弓手、土军、召募人,合五七百余人,给甲。定安陆县弓手节级马立、黄冕、召募人雷智和、管界巡检寨土军刘允、应城县弓手节级李吉[4]、三川寨土军向吉[5]、应城县弓手节级竹清、三县巡检寨土军杨素,凡八人,径领众入应山县,掩杀群贼。仅等大败,余党溃散,投入王在伙中。

王在寨去府百余里。规寻得路,将所部兵到府。时知德安府李公济已往诸处招集人兵,通判周子通先往诸县起发民兵[6],及士曹张颜悦因贼至惊死,司录、士曹、局务官、安陆县丞簿尉皆缘故搬家遁去[7]。初三日,城中官吏军民推规权领府事。初六日,通判周子通回府,当日规交府事与通判。准府牒,规权通判,仍充统领守御人兵迎敌。规遂措置修筑城壁,召募胆勇,刷差军兵,匀抽保甲,堤防守御[8]。十一日,知府李公济回,更不交割,牒府乞折资监当,即日离任去。十三日,王在人马入府界劫掠。十四日,权兵曹应城主簿田绰出城逃走。十五日,贼游骑数十人至城下,与城上人相射,至晚回寨。十六日,王在领马步五千余人,著颜色衣,各执弓箭、背牌及板门扇来围城,攻诸门。委管界巡检胡善、三州都巡检张惟德出战。二人先走,匿于孝感县九嵕山寺。是日,贼与守御人相射,申后贼退,往府东天庆观、泰山庙等处下寨。十七日,贼又攻城,贼首王在及近上首领多在齐安门外。规与权府周子通城上呼贼与语[9],谕以祸福,贼暂退。是晚,周子通惊中风疾,十八日,牒府在假。本府止有规及安陆县尉董贻、兵马都监赵令戣[10]、监酒税务赵康辅四员而已,于是官吏军民又推规权领府事。规以城危急,不敢辞,遂纠率官吏军民[11],多方措置,尽死坚守。是日,贼搬积柴草,欲烧齐安门。守门人于未到十余步,先放火箭爇之。贼又用松柏长木及大竹云梯五十座,齐力并进。城上人用砖石及连秸棒、长枪、弓弩拒退。良久,遣人缒城[12],毁斫云梯。二十日,贼列骑成阵逼城,驱人抬鹅车、洞子、楼座,用牛皮并毡包,漫攻齐安门。被城上人及城门上门空处,先以撞竿、托叉抵定,次用搭钩钩去洞子上皮毡,坠大石及砖石摧击,又用弓弩箭射,其贼退去。续次下城,焚烧毁斫尽绝。贼又进云梯,约高二丈,各有梯道,四围用棉被并毡皮包裹,烟火箭凿,不可侵近,约用四五十人抬拥向城。被守城人先以长竹并力撞冲,云梯倾倒,压死贼数人;次砖石弓弩箭射击,贼人走退。是日,贼又进天桥,约高二丈,阔一丈,以木长四丈余,可以并行数人,如城之幔道,用以登城。贼众数十人,抬以向城。被城上人用弓弩、砖石射击,致抬者止于十步外不能前进。又于诸攻具之外,列大炮十余座,四面向城飞石,击守城人。其城上人存身向篦篱以避之,城下人向木栅存身以避之,致其炮并不曾伤守城之人。是日,贼又前以步,后以骑,列阵向城。城内多设炮座,城上人看觑贼近远向著[13],谕与定炮人,向贼放击,发而多中。其贼远退,只于城东十余处下寨。自是每日遣人至城下相射斗敌及四散烧劫,略无退意。三十日早,又有党忠人马五六千人,齐到城下,著杂色衣,与王在两伙同来,争先攻击,四面环绕,风水不通。规与机宜阎孝周登城[14],招王在诸酋至城下,开说大义,薄许犒设,贼意稍解。又招贼大将蒋宣入城,置酒款说祸福,却令出城。二月初三日,王在引兵去。党忠人马仍用洞子、火柜齐攻城门,被城上人用撞竿、砖石、弓弩箭拒退。当日景陵门下打死贼五人,并炮打杀鼓贼一名。是夜三更,贼乘暗,忽由四边抬云梯上城,被城上人用枪及砖石刺打下。又攒火炬烧望云、朝天、齐安等门,又用长钩钩城上人,又用竹木缚荻把作火炬[15],长二丈列二三百炬,如火山,向城门及烧城上竹城篦篱。并被守城人并力用撞竿、托叉抵拒,及用砖石、弓弩箭射,并放炮石,如此斗敌,自三更至晓,方暂退。初四日早,规见攻击危急,贼不肯远退,遂点第一队、第三队人兵,开朝天门出,乘贼不备,分头掩击,党贼败走,即收兵入门。却开景陵门,令第二、第四队并第一、第三并力出门掩杀,其贼大败,乘势赶逐,除斩获生擒外,逼入涢河死者不知其数[16],余党遂溃。是日,夺到旗六十三面、鼓四十面、钲五面[17]、枪刀二十三条、牌十五面、甲七连、弓三张、弩二枝、牛五十二头、马九十匹、骡五头、驴十二头。自正月十五日至二月初四日,凡攻围二十日。今考,具措置于后:

● 踏逐过往寄居官、进士勇敢者,借补官资,差摄职事[18]。

● 选募有心力百姓,分布诸门,上城御敌。乃分认地头[19],讥察奸细,及催督修城人夫工役。

● 差使院典级黄谨等行军期司,专一行遣防城守御修城文字,及各带器甲,随规巡城。

● 选差安陆县吏杨玠等,提辖防城军民弓手,日夜巡逻,及催促添修城壁。

● 差拨军民弓手,分作四队,及选差弓手节级、长行,每二人共管押一队,内马立、马政管押四百一十五人,李全、许进管押三百一十六人,郭政、田全管押三百六十五人,刘德、李清管押三百五十人,各分布城下,准备出战。

● 差拨有心力胆勇保正[20]、队头黄寿等,部领保甲人兵一十六队,计八百余人,准备出战。

● 招集到茶客杨政等,自召募人准备出战,并僧雷知和自召募僧行、百姓二十六人杀贼。

● 城上极是尖狭,有不及一尺阔者,其上不能容立一人,及无女头,寻于城上里边,用锹镬直削向下三尺,以代女头。下城磴道,添造竹木棚栈,令人坐立可以施放弓箭等器械守御。

● 城壁卑矮,遂于城外添立竹栅,间安篦篱,外可以遮隔弓箭,内可以施用兵仗。于土城之上,又立竹城一层。

● 城有极卑薄处,遂于城内脚下,离城三尺,别立木栅一重,约高一丈五尺;间空五寸,立木一根。于城稍低薄处,无不周遍,系于土城之内,又立木城一重。于木城之外,每两步立一人,与城上更互上下守御。

● 城门薄怯损敝,寻于门外别立小门一重,各以毡皮钉裹,上开门顶空隙,以备堕石及下施兵仗。又于门内两边栽立枋木作鹿顶,约高一丈五尺,长五十步,其中路阔六尺,至尽处用木拒马四五重闭定[21]。每五寸立木一根,两边木外每步立一人,持长枪。

● 城上以《千字文》为号,每步一字,每字一人,以五人为一甲,十甲为一队,互相统制,分布城上。又以在城火夫、客户,置籍结甲,上城守御。

● 选人兵一百五十人,令保正副六人,甲头二人,管押统领,昼夜准备应援。如东壁有报警急,即提兵东应,西则西应。自攻围二十余日,每有警急,无有不至者。

● 于贼退之后,其未远止在城外侧近围绕之中,寅夜偷工开壕筑城[22]。仍命工人计城厚薄而中分之,先并力以筑其表,高及寻丈,度不可以骤登,则又并力以筑其里,适相当,然后增筑以成之。内具畚锸以督役,外荷戈矛以备警。起五邑之夫,万人竭作,不淹时而毕[23]。

● 城壁长八百八十二丈、高二丈五尺、上阔一丈六尺、底阔三丈七尺五寸。及于城壁外开筑城壕,绕城壕堑,计长七百八十八丈,上阔三丈,底阔一丈八尺,深一丈五尺。

【作者简介】

汤璹,生卒年月不详。字君宝,浏阳(今属湖南)人。淳熙十四年(1187)进士,曾任德安府教授。

【注释】

[1] 随州:在今湖北省北部。元人攻下随州,不几日即可到达德安府(治所今湖北安陆)。

[2] 梗路:堵住去路(不让陈规赴京)。

[3] 邀截:拦路抢劫。

[4] 节级:低级武职官员。

[5] 土军:宋代对本地军队的称呼。

[6] 起发:征调,发送。

[7] 缘故:因此。

[8] 刷差:谓清点、差遣军队。勾抽:征调。保甲:宋王安石所创的一种户籍编制制度。若干家编作一甲,设甲长;若干甲编作一保,设保长。此制度一直延续到1949年。

[9] 权府:代理知府。

[10] 戣:音 kuí,古兵器,似戟。

[11] 纠率:纠集统率。

[12] 缒:音 zhuì,系在绳上放下去。

[13] 近远向著:谓距离远近、方向偏正。

[14] 机宜:宜文字的简称。即秘书或机要秘书。

[15] 荻:多年生草本植物,形状如芦苇,地下茎蔓延,叶子长形,花紫色,生长在水边。荻把:以荻穗编的火把。

[16] 涢河:流经今湖北安陆。

[17] 钲:乐器名。铜制,形似钟而狭长,有长柄可执,口向上以物击之而鸣,常在行军时敲打。

[18] 差摄:差遣担任。

[19] 地头:谓巡查的地界范围。

[20] 胆勇:谓有胆量、勇气。保正:保长。

[21] 木拒马:一种可以移动的木制障碍物,以防骑兵突击。

[22] 寅夜:深夜。

[23] 淹时:移时。经过了一段时间。

德安守御录下(节选)

南宋·汤 璹

李横寇德安六十五日引去

绍兴二年六月十三日[1],桑仲余党知邓州李横,号“九哥哥”,领襄阳府、邓、随、郢州所管军马,及逐州百姓,共约五六千人,内正兵约四千人,前来德安府近城下寨,大小七十座……城上战棚下用大木两条,各长二丈四五,横用括木两条,各长六尺,当用横木一条,长一丈,造就托竿一所。又以干竹柴草,造下“火牛”三百余个[2]。又以大枋木三条,合就长板一片,约长一丈五尺有余。又以火炮药造下长竹竿火枪二十余条,撞枪、钩镰各数条[3],皆用两人共持一条,准备天桥近城,于战棚上下使用。

【注释】

[1] 绍兴二年:1132 年。

[2] 火牛:竹竿上缚干草,燃以烧敌。

[3] 钩镰:镰刀。

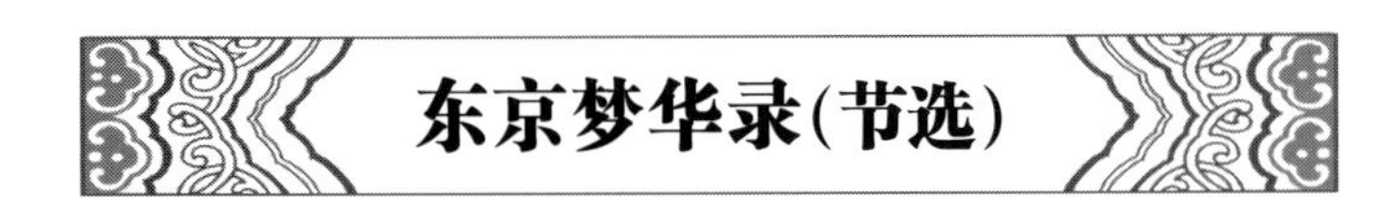

东京梦华录(节选)

南宋·孟元老

【提要】

本文选自《东京梦华录注》(中华书局 1982 年版)。

《东京梦华录》10 卷,约 3 万言,是一部追述北宋都城东京(又称汴京,今河南开封)城市风貌的著作。

孟元老崇宁二年(1103)随其父到东京,建炎元年(1127)北宋覆亡后南逃,在东京共生活了 23 年。

本书所记大多是宋徽宗崇宁到宣和(1102—1125)年间北宋东京的情况,为我们描绘了 12 世纪前后世界上最大城市的恢弘鼎盛,记录了这一历史时期居住在东京的上至王公贵族、下及庶民百姓的日常生活情景,是研究北宋都市社会生活、经济文化的一部极其重要的历史文献。

北宋经济经过一个半世纪的长足发展,到宋徽宗后期已空前繁荣。这种繁荣在东京开封表现得最为明显。开封在唐末称汴州,是五代梁、晋、汉、周的都城。北宋统一,仍都于此,也称为汴京或东京。

《东京梦华录》所记大致包括:京城的外城、内城及河道桥梁、皇宫内外官署衙门的分布及位置、城内的街巷坊市、店铺酒楼,朝廷朝会、郊祭大典,东京民风习俗、时令节日,当时的饮食起居、歌舞百戏等等。

根据描述,我们得知东京概况:

后周显德七年(960),殿前都检点赵匡胤黄袍加身,建立了北宋王朝并定都开封(今河南开封)。经过北宋 9 帝 168 年的大力营建,终在 11 世纪至 12 世纪初成为世界上最大最繁荣的城市,在中国古代都城发展史上起着承前启后的作用。

北宋定都开封,是经过一番激烈争论的。最终选择了开封,是因汴河等河流方便的漕运以及黄河的丰沛水资源。北宋时期,汴河、蔡河、金水河、五丈河等河流横贯东京城,全国各地尤其是东南一带的物资源源而来,东京成为“天下之枢”而“万国咸通”。最重要的是东西向穿城而过的汴河东流至泗州(今江苏盱眙),汇入淮河,成为开封赖以建都的生命线,也是东南物资漕运东京的大动脉。由于汴河沿线往来舟船、客商络绎不绝,临河自然形成为数众多的交易场所,称为“河市”。最繁华的河市在东京河段。

东京城的布局,基本上是继承隋唐以来的传统,但与隋唐的长安、洛阳有所不同,它不是在旧城基础上改建而来的。东京城有三重城垣围护,皇城居中,外为内城,再外为外城,外城为商业区和居民区。内城坐落在外城的中央,亦为商业与居民区,内城与外城之间有一段缓冲地带,以保障内城中的皇城安全;皇城在内城的中央稍偏西北。

为何东京有三重城垣？开封位于华北大平原的南端，周围一马平川，只有赖强化城墙以提升防御能力。北宋王朝除了修筑了三重城墙并常年派重兵防守以外，还完善了城墙本身的军事防御设施。如神宗熙宁年间，“始四面为敌楼，作瓮城及浚治濠堑”，元丰七年(1084)，“又买木修植京城四御门及诸瓮城门，封筑团敌马面”(《宋会要辑稿》方域一)。瓮墙、马面等原本用于边防城堡的建设，东京城全面采用瓮城，可见北宋统治者对防御的重视。

外城又名新城、罗城。周长四十八里二百三十三步，平面近方形，北宋历代皇帝不断增筑、修葺。其中真宗、神宗、徽宗时期的建筑规模最为浩大。真宗大中祥符九年(1016)，曾动用大批丁役耗费三年时间进行增筑。神宗熙宁八年(1075)，再次动用丁役万人，费时3年进行扩建，扩建后的宋外城达到五十里一百六十五步(一步约合今1.2—1.3米)。徽宗时期再次加筑，一度曾扩展到周长八十里，“其高际天”，直到钦宗即位，金人将要攻城时仍未完工。

宏伟的北宋外城墙高四丈、宽五丈九尺。城墙四面修筑有敌楼和瓮城，瓮城是围绕在城门外修筑的小城堡，假如敌人进入此地，绝无逃生的可能。城墙上每隔百步就建一座马面，突出在城墙之外，是用于射击的小型碉堡，可以有力地打击攻至城下的敌军。在城墙中心区的东西两边各设有鼓楼和钟楼，为战斗指挥部和瞭望塔。沿外城城墙，每二百步便设置一座军械库，贮藏各种军备和武器，以备随时使用。

外城有12座城门和7座水门。城门是交通和运输的主要出入口，有利于分头出击和防守。水门是水上交通的门户，一到夜晚，水门便放闸关闭，防止有人顺河潜入城内。东京城的河流四通八达，汴河、蔡河、金水河、五丈河及四条人工运河贯穿全城。汴河是东京与外界相联系的一条主要河流，它由西水门淙淙流入，然后横贯全城，带着东京白天的喧闹与夜间的繁华由东水门缓缓流出。汴河的前身是隋朝的通济渠，宋时曾经多次修浚和疏通，成为沟通南北经济的大动脉。

汴河上共有13座桥梁，东水门外的虹桥最为著名。张择端的《清明上河图》，就是以虹桥附近的市井场面为背景，反映了东京城当时的繁华无限与世态人情。宋朝统治者出于防范的需要，在城外挖筑有城壕，宽五十步，深一丈五尺，并引汴河水环城流淌，因此也叫护城河。护城河两岸柳树成阴，鸟雀成群，平时严禁百姓通行，渗透着王都的森严。

东京的内城，也称为阙城，因为建筑年代早于新城，因此也称为旧城。内城是在唐代汴州城的基础上，经过修葺而成的，周长二十里一百五十五步。内城也是土筑的，仅四周的拐角用砖包砌。宋朝统治者在内城之中控制着东京的经济命脉，除戒备森严的各级衙署外，酒楼、店铺，灯红酒绿，热闹非凡。尤其在界身巷内，金银珠宝店、绫罗绸缎行比比皆是，熙来攘往，人流如潮，充分显示了王都的恢弘气派与富丽堂皇。

御街是内城中最宽阔壮丽的皇家大道，宽达300多米，从宣德门向南经州桥，再通过内城的朱雀门，直达外城的南薰门。这是一条中心大道，为全城的中轴线。自宣德门到朱雀门内的州桥，实际上是宫廷衙署的聚集地，中央主要机构多分布在街道附近。御街中间为王公大臣专用的御路，平时禁止车马随意通行。路旁是人工挖筑的街渠，种植葱翠欲滴的荷花，到了夏季，出水芙蓉一望无际，清凉世界华丽而宁静。渠外果林片片，桃李杏梨应有尽有，花开时节，你方唱罢我登场，红黄白绿，清香四溢，风光无限……每逢节日，这里就成了盛大庆典的舞台，“士庶阗咽”，一派欢乐的海洋。

皇城，即大内，又称宫城，位于东京城中央稍偏北。皇城城墙用砖包砌，周围五里，原为唐宣武军节度使的治所，周世宗时曾加以扩建和修缮，作为皇宫驻地，但仍嫌逼仄狭小。宋太祖赵匡胤代周称帝后，“广皇城东北隅，命有司画洛阳宫殿，按图修之，皇居始壮丽矣”。

皇城有6座门，南城墙建有3座城门，中为宣德门，是宫城正门，为北宋帝王重大活动的举办场所，因此修筑得十分威严壮丽。皇城大致可以分为三个区：南区有枢密院、中书省、宰相议事都堂和颁布诏令、历书的明堂，西有尚书省，内置房舍3 000余间；中区是皇帝上朝理政之所，重要的建筑有大庆殿、垂拱殿、崇政殿、皇仪殿、龙图阁、天章阁、集英殿等；北区为后宫，这里亭台楼阁不计其数，充分显示了王室的奢侈与豪华。王安石曾有诗曰：“娇云漠漠护层轩，嫩水溅溅不见源。禁柳万条金细捻，宫花一段锦新翻。”考古勘探发现，宫城内前半部的中轴线上有大型夯土台基，台基正对内城和外城的南门，呈纵贯南北的中轴线。这种由外城、内城、宫城三重城构成的都城布局为元明清都城所仿效，对后世的城市建筑影响很大。

东京城的街道和城门相互配合。四条御路把全城街巷串联起来，纵横交错，密如蛛网。第一条从皇宫的正门向南，经州桥，过内城朱雀门，直至外城南薰门；第二条从州桥往西，经郑门，到新郑门；第三条由州桥向东过宋门至新宋门；第四条从相国寺前向东往北，经过封丘门，直达新封丘门。其中以皇宫到南薰门的御路最宽，约二百余步，约今300米，实际上是一个宫廷前广场，其他街道宽二十五步至五十步。《东京梦华录》：“自宣德楼一直南去，约阔二百余步，两边乃御廊，旧许市人买卖于其间。自政和间官司禁止，各安立黑漆杈子，路心又安朱漆杈子两行，中心御道，不得人马行往，行人皆在廊下朱杈子之外。杈子里有砖石甃砌御沟水两道，宣和间尽植莲荷，近岸植桃李梨杏，杂花相间，春夏之间，望之如绣。”

孟元老在《自序》中追述了东京当年的繁胜：“正当辇毂之下，太平日久，人物繁阜。垂髫之童，但习鼓舞；斑白之老，不识干戈。时节相次，各有观赏：灯宵月夕，雪际花时，乞巧登高，教池游苑。举目则青楼画阁，秀户珠帘。雕车竞驻于天街，宝马争驰于御路，金翠耀目，罗琦飘香。新声巧笑于柳陌花衢，按管调弦于茶坊酒肆。八荒争凑，万国咸通，集四海之珍奇，皆归市易；会寰区之异味，悉在庖厨。花光满路，何限春游？箫鼓喧空，几家夜宴。伎巧则惊人耳目，侈奢则长人精神。”

书中除了详细记录了大宋都城的规模、形制，还记录了姜行、纱行、牛行、马行、果子行、鱼行、米行、肉行、南猪行、北猪行、大货行、小货行、布行、邸店、堆垛场、酒楼、食店、茶坊、酒店、客店、瓠羹店、馒头店、面店、煎饼店、瓦子、妓院、杂物铺、药铺、金银铺、彩帛铺、染店、珠子铺、香药铺、靴店等三十多“行”。虽不能说一网打尽，但罗列确实很丰富了。

书中提到的一百多家店铺中，酒楼和各种饮食店就占半数以上。潘楼、欣乐楼（即任店）、遇仙正店、中山正店、高阳正店、清风楼、长庆楼、八仙楼、班楼、仁和正店……大型高级酒楼就有七十二户。其中丰乐楼，“宣和间，更修三层相高，五楼相向，各用飞桥栏槛，明暗相通，珠帘绣额，灯烛晃耀”。书里记载的东京吃食还元腰子、烧臆子、莲花鸭签、酒炙肚胘、入炉羊头签、鸡签、盘兔、炒兔、葱泼兔、假野狐、金丝肚羹、石肚羹、煎鹌子、三脆羹、二色腰子、生炒肺、炒蛤蜊、炒蟹……品种很多，闻所未闻，看了就让人满嘴津起，垂涎揎袖前往。

皇城南界身巷的金银采帛交易：“屋宇雄壮，门面广阔，望之森然，每一交易，动即千万,骇人闻见。”东京的酒店家家“必有厅院,廊庑掩映,排列小阁子,吊窗花竹,各垂帘幕,命妓歌笑,各得稳便”。清明出游的东京“四野如市,往往就芳树之下,或园囿之间,罗列杯盘,相互劝酬,都城之歌儿舞女,遍满园亭,抵暮而归”。而暮春时节的东京更是甜美如梦,“万花烂漫,牡丹、芍药、棣棠、木香种种上市,卖花者以马头竹篮铺排,歌叫之声,清奇可听。晴帘静院,晓幕高楼,宿酒未醒,好梦初觉”。

书中记载,随着市民夜生活的延长,朝廷解除了长期实行的“夜禁”,夜市、早市和鬼市遍地开花。各种店铺的夜市开至三更,五更重又迎客;热闹处的店铺更是通宵营业;有的茶房每天五更点灯开张,买卖衣服、图画、花环、领抹之类,拂晓即散,谓之“鬼市子”。

作者还用大量的笔墨,记录了当时东京民间和宫廷的“百艺”,并辟《京瓦伎艺》一目,详述了勾栏诸棚的盛况、各艺人的专长。至于节日风俗、四时风物、相亲嫁娶也有专章介绍。

经历亡国之痛的孟元老,把无限的留恋和怅惘都化为了沉沉灼灼的文字了,静水深涛流至今。

东都外城

东都外城方圆四十余里。城壕曰护龙河,阔十余丈,壕之内外,皆植杨柳,粉墙朱户,禁人往来。城门皆瓮城[1]三层,屈曲开门,唯南薰门、新郑门、新宋门、封丘门皆直门两重,盖此系四正门,皆留御路故也。新城南壁,其门有三:正南门曰南薰门;城南一边,东南则陈州门,傍有蔡河水门;西南则戴楼门,傍亦有蔡河水门。蔡河正名惠民河,为通蔡州故也。东城一边,其门有四:东南曰东水门,乃汴河下流水门也。其门跨河,有铁裹窗门,遇夜如闸垂下水面,两岸各有门,通人行路,出拐子城[2],夹岸百余丈;次则曰新宋门;次曰新曹门;又次曰东北水门,乃五丈河[3]之水门也。西城一边,其门有四:从南曰新郑门;次曰西水门,汴河上水门也;次曰万胜门;又次曰固子门;又次曰西北水门,乃金水河水门也。北城一边,其门有四:从东曰陈桥门[4];次曰封丘门[5];次曰新酸枣门;次曰卫州门[6]。新城每百步设马面、战棚[7]。密置女头[8],旦暮修整,望之耸然。城里牙道[9],各植榆柳成阴。每二百步置一防城库[10],贮守御之器,有广固兵士二十指挥[11],每日修造泥饰,专有京城所提总其事[12]。

【作者简介】

孟元老,生卒年月不详。原名孟钺,号幽兰居士。开封市人。曾任开封府仪曹,北宋末叶在东京居住二十余年。靖康之难第二年(1127),孟元老离开东京开封南下,避地江左,遂终老此生。孟元老避地江南的数十年间,寂寞失落中也时常暗想当年东京繁华,心中无限惆怅。而与年轻人谈及此,他们“往往妄生不然”。怅然中,他提笔追忆东京当年繁华,编次成集,于南宋绍兴十七年(1143)撰成《东京梦华录》。

【注释】

[1] 瓮城:为了加强城堡或关隘的防守,在城门外(亦有在城门内侧的特例)修建的半圆形或方形护门小城。瓮城两侧与城墙连在一起建立,设有箭楼、门闸、雉堞等防御设施。瓮城城门通常与所保护的城门不在同一直线上,以防攻城槌等武器的进攻。

中国古代城池中,瓮城的设置兴盛于五代和北宋时期。曾公亮《武经总要》载:“其城外瓮城,或圆或方。视地形为之,高厚与城等,惟偏开一门,左右各随其便。”

[2] 拐子城:北宋开封城汴河水门又称“拐子城”。近年开封考古勘探位于外城东墙南段的水门遗址,发现门址前有一长方形瓮城。瓮城与城门呈直线对应。同时在瓮城外壁还探出大量碎砖块,证明瓮墙外壁有包砖。值得注意的是,在瓮城南侧约70米处流过的惠济河推测就是北宋汴河遗址。

此城为姚仲友(亦作“姚友仲”)守东京,针对守城兵士才3万且“十失五六”(《资治通鉴长编》)的实际,设计修筑的一种用兵少而效率高的抗敌城池。《资治通鉴长编》载,措置南北拐子城……姚友仲于南北拐子城上别造两圆门,计拓马面三十步许,砖砌成,中间开一小圆门,干戈板闸下如城门法四面置女墙,迎敌皆自圆门出,万一敌兵厚重则圆门放下干戈板,又是拐子城也……通津门两拐子城正是守敌处,守御有方终不可破,皆姚友仲力。以此法,姚仲友成功阻止了金兵对东京的攻势。

[3] 五丈河:在今河南开封县北。五代后周与北宋先后引汴水及金水河入五丈河,以通漕运。

[4] 原注:乃大辽人使驿路。

[5] 原注:北郊御路。

[6] 原注:诸门名皆俗呼。其正名如西水门曰利泽,郑门本顺天门,固子门本金耀门。

[7] 马面:古时沿着城墙所建的一系列在平面上凸出于墙面外的墩台。其作用是加固城体,便于观察和夹击攻城敌兵。宋人沈括《梦溪笔谈》:“其城不甚厚,但马面极长且密。予亲使人步之,马面皆长四丈,相去六七丈。”

马面有长方形和半圆形两种,敌人来犯时,马面与城墙可形成三角形防御体系,有效消除原线形防御的城下死角,自上而下从三面攻击敌人。马面的一般宽度为12—20米,凸出墙体外表面8—12米,间距为20—250米(一般为70米)。宋人陈规《守城录·守城机要》载:“马面,旧制六十步立一座,跳出城外,不减二丈,阔狭随地利不定,两边直觑城脚,其上皆有楼子。”在冷兵器时代,这个距离恰好在弓矢投石的有效射程之内。

现存最早的马面实物,见于甘肃夏和县北的汉代边城八角城。夏都统万城的马面与以往的实心马面不同,为空心。这些马面间距50—100米,分布在城墙四周。但西城南墙的马面较为特殊,是空心敌台,既长又宽,每座长18.8米,宽16.4米,现存高度为14.2米。赫连勃勃将南城墙修得格外严密,主要是为了防御北朝的刘宋政权。

战棚:古代城墙上防守用的活动棚屋。《新唐书·南诏下》:“初,成都无隍堑,乃教耽浚隍,广三丈;作战棚于埤,列左右屯营。”《梦溪笔谈》:“边城守具中有战棚,以长木抗于女墙之上,大体类敌楼,可以离合。设之,顷刻可就,以备仓卒城楼摧坏,或无楼处受攻,则急张战棚以临之。”宋叶适《江陵府修城记》:“为砖城二十一里,楼橹战棚之屋一千三间,浚隍池,缭甬道,备凡扞御器械之用。”

[8] 密置:稠密布置。女头:城墙上垛子一类的防护建筑。

[9] 牙道:官道。

[10] 防城库:存放护城兵器的库房。

[11] 广固:谓修缮城池(的士兵)。指挥:北宋时代,指挥是基本军事编制单位,其统兵官称指挥使和副指挥使。每一指挥兵力规定是500人,但往往少于此数。

[12] 京城所:全称“修治京城所”。衙署名。管理京城修缮之事。

河　道

穿城河道有四。

南壁曰蔡河[1],自陈蔡由西南戴楼门入京城辽绕,自东南陈州门出。河上有桥十一[2],自陈州门里曰观桥[3],从北次曰宣泰桥,次曰云骑桥,次曰横桥子[4],次曰高桥,次曰西保康门桥,次曰龙津桥[5],次曰新桥,次曰太平桥[6],次曰粜麦桥,次曰第一座桥,次曰宜男桥,出戴楼门外曰四里桥。

中曰汴河[7],自西京洛口分水入京城,东去至泗州入淮,运东南之粮。凡东南方物,自此入京城,公私仰给[8]焉。自东水门外七里至西水门外,河上有桥十三:从东水门外七里,曰虹桥[9]。其桥无柱,皆以巨木虚架,饰以丹雘,宛如飞虹。其上下土桥亦如之。次曰顺成仓桥,入水门里曰便桥,次曰下土桥,次曰上土桥。投西角子门曰相国寺桥,次曰州桥[10],正对于大内御街,其桥与相国寺桥皆低平不通舟船,唯西河平船可过,其柱皆青石为之,石梁石笋楯栏[11],近桥两岸,皆石壁,雕镌海马水兽飞云之状。桥下密排石柱,盖车驾御路也。州桥之北岸御路,东西两阙,楼观对耸。桥之西有方浅船二只,头置巨干铁枪数条,岸上有铁索三条,遇夜绞上水面,盖防遗火舟船矣[12]。西去曰浚仪桥,次曰兴国寺桥[13],次曰太师府桥[14],次曰金梁桥,次曰西浮桥[15]。次曰西水门便桥,门外曰横桥。

东北曰五丈河,来自济郓,般挽京东路粮斛入京城[16],自新曹门北入京,河上有桥五:东去曰小横桥,次曰广备桥,次曰蔡市桥,次曰青晖桥、染院桥。

西北曰金水河[17],自京城西南分京、索河水筑堤,从汴河上用木槽架过,从西北水门入京城,夹墙遮拥[18],入大内灌后苑池浦矣。河上有桥三:曰白虎桥、横桥、五王宫桥之类。又曹门小河子桥曰念佛桥,盖内诸司辇官、亲事官之类[19],军营皆在曹门,侵晨上直[20],有瞽者在桥上念经求化,得其名矣。

【注释】

[1] 蔡河:位于东京城南部,闵水、洧水等经此河而汇流。由东京戴楼门东广利水门入城,缭绕从陈州门西普济水门出城,流经通许至陈州东南入于沙河,以通陈、蔡、汝、颖诸州。京西北路漕运多仰此河,陈(今河南淮阳)、蔡(在今河南上蔡、新蔡一带)等产粮重地的;粮食自闵河、蔡河入汴至京师。蔡河又沟通江南达于长江,每年运淮河粟米60万石。故其航运价值极高,仅次于汴河。

[2] 桥十一:按:应作十三,桥数如此。

[3] 原注:在五岳观后门。

[4] 原注:在彭婆婆宅前。

[5] 原注:正对内前。

[6] 原注:高殿前宅前。

[7] 汴河:汴河是东京四条河中最为重要的一条。秦汉间称鸿沟,西汉时名蒗荡渠,东汉时已有汴河之名,魏晋时又叫官渡水。至隋,成为大运河中通济渠的一段。

大运河共分四段。第一段是广通渠,引渭水从大兴城(长安)到潼关,长 100 多公里。第二段是大业元年(605)开凿的通济渠,从洛阳西苑引谷水、洛水到黄河,再从板渚(今荥阳县东北)引黄河水东南流,经成臬、中牟、开封、陈留、杞县、宁陵、商丘、夏邑、永城、宿县、灵璧,到盱眙北,达于淮河。同年,隋炀帝又征发淮南民夫 10 多万人开通山阳渎,引长江水经扬子(今江苏仪征)到山阳(今江苏淮安)与淮水通,通济渠连同山阳渎,全长 1 000 多公里,成为沟通黄河、淮河、长江的重要通道。第三段是大业六年(610)开的江南运河,从京口(今江苏镇江)南至余杭流入钱塘江,全长 400 公里。第四段是大业四年(608)开的永济渠,引沁水东北通涿郡(今北京)。

605 年春,通济渠动工开凿。那是因为隋炀帝定在当年的八月十五从洛阳动身乘龙舟去江都(今江苏扬州)巡游,其间仅有 171 天的施工时间。当局征召数百万民夫,民工不分昼夜在水中劳动,疫役交加,死亡竟达三分之二。汴河开凿以后,它的作用还没有得到充分发挥,隋朝便灭亡了。

通济渠在唐朝以后称汴河。因运河畅通,南方粮绢珍宝千里往来,络绎不绝,舟船所集,常万余艘,填河路,商旅贸易,车马填塞。天下财赋,大半由此路而进。唐人皮日休作《汴河怀古》两首:“万艘龙舸绿丝间,载到扬州尽不还。应是天教开汴水,一千余里地无山。”“尽道隋亡为此河,至今千里赖通波,若无水殿龙舟事,共禹论功不较多。”

北宋立国的政策,与前代大不相同,实行中央集权政策,集重兵于中央以造成强干弱枝之势。中央既然集中了重兵,粮食需求便剧增。于是,漕运江淮米粮方便而又能照顾北方和西北边防的开封就成了皇都首选之地。著名的《清明上河图》描述的就是汴河上舟楫连樯的繁忙景象。据专家考证,图中所绘城楼,就是“上善东水门”(《北宋东京上善门考》,载《史学月刊》1991 年 02 期)。

北宋通漕主要依靠汴河。《宋史・食货志》载:宋都大梁,有四河以通漕运:曰汴河、曰黄河、曰惠民河、曰广济河,而汴河所漕为多。天禧三年(1019),汴河漕运粮食竟达 800 万石。汴河已是连接南方财富与首都的重要纽带。淳化二年(991)六月,汴河洪水暴涨,太宗亲临河堤督促防汛抢险,宰相、枢密等大臣劝他回宫休息,他却说:东京养甲兵数十万,居人百万之家,天下转漕,仰给在此一渠水,朕安得不顾。

北宋末年,由于运粮改为直达运输,结果因河道、船体等等原因,漕运船只的损失居高不下,运输成本大大增加,汴河的运输量大大减少。宋徽宗政和年间,汴河河床逐年增高,航行大段搁浅,漕运颇受阻碍。靖康以后,汴河有时干涸月余,漕运不通。这时,每年只能通航半年。即便如此,徽宗从江南大肆搜刮来异树奇石等“花石纲”还是要优先占用漕运航道,于是粮食等漕运船只只能让行,汴河越发阻塞难通。1125 年,金兵围东京时,汴河上游已呈“堤岸关防,汴渠久绝”面貌。

宋室君臣南渡,金人曾利用汴河水道以舟师尾追。宋高宗为了阻止金兵进逼,下诏破坏汴河水道,南北水运于是告绝。

[8] 仰给:赖之以供给。

[9] 虹桥:此桥即张择端笔下船过之虹桥。

[10] 原注:正名天汉桥。

[11] 石笋:石柱,状如笋。楯栏:栏杆。

[12] 遗火:失火。

[13] 原注:亦名马军衙桥。

[14] 原注:蔡相宅前。

[15] 原注:旧以船为之桥,今皆用木石造矣。

[16] 般挽:搬运输送。粮斛:粮食。粮以斛量,故称。

[17] 金水河:金水河,本京、索水,导自荥阳县东南黄堆山,其源名祝龙泉,过中牟称金水河。是北宋时期流经东京城西北部的一条重要河流。因其水质清澈而甘甜,遂成为了东京城内人们生活用水的主要河流。宋漕运四渠之一。著名的金明池池水便引自金水河。京水,古河名,位于今郑州市区西北 20 公里。索水,今称索河。以流经小索亭(在今河南荥阳)而得名。

[18] 遮拥:谓拥挤阻拦。

[19] 辇官:侍奉皇帝的官员。亲事官:衙门内办理具体事务的官员。

[20] 侵晨:一清早,天刚亮。

大　　内

大内正门宣德楼列五门,门皆金钉朱漆,壁皆砖石间甃镌镂[1]龙凤飞云之状,莫非雕甍画栋,峻桷层榱,覆以琉璃瓦,曲尺朵楼[2],朱栏彩槛,下列两阙亭相对,悉用朱红杈子[3]。

入宣德楼正门,乃大庆殿。庭设两楼,如寺院钟楼,上有太史局保章正[4]测验刻漏,逐时刻执牙牌奏[5]。每遇大礼,车驾斋宿,及正朔朝会于此殿[6]。殿外左右横门曰左右长庆门。

内城南壁有门三座,系大朝会趋朝路[7]。宣德楼左曰左掖门,右曰右掖门。左掖门里乃明堂,右掖门里西去乃天章、宝文等阁。

宫城至北廊约百余丈。入门东去街北廊乃枢密院[8],次中书省[9],次都堂[10],次门下省[11],次大庆殿外廊横门。北去百余步,又一横门,每日宰执趋朝,此处下马;余侍从台谏于第一横门下马[12],行至文德殿,入第二横门。东廊大庆殿东偏门西廊,中书、门下后省[13],次修国史院,次南向小角门,正对文德殿[14]。殿前东西大街,东出东华门,西出西华门。近里又两门相对,左右嘉肃门也。南去左右银台门。

自东华门里皇太子宫入嘉肃门,街南大庆殿后门,东西上阁门,街北宣祐门。南北大街西廊面东曰凝晖殿,乃通会通门入禁中矣。殿相对东廊门楼,乃殿中省六尚局御厨[15]。殿上常列禁卫两重,时刻提警[16],出入甚严。近里皆近侍中贵……

宣祐门外西去紫宸殿[17]。次曰文德殿[18],次曰垂拱殿,次曰皇仪殿,次曰集英殿[19]。后殿曰崇政殿、保和殿。内书阁曰睿思殿。后门曰拱辰门。东华门外市井[20]最盛,盖禁中买卖在此。

【注释】

[1] 甃:音 zhòu,用砖修砌。镌镂:雕镂。

[2] 朵楼:正楼两旁的楼。

[3] 杈子:官府宦宅前用以阻拦人马通行的木架,古称行马。程大昌《演繁露》:行马者,

一木横中,两木互穿以成。四角施之于门,以为约禁也。

[4] 保章正:太史局官员。太史局掌测验天文,考定历法。

[5] 牙牌:象牙或骨角制成的记事签牌。

[6] 正朔:正月初一。朝会:大臣及外国使者朝见天子。

[7] 趋朝:上朝。

[8] 枢密院:枢密院,唐、五代、宋、辽、元时代的官署名称。宋代沿置,主要管理军事机密及边防等事,与中书省并称“二府”,同为最高国务机关。枢密院掌军国机务、兵防、边备、戎马之政令,出纳密命,以佐邦治。凡侍卫诸班直、内外禁兵招募、阅试、迁补、屯戍、赏罚之事,皆掌之。

[9] 中书省:古代官署名。魏曹丕始设,为秉承君主意旨,掌管机要、发布政令的机构。宋代虽设尚书、门下、中书三省,而中书省之权特重。《宋史·职官志》:“宰相不专任三省长官,尚书、门下并列于外,又别置中书禁中,是为政事堂。与枢密院对掌大政。”宋代中书省之职是“掌进拟庶务,宣奉命令、行台谏章疏,群臣奏请兴创改革及任命省、台、寺、监、侍从、知州军、通判等官员”。中书省掌握行政大权,它与掌管军事大权的枢密院,合称“二府”。

[10] 原注:宰相朝退治事于此。

[11] 门下省:官署名称。晋,始置门下省。宋初门下省仅主朝仪、驳正违失、收发通进奏状、进请宝印等事。神宗元丰改官制,始恢复审查诏令的旧制。南宋初,中书、门下合并为一。

[12] 台谏:唐宋时以专司纠弹的御史为台官,以职掌建言的给事中、谏议大夫等为谏官。

[13] 后省:宋神宗元丰八年(1085)后对中书、门下外省的别称。

[14] 原注:常朝殿也。

[15] 殿中省:官署名。魏晋以后,在门下省设殿中监一官。隋代始设立殿内省,唐武德元年(618),改殿内省为殿中省,掌皇帝生活诸事,所属有尚食局、尚药局、尚衣局、尚舍局、尚乘局、尚辇局六局。宋沿置,仅为寄禄官,六尚局职掌分由它署担任,如尚食归御厨,尚药归医官院等。

[16] 提警:提醒,警戒。

[17] 原注:正朔受朝于此。

[18] 原注:常朝所御。

[19] 原注:御宴及试举人于此。

[20] 市井:买卖商品的场所。

宣德楼前省府宫宇

宣德楼前,左南廊对左掖门,为明堂颁朔布政[1]府。秘书省右廊南对右掖门。近东则两府八位[2],西则尚书省。

御街大内前南去,左则景灵东宫,右则西宫。近南大晟府,次曰太常寺。州桥曲转大街面南曰左藏库。近东郑太宰[3]宅、青鱼市内行[4]。景灵东宫南门大街以东,南则唐家金银铺、温州漆器什物铺、大相国寺,直至十三间楼、旧宋门。自大内西廊南去,即景灵西宫,南曲对即报慈寺街、都进奏院、百钟圆药[5]铺,至浚仪桥大街。西宫南皆御廊杈子,至州桥投西大街,乃果子行。街北都亭驿[6],相对梁家珠子铺。余皆卖时行纸画、花果铺席。至浚仪桥之西,即开封府。

御街一直南去,过州桥,两边皆居民。街东车家炭、张家酒店,次则王楼山洞梅花包子、李家香铺、曹婆婆肉饼、李四分茶[7]。至朱雀门街西过桥,即投西大街,谓之曲院[8]街。街南遇仙正店,前有楼子后有台,都人谓之“台上”。此一店最是酒店上户,银瓶酒七十二文一角,羊羔酒八十一文一角。街北薛家分茶、羊饭、熟羊肉铺。向西去皆妓馆舍,都人谓之“院街”。御廊西即鹿家包子。余皆羹店、分茶、酒店、香药铺、居民。

【注释】

[1]颁朔:古代帝王每年冬季把来年的历日布告天下,谓之颁朔。布政:施政。

[2]两府八位:宋时谓中书省、枢密院为两府。元丰初,于右掖门前建东西府,每府相对为四位,后称之为八位。

[3]郑太宰:郑居中(1059—1123),字达夫,开封人,王珪之婿。举进士后以徽宗郑贵妃之从兄弟相标榜,由是深得宠信,历任起居舍人、给事中、翰林学士等要职。大观元年(1107)至四年官拜同知、枢密院事知枢密院事,政和三年(1113)至七年再拜知枢密院事、太宰,宣和二年(1120)至五年三拜领枢密院事。连封崇国公、宿国公、燕国公。任内为迎合帝意、争夺权力,先是串通刘正夫攻击张商英和刘逵,助蔡京复相;继而步张康国之后尘,事事与京作对。暴卒。追封华原郡王,谥文正。

[4]青鱼市内行:谓市内的鱼类市场。

[5]百钟圆药:邓之诚谓“百钟”应作“百种”,“圆药”应作“丸药”,避钦宗名改。

[6]原注:大辽人使驿也。

[7]分茶:宋时指酒菜店或面食店。《东京梦华录》:大凡食店,大者谓之分茶。

[8]曲院:酒坊。造酒者连铺成街,可见其盛。

酒　　楼

凡京师酒店门首,皆缚彩楼欢门[1],唯任店入其门,一直主廊约百余步,南北天井两廊皆小阁子,向晚灯烛荧煌[2],上下相照,浓妆妓女数百,聚于主廊檐面上,以待酒客呼唤,望之宛若神仙。

北去杨楼以北穿马行街,东西两巷谓之大小货行,皆工作伎巧所居[3]。小货行通鸡儿巷妓馆,大货行通笺[4]纸店白矾楼,后改为丰乐楼。宣和间,更修三层相高[5]。五楼相向,各用飞桥栏槛。明暗相通,珠帘绣额,灯烛晃耀。初开数日,每先到者赏金旗,过一两夜则已。元夜[6],则每一瓦陇[7]中皆置莲灯一盏。内西楼后来禁人登眺,以第一层下视禁中。大抵诸酒肆瓦市,不以风雨寒暑,白昼通夜,骈阗如此[8]。

州东宋门外仁和店、姜店,州西宜城楼、药张四店、班楼,金梁桥下刘楼,曹门蛮王家、乳酪张家,州北八仙楼,戴楼门张八家园宅正店,郑门河王家,李七家正店,景灵宫东墙长庆楼。在京正店七十二户,此外不能遍数,其余皆谓之“脚店”。

卖贵细下酒[9],迎接中贵饮食[10],则第一白厨,州西安州巷张秀,以次保康门李庆家,东鸡儿巷郭厨,郑皇后宅后宋厨,曹门砖筒李家,寺东骰子李家、黄胖家。九桥门街市酒店,彩楼相对,绣旆相招,掩翳天日。政和[11]后来,景灵宫东墙下长庆楼尤盛。

【注释】

[1] 欢门:酒楼食店以五彩装饰的门面。

[2] 荧煌:辉煌。

[3] 伎巧:工艺匠人。

[4] 通笺:往来的书信。

[5] 三层相高:谓各栋楼层高都至三层。相:对,相等。

[6] 元夜:元宵夜。

[7] 瓦陇:亦作"瓦垄"。屋顶上用瓦铺成的凸凹相间的行列。

[8] 骈阗:聚集在一起。

[9] 贵细:谓珍贵精巧之物。

[10] 中贵:朝廷中的高官。

[11] 政和:宋徽宗年号,1111—1118年。

三月一日开金明池琼林苑

三月一日,州西顺天门外开金明池、琼林苑[1],每日教习车驾上池仪范[2]。虽禁从士庶许纵赏,御史台有榜不得弹劾[3]。

池在顺天门外街北,周围约九里三十步,池西直径七里许。入池门内南岸西去百余步,有面北临水殿,车驾临幸,观争标、锡宴于此[4]。往日旋以彩幄,政和间用土木工造成矣。

又西去数百步,乃仙桥,南北约数百步,桥面三虹,朱漆栏楯,下排雁柱[5],中央隆起,谓之"骆驼虹",若飞虹之状。

桥尽处,五殿正在池之中心,四岸石甃向背,大殿中坐,各设御幄,朱漆明金龙床,河间云水戏龙屏风,不禁游人。殿上下回廊,皆关扑[6]钱物、饮食、伎艺人作场、勾肆[7],罗列左右。桥上两边,用瓦盆内掷头钱[8],关扑钱物、衣服、动使[9]。游人还往,荷盖相望[10]。

桥之南立棂星门[11],门里对立彩楼。每争标作乐,列妓女于其上。门相对街南有砖石甃砌高台,上有楼观,广百丈许,曰宝津楼,前至池门,阔百余丈,下阚[12]仙桥水殿,车驾临幸观骑射、百戏于此[13]。

池之东岸,临水近墙,皆垂杨。两边皆彩棚幕次[14],临水假赁[15],观看争标。街东皆酒食店舍,博易场户[16],艺人勾肆,质库[17],不以几日解下,只至闭池,便典没出卖[18]。北去直至池后门,乃汴河西水门也。

其池之西岸,亦无屋宇,但垂杨蘸水,烟草铺堤,游人稀少,多垂钓之士,必于池苑所买牌子,方许捕鱼。游人得鱼,倍其价买之。临水斫脍[19],以荐芳樽,乃一时佳味也。习水教罢,系小龙船于此。

池岸正北对五殿起大屋,盛大龙船,谓之"奥屋"。车驾临幸,往往取二十日。诸禁卫班直簪花[20],披锦绣,撚金线衫袍,金带勒帛之类[21],结束[22]竞逞鲜新。出内府金枪,宝装弓剑,龙凤绣旗,红缨锦辔。万骑争驰,铎声震地。

【注释】

[1] 金明池:北宋著名皇家别苑,又名西池、教池,位于东京顺天门外,遗址在今开封市城西的南郑门口村西北、土城村西南、吕庄以东和西蔡屯东南一带。金明池始建于五代后周显德四年(957),原供演习水军之用。北宋太平兴国七年(982),宋太宗赵匡义幸其池,阅习水战。政和年间,宋徽宗在池内建殿宇,以便春游、观看水戏。金明池周长九里三十步,池呈矩形,建筑大多分在南岸及池中岛上,以便皇帝校阅。四周有围墙,设门多座,西北角为进水口,池北后门外,即汴河西水门。正南门为棂星门,南与琼林苑的宝津楼相对,门内彩楼对峙。在其门内自南岸至池中心,有一巨型拱桥——仙桥,长数百步,桥面宽阔。桥有三拱"朱漆栏楯,下排雁柱",中央隆起,如飞虹状,称为"骆驼虹"。桥尽处,建有一组殿堂,称为五殿,是皇帝游乐期间起居处。北岸遥对五殿,建有一"奥屋",又名龙奥,是停放大龙舟处。仙桥以北近东岸处,有面北的临水殿,是赐宴群臣的地方。渐渐地,训练水军的活动演变为固定的表演项目,宋人谓之"水嬉",金明池也成了大众游娱的场所。尤其是徽宗时期,每年自三月初一至四月初八开池,不禁游人,于是其间游人商贾,摩肩接踵,不论风雨,了无虚日。

金明池开池时期,游人大多集中在东岸及宝津楼下,仙桥及中岛五殿之中也挤满了关扑、游览及做生意的艺人、商人等。池西游人稀少,但"垂杨蘸水,烟草铺堤",成为垂钓之士理想的场所。入内者须买牌子,得鱼后还需倍时价买之,然而"临池作脍,以荐芳蹲"亦不乏清雅之乐。

宋画《金明池夺标图》是描述当时在此赛船夺标的生动写照,描绘了宋汴梁皇家园林内赛船场景。金明池园林风光明媚,建筑瑰丽,到明代还是"开封八景"之一。明崇祯十五年(1642)大水后,池园湮没。

琼林苑:北宋初四苑之一,位于东京外城顺天门西南,南临顺天大街,建于乾德二年(964)。大门北向,牙道皆长松古柏,两旁有石榴园、樱桃园等,松柏森列,百花芳郁。广阔的花树之间亭榭隐隐若现、星罗点缀。亭榭多为酒家食肆。政和年间(1111—1118),徽宗在苑东南筑华嘴冈,冈高数十米。上构横观层楼,金碧辉煌;山下有锦石铺道、宝砌池塘,柳锁烟桥,花萦画舫。山上下广植素馨、茉莉、山丹、瑞香、含笑、射香,大多从闽、广、二浙移植。苑中还有月池、梅亭,牡丹茂盛。琼林苑在金明池南,隔街相望,两处园林造景手法不同:琼林苑以奇花异木取胜,金明池以广阔的水域和豪华的建筑物为优。尤值一提的是,琼林苑乾德二年完工后,太祖赵匡胤每次都在这里热热闹闹地办大比之年的进士闻喜宴,后世称为"琼林宴"。

[2] 仪范:礼法,礼仪。

[3] 榜:公开张贴的文书、告示。

[4] 争标:争夺优胜。标:锦标。锡:通"赐",赐给。

[5] 雁柱:桥柱。

[6] 关扑:以钱物为诱饵赌掷财物的博戏。

[7] 作场:民间艺人在空地上表演献艺。勾肆:古代伎人俳优的卖艺场所。

[8] 头钱:在赌博中抽头得到的钱。

[9] 动使:日常应用器具。

[10] 荷盖:谓车盖、伞篷。

[11] 棂星门:旧时称如窗棂形状的门。棂:音 líng,窗户或栏杆上雕花的木格。又:棂星门称学宫孔庙的外门。原名灵星门。

[12] 阚:看。

[13] 百戏:古代杂技的总称。

[14] 幕次:临时搭起的帐篷。

[15] 假赁:租借。

[16] 博易:交易,贸易。场户:谓商户。

[17] 质库:当铺。

[18] 典没:谓没收典押物品。

[19] 斫脍:薄切鱼片。

[20] 簪花,即插簪花于冠上或发髻上。

宋代对簪花极为重视,专门为此作了规定。当时皇帝赐花百官,以罗花最贵,宰执以上官员方可得之;栾枝次之,赐以卿监以上官员;绢花赐以将校以下官。所赐花色,按品级高低各有不同。

在不同场合,赐花的内容也有所不同,《铁围山丛谈》载:生辰大燕遇大辽使者在庭,则用绢帛花,以示节俭,且祖宗旧程也;春秋二燕用罗帛花,甚为美丽;上元节游春,或幸金明池、琼林苑,大臣近侍纷纷扈从车驾,则用滴粉缕金花、燕花,重臣小吏,莫不多寡有数。所赐花色品种中,以滴粉缕金花为最珍贵。宋廷的簪花,程序严密且有序,等级尊卑色彩强烈。

宋廷每遇典礼佳节宴会,一般都大规模对臣下赐花,以示恩泽,以至于"直南一望,便是铺锦乾坤",而北望则"全如花世界"(《梦粱录》),簪花场面之盛可见一斑。

宫廷、民间对鲜花的大量需求推动了宋代养花业及运输业的发展。天下第一花——牡丹在洛阳家家都有,城内所有花园,"皆植牡丹"。南宋的临安,岭南广州"花田"比比皆是。于是,各地都有花朵市,交易鲜花,洛阳天王园花园子、临安官巷齐家、归家花朵铺都享有盛名,赖花而富者不在少数。由于鲜花十分畅销,市场很大,所以许多商人便瞄准鲜花市场,南花北运,北花南贩。鲜花保鲜技术在北宋就有很大发展,当时洛阳每岁都要向京师进贡"姚黄""魏紫"等名花,花匠用"花叶实笼中,藉覆上下,使马上不动摇,亦所以御日气。又以蜡封花带,可数日不落"(《宋朝事实类苑》卷六十)。然后由差人乘驿马不分昼夜地驰送京师。这种岁贡一直持续到北宋灭亡。

[21] 勒帛:丝织腰带。

[22] 结束:装束,打扮。

驾幸临水殿观争标锡宴[1]

驾先幸池之临水殿,锡燕群臣[2]。殿前出水棚,排立仪卫。近殿水中,横列四彩舟,上有诸军百戏,如大旗、狮豹、棹刀、蛮牌、神鬼、杂剧之类[3]。又列两船,皆乐部。又有一小船,上结小彩楼,下有三小门,如傀儡棚[4],正对水中乐船。上参军色进致语[5],乐作,彩棚中门开,出小木偶人。小船子上,有一白衣人垂钓,后有小童举棹划船,辽绕数回[6],作语,乐作,钓出活小鱼一枚,又作乐,小船入棚。继有木偶筑球[7]舞旋之类,亦各念致语唱和乐作而已,谓之"水傀儡"。

又有两画船,上立秋千,船尾百戏人上竿,左右军院虞候监教,鼓笛相和。又一人上蹴秋千,将平架,筋斗掷身入水,谓之"水秋千[8]"。

水戏呈毕,百戏乐船并各鸣锣鼓,动乐舞旗,与水傀儡船分两壁退去。有小龙船二十只,上有绯衣军士各五十余人,各设旗鼓铜锣。船头有一军校,舞旗招引,乃虎翼指挥兵级也[9]。又有虎头船十只,上有一锦衣人,执小旗立船头上,余皆著青短衣长顶头巾,齐舞棹,乃百姓卸在行人也。又有飞鱼船二只,彩画间金,最为精巧,上有杂彩戏衫五十余人,间列杂色小旗绯伞,左右招舞,鸣小锣鼓铙铎之类。又有鳅鱼船二只[10],止容一人撑划,乃独木为之也。皆进花石朱缅所进。诸小船竞诣奥屋[11],牵拽大龙船出诣水殿,其小龙船争先团转翔舞,迎导于前。其虎头船以绳索引龙舟。大龙船约长三四十丈、阔三四丈,头尾鳞鬣[12],皆雕镂金饰,楻板皆退光[13],两边列十阁子,充阁分歇泊[14],中设御座龙水屏风。楻板到底深数尺,底上密排铁铸大银样如卓面大者,压重庶不欹侧也。上有层楼台观槛曲,安设御座。龙头上人舞旗,左右水棚排列六桨,宛若飞腾,至水殿舣之一边[15]。水殿前至仙桥,预以红旗插于水中,标识地分远近[16]。所谓小龙船,列于水殿前,东西相向;虎头、飞鱼等船,布在其后,如两阵之势。

须臾,水殿前水棚上一军校以红旗招之,龙船各鸣锣鼓出阵,划棹旋转,共为圆阵,谓之“旋罗”。水殿前又以旗招之,其船分而为二,各圆阵,谓之“海眼”。又以旗招之,两队船相交互,谓之“交头”。又以旗招之,则诸船皆列五殿之东面,对水殿排成行列,则有小舟一军校执一竿,上挂以锦彩银碗之类,谓之“标竿”,插在近殿水中。又见旗招之,则两行舟鸣鼓并进,捷者得标,则山呼拜舞。并虎头船之类,各三次争标而止。其小船复引大龙船入奥屋内矣。

【注释】

[1]水殿:临水的殿堂。南宋宫廷画家李嵩的《水殿招凉图》为后人描绘了美轮美奂的水殿图。水殿为重檐十字脊歇山顶,屋檐两头微微上翘,几条高起屋脊端头有兽头的收束构件(用以保护屋面两坡易漏雨的部分),垂脊前端则有仙人、蹲兽作为装饰。屋顶瓦陇与瓦当、飞椽、套兽绘法皆极细腻,屋顶山花面搏风版相当宽阔,正中安置垂鱼,沿边又有惹草装饰。屋檐下方阑额上安补间铺作,当心间用两朵,次间各用一朵,完全符合宋代木匠建屋的技术规则。

临水殿建在水边或花丛之旁,构造灵活多样。画上有闸引湖水入渠道,流至宫苑内。建在池沼上的盝顶廊桥,下用地甃,上有排叉柱,柱上架额,额间架梁,是研究宋代桥梁、水闸的宝贵资料。《水殿招凉图》现藏台北故宫博物院。

争标:争夺锦标优胜。起初,太宗赵匡义驾临金明池,并非“与民同乐”,而是为观“水战”。史载,金明池开凿于太平兴国元年(976),当时主要是为了建设一片较大的水城,安置神卫虎翼水军,在每年的春夏之交操教舟楫。赵匡义凿金明池动用了3.5万名士兵,引金水河水贯注。为保证开凿质量,太宗还特意赏役卒每人千钱、一端布,并赐此池名为“金明”。雍熙元年(984)四月,太宗驾至金明池水心殿,检阅水军,只见:“战舰争胜,鼓噪以进,往来驰突,必为回旋击刺之状。”太宗曰:“兵棹,南方之事也,今既平定,固不复用,但时习之,不忘武功耳。”

宋画《金明池争标图》描绘的就是精彩的争标场面。画面苑墙围绕,池中筑十字平台,台上建圆形殿宇,有拱桥通达左岸。左岸建有彩楼、水殿、下端牌楼上额书“琼林苑”三字。池岸四周桃红柳绿,间有凉亭、船坞、殿阁,整个建筑雄伟富丽。水中有一艘大龙舟,上层有楼台高阁,人物活动于楼阁内外;另有数只小船漂游其间。画面左、下两侧的苑墙内外,人群熙来攘往。全图约有千余人,虽然人物微小如蚁,但仔细观察,比例恰当,姿态各异,神情生动,颇具艺术魅力。《宋史》及《东京梦华录》中有关于金明池争标的记载,恰与此图描绘的景象吻合。此图界画严整,笔触细致,具有较高史料价值和艺术价值。此画现藏天津艺术博物馆。

[2]锡燕:同“锡宴”,赐宴。

[3] 棹刀:谓船桨。蛮牌:粗藤做的盾牌。

[4] 傀儡棚:演戏的场所。

[5] 参军:武官名。东汉末曹操僚属常以参军名义帮助其谋划军事。隋唐宋时置参军谋事之风颇盛。致语:谓正式演出前的开场颂辞。

[6] 辽绕:回环旋转。

[7] 筑球:古代以杖击或以足踢球。

[8] 水秋千:水秋千是宋代一种水上表演活动。具体玩法是:在大船上立一个高大的秋千,表演者在秋千荡到与秋千架一样高的瞬间从高空中一个跟头跳下来,扎入水中。秋千起到的是活动跳台的作用。玩家是善习水性并敢于在高空中跳水之人,他们把秋千和跳水结合起来,在蓝天白云间翻了个筋斗,像一只轻灵的燕子钻进水里,泛起了朵朵浪花……动作之惊险,姿势之优美,往往令人屏息凝气、引颈跻趾,山呼海啸。

[9] 虎翼:宋代军队名。太宗改上铁林为殿前司虎翼,侍卫步军司铁林为侍卫司虎翼。兵级:宋代对兵丁和级节的合称。

[10] 鳅鱼:泥鳅。

[11] 奥屋:深且广的屋宅。

[12] 鳞鬣:谓龙的鳞片和鬣毛。鬣:音 liè,兽类颈上的长毛。

[13] 楻板:船板。

[14] 阁分:宋代对嫔妃的称呼。

[15] 舣:音 yǐ,船靠岸。

[16] 地分:军队驻地。此谓争标队伍位置。一说地区、地段。

重修袁州郡城记

南宋·阮　阅

【提要】

本文选自《古今图书集成·职方典》卷八八九(中华书局、巴蜀书社 1985 年影印本)。

建炎三年(1129),当时宋室南渡不久,各地盗贼土匪活动频繁,为确保地方安全,袁州也和其他州县一样重新修筑墉颓堞圮的城池,恰在此时,新郡守汪希旦上任。"险之不设,何以为郡?"盗贼频繁活动于袁江流域的现实让希旦深知城防之重要,"不暂劳,无久逸;不一费,无百利"。

于是,袁州像大宋其他州郡一样,请求朝廷给予度牒指标以便出售换钱,劝说富人大户出手襄助。钱筹集得差不多了,便乘农隙,选择晴朗的吉日,大兴版筑,"伐木于山,陶砖于野",各县纷纷相应,齐心协力"募闲民,括冗兵",筑造砖石之城。

袁州城模样如何?"重阿崇闉,屹若云矗,控山阻江,雄冠东南,何其伟欤!"袁州城"城基周三千三百一十五步,高一丈五尺,周不可益而增高五尺为二丈。女墙三千五百步,高五尺,尽易以砖。敌楼、战棚五十,总六百五十间,皆旧无而今创修也"。

不仅如此,希旦还大力整备武库,弓矢、甲盾、旗幕、钲鼓"数皆累万而藏之有库";"守卒民伍昼役夜警",居者有屋,真可谓是"百尔所须,无或不备"。

城完好,力田亩,营庐舍,百姓安居,于是在兵尘匪患尚未息定的建炎初年,袁州吸引了"西北士大夫千里流寓者,殆踵接辐辏",原因是:金汤之险,人可凭依。

袁州郡城,议者谓西汉大将军灌婴筑。信史没其实,为可疑。按高祖五年[1],婴破项籍,渡江定豫章郡,时宜春为豫章属邑。六年,令天下郡邑城。意城自此始,必智虑宏远,知地利者所成,不必婴也。后升县为郡,改郡为州,而城不迁。巨盗黄巢、萧铣寇江[2]南,独不能入袁。马希范据长沙[3],依智高破邕管[4],皆不敢东窥其城之利欤。

历年既久,墉堞颓圮,濠堑堙塞,渐不足恃。盖承平,武备弛,虽时缮修,不过增库培薄而已。靖康初,方诏修郡城。建炎改元,升郡为次要[5],凡城池皆令坚险。明年春,濒江盗起,州无城者多不守,袁人方惧之。

徽溪汪公希旦来,镇以静重。千里既肃,乃谨奉诏。帅治中闾丘公霖暨僚属登旧墉,视废闉[6],慨然相谓曰:"险之不设,何以为郡?不暂劳,无久逸;不一费,无百利。"于是计功度用,请于朝,给度牒,又许劝有力者借助。乘农之隙,涓日之良[7],大兴版筑。诸县翕从,伐木于山,陶砖于野。募闲民,括冗兵,虽致期勿亟,而工役自劝,鼛鼓弗胜矣。

重阿崇闉,屹若云矗,控山阻江,雄冠东南,何其伟欤!城基周三千三百一十五步,高一丈五尺,周不可益而增高五尺为二丈。女墙三千五百步,高五尺,尽易以砖。敌楼、战棚五十,总六百五十间,皆旧无而今创修也。守御之具如弓矢、甲盾、旗幕、钲鼓,数皆累万而藏之有库。守卒民伍昼役夜警,居之有屋。百尔所须,无或不备。三月克成,事不愆素[8]。费约而功倍,自非才力绝人,畴克有济[9]。

袁为州,屏蔽江淮,襟带湖湘,地沃少饥,民淳恶盗,南土之乐邦也。山平广而无高险,水远秀而无深险,俗尚文而无武险,惟知力田亩以食,营庐舍以处,服教化、修礼义而居常安。邻封近壤间,有寇攘矫虔,则亦不能无蜂虿之虞[10]。今郛郭既壮,奸宄潜殄[11],虽异时弄兵,潢池之徒亦当闻风而辟易[12]矣。西北士大夫千里流寓者,殆踵接辐辏,诚以金汤之险,有足恃焉耳。其功惠岂小补哉?

阅尝见州县营一台榭亭馆,志在速宾客[13]、备登览而已,尚记其本末,夸耀无穷。斯城之作,上以奉明诏,下以保生灵,而无以记之,其可乎?于是书之。时建炎三年三月吉日记。

【作者简介】

阮阅,生卒年不详。字闳休,一字美成,号散翁,又号松菊道人,舒城(今属安徽)人。神宗元丰八年(1085)进士,初为钱塘幕官,累知巢县、晋陵县,宣和间知郴州。高宗建炎初(1127)知袁州。初至,讼牒颇繁,乃大书“依本分”三字,印榜四城墙壁,郡民化之,谓为无讼堂。有《诗话总龟》《郴江百咏》等行于世。

【注释】

[1] 高祖五年:前202年。

[2] 萧铣(583—621),南兰陵(今江苏武进)人。隋朝末年地方割据势力首领。萧铣之叔伯姑母被册立为皇后,萧铣遂被任为罗县县令。大业十三年(617),岳州校尉董景珍、雷世猛等密谋起兵反隋,萧铣在罗县亦举兵起事。十月,称梁王,建年号为鸣凤。次年四月,在岳阳称帝,国号梁,建元鸣凤,置百官,均循梁故制。其势力范围东至九江,西至三峡,南至交趾(越南河内),北至汉水,拥精兵40万,雄踞南方。后因裁削诸将兵权,相继有人谋乱,萧铣逐一诛杀。因滥杀,其故人及边将镇帅多有疑惧,叛降而去甚众,终被李孝恭击败。唐朝武德四年(621),被斩,年三十九。

[3] 马希范(899—947),字宝规,五代十国时期南楚君主。后唐明宗清泰元年(934),马希范被封为楚王。之后又被封为天策上将军。希范好学,好吟诗,然极奢侈,其兴建的天策府专供儒学志士,门户槛杆都用金玉装饰,涂抹墙壁的丹砂耗去数十万斤。

[4] 侬智高(1025—1055),北宋时期广西广源州(今靖西、田东一带)壮族首领。七次奉上黄金要求内附,但北宋担心此举将激怒大越,未予以答应,后起事。连下横(今广西横县)、贵(今广西贵港)、浔(今广西桂平县)、藤(今广西藤县)、梧(今广西梧州)等,进围广州,不胜。但队伍扩至5万。后被宋将狄青、余靖等平息。邕管:今广西南宁。

[5] 次要:指提升州郡的战略地位。如地位仅次于京城防御。

[6] 闉:音 yīn,瓮城。

[7] 涓日:同“涓吉”,谓择吉日。

[8] 逾素:谓超过原来计划。

[9] 畴:古同“俦”,同伴,大家。

[10] 邻封:本为相邻的封地。泛指邻县,邻地。矫虔:诈称上命强夺他人财物,泛指敲诈掠夺。蜂虿:蜂和虿,都为有毒刺的虫。喻恶人,敌人。虿:音 chài,蝎子一类的毒虫。

[11] 奸宄:违法作乱的事情(人)。《书·舜典》:“蛮夷猾夏,寇贼奸宄。”孔安国:“在外曰奸,在内曰宄。”殄:音 tiǎn,灭绝。

[12] 潢池之徒:谓叛乱、造反之人。典出《汉书》:海濒遐远,不霑圣化,其民困于饥寒而吏不恤,故使陛下赤子盗弄陛下之兵于潢池中耳。辟易:退避,消失。

[13] 速:邀请。

勾漏山宝圭洞天十洞记并序(节选)

南宋·吴元美

【提要】

本文选自《古今图书集成·职方典》卷一四〇五(中华书局、巴蜀书社1985年影印本)。

勾漏山位于广西北流市东南,因洞勾、曲、穿、漏而得名,是典型的岩溶地貌景观。勾漏洞是古代道教三十六洞天之“二十二洞天”。勾漏山因勾漏洞而得其名。勾漏洞包括宝圭洞、玉阙洞、白沙洞、桃源洞4个规模较大的溶洞,全长1公里。魏晋时曾在此置勾漏县,勾漏县治就设在洞前。据史载,东晋道教理论家、医学家、炼丹术家葛洪(284—364)“闻交趾出丹砂”,请求任勾漏县令。

韬真观就在白沙洞西小山北的道村。小村东南“寒松古樾蓊郁杳蔼”的地方,就是韬真观。文中描述,这是一处五代南韩时的道观,“醮坛、道院”故址虽没于榛莽之中,但作者还是一一寻出位置,最为神奇的是洞内“左右二石室,其深四五寻,石床相对,大冬亦温”,显然,这是因洞内形势巧为道室之作;更为神奇的是,另一石室“狭而长,扪壁度穴,直抵玉虚洞后山而出”,玉虚观之顶“重重如层楼复阁,其下溪涧映带如长虹巨蟒”,道人“因形就势”营造道观之术颇为出神入化。

正因为如此,流放至此的吴元美让仆人“葺茅斋一间,为食息处”,自己便可在此读书打坐,耕田圃,观山水,“暇则往来徜徉其间”,其乐也融融。

今天的勾漏洞前,峰峦拱秀,古榕盘虬,翠竹苍松攀奇岩峭壁,清丽的圭江经洞南蜿蜒北流,翠峰倒映江面,玲珑剔透,奇趣无穷。洞前有一占地14亩的半月湖,波光潋滟,堤岸林荫,杨柳依依,恬静幽致。牌坊门楼掩映在花团锦簇之中,琉璃筒瓦,玉砌栏杆,雅洁优美。

勾漏山在五代南汉时期(905—971)建有灵宝观、韬真观等道观,以后各朝屡建不止。

“巫山寨一名石寨。山峰如楼橹雉堞,周回环绕,其数十二,故有巫山之名。”这是《徐霞客游记》中关于巫山寨的描述。在吴元美的眼中,这石寨乃“天地设险,隐然铁瓮城也”:“其岿然当前者,排敌也;洞然旁达者,埤堄也;巉然下瞰者,逻庭也;崒然上耸者,烽台也;拂云而铦指者,牙纛也;射日而森布者,干橹也;屹立而齐整者,守卒也;踞坐而挥领者,主帅也”,其实这些都是山峰,它们形态各异,在吴元美的眼里都是护卫“主帅”的,“蛇行雀步”来到北隅,才是后人徐霞客所说的十二峰。“接郭连郛,前直楼观,后峙香炉,左拱而俟,右倚而趋”,其状、其色万千变幻,“可骇可愕”,难怪吴元美感叹:“此寨之景,得非吴许十二神仙宴坐壶中,日月长处乎?”于是,他为之易名,曰“巫山寨”。

因造化之形,稍加整饬,便成坐禅悟道、起居作息之所。穷地,因乐而不苦。

天下洞凡三十有六,容南西及鬼门关内一郡而得三焉:南郡峤、北白石、西勾漏。西山之南,去郡一舍而近古铜州地[1],平川中,石峰千百,皆矗立特起,周围三十里,其严穴多勾、曲、穿、漏,故以是名。予足迹半天下,所阅名山多矣,卓绝雄杰鲜或俪此者。爱而不可失列,为十图置座右,朝夕自其外而想其内,外所见者毫楮可及[2],然特仿佛一二耳。若三洞中所有须至者,自知譬如乾坤之容日月之光,安可绘画也?

韬 真 观

出白沙洞门而西,左右皆小峰相对。山北平畴,孤烟落照。茅茨篁竹间,始有人居,曰"道村"。其东南诸峰,间见层出,寒松古樾[3],蓊郁杳蔼[4]。有洞掩映其间,曰"韬真"。观中有石碣记,南汉时,中官陈君所经营,及今近二百年。醮坛、道院故址尽没,榛莽道芜不可行。

予至,亟令火而焚之,课仆从葺茅斋一间,为食息处。修治扫除,鸣钟鼓,奉香火,已觉洞前山川改观矣。左右二石室,其深四五寻,石床相对,大冬亦温,疑下积硫黄之气而然。其一狭而长,扪壁度穴,直抵玉虚洞后山而出,约不啻里余也。观之上,重重如层楼复阁;其下,溪涧映带如长虹巨蟒[5];其外乱石崖立,绝如人家假山,有靡丽如罗縠者,有雕镂如珠带者,有明洁如金玉,有涟漪如渊波者,其各体异状,亦多怪也。

读其碣云:岩洞多嵌空,或深数尺,遂积土以实之。予陋之,曰:"大为洞,小为穴。凡石以嵌空为奇,政欲空所有,安可实所无哉?"今俯观者如绮疏藻井[6],旁通者如瓮牖圭窦[7],凹者如圈如臼,凸者如蕟如盖。阴阳阖辟,呀天穴地,岂不奇哉!乃实而夷之,使吾不获见造化之全巧,顾不惜哉!

茅斋之右,有石窟,高深丈余。古木垂盖,藤萝环绕。予终日坐卧其中,遂私其言曰"兹观"。当勾漏之中,旁邻玉虚,面揖玉田,东望宝圭三里抵普照岩,前抵独秀岩。渔歌樵吹,鸡犬相闻。吾侪得三四人、从者五六人相与耕田凿井,暇则往来徜徉其间,或有葛翁之来[8],秘方刀圭可幸而观也。

因问村氓[9]曰:"道人有居此者乎?"

村氓曰:"一老黄冠,隶名兹观久矣。然去四十里而家,岁或一来,来未尝留宿。"

予额蹙曰:"有志于此者,何惮远而不来?而有此佳景,迷不肯住。世间凡骨,何其滔滔耶?"

巫 山 寨

玉虚洞之坤,维得冯道士石寨而望之,天地设险,隐然铁瓮城也。其岿然当前者,排敌也;洞然旁达者,埤垷[10]也;巉然下瞰者,逻庭[11]也;崒然上耸者,烽台也;拂云而铦指[12]者,牙纛也;射日而森布者,干橹也;屹立而齐整者,守卒也;踞坐而挥领者,主帅也。

行将逮门,则横屋骈罗[13],曲蹬周遭,万兵叩关,一夫谁何。风松鸣柝,烟罗张幕。

蛇行雀步,乃至北落。入其中,规圜二顷[14],绝壁千仞,十有二峰。四顾一围,接郭连郛,前直楼观,后峙香炉,左拱而俟,右倚而趋。其色紫翠,间以尖峰悬崖,卓荦连蔓[15],巑岏怪奇[16],可骇可愕。踵插重泉,顶摩九天,接武差肩,揖逊相先[17]。信乎瞻在前,忽在后,仰弥高,钻弥坚也。

予拱手还,曰:"此寨之景,得非吴许十二神仙宴座壶中,日月长处乎?不然,则妙严圆梵,何得上同如来光明藏也。"遂规地薙草[18],列石环坐,且仰而叹曰:"彼冯道士何人,乃托名于此?而易名之为'巫山寨',其何如哉!"

【作者简介】

吴元美,生卒年不详。字仲实。永福(今福建永泰)人。徽宗宣和六年(1124)进士。高宗绍兴十一年(1141),为诸王宫大小学教授。十五年,出为福建路安抚司主管机宜文字。二十年,以《夏二子传》为同乡郑炜告于秦桧,称诋毁国家,诽谤大臣。遂被贬容州,卒于贬所。

【注释】

[1] 铜州:今属广西。唐时辖今广西北流和容县等,治所北流。

[2] 毫楮:指毛笔和纸。

[3] 古樾:古树。樾:音 yuè,路旁遮阴的树。

[4] 杳蔼:亦作"杳霭"。茂盛貌。

[5] 映带:谓景物相互映衬。

[6] 绮疏:谓雕刻成空心花纹的窗户。

[7] 圭窦:谓形状如圭的墙洞。

[8] 葛翁:指葛洪。"葛翁炼丹"以求长生,以救众生。

[9] 村氓:谓村民。氓,音 méng。

[10] 埤堄:音 pí nì,围墙,城墙。

[11] 逻庭:谓瞭望岗亭类构筑物。

[12] 铦指:谓直指。铦:音 xiān,锋利。

[13] 骈罗:骈比罗列。

[14] 规圜:亦作"规圆"。用圆规校之使其圆。

[15] 卓荦:突出。

[16] 巑岏:音 cuán wán,峻峭的山峰。

[17] 差肩:肩挨肩。揖逊:谓揖让。

[18] 规地:谓圈划地块。薙:音 tì,除草。

容斋随笔(二则)

南宋·洪 迈

铜 雀 灌 砚

【提要】

本文选自《容斋随笔》(上海古籍出版社 1978 年版)。

铜雀砚,是以邺城铜雀台等曹魏时宫殿砖瓦为原料雕琢而成的砚台。

崔铣《嘉靖彰德府志·砚评》载:世传邺城古瓦砚,皆曰曹魏铜雀瓦砖砚。通称相州古瓦砚、铜雀瓦砚,因邺北城曹魏三台中最高的铜雀台而得名。南北朝时北周名将韦孝宽破邺后焚毁邺城,胡桃油油漆过的宫殿亭台古瓦埋没地下。数百年后,古瓦火力已绝,水气长期的浸渍,便成了蓄泽含润、滋水发墨的瓦砚材料。

当地百姓掘地得瓦，精雕细刻，缜密磨制，制成了珍贵的铜雀瓦砚。

铜雀瓦砚盛兴于唐、宋，曾一度出现过文人墨客“求之日盛”的境况。苏东坡有诗赞曰：“举世争称邺瓦坚，一枚不换百金颁。”铜雀瓦砚之所以成为稀世珍品，《砚谱》说其优点有二：质真而文细，击之清脆如金石声；人得此砚，不费笔而滋水发墨，贮水数日不渗。

正因为如此，洪迈忠实记录下铜雀砚、灌婴砚等瓦砚盛状。宫殿砖瓦，做成砚台，其间可怪、可奇、可叹、可深究者多矣。

相州，古邺都，魏太祖铜雀台在其处[1]，今遗址仿佛尚存。瓦绝大，艾城王文叔得其一，以为砚，饷黄鲁直，东坡所为作铭者也。其后复归王氏。砚之长几三尺，阔半之。

先公自燕还[2]，亦得二砚，大者长尺半寸，阔八寸，中为瓢形，背有隐起六隶字，甚清劲，曰“建安[3]十五年造”。魏祖以建安九年领冀州牧，治邺，始作此台云。小者规范全不逮，而其腹亦有六篆字，曰“大魏兴和[4]年造”，中皆作小簇花团。兴和乃东魏孝静帝纪年，是时，正都邺，与建安相距三百年，其至于今，亦六百余年矣。二者皆藏侄孙偘处。予为铭建安者曰：“邺瓦所范，嘻其是邪？几九百年，来随汉槎。淬尔笔锋，肆其滂葩。偘实宝此，以昌我家。”铭兴和者曰：“魏元之东，狗脚于邺。吁其瓦存，亦禅千劫。上林得雁，获贮归笈。玩而铭之，衰泪栖睫。”

赣州于都县，故有灌婴庙[5]，今不复存。相传左地尝为池，耕人往往于其中耕出古瓦，可窾为砚[6]。予向来守郡日所得者[7]，刓缺两角[8]，犹重十斤，沈墨如发硎[9]，其光沛然，色正黄，考德仪年，又非铜雀比，亦尝刻铭于上曰：“范土作瓦，既埴既已。何断制于火，而卒以囿水？庙于汉侯，今千几年？何址蹶祀歇[10]，而此独也存？县赣之雩，曰若灌池。研为我得，而铭以章之。”盖纪实也。

【作者简介】

洪迈(1123—1202)，字景卢，号容斋，又号野处。饶州鄱阳(今江西鄱阳)人。自幼博学强记，“虽官虞初，释老旁行，靡不涉猎”(《宋史》列传一百三十二)。曾拜翰林学士，进焕章阁学士。绍兴三十三年(1162)出使金朝议和，被囚使馆，三日水浆不进，返宋后竟以“使金辱命”罢职。后出知泉州、吉州、赣州、建宁等地。其为官清廉，有治才，所任之处每能抚平乱民，赈济贫民。著有文言小说《夷坚志》420卷，为宋代志怪小说之大成；《容斋随笔》74卷，在历代考订笔记中最负盛名；另有《野处类稿》《万首唐人绝句》等传世。

【注释】

[1] 魏太祖：即曹操。铜雀台：位于今河北临漳县境内，距县城18公里。这里古称邺，古邺城始建于春秋齐桓公时，在三国时期，曹操击败袁绍后营建邺都，修建了铜雀、金虎、冰井三台。

铜雀台初建于建安十五年(210)，后赵、东魏、北齐屡有扩建。铜雀台以邺北城城墙为基础,当时共建有三台,前为金凤台、中为铜雀台、后为冰井台。史载,铜雀台原高十丈,殿宇百余间。台成,曹操命其子曹丕登台作赋,有"飞间崛其特起,层楼俨以承天"之语。

十六国后赵石虎时,在曹魏铜雀台原十丈高的基础上又增加二丈,并于其上建五层楼,高十五丈,共去地二十七丈。巍然崇举,其高若山。窗户都用铜笼罩装饰,日初出时,流光照耀。又作铜雀于楼顶,高一丈五尺,舒翼若飞。北齐天保九年(558),征发工匠30万,大修三台。整修后,铜雀台一度改名为"金凤台"。到唐代,又恢复了旧名"铜雀台"。

[2] 先公:洪迈父亲洪皓(1088—1155),字光弼,宋代著名忠臣。政和五年(1115)进士。出使金国历15年,金国数次胁迫其出任官职,遭其拒绝。归国后,被比作汉时苏武。南归后,因主张对金抗战,数次得罪奸臣秦桧,被贬英州(今广东英德)达9年。秦桧死后召回,中途卒。著有《文集》《春秋纪咏》《姓氏指南》《松漠纪闻》、诗集《鄱阳集》等。

[3] 建安:汉献帝刘协年号,196—220年。

[4] 兴和:东魏孝静帝元善见年号,539—542年。

[5] 灌婴(?—前176),睢阳(今河南商丘睢阳区)人,早年以贩缯为业。后归附刘邦,此后南征北战,屡建功勋,至楚汉垓下之战时,他已官至御史大夫。刘邦称帝,封颍阴侯。后事惠帝与吕太后。吕太后死,诛毕诸吕,灌婴与周勃、陈平共立代王刘恒,是为文帝。文帝三年(前177),官丞相。后岁余卒,谥曰懿侯。

灌婴被看成是南昌城的创筑者,故俗称南昌城为"灌婴城"和"灌城",亦有学者称南昌城是陈婴筑而充豫章郡治所。

[6] 窾:音kuǎn,挖空,掏空。

[7] 向来:先前。

[8] 刓:音wán,削去或磨损棱角。

[9] 渖:音shěn,汁。发硎:谓刀新从磨刀石上磨出来,寒光闪闪。

[10] 蹶:音jué,倒下,坍塌。

宫室土木

【提要】

帝王营造皇宫大殿是世代沿袭的大事。始皇作阿房宫不知其多大,但见史书载"烧秦宫室,火三月不灭"(《史记·项羽本纪》)。始皇输蜀、楚等地木材到关中,可见当时咸阳附近的大木头已经没有了,不足以敷充营造需要才会在运输工具极其简陋的情形之下远涉数千里、驱民数十万搬运宫殿楹柱之材。

大中祥符年间(1008—1016)"符瑞事"指的是:1004年,辽国入侵宋,宋朝大多数大臣建议不抵抗,以宰相寇准为首的少数人极力主张抵抗,最后他们说服宋真宗御驾亲征,双方在澶渊交战,辽军主帅萧挞凛被伏弩射死,宋胜。但真宗决定就此罢兵,以每年纳白银10万两、绢20万匹,并与辽称兄弟换得与辽的和平,史称"澶渊之盟"。盟约一定,朝野上下一片唏嘘。为了平息朝野人士的愤怒情绪,达到镇服四海,夸示番国的目的,真宗采纳了奸佞之臣王钦若的建议,称受"天书",将年号改为"大中祥符"。按照"天书"的指示,真宗亲赴泰山封禅,靡费八百余万贯。为了安放所谓"天书",真宗下旨在京城汴梁建造玉清昭应宫(简称玉清宫),命三司使丁谓总管其事,丁谓用了6年多时间修成宫观。宫中房屋2 600余间,壮丽巍峨。

巍峨的玉清宫所需大量的木材哪里来？按照洪迈的考证，名满天下的雁荡山就是那里的百姓伐取营造玉清昭应宫所需木材时发现的。从那时起，大规模的林木采伐开始向南方转移。

不仅木材，石头、丹砂、赭土、油漆、白灰、墨……四方物料尽汇玉清宫营造之地。

这座巍峨壮丽、劳民伤财的玉清宫，落成之后不到20年就毁于一场大火，据说那场火灾是天上落下一个大火球引起的。

不过，宋真宗统治前期治理国家有方，北宋的统治日益坚固，国家管理日益完善，经济逐渐进入北宋的鼎盛时期。

秦始皇作阿房宫，寫蜀[1]、荆地材至关中，役徒七十万人。隋炀帝营宫室，近山无大木，皆致之远方，二千人曳一柱，以木为轮，则戛摩火出[2]，乃铸铁为毂，行一二里，毂辄破，别使数百人赍毂[3]，随而易之，尽日不过行二三十里，计一柱之费，已用数十万功。

大中祥符间，奸佞之臣，罔真宗以符瑞[4]，大兴土木之役，以为道宫。玉清昭应之建，丁谓为修宫使[5]，凡役工日至三四万，所用有秦、陇、岐、同之松，岚、石、汾、阴之柏，潭、衡、道、永、鼎、吉之梌、柟、槠[6]，温、台、衢、吉之梼[7]，永、澧、处之槻、樟[8]，潭、柳、明、越之杉，郑、淄之青石，衡州之碧石，莱州之白石，绛州之斑石，吴越之奇石，洛水之石卵，宜圣库之银朱，桂州之丹砂，河南之赭土，衢州之朱土，梓、信之石青、石绿，磁、相之黛，秦、阶之雌黄[9]，广州之藤黄[10]，孟、泽之槐华，虢州之铅丹，信州之土黄，河南之胡粉，卫州之白垩，郓州之蚌粉，兖、泽之墨，归、歙之漆，莱芜、兴国之铁。其木石皆遣所在官部兵民入山谷伐取。又于京师置局化铜为鍮[11]、冶金薄[12]、锻铁以给用。凡东西三百一十步，南北百四十三步。地多黑土疏恶，于京东北取良土易之，自三尺至一丈有六等。起二年四月，至七年十一月宫成，总二千六百一十区[13]。

不及二十年，天火一夕焚爇，但存一殿。是时，役遍天下，而至尊无穷兵黩武、声色苑囿、严刑峻法之举，故民间乐从，无一违命，视秦、隋二代，万万不侔矣。然一时贤识之士，犹为盛世惜之。国史志载其事，欲以为夸，然不若掩之之为愈也。

沈括《笔谈》云："温州雁荡山，前世人所不见。故谢灵运为太守，未尝游历。因昭应宫采木，深入穷山，此境始露于外。"他可知矣。

【注释】

[1] 寫：音 xiè，移置。

[2] 戛摩：亦作"摩戛"，击撞磨擦。

[3] 赍：谓备着。

[4] 罔：欺骗。

[5] 丁谓(966—1037)，字谓之，苏州长洲(今江苏吴县)人。淳化进士。机敏有智谋，

狡黠过人,善于揣摩人意。真宗时,与参知政事王钦若迎帝意,大搞封禅,排挤寇准,使其罢相。仁宗即位独揽朝政,后被贬崖州、雷州、道州。明道中以秘书监致仕。通晓诗、画、棋、音律。

[6] 栙:楸木。落叶乔木,干高叶大,木材质地致密。枏:木名,同"楠",音 nán。槠:音 zhū,常绿乔木。木质坚硬,建筑、造船、器具用木。

[7] 梼:音 táo,刚木。松柏之类刚硬树木。

[8] 槻:音 guī,常绿乔木。木理美,质坚韧,可作弓材。

[9] 雌黄:矿物名。成分是三氧化二砷。橙黄色,半透明,可用来制颜料。

[10] 藤黄:植物名。树皮渗出的黄色树脂经炼制可用作绘画用黄色颜料。

[11] 鍮:音 tōu,黄铜。

[12] 金薄:常写作"金箔",黄金捶成的薄片。

[13] 区:间。

南园记

南宋·陆　游

【提要】

本文选自《陆游集》(中华书局 1976 年版)。

南园,韩侂胄的私家花园,位于武林东麓、西湖边上。南园最大的特点是湖山之美天造地设地集于一身。因了皇后的赐予,韩侂胄"因其自然"确定园子的规模,"因高就下"通塞去蔽,张奇葩而显美木,听清泉而观秀石,造广厦,营观阁:许闲、和容、寒碧、归耕……南园展现在我们面前的是"升而高明显敞,如蜕尘垢,入而窈窕邃深,疑于无穷"。因形就势,顺其自然,稍加整饬修筑,山水即刻灵动起来,所以陆游叹道:"自绍兴以来,王公将相之园林相望,莫能及南园之仿佛者。"

南园最大的特色就是园中布置了一个"竹篱茅舍"的山野村庄区,还有一处阅古泉。这泉水经过 12 道折坡而下,蓄于半月形的玛瑙石砌成的水池中。每到晚上宴席宾客时,泉水旁的 12 道阶梯都会用红灯装点,光彩夺目。泉水有积岩如屋,韩侂胄常和名士在洞中交谈或读书。

陆游因为韩侂胄写了《南园记》《阅古泉记》而为后世所诟病,从此白圭有玷。

这是历史开了个玩笑:

韩侂胄,北宋名相韩琦的曾孙,母亲是高宗吴皇后的妹妹,侂胄又是宁宗韩皇后的族祖父,因拥立宁宗有功,加上是皇亲国戚,便青云直上,官至少师、平原郡王、平章军国事,位在丞相之上。掌国期间,他贬朱熹,斥理学,兴"庆元党禁",专权跋扈,是人生的败笔;但他力排众议,恢复失地,兴兵抗金,却是值得肯定的壮举。因所用非人,北伐失败,他也成了千古罪人,受到后世道学家的唾骂,不但丢了性命，首级被送往金国，元人修《宋史》，把他和秦桧、贾似道一起列入《奸臣传》，真是个弥天冤案。杀了韩侂胄的金人就颇佩服他的气节："韩侂胄函首才至虏界，虏之台谏文章言侂胄忠于其国，缪于其身，封为忠缪侯。"(《贵耳集》)

陆游在《南园记》中说："或曰：'上方倚公，如济大川之舟。公虽欲遂其志，其可得哉！'是不然……知上之倚公，而不知公之自处；知公之勋业，而不知公之志，此'南园'之所以不可无述。"非常明确地指出，天子只知倚韩侂胄为干臣，而不知他的处境；只知道他事业上如日中天，而不知道他胸怀恢复中原之志。陆游勉励韩侂胄继承祖先勋业，勿忘抗金中兴。这就是他写《南园记》的初衷。

韩侂胄抗金无罪，陆游写《南园记》也不是污点。

庆元三年二月丙午，慈福[1]有旨，以别园赐今少师平原郡王韩公。其地实武林之东麓[2]，而西湖之水汇于其下。天造地设，极湖山之美。公既受命，乃以禄赐之余，葺为"南园"，因其自然，辅以雅趣。方公之始至也，前瞻却视，左顾右盼，而规模定；因高就下，通窒去蔽，而物态别。奇葩美木，争效于前，清泉秀石，若顾若揖。于是飞观杰阁，虚堂广厦，上足以陈俎豆，下足以奏金石者，莫不毕备。升而高明显敞，如蜕尘垢；入而窈窕邃深，疑于无穷。既成，悉取先侍中、魏忠献王[3]之诗句而名之。堂最高者，曰"许闲"，上[4]为亲御翰墨以榜其颜。其射厅，曰"和容"。其台，曰"寒碧"。其门，曰"藏春"。其阁，曰"凌风"。其积石为山，曰"西湖洞天"。其潴水艺稻，为囷、为场、为牧牛羊畜雁鹜之地，曰"归耕"之庄。其他因其实而命之名，堂之名，则曰"夹芳"、曰"豁望"、曰"鲜霞"、曰"矜春"、曰"岁寒"、曰"忘机"、曰"照香"、曰"堆锦"、曰"清芬"、曰"红香"。亭之名，则曰"远尘"、曰"幽翠"、曰"多稼"。

自绍兴以来[5]，王侯将相之园林相望，莫能及"南园"之仿佛者，然公之意岂在登临游观之美哉！始曰"许闲"，终曰"归耕"，是公之志也。公之为此名，皆取于忠献王之诗，则公之志，忠献王之志也。与忠献同时功名富贵相埒者，岂无其人，今百四五十年，其后往往寂寥无闻，而韩氏子孙，功足以铭彝鼎、被弦歌者[6]，独相踵也。迄至于公，勤劳王家，勋在社稷，复如忠献之盛，而又谦恭抑畏，拳拳于忠献之志，不忘如此。公之子孙又将视公之志而不敢忘，则韩氏之昌，将与宋无极，虽周之齐、鲁[7]，尚何加焉。或曰："上方倚公，如济大川之舟。公虽欲遂其志，其可得哉？"是不然！上之倚公，公之自处，本自不侔，惟有此志，可以当上之倚而齐忠献之功名，天下知上之倚公，而不知公之自处；知公之勋业，而不知公之志，此"南园"之不可以无述。游老病谢事，居山阴泽中，公以手书来示，曰："子为我作《南园记》！"游伏思公之门，才杰所萃也，而顾以属游者，岂谓其愚且老，又已挂冠而去，则庶几其无谀词、无侈言，而足以道公之志欤？此游所以承公之命而不获辞也。

中大夫、直华文阁致仕，赐紫金袋陆游谨记，镇安军节度使、开府仪同三司、判建康府事、充江南东路安抚使、兼行营留守吴琚[8]谨书并篆额。

【作者简介】

陆游(1125—1210),字务观,号放翁,越州山阴(今浙江绍兴)人,享年85岁。绍兴中应礼部试,为秦桧所黜。孝宗即位,赐进士出身,曾任镇江、隆兴、夔州通判。乾道八年(1172)入四川宣抚使王炎幕府,投身军旅生活。后官至宝谟阁待制。主张坚决抗金,一直受到投降派的压制。晚年退居家乡,但收复中原的信念,始终不渝。一生创作诗歌9 000多首,有《剑南诗稿》《渭南文集》《南唐书》《老学庵笔记》等。

【注释】

[1] 吴皇后:南宋高宗赵构之皇后,所居殿名慈福。

[2] 东麓:按周密《武林旧事》,南园列在南山路,地处雷峰塔路口。陆游称其在武林东麓,疑有误。

[3] 魏忠献王:韩琦,嘉祐三年至治平四年(1058—1067)为相,加官至司空兼侍中,卒谥忠献,赠魏郡王。

[4] 上:指宁宗赵扩。

[5] 绍兴:宋高宗赵构南渡,以杭为行都,绍兴(1131)以后六七十年间,偏安一隅,歌舞升平,皇家官宦无不以亭园别业为求,张浚、杨存中、韩世忠等所营,堪称一时翘楚。

[6] 被:音 pī,此谓谱为(音乐)。

[7] 齐、鲁:周之臣吕尚开国于齐,周武王之弟公旦开国于鲁,皆以辅佐周室而留名于世。

[8] 吴琚:吴皇后弟益之子,娶秦桧长孙女,时知建康府(今南京)。琚书法有名。

居　室　记

南宋·陆　游

【提要】

本文选自《陆游集》(中华书局1976年版)。

这是一篇不可多得的养生妙文。宋代的人均寿命只有三四十岁,而陆游在76岁时仍能提笔成文且耳聪目明,可谓是养生有道,居住有方。

文中,陆游介绍了自己衣食住行各方面的养生之道。根据天气变化增减衣服;绝不暴饮暴食;厨艺水平很高的他晚年吃素;注意锻炼的他常常是“行不过数步,意倦则止”;交际甚广的他平日的应酬“客至或见或不能见,间与人论说古事,或共杯酒,倦则亟舍而起”,绝不舍命陪君子。

养生,最要紧的还是住。居室位置在堂之北,居室的尺寸“南北二十有八尺,东西十有七尺”(宋代一尺等于今31.2厘米),相当宽敞;东西北都开窗,相当敞亮;居室的“窗皆设帘障,视晦明寒燠为舒卷启闭之节”,以此来调节居室的光线和温度;居室“南为大门,西南为小门”,冬天用小门分为二以保暖,夏天开大门以通风受凉气。不仅如此，腐瓦必易，缝隙必补……于是，无论春夏秋冬，陆游在居室内都有合适的温度、明暗。一言以蔽之：惬意。

居室后面及旁边，种下了百余本花卉。花儿盛开时，“至其下，徜徉坐起”，花自养人；“零落已尽”时，终不一往，花败亦不伤人。

如此居室，能不养人？！所以，本文名为《居室记》，因之陆游享寿八十五。

陆子治室于所居堂之北，其南北二十有八尺，东西十有七尺。东、西、北皆为窗，窗皆设帘障，视晦暝寒燠[1]为舒卷启闭之节。南为大门，西南为小门，冬则析堂与室为二，而通其小门以为奥室[2]，夏则合为一，而辟大门以受凉风。岁暮必易腐瓦、补罅隙，以避霜露之气。朝晡[3]食饮，丰约惟其力，少饱则止，不必尽器。休息取调节气血，不必成寐。读书取畅适性灵，不必终卷。衣加损[4]，视气候，或一日屡变。行不过数十步，意倦则止。虽有所期处，亦不复问。客至，或见或不能见。间与人论说古事，或共杯酒，倦则亟舍而起[5]。四方书疏，略不复遣。有来者，或亟报，或守累日不能报，皆适逢其会，无贵贱疏戚之间。足迹不至城市者率累年。

少不治生事，旧食奉祠之禄，以自给。秩满，因不复敢请，缩衣节食而已。又二年，遂请老，法当得分司禄[6]，亦置不复言。

舍后及旁，皆有隙地，莳花百余本，当敷荣时，或至其下，徜徉坐起，亦或零落已尽，终不一往。有疾，亦不汲汲近药石[7]，久多自平。家世无年，自曾大父以降[8]，三世皆不越一甲子，今独幸及七十有六，耳目手足未废，可谓过其分矣。然自记平昔于方外养生之说，初无所闻，意者日用亦或默与养生者合。故悉自书之，将质于山林有道之士云。

庆元六年八月一日[9]，山阴陆某务观记。

【注释】

[1] 寒燠：冷热。燠：音 yù，热。

[2] 奥室：内室，深宅。

[3] 朝晡：谓一日两餐之食。朝，辰时；晡，申时。宋人普遍一日两餐。

[4] 加损：增减。

[5] 亟舍：迅速舍弃。

[6] 司禄：谓退休禄俸。

[7] 汲汲：急切貌。药石：谓治疗。古称治病的药物和砭石。

[8] 大父：祖父。

[9] 庆元：南宋宁宗赵扩年号，1195—1200 年。

常州奔牛闸记

南宋·陆　游

【提要】

本文选自《陆游集》(中华书局1976年版)。

“苏常熟,天下足”,陆游《常州奔牛闸记》说。

何以如此?

北宋时期,吴中就是东南财富的根柢。范仲淹、宋祁、包拯、苏轼、范祖禹,甚至方腊无不以各种方式表达今日“长三角”地区的粮食、物产对于国家的重要性。范仲淹在奏议中称,景祐初(1034—1035)苏州“中稔之利,每亩得米二石至三石,计出米七百余万石”(《范文正公文集·奏议》卷上《答手诏条陈十事》)。按当时全国一千万户计算,每户至少可得苏常等“长三角”地区米一石!

而至南宋,“自天子驻跸临安,牧贡戎贽,四方之赋输,与邮置往来,军旅征戍,商贾贸迁者,途出于此,居天下十七”。“此”指的就是常州这一带。万里长江行至广陵(今扬州)以下,大运河与之交汇,因了河运、灌溉等等需要,有瓜州闸、京口闸、吕城闸:“自创为筦河时,是三闸已具矣。”可是,因为缺少奔牛闸,水不能节,所以“苏翰林尝过奔牛,六月无水,有仰视古堰之叹”。

皇裔赵善防来此,顺应民意,会商转运使,指定造闸指挥长,历阅三个季节,“宏杰牢坚”的奔牛闸大功告成,并且“又为屋以覆闸”。陆游眼中,有了这座闸,常州不仅是产粮沃土,交通要道、商业重镇的作用便更加凸显了。

正因为苏、常、湖的强大支撑,偏安一隅的南宋朝廷所在地临安府依然是当时全球首屈一指的大都会,在意大利人马可波罗笔下就是天堂。

岷山导江,行数千里,至广陵、丹阳之间,是为南北之冲,皆疏河以通筦饷[1]。北为瓜州闸,入淮汴以至河洛。南为京口闸,历吴中以达浙江。而京口之东,有吕城闸,犹在丹阳境中。又东有奔牛闸,则隶常州武进县。以地势言之,自创为筦河时,是三闸已具矣。盖无之,则水不能节,水不节,则朝溢暮涸,安在其为筦也。苏翰林尝过奔牛,六月无水,有仰视古堰之叹。则水之苦涸固久,地志概述本末而不能详也[2]。

今知军州事赵侯善防,字若川,以诸王孙来为郡,未满岁,政事为畿内[3]最。考古以验今,约已以便人,裕民以束吏,不以难止,不以毁疑,不以费惧。于是郡之人佥以闸为请[4],侯慨然是其言。会知武进县丘君寿隽来白事,所陈利病益明。

侯既以告于转运使，且亟以其役专畀之丘君[5]。于是凡闸前后左右受水之地，悉伐石于小河元山，为无穷计，旧用木者皆易去之。凡用工二万二千，石二千六百，钱以缗[6]计者八千，米以斛计者五百，皆有奇。又为屋以覆闸，皆宏杰牢坚，自鸠材至讫役[7]，阅三时[8]。其成之日，盖嘉泰三年八月乙巳也[9]。

明年正月丁卯，侯移书来请记。予谓方朝廷在故都时，实仰东南财赋，而吴中又为东南根柢。语曰："苏常熟，天下足。"故此闸尤为国用所仰。迟速丰耗，天下休戚在焉。自天子驻跸临安，牧贡戎贽，四方之赋输，与邮置往来[10]，军旅征戍，商贾贸迁者，途出于此，居天下十七。其所系岂不愈重哉！虽然，犹未尽见也。今天子忧勤恭俭，以抚四海，德教洋溢，如祖宗时。齐、鲁、燕、晋、秦、雍之地，且尽归版图，则龙舟仗卫，复溯淮汴以还故都，百司庶府，熊罴貔虎之师[11]，翼卫以从，戈旗蔽天，舳舻相衔，然后知此闸之功，与赵侯为国长虑远图之意，不特为一时便利而已。

侯，吾甥也，请至四五不倦，故不以衰耄辞。三月丙子，太中大夫充宝谟阁待制致仕山阴县开国子食邑五百户赐紫金鱼袋陆某记。

【注释】

[1] 馈饷：运送粮饷。馈：音 yùn，运粮。

[2] 地志：记述地形、气候、居民、政治、物产等变迁的书。

[3] 畿内：谓京城管辖的地区。

[4] 佥：音 qiān，都。

[5] 畀：音 bì，给予。

[6] 缗：音 mín，古代一千文为一缗。

[7] 鸠材：聚集材料。

[8] 三时：谓三个季节交替。

[9] 嘉泰：南宋宁宗赵扩年号，1201—1204 年。

[10] 邮置：驿站。

[11] 熊罴貔虎：皆为猛兽。此谓雄狮劲旅。貔，音 pí。

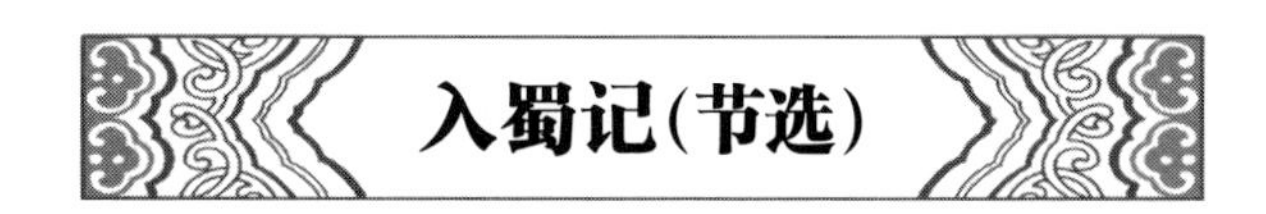

入蜀记(节选)

南宋·陆　游

【提要】

本文选自《陆游集》(中华书局 1976 年版)。

"乾道五年十二月六日，得报差通判夔州。"这是《入蜀记》的第一句话。1169

年,已经在家闲居了三年的陆游接到朝廷旨意赴任,但因身体欠佳,他"谋以(次年)夏初离乡里"。

乾道六年(1170)闰五月十八日薄暮时分,陆游携妻儿从山阴(今属浙江绍兴)出发,途经江苏、安徽、江西、湖北、湖南,十月二十七日晨抵达夔州(今重庆奉节)共历时160天。

一路上,陆游几乎把每日的经历都诉诸笔端(很少几天只记日期而没有记事),经何地,游历或舟中见到了什么,会见何人,较多的是写景物,写观感,间或考证古闻旧事,总字数将近4万。

《入蜀记》是中国第一部长篇游记。"东望金山,连亘抱合,势如缭墙,官寺楼观如画,西阚大江,气象极雄伟也。""二十八日,夙兴,观日出,江中天水皆赤,真伟观也……午间,过瓜洲,江平如镜。舟中望金山,楼观重复,尤为巨丽。"取长江舟行逆水而西的陆游以精湛的写作技法,行云流水般的言语写金山、描小姑山、画秦淮……"自新河入龙光门,城上旧有赏心亭、白鹭亭,在门右,近又创二水亭在门左,诚为壮观。然赏心为二亭所蔽,颇失往日登望之胜。"陆游是金陵常客,对秦淮河边的一草一木更是了如指掌,因此他对秦淮边画蛇添足的做法的批评直截了当。

庾楼、太平兴国宫、东坡风物、南楼、峡州西山甘泉寺,乃至"广十余丈,长五十余丈"鸡豕齐备、阡陌往来的木筏村落一一汇于作者的笔端;极热的日子在下江,渐凉时入登临圣地荆楚,天寒地冻时入阴风怒号的三峡地区……"州在山麓沙上,所谓鱼复永安宫也。"

一路上,陆游文笔的如花似朵、史笔的如椽如斧把游观所见挥洒得行云流水、泼珠撒玉,淋漓尽致。"访宋玉宅,在秭归县之东,今为酒家。旧有石刻'宋玉宅'三字,近以郡人避太守家讳,去之。或遂由此失传,可惜也。"今日宋玉宅何在?陆游言中矣。

乾道五年十二月六日,得报差通判夔州[1]。方久病,未堪远役,谋以夏初离乡里。

六年闰五月十八日,晚行,夜至法云寺。兄弟饯别,五鼓始决去。

十九日黎明,至柯桥馆,见送客。巳时至钱清,食亭中,凉爽如秋。与诸子及送客,步过浮桥。桥坚好非昔比,亭亦华洁,皆史丞相所建也[2]。申后,至萧山县,憩梦笔驿。驿在觉苑寺旁,世传寺乃江文通旧居也。有大碑,叶道卿文。寺额及佛殿榜[3],皆沈睿达所书,有碑亦睿达书,尤精古[4]。又有毗陵人戚舜臣所画水[5],盖佛后座大壁也,卒然见之,觉涛澜汹涌可骇,前辈或谓之死水,过矣。县丞权县事纪旬、尉曾槃来[6]。曾原伯逢招饮于其子槃廨中[7],二鼓归。原伯复来,共坐驿门,月如昼,极凉。四鼓,解舟行,至西兴镇[8]……

六月一日早,移舟出闸,几尽一日,始能出三闸。船舫栉比。热甚,午后小雨,热不解,泊籴场[9]前。

二日,禺中解舟[10]。乡仆来言,乡中闵雨[11],村落家家车水。比连三年颇稔,今春父老言,占岁可忧,不知终何如也。过赤岸班荆馆[12],小休前亭。班荆者,北使宿顿及赐燕之地[13]，距临安三十六里。晚，急雨，颇凉。宿临平[14]。临平者，太师蔡京葬其父准于此[15]，以钱塘江为水，会稽山为案，山形如骆驼，葬于驼之耳，而筑塔于驼之峰。盖葬师云"驼负重则行远也"。然东坡先生乐府固已云："谁似临平山上塔亭亭，迎客西来送客行。"则临平有塔亦久矣。当是蔡氏葬后增筑，或迁之耳。京责太子少保制云"托祝圣而饰临平之山"，是也。夜半解舟……

十四日早……至东岳庙观古桧，数百年物也。又小憩崇胜寺纳凉，遂解舟。甲夜，过奔牛闸……闸水湍激，有声甚壮。遂抵吕城闸。自祖宗以来，天下置堰军止四处[16]，而吕城及京口二闸在焉。

十五日早，过吕城闸，始见独辕小车。过陵口，见大石兽，偃仆道傍，已残缺，盖南朝陵墓……余顷尝至宋文帝陵[17]，道路犹极广，石柱承露盘及麒麟辟邪之类皆在，柱上刻"太祖文皇帝之神道"八字。又至梁文帝陵，文帝，武帝父也，亦有二辟邪尚存。其一为藤蔓所缠，若絷缚者[18]。然陵已不可识矣。其旁有皇业寺[19]，盖史所谓皇基寺也，疑避唐讳所改。二陵皆在丹阳，距县三十余里。郡士蒋元龙子云谓予曰："毛达可作守时，有卖黄金石榴来禽者[20]，疑其盗，捕得之，果发梁陵所得。"夜抵丹阳。古所谓曲阿，或曰云阳。谢康乐诗云："朝日发云阳，落日到朱方。"盖谓此也。

十六日早，发丹阳，汲玉乳井水。井在道旁观音寺，名列水品，色类牛乳，甘冷熨齿。井额陈文忠公所作，堆玉八分也[21]。寺前又有练光亭，下阚练湖[22]，亦佳境，距官道甚近，然过客罕至。是日，见夜合花方开。故山开过已月余，气候不齐如此。过夹冈，有二石人，植立冈上，俗谓之石翁石媪，其实亦古陵墓前物。自京口抵钱塘，梁陈以前不通漕，至隋炀帝始凿渠八百里，皆阔十丈。夹冈如连山，盖当时所积之土。朝廷所以能驻跸钱塘，以有此渠耳。汴与此渠，皆假手隋氏，而为吾宋之利，岂亦有数邪？过新丰[23]，小憩。李太白诗云："南国新丰酒，东山小妓歌。"又唐人诗云："再入新丰市，犹闻旧酒香。"皆谓此，非长安之新丰也。然长安之新丰，亦有名酒，见王摩诘诗。至今居民市肆颇盛。夜抵镇江城外。是日立秋……

二十三日，至甘露寺[24]，饭僧。甘露盖北固山也，有狠石，世传以为汉昭烈吴大帝尝据此石共谋曹氏。石亡已久，寺僧辄取一石充数，游客摩挲太息，僧及童子辈往往窃笑也。拜李文饶祠。登多景楼，楼亦非故址，主僧化昭所筑。下临大江，淮南草木可数，登览之胜，实过于旧……

二十六日，五鼓发船。是日，舟人始伐鼓。遂游金山，登玉鉴堂、妙高台，皆穷极壮丽，非昔比。玉鉴盖取苏仪甫诗云："僧于玉鉴光中坐，客踏金鳌背上行。"仪甫果终于翰苑，当时以为诗谶。新作寺门亦甚雄，翟耆年伯寿篆额[25]，然门乃不可泊舟。凡至寺中者，皆由雄跨阁。长老宝印言："旧额仁宗皇帝御飞白[26]，张之，则风波汹涌，蛟鼍出没，遂藏之寺阁，今不复存矣。"印住山近十年，兴造皆其力。寺有两塔，本曾子宣丞相用西府俸所建，以荐其先者[27]。政和中[28]，寺为神霄宫，道士乃去塔上相轮而屋之，谓之郁罗霄台。至是五十余年，印始复为塔，且增饰之，工尚未毕。山绝顶有吞海亭，取气吞巨海之意，登望尤胜。每北使来聘，例延至此亭烹茶。金山与焦山相望,皆名蓝[29],每争雄长。焦山旧有吸江亭,最为佳处,故此名吞海以胜之,可笑也。夜,风水薄船,鞺鞳有声[30]。

二十七日,留金山,极凉冷。印老言蜀中梁山军鹭鸶[31],为天下第一。

二十八日,夙兴[32],观日出,江中天水皆赤,真伟观也。因登雄跨阁,观二岛。左曰鹘山,旧传有栖鹘,今无有。右曰云根岛,皆特起不附山[33],俗谓之郭璞墓……午间,过瓜洲,江平如镜。舟中望金山,楼观重复,尤为巨丽。中流风雷大作,电影腾掣[34],止在江面,去舟才丈余,急系缆。俄而开霁,遂至瓜洲。自到京口无蚊,是夜蚊多,始复设幮[35]。

二十九日,泊瓜洲,天气澄爽。南望京口月观、甘露寺、水府庙,皆至近。金山尤近,可辨人眉目也。然江不可横绝,放舟稍西,乃能达,故渡者皆迟回久之。舟人以帆弊,往姑苏买帆,是日方至[36]。两日间,阅往来渡者,无虑千人[37],大抵多军人也。夜,观金山塔灯。

以上卷一

【注释】

[1] 乾道:南宋孝宗赵昚年号,1165—1173年。报差:送信的人。夔州:今四川奉节。

[2] 史丞相:史浩(1106—1194),字直翁,明州鄞县(今浙江宁波)人。进士及第后,累官国子博士、参知政事,曾任孝宗的东宫教师。乾道四年(1168)知绍兴府,立乡曲义田,帮助乡里贤士大夫之后贫无以丧葬嫁娶者。其孙史弥远、曾孙史嵩之均为南宋大臣,有“一门三丞相,四世二封王,五尚书,七十二进士”(《维基百科》)之谓。

[3] 榜:木板。

[4] 沈睿达:沈辽(1032—1085)字睿达,余杭人。自幼喜读《左传》《汉书》,诗文自成一家,尤工书法。有《云巢集》传世。

[5] 毗陵:今江苏常州。

[6] 权:暂且。

[7] 檠廨:谓弯曲的公堂。

[8] 西兴镇:在今浙江萧山。宋人米友仁有“荷叶似云香不断,小船摇曳入西陵”句。西陵即西兴镇。

[9] 籴:音 dí,买进。

[10] 禺中:将近午时。

[11] 闵雨:谓久未下雨。闵:古同“悯”,忧虑。

[12] 班荆馆:五代及宋时设在京郊用以接待外国使臣的国宾馆。

[13] 宿顿:临时住宿。赐燕:同“赐宴”。

[14] 临平:在今浙江余杭境内。

[15] 蔡京(1047—1126):字元常,兴化军仙游(今属福建)人。是王安石变法的坚决拥护者和得力干将。宋神宗、哲宗、徽宗、钦宗时,为变法,数起落。终被钦宗贬往岭南,死于途中的潭州(今湖南长沙)。

[16] 堰军:是宋代的专业部队,其任务是修堤筑堰,保卫江河漕渠。

[17] 宋文帝:刘义隆(407—453),南北朝时南朝宋皇帝,小字车儿。义隆博涉经史,善隶书,深沉有谋略。在位期间,提倡文化、整顿吏治,清理户籍,重视农业生产,史称“役宽务简、氓

庶繁息”,是为“元嘉之治”。

[18] 縶缚:捆绑。

[19] 皇业寺:在今江苏丹阳市境。建于梁天监年间。

[20] 来禽:果名,即沙果,也称花红、林檎、文林果。

[21] 八分:即八分书,隶书之一种。东汉王次仲创“八分书”,据载说其字割程邈隶字的八分取二,李斯的小篆二分取八,故名。

[22] 练湖:在今江苏丹阳。传说为三国吴水军练兵之所。

[23] 新丰:今江苏丹阳有新丰湖。

[24] 甘露寺:在今江苏镇江北固山。寺内有多景楼,北宋太宗时陈天麟所建,米芾称其为“天下江山第一楼”。多景楼西侧有一石,状如伏羊,左侧腹上刻有“狠石”二字。传说赤壁之战前,刘备来京口,孙权陪他巡览铁瓮城,在狠石旁眺望江北,定下联合抗曹之盟。

[25] 瞿耆年伯寿:耆年字伯寿,开封人,居丹阳。以父任入官,放浪山水间。

[26] 飞白:一种特殊的书法,笔画中露出一丝丝的白地,像用枯笔写成的样子,也叫飞白书。

[27] 曾子宣:即曾布(1036—1107)。字子宣,南丰(今属江西)人,曾巩弟。登进士第,累官饶、潭、陈、润等州,经王安石荐,主管新法推行,是改革派中的温和者,后附和向太后,排斥章敦,升任尚书右仆射兼中书侍郎。因荐用亲戚为蔡京抨击,罢相后屡遭贬谪,卒于润州。

[28] 政和:宋徽宗赵佶年号,1111—1118年。

[29] 名蓝:名寺。

[30] 薄:此谓风吹浪起,波摇船身,鞺鞳作响。鞺鞳:音 tāng tà,象声词。

[31] 梁山军:今四川梁平一带。

[32] 夙兴:早起。

[33] 特起:崛起,挺出。

[34] 电影:谓闪电火舌。

[35] 幮:音 chú,橱形蚊帐。

[36] 按:原文下有“樯高五丈六尺,帆二十六幅”,述帆的规格。

[37] 无虑:大约。

五日,大风,将晓,覆夹衾[1],晨起凄然如暮秋。过龙湾[2],浪涌如山,望石头山不甚高,然峭立江中,缭绕如垣墙。凡舟皆由此下至建康,故江左有变,必先固守石头,真控扼要地也。自新河入龙光门。城上旧有赏心亭、白鹭亭,在门右,近又创二水亭在门左,诚为壮观。然赏心为二亭所蔽,颇失往日登望之胜。泊秦淮亭。说者以为钟阜艮山,得庚水为宗庙水。秦凿淮,本欲破金陵王气,然庚水反为吉。天下事,信非人力所能胜也……建康行宫,在天津桥北,桥琢青石为之,颇精致,意其南唐之旧也。晚,小雨。右文林郎监大军仓王烜来。王言京口人用七月六日为七夕,盖南唐重七夕,而常以帝子镇京口,六日辄先乞巧[3],翌旦,驰入建康赴内燕[4],故至今为俗云。然太宗皇帝时,尝下诏禁以六日为七夕,则是北俗亦如此。此说恐不然……

八日晨,至钟山道林真觉大师塔焚香。塔在太平兴国寺,上宝公所葬也。塔中金铜宝公像,有铭在其膺[5],盖王文公守金陵时所作。僧言古像取入东都启圣院,祖宗时每有祈祷,启圣及此塔皆设道场,考之信然。塔西南有小轩,曰木末。其下皆大松,髯甲夭矫如蛟龙[6],往往数百年物。木末,盖后人取王文公诗"木末北山云冉冉"之句名之。《建康志》谓公自命此名,非也。塔后又有定林庵[7]。旧闻先君言,李伯时画文公像于庵之昭文斋壁,着帽束带,神彩如生。文公没,斋常扃闭,遇重客至,寺僧开户,客忽见像,皆惊耸,觉生气逼人,写照之妙如此。今庵经火,尺椽无复存者。予乙酉秋,尝雨中独来游,留字壁间,后人移刻崖石,读之感叹,盖已五六年矣。归途过半山,少留。半山者,王文公旧宅,所谓报宁禅院也。自城中上钟山,此为中途,故曰半山,残毁尤甚。寺西有土山,今谓之培𡎺[8],亦后人取文公诗所谓"沟西顾丁壮,担土为培𡎺"名之也。寺后又有谢安墩[9]。文公诗云"在冶城西北",即此是也。

九日,至保宁、戒坛二寺。保宁有凤凰台、揽辉亭,台有李太白诗云:"三山半落青天外,二水中分白鹭洲。"今已废为大军甲仗库,惟亭因旧址重筑,亦颇宏壮。寺僧言,亭榜本朱希真隶书[10],已为俗子易之。……戒坛额曰崇胜戒坛寺,古谓之瓦棺寺。有阁,因冈阜,其高十丈,李太白所谓"钟山对北户,淮水入南荣"者。又《横江词》:"一风三日吹倒山,白浪高于瓦棺阁。"是也。南唐后主时,朝廷遣武人魏丕来使[11],南唐意其不能文,即宴于是阁,因求赋诗。丕揽笔成篇,末句云:"莫教雷雨损基扃。"后主君臣皆失色。及南唐之亡,为吴越兵所焚。国朝承平二百年,金陵为大府,寺观竞以崇饰土木为事,然阁终不能复。绍兴[12]中,有北僧来居,讲《惟识百法论》,誓复兴造。求伟材于江湖间,事垂集者屡矣,会建宫阙,有司往往辄取之。僧不以此动心,愈益经营,卒成卢舍那阁,平地高七丈,雄丽冠于江东。旧阁基相距无百步,今废为军营。

以上卷二

【注释】

[1] 夹衾:薄被。

[2] 龙湾:在今南京城北。相传秦始皇在此地金陵岗埋金以镇王气,故南京古又称金陵。

[3] 乞巧:我国古代以七月初七为乞巧节。此日夜,妇女们各以五色线向月穿之,"过者为得巧之候"(《开元天宝遗事》)。此夜又有"七桥节" "女儿节" "爱情节"之谓,是中国传统节日中最浪漫的一个节日。

[4] 内燕:同"内宴",宫廷宴会。

[5] 膺:胸。

[6] 髯甲:谓枝干叶冠。

[7] 定林庵:陆游所游为下定林寺。此寺始建于刘宋元嘉元年(424),位于钟山南麓玩珠峰独龙阜北。初建时规模很大,至宋已渐荒圮。陆游分别在乾道元年(1165)及赴任夔州年份二度来游。1165 年,留下"乾道乙酉七月四日,笠泽陆务观冒大雨独游定林"。此次来,定林庵已被火毁。但前番记游文字却被人摹刻到寺后崖壁上。

除陆游外,王安石亦常来此。他常骑驴游钟山,倦了就歇脚定林庵。再后来,干脆在庵内建了一个供自己休憩、写字、读书的书斋，名“昭文斋”，并题诗：“屋绕湾溪竹绕山，溪山却在白云间。临溪放艇依山坐，溪鸟山花供我闲。”

[8] 培塿：小土山。培，音 pǒu。

[9] 谢安墩：在今南京城东隅蒋山半山处。相传谢安与王羲之曾登临此处。

[10] 朱希真：宋女词人，号幽栖居士，钱塘（今杭州）人。南宋初在世。生于仕宦家，嫁入市井民家，抑郁而终。书画诗词俱佳，有《断肠集》传世。

[11] 魏丕(919—999)：字齐物，相州（今河南安阳）人。五代北宋初武将，但颇涉学问。先仕后周，后入宋为作坊副使，历黄、汝、郢等州刺史。丕好诗歌。南唐主李煜妻卒，丕充祭使，且观煜之意趣，有“朝宗海浪拱星辰”句劝煜。

[12] 绍兴：南宋高宗赵构年号，1131—1162 年。

二十八日，过东流县不入。自雷江口行大江[1]，江南群山，苍翠万叠，如列屏障，凡数十里不绝。自金陵以西，所未有也。是日，便风张帆，舟行甚速。然江面浩渺，白浪如山，所乘二千斛舟，摇兀掀舞，才如一叶。过狮子矶，一名佛指矶，蘚壁百尺，青林绿筱[2]，倒生壁间，图画有所不及。犹恨舟行北岸，不得过其下。旁有数矶，亦奇峭，然皆非狮子比也。至马当，所谓下元水府[3]。山势尤秀拔，正面山脚，直插大江。庙依峭崖架空为阁，登降者，皆自阁西崖腹小石径，扪萝侧足而上，宛若登梯。飞甍曲槛，丹碧缥缈，江上神祠，惟此最佳。舟至石壁下，忽昼晦，风势横甚，舟人大恐失色，急下帆，趋小港，竭力牵挽，仅能入港。系缆同泊者四五舟，皆来助牵。早间同行一舟，亦蜀舟也，忽有大鱼正绿[4]，腹下赤如丹，跃起舵旁，高三尺许，人皆异之。是晚，果折樯破帆，几不能全，亦可怪也。入夜，风愈厉，增十余缆。迨晓，方少定……

五日，郡集于庾楼[5]。楼正对庐山之双剑峰，北临大江，气象雄丽。自京口以西，登览之地多矣，无出庾楼右者。楼不甚高，而觉江山烟云，皆在几席间，真绝景也。庾亮尝为江荆豫州刺史，其实则治武昌。若武昌南楼名庾楼，犹有理，今江州治所，在晋特柴桑县之湓口关耳，此楼附会甚明。然白乐天诗固已云：“浔阳欲到思无穷，庾亮楼南湓口东。”则承误亦久矣。张芸叟《南迁录》云：“庾亮镇浔阳，经始此楼。”其误尤甚。

六日甲夜，有大灯球数百，自湓浦蔽江而下，至江面广处，分散渐远，赫然如繁星丽天。土人云，此乃一家放五百碗以禳灾祈福，盖江乡旧俗云。

七日，往庐山，小憩新桥市，盖吴蜀大路。市肆壁间，多蜀人题名，并溪乔木，往往皆三二百年物，盖山之麓也。自江州至太平兴国宫三十里[6]，此适当其半。是日，车马及徒行者憧憧不绝，云上观，盖往太平宫焚香，自八月一日至七日乃已，谓之白莲会[7]。莲社本远法师遗迹，旧传远公尝以一日借道流，故至今太平宫岁以为常。东林寺亦自作会，然来者反不若太平之盛，亦可笑也。晚至清虚庵。庵在拨云峰下，皇甫道人所居。皇甫名坦，嘉州人，出游旁郡，独见其弟子曹弥深。登绍兴焕文阁，实藏光尧皇帝御书。又有神泉清虚堂，皆宸翰题榜[8]。宿清虚西室,曹君置酒堂中,炙鹿肉甚珍,酒尤清醇。夜寒,可附火。

以上卷三

【注释】

[1] 雷江口:在今安徽省望江县境内。雷池(小名)的入江处,因水域辽阔,自古为军事要地,故有"毋越雷池一步"之说。

[2] 绿筱:翠竹。

[3] 下元水府:谓水的极深处。下元:道教称水中为下元。水府:传说中水神或龙王居住的地方。马当斜对之江中即下文描述的小孤山。

[4] 正绿:此谓鱼背绿色。

[5] 庾楼:在今江西九江市。今人蔡厚淳、何保为文《重建庾亮楼记》:"庾亮,颍川鄢陵人也,乃晋之股肱之臣。爵封都亭侯,官拜中书令。执掌朝政,忧国忧民;平叛安邦,勋绩彪炳。咸和九年,兼领江州刺史。史载:'莅政以宽,使民以义,田野辟,讼牒简,军民胥安,远近悦服。尝作楼于湓江之涯,人号庾楼,盖不忘其遗爱也'。"九江市2007年重建庾楼。陆游认为其"附会甚明",则今重建乃"附会"重建尔。

[6] 太平兴国宫:在庐山。太平兴国三年(978)四月九日,宋太宗准敕江州庐山举行春秋国醮,当年七月初十庐山太平兴国宫开建道场。

[7] 白莲会:称庐山太平宫行香的群众集会。东晋释慧远在庐山东林寺同慧永、慧持、刘遗民等结社念佛,誓愿往生西方净土;又据池植白莲,称白莲社。

[8] 宸翰:帝王墨迹。

八日早,由山路至太平兴国宫,门庭气象极闳壮。正殿为九天采访使者像,衮冕如帝者[1]。舒州潜山灵仙观[2],祀九天司命真君,而采访使者为之佐,故南唐名灵仙曰丹霞府,太平曰通玄府,崇奉有自来矣。至太宗皇帝时,尝遣中使送泥金绛罗云鹤帔,仍命三年一易。神宗皇帝时,又加封应元保运真君及赐涂金殿额。两壁图十真人,本吴生笔[3]。建炎中[4],李成、何世清二盗以庐山为巢,宫屋焚荡无余。先是山中有太一宫,摹吴笔于殿庑。及太平再兴,复摹取太一本,所托非善工,无复仿佛。憩于云无心堂,盖冷翠亭故址也。溪声如大风雨,至使人毛骨寒栗,一宫之最胜处也。采访殿前有钟楼,高十许丈,三层,累砖所成,不用一木,而檐桷翚飞,虽木工之良者,不能加也。但钟为砖所掩蔽,声不甚扬,亦是一病。观主胡思齐云:"此一楼为费三万缗,钟重二万四千余斤。"又有经藏亦佳,扁曰云章琼室。太平规模,大概类南昌之玉隆[5]。然玉隆不经焚,尚有古趣,为胜也。遂至东林太平兴龙寺。寺正对香炉峰。峰分一支东行,自北而西,环合四抱,有如城郭,东林在其中,相地者谓之倒挂龙格。寺门外虎溪,本小涧,比年甃以砖,但若一沟,无复古趣。予劝其主僧法才去砖,使少近自然,不知能用吾言否。食已,煮观音泉啜茶。登华严罗汉阁。阁与卢舍阁、钟楼鼎峙,皆极天下之壮丽,虽闽浙名蓝,所不能逮。遂至上方、五杉阁、舍利塔、白公草堂。上方者,自寺后支径,穿松阴,蹑石磴而上,亦不甚高。五杉阁前,旧有老杉五本,传以为晋时物,白傅所谓大十尺围者，今又数百年，其老可知矣。近岁，主僧了然辄伐去，殊可惜也。塔中作如来示寂像，本宋佛驮跋陀尊者，自西域持舍利五粒，来葬于此。草堂，以白公记考之，略是故处。三间两注，亦如记所云。其他如瀑水莲池，亦皆在。高风逸韵，尚可想见。白公尝以文集留草堂，后屡亡逸，真宗皇帝尝令崇文院写校，包以斑竹帙，送寺[6]。建炎中又坏于兵。今独有姑苏版本一帙，备故事耳。

九日，至晋慧远法师祠堂及神运殿焚香。憩官厅堂中。有耶舍尊者刘遗民等十八人像，谓之十八贤。远公之侧，又有一人执军持侍立[7]，谓之辟蛇童子。传云：东林故多蛇，此童子尽拾取，投之蕲州[8]。神运殿本龙潭，深不可测，一夕，鬼神塞之，且运良材以作此殿。皆不知实否也。然神运殿三字，唐相裴休书[9]，则此说亦久矣。官厅重堂邃庑，厨厩备设。壁间有张文潜题诗。寺极大，连日游历，犹不能遍。唐碑亦甚多。惟颜鲁公题名[10]，最为时所传。又有聪明泉，在方丈之西。卓锡泉，在远公祠堂后。皆久废不汲，不可食，为之太息。食已，游西林乾明寺。西林在东林之西。二林之间，有小市曰雁门市[11]，传者以为远公雁门人，老而怀故乡，遂仿佛雁门邑里作此市，汉作新丰之比也。西林本晋江州刺史陶范舍地建寺。绍兴十五六年间，方为禅居，褊小非东林比，又绝弊坏。主僧仁聪，闽人，方渐兴葺[12]。然流泉泠泠，环绕庭际，殊有野趣。正殿释迦像，着宝冠，他处未见，僧云唐塑也。殿侧有慧永法师祠堂，永公盖远公之兄。像下一虎偃伏，又有一居士立侍，不知何人。方丈后有砖塔，不甚高，制度古朴[13]。予登二级而止。东厢有小阁曰待贤，盖往时馆客之地，今亦颓弊。东西林寺旧额，皆牛奇章八分书，笔力极浑厚。西林亦有颜鲁公题名。书家以为二林题名，颜书之冠冕也。旧闻庐山天池砖塔初成，有僧施经二匣。未几，塔震一角，经亦失所在。是日，因登望以问僧，僧云诚然。或谓经乃刺血书，故致此异。又云今年天池火，尺椽不遗，盖旁野火所及也……

十四日，晓雨。过一小石山，自顶直削去半，与余姚江滨之蜀山绝相类。抛大江，遇一木筏，广十余丈，长五十余丈。上有三四十家，妻子鸡犬臼碓皆具，中为阡陌相往来，亦有神祠，素所未睹也。舟人云：此尚其小者耳，大者于筏上铺土作蔬圃，或作酒肆，皆不复能入夹，但行大江而已。是日，逆风挽船，自平旦至日昳，才行十五六里。泊刘官矶旁，蕲州界也。儿辈登岸，归云：得小径，至山后。有陂湖渺然，莲芰甚富，沿湖多木芙蕖。数家夕阳中，芦藩茅舍，宛有幽致，而寂然无人声。有大梨，欲买之，不可得。湖中小艇采菱，呼之亦不应。更欲穷之，会见道旁设机，疑有虎狼，遂不敢往。刘官矶者，传云汉昭烈入吴，尝舣舟于此[14]。晚，观大鼋浮沉水中……

十九日早，游东坡。自州门而东，冈垄高下，至东坡，则地势平旷开豁，东起一垄颇高。有屋三间，一龟头，曰居士亭。亭下面南一堂，颇雄，四壁皆画雪。堂中有苏公像，乌帽紫裘，横按筇杖[15]，是为云堂。堂东大柳，传以为公手植。正南有桥，榜曰小桥，以“莫忘小桥流水”之句得名。其下初无渠涧，遇雨则有涓流耳。旧止片石布其上，近辄增广为木桥，覆以一屋，颇败人意。东一井曰暗井，取苏公诗中“走报暗井出”之句。泉寒熨齿，但不甚甘。又有四望亭，正与雪堂相直，在高阜上,览观江山,为一郡之最。亭名见苏公及张文潜集中[16]。坡西竹林,古氏故物,号南坡。今已残伐无几,地亦不在古氏矣。出城五里,至安国寺,亦苏公所尝寓。兵火之余,无复遗迹,惟绕寺茂林啼鸟,似犹有当时气象也。郡集于栖霞楼,本太守闾丘孝终公显所作。苏公乐府云:“小舟横截春江,卧看翠壁红楼起。”正谓此楼也。下临大江,烟树微茫,远山数点,亦佳处也。楼颇华洁。先是郡有庆瑞堂,谓一故相所生之地,后毁以新此楼。酒味殊恶,苏公畜汤蜜汁之戏不虚发。郡人何斯举诗亦云:“终年饮恶酒,谁敢憎督邮。”然文潜乃极称黄州酒,以为自京师之外无过者。故其诗云:“我初谪官时,帝问司酒神,曰此好饮徒,聊给酒养真。去国一千里,齐安酒最醇。失火而得雨,仰戴天公仁。”岂文潜谪黄时,适有佳匠乎?循小径缭州宅之后,至竹楼,规模甚陋,不知当王元之时,亦止此邪?楼下稍东,即赤壁矶,亦茅冈尔,略无草木。故韩子苍待制诗云[17]:“岂有危巢与栖鹘,亦无陈迹但飞鸥。”此矶,图经及传者皆以为周公瑾败曹操之地,然江上多此名,不可考质。李太白《赤壁歌》云:“烈火张天照云海,周瑜于此败曹公。”不指言在黄州。苏公尤疑之,赋云:“此非曹孟德之困于周郎者乎?”乐府云:“故垒西边,人道是当日周郎赤壁。”[18]盖一字不轻下如此。至韩子苍云:“此地能令阿瞒走。”则真指为公瑾之赤壁矣。又黄人实谓赤壁曰赤鼻,尤可疑也。晚复移舟菜园步,又远竹园三四里。盖黄州临大江,了无港澳可泊[19]。或云旧有澳,郡官厌过客,故塞之……

二十三日,便风挂帆。自十四日至是,始得风。食时至鄂州,泊税务亭,贾船客舫,不可胜计,衔尾不绝者数里。自京口以西,皆不及。李太白《赠江夏韦太守》诗云:“万舸此中来,连帆过扬州。”盖此郡自唐为冲要之地。夔州迓兵来参。见知州右朝奉郎张郯之彦、转运判官右朝奉大夫谢师稷。市邑雄富,列肆繁错,城外南市亦数里,虽钱塘、建康不能过,隐然一大都会也……

二十五日,观大军教习水战。大舰七百艘,皆长二三十丈,上设城壁楼橹,旗帜精明,金鼓鞳鞳,破巨浪往来,捷如飞翔,观者数万人,实天下之壮观也。

以上卷四

【注释】

[1] 衮冕:古代帝王与上公所穿的礼服冕冠。

[2] 舒州:今安徽安庆市境,治所潜山县。

[3] 吴生笔:吴道子(680—759),唐代著名画家,后世尊为“画圣”。曾在长安、洛阳寺观作佛教壁画四百余堵,其笔法或状如兰叶,或状如莼菜,所绘衣褶飘飘欲飞,人称“吴带当风”。其代表作《天王送子图》。北宋时宗教画家武宗元学吴道子,《圣朝名画词》称“原吴生笔,得其娴丽之态”。

[4] 建炎:南宋高宗赵构年号,1127—1130 年。

[5] 玉隆:玉隆万寿宫位于今江西新建县,始建于东晋宁康二年(374),奉祀东晋道教大师许逊。宋大中祥符三年(1000)升观为“云隆宫”,御赐匾额。政和六年(1113),徽宗令仿西京洛阳崇福宫兴建 6 大殿,另修 12 小殿、5 阁、7 楼、36 堂等,成为规模宏大、富丽堂皇的庞大建筑群,徽宗亲书“玉隆万寿宫”匾额。后屡毁建。

[6] 真宗:北宋真宗赵恒,998—1022 年在位。斑竹帙:将斑竹劈为细丝编成的书帙。

[7] 军持:澡罐或净瓶。僧人游方时携带,贮水以备饮用及净手。

[8] 蕲州:今湖北蕲春。

[9] 裴休(791—864):字公美。唐孟州济源(今河南济源)人。一代名相。善文章,工楷书。书作有《杰峰禅师碑》。

[10] 颜鲁公(709—785):名真卿。累官监察御史、殿中侍御史、吏部尚书、太子太师等,封鲁郡公,人称"颜鲁公"。书法杰出,与赵孟頫、柳公权、欧阳询合称"楷书四大家"。

[11] 雁门市:草市。慧远,本雁门楼烦(今山西宁武)人。

[12] 兴葺:兴建修理。

[13] 制度:形制。

[14] 舣:音 yǐ,停船靠岸。

[15] 筇杖:竹制手杖。

[16] 张耒(1054—1114):字文潜,祖籍亳州谯县(今属安徽)。诗文服膺苏轼,与黄庭坚、晁补之、秦观并称苏门四学士。

[17] 韩子苍(1080—1135):字子苍,蜀仙井监(今四川仁寿)人。早年从苏辙学。钦宗靖康元年(1126),移知黄州。高宗即位,知江州。有《陵阳集》传世。

[18] 乐府:按:苏轼《赤壁怀古》今列入"词"中,而非乐府。词中有"人道是三国周郎赤壁",而非"当日"。

[19] 港澳:港湾。

二十七日,郡集于南楼[1]。在仪门之南石城上,一曰黄鹤山。制度闳伟,登望尤胜。鄂州楼观为多,而此独得江山之要会,山谷[2]所谓"江东湖北行画图,鄂州南楼天下无"是也。下阚南湖,荷叶弥望。中为桥,曰广平。其上皆列肆[3],两旁有水阁极佳,但以卖酒,不可往。山谷云:"凭栏十里芰荷香[4]。"谓南湖也。是日早微雨,晚晴。

以上卷五

【注释】

[1] 南楼:位于今湖北鄂州黄鹤山上。东晋时,征西将军庾亮曾来游。

[2] 山谷:黄庭坚(1045—1105),字鲁直,自号山谷道人。洪州分宁(今江西修水)人。进士及第后,历官叶县尉、校书郎、著作佐郎、涪州别驾、黔州安置等。因反对王安石新政,新党谓其修史"多诬",屡遭贬,卒于宜州贬所。

[3] 列肆:谓成列的商铺。

[4] 芰荷:谓菱叶与荷叶。

七日,见知州右朝奉大夫叶安行字履道。以小舟游西山甘泉寺,竹桥石磴,甚有幽趣,有静练、洗心二亭,下临江,山颇疏豁。法堂之右,小径数十步,至一泉,曰孝妇泉,谓姜诗妻庞氏也。泉上亦有庞氏祠,然欧阳文忠公不以为信[1],故其诗曰:“丛祠已废姜祠在,事迹难寻楚语讹。”又此篇首章云:“江上孤峰蔽绿萝。”初读之,但谓孤峰蒙藤萝耳,及至此,乃知山下为绿萝溪也。又至汉景帝庙及东山寺,景帝不知何以有庙于此。欧阳公为令时,有祈雨文,在集中。东山寺,亦见欧阳公诗。距望京门五里,寺外一亭,临小池,有山如屏环之,颇佳。亭前冬青及柏,皆百余年物。遂至夷陵县,见县令左从政郎胡振。厅事东至喜堂[2],郡守朱虞部为欧阳公所筑者,已焚坏。柱础尚存,规模颇雄深。又东,则祠堂,亦简陋,肖像殊不类[3],可叹!厅事前一井,相传为欧阳公所浚,水极甘寒,为一郡之冠。井旁一柟,合抱,亦传为公手植。晚,郡集于楚塞楼,遍历尔雅台、锦嶂亭。亭前海棠二本,亦百年物。尔雅台者,图经以为郭景纯注《尔雅》于此。又有绛雪亭,取欧阳公千叶红梨诗[4],而红梨已不存矣……

十日早,以特豕壶酒,祭灵感庙,遂行。过鹿角、虎头、史君诸滩,水缩已三之二,然湍险犹可畏。泊城下,归州秭归县界也。与儿曹步沙上[5],回望,正见黄牛峡。庙后山如屏风叠,嵯峨插天[6],第四叠上,有若牛状,其色赤黄。前有一人,如着帽立者。昨日及今早,云冒山顶,至是始见之。因至白沙市慈济院,见主僧志坚问地名城下之由。云院后有楚故城,今尚在,因相与访之。城在一冈阜上,甚小,南北有门,前临江水,对黄牛峡。城西北一山,蜿蜒回抱。山上有伍子胥庙,大抵自荆以西,子胥庙至多。城下多巧石,如灵壁、湖口之类[7]……

十六日,到归州[8],见知州右奉议郎贾选子公、通判左朝奉郎陈端彦民瞻。馆于报恩光孝寺,距城一里许,萧然无僧。归之为州,才三四百家,负卧牛山,临江。州前即人鲊瓮。城中无尺寸平土,滩声常如暴风雨至。隔江有楚王城,亦山谷间,然地比归州差平[9]。或云,楚始封于此。《山海经》:夏启封孟除于丹阳城。郭璞注云在秭归县南。疑即此也……

十九日,郡集于归乡堂。欲以是晚行,不果。访宋玉宅,在秭归县之东,今为酒家。旧有石刻“宋玉宅”三字,近以郡人避太守家讳,去之。或遂由此失传,可惜也。

二十一日,舟中望石门关,仅通一人行,天下至险也。晚泊巴东县。江山雄丽,大胜秭归。但井邑极于萧条,邑中才百余户,自令廨而下[10],皆茅茨,了无片瓦。权县事秭归尉右迪功郎王康年、尉兼主簿右迪功郎杜德先来,皆蜀人也。谒寇莱公祠堂,登秋风亭,下临江山。是日重阴微雪,天气飕飘[11]。复观亭名,使人怅然,始有流落天涯之叹。遂登双柏堂、白云亭。堂下旧有莱公所植柏,今已槁死。然南山重复,秀丽可爱。白云亭则天下幽奇绝境。群山环拥,层出间见,古木森然,往往二三百年物。栏外双瀑泻石涧中,跳珠溅玉,冷入人骨。其下是为慈溪,奔流与江会。予自吴入楚,行五千余里,过十五州,亭榭之胜,无如白云者,而止在县廨听事之后。巴东了无一事,为令者可以寝饭于亭中,其乐无涯。而阙令,动辄二三年无肯补者,何哉?

二十四日早,抵巫山。县在峡中,亦壮县也。市井胜归、峡二郡。隔江南陵山极高大,有路如线,盘屈至绝顶,谓之一百八盘,盖施州正路[12]。黄鲁直诗云:“一百八盘携手上,至今归梦绕羊肠。”即谓此也。县廨有故铁盆,底锐似半瓮状,极坚厚,铭在其中,盖汉永平中物也[13]。缺处铁色光黑如佳漆,字画淳质可爱玩。有石刻鲁直作盆记,大略言建中靖国元年[14],予弟叔向嗣直[15],自涪陵尉摄县事。予起戎州[16],来寓县廨,此盆旧以种莲,余洗涤乃见字云。游楚故离宫,俗谓之细腰宫。有一池,亦当时宫中燕游之地,今湮没略尽矣。三面皆荒山,南望江山奇丽。又有将军墓,东晋人也。一碑在墓后,趺陷入地[17],碑倾前欲压,字才半存……

二十七日早,至夔州。州在山麓沙上,所谓鱼复永安宫也。宫今为州仓,而州治在宫西北,甘夫人墓西南[18],景德中转运使丁谓、薛颜所徙[19]。比白帝颇平旷,然失关险,无复形势。在瀼之西,故一曰瀼西。土人谓山间之流通江者曰瀼云。州东南有八阵碛[20],孔明之遗迹,碎石行列如引绳。每岁江涨,碛上水数十丈,比退,阵石如故。

以上卷六

【注释】

[1] 欧阳文忠:欧阳修景祐三年(1036)被贬为夷陵(今湖北宜昌)令。欧阳所论的姜诗及其妻庞氏是东汉著名孝子。姜诗,广汉(今四川广汉市)人,官至郎中。他与妻侍奉母亲饮江水、吃鱼鲙事成为《二十四孝》中的"涌泉跃鲤"故事。

[2] 厅事:古时官署理断公务的厅堂。

[3] 殊不类:谓特别不像。

[4] "千叶红梨"诗:景祐四年(1037),欧阳修作《千叶红梨花》:"峡州署中旧有此花,前无赏者。知郡朱郎中始加栏槛,命坐客赋之。

红梨千叶爱者谁,白发郎官心好奇。徘徊绕树不忍折,一日千匝看无时。夷陵寂寞千山里,地远气偏时节异。愁烟苦雾少芳菲,野卉蛮花斗红紫。可怜此树生此处,高枝绝艳无人顾。春风吹落复吹开,山鸟飞来自飞去。根盘树老几经春,真赏今才遇使君。风轻绛雪樽前舞,日暖繁香露下闻。从来奇物产天涯,安得移根植帝家。犹胜张骞为汉使,辛勤西域徙榴花。"

[5] 儿曹:儿辈。

[6] 嵯峨:谓山势高峻。

[7] 灵壁:在今安徽。以石闻名。湖口:鄱阳湖入长江处。湖口石有数种,或产水中,或产水际。一种色青,浑然成峰、峦、岩、壑等形状;一种扁薄嵌空,穿眼通透,几如木板,似利刃剜刻之状。石理如刷丝,色亦微润,扣之有声。东坡曰之为"壶中九华"。

[8] 归州:在今湖北秭归县。古归州镇今已被三峡水库淹没。

[9] 差平:谓(地)稍微平些。

[10] 令廨:县令衙门。

[11] 飂飘:迅疾凛烈。飂:音 liú,漂浮。

[12] 施州:在今湖北恩施境。

[13] 永平:东汉明帝刘庄年号,58—75 年。

[14] 建中靖国:宋徽宗赵佶年号,1101 年。

[15] 嗣直:黄叔向,字嗣直。黄庭坚从弟。庭坚绍圣初谪黔时,嗣直官涪陵县尉,后摄巫山县。

[16] 戎州:今四川宜宾。

[17] 趺:音 fū,石碑下之基座。

[18] 甘夫人:三国蜀主刘备后。三国著名美女之一,沛城人。随刘备到荆州,生了阿斗。其肤如玉,刘备将一尊三尺高的白玉放其床头,喻其肤白皙,甘夫人却劝刘备不可玩物丧志。群僚称其为"神智妇人"。209 年,甘夫人病逝,时年 22 岁。

[19] 景德:宋真宗赵恒年号,1004—1007 年。

[20] 碛:音 qì,浅水中的沙石。

成都犀浦国宁观观古楠记

南宋·陆 游

【提要】

本文选自《陆游集》(中华书局 1976 年版)。

国宁观在今四川成都郫县犀浦镇国宁村,寺中 4 株千岁古楠葳蕤荣茂:"枝扰云汉,声挟风雨,根入地不知几百尺,而阴之所庇,车且百辆。正昼,日不穿漏,夏五六月,暑气不至,凛如九秋。"陆游在成都,因有事来寺,他竟"爱而不能去者弥日"。

可是,古楠近来却数次险遭"伐以营缮",全赖乡郡父老求情方脱于厄运。寺中长老忧心忡忡,想到了来访的陆游,想求其书、借其名望以保全这几棵古楠。于是,陆游写了这篇《观古楠记》。

如今,被陆游从斧下救出的千年古楠早已荡然无存,只留下这篇小记,还有那句"岂其残灭千岁遗迹,侈大栋宇"的话……

予在成都,尝以事至沉犀,过国宁观,有古楠四,皆千岁木也。枝扰云汉,声挟风雨,根入地不知几百尺,而阴之所庇,车且百辆。正昼[1],日不穿漏。夏五六月,暑气不至,凛如九秋。成都固多寿木,然莫与四楠比者。予盖爱而不能去者弥日。有石刻立庑下,曰是仙人蘧君手植。予叹曰:"神仙至人,手之所触,气之所呵,羸疾者起[2],盲聩者愈,荣茂枯朽,而金玉瓦石不难,况其亲所培植哉。久而不槁不死,固宜。"欲为作诗文,会多事,不果,尝以语道人蘧昌老真叟以为恨。

予既去蜀三年,而昌老以书万里属予曰[3]:"国宁之楠,几伐以营缮,郡人力全之,仅乃得免。惧卒不免也,君为我终昔意。"予发书,且叹且喜。夫勿剪憩棠[4],恭敬桑梓,爱其人及其木,自古已然。姑以蜀事言之,则唐节度使取孔明祠柏一小枝为手板,书于图志,今见非诋。蒋堂守成都[5],有美政,止以筑铜壶阁,伐江渎庙一木,坐谣言罢,亦书国史。且王建、孟知祥父子[6],专有西南,穷土木之侈,沉犀近在国城数十里间，而四楠不为当时所取，彼犹有畏而不敢者。况今圣主以恭俭化天下，有夏禹卑宫室、汉文罢露台之风，专阃方面[7]，皆重德伟人，岂其残灭千岁遗迹，侈大栋宇，为王、孟之所难哉？意者特出于吏胥梓匠[8]，欺罔专恣，以自为功而已。使有以吾文告之者，读未终篇，禁令下矣。然则其可不书？

淳熙九年六月一日[9]，朝奉大夫主管成都府玉局观山阴陆某记。

【注释】

[1] 正昼：大白天。

[2] 羸疾：衰弱生病。羸：音 léi，瘦弱。

[3] 属：嘱托。

[4] 憩棠：《诗·召南·甘棠》："蔽芾甘棠，勿剪勿败，召伯所憩。"诗为周人怀念召伯德政的颂诗。后以"憩棠"喻地方官的德政。

[5] 蒋堂：字希鲁，北宋宜兴人，家于苏州。史称其清修纯饬，好学工辞。有《吴门集》。

[6] 王建(847—918)：五代前蜀开国之主。许州舞阳(今河南舞阳)人。黄巢起事时投效唐军。长安沦陷时奋勇护驾，号"随驾五郎"。后逐步割霸蜀地，唐昭宗封其为蜀王。唐亡后，因不服后梁统治自立为帝，国号大蜀，定都成都。在位 12 年，多有惠政，蜀中大治。孟知祥(874—934)：后蜀高祖，字保胤，邢台人。孟知祥在后唐灭前蜀战争中立下大功，被封为西川节度使。934 年 1 月，他乘后唐内部王位争夺之机在成都即皇帝位，建号大蜀。但只在位 7 个月就去世了。

[7] 专阃：专主京城以外的权事。阃：音 kǔn，门槛。

[8] 吏胥：地方官府中掌管簿书案牍的小吏。

[9] 淳熙：南宋孝宗赵昚年号，1174—1189 年。

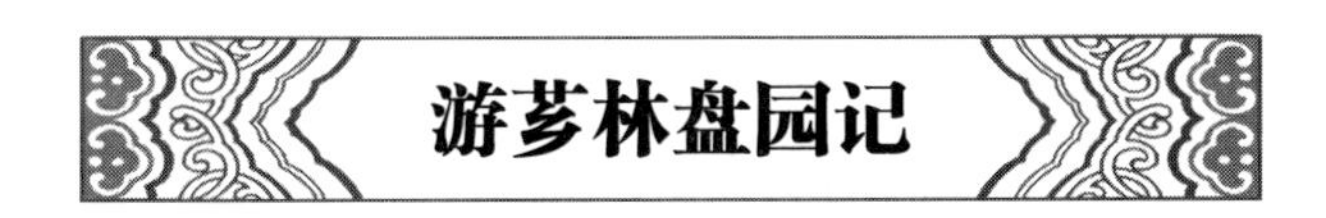

游芗林盘园记

南宋·范成大

【提要】

本文选自《古今图书集成·职方典》卷八七二(中华书局、巴蜀书社 1985 年影印本)。

芗林在南康军(辖今江西星子、都昌、建昌、安义，治所星子)，主人是向伯恭。向子諲(1085—1152)，字伯恭，临江军清江(今江西樟树市)人，号芗林居士。元符时以恩荫补官。南渡初，统兵勤王。高宗朝，官至徽猷阁待制、户部侍郎。晚知平江府，因反对和议忤秦桧，致仕闲居 15 年，所居处号为芗林。

范成大与他志同道合，自然对其芗林嘉许不已。"芗林……本负郭平地"，更早些光景是人家的田地阡垄，修篁古木很多。

芗林最为奇特的就是宅旁之圃了,甚至是"步步可观"。"丛植大梅,中有小台,四面有涩道,梅皆交枝覆之,盖自梅洞中蹑级而登,则又下临花顶,尽赏梅之技矣。"梅如毯,花如锦,灿如烟霞,那是一幅怎样的胜景! 园之中还有海棠一径,有意思的是,"列植如槿篱",用海棠植起了一堵篱笆墙。距芗林梅圃里许,有一荒园,"中有古岩,桂大数围",现为酒家。园中"有古梅盘结如盖,可覆一亩,枝四垂,以木架之,如坐大酴醾下",向子諲买下这"天下尤物"。

于是,翰林周充感叹道:"如芗林盘园,尚乏此天趣。"

有趣的是,盘桓一天游遍芗林、盘园后,受到这两处在当时赫赫有名的园林,尤其是其中梅林、古梅的启发,晚年隐居石湖后,范成大全力经营自己的归居地——石湖范村,"以其地三分之一与梅",并专门著有《梅谱》一卷。

苦寒之中梅自香,此文正是向伯恭、范成大生活状态的写照。

芗林故侍郎向公伯恭所作,本负郭平地[1]。旧亦人家阡陇[2],故多古木修篁,林堂皆为樾荫所迫[3],森然以寒。宅旁入圃中,步步可观。梅台最有思,丛植大梅,中有小台,四面有涩道[4],梅皆交枝覆之,盖自梅洞中蹑级而登,则又下临花顶,尽赏梅之技矣。企疏堂之侧,海棠一径,列植如槿篱[5],位置甚佳。诸子复葺墙后园池,搴芳诸亭[6],大率无水,仅有一派入园,作小池及涧泉之类,所谓虎文者,亦不能详考。

出芗林,对门又有荒园。中有古岩,桂大数围,江乡无双者。

盘园者,前湖南僧任诏子严所居,去芗林里许。始为酒家,有古梅盘结如盖,可覆一亩,枝四垂,以木架之,如坐大酴醾下[7],子严以为天下尤物,求买得之。时芗林尚无恙,亦极叹赏,劝子严作凌云阁以瞰之,梅后坡陇畇畇[8]。子严悉进筑焉,地广过芗林,种植大盛,桂径梅坡及其繁芜,但亦乏水。当洼下处作池积雨水而已。

周旋两园,遂以抵莫[9]。始余得吴中石湖遂习隐,翰林周公子充过之,曰:"吾行四方,见园池多矣。如芗林盘园,尚乏此天趣。登临之美,甲于东南矣。"并记于此。

【作者简介】

范成大(1126—1193),字致能,号石湖居士。吴郡(今江苏吴县)人。宋高宗绍兴二十四年(1154)进士,初授户曹,又任监和剂局、处州知府。以起居郎、假资政殿大学士出使金朝,不辱使命而归,并写成使金日记《揽辔录》。后历任静江、成都、建康等地行政长官。淳熙时,官至参知政事,因与孝宗意见相左,两个月即去职。晚年隐居家乡石湖。有《石湖居士诗集》《石湖词》《揽辔录》《骖鸾录》《桂海虞稳志》《吴船录》等。

【注释】

[1] 负郭:谓靠近城郭。

[2] 阡陇:田间高地。

[3] 樾荫:林荫。
[4] 涩道:刻有花纹的倾斜石砌,无级次,亦可登。
[5] 槿篱:木槿篱笆。
[6] 搴芳:采摘花草。
[7] 酴醾:音 tú mí,灌木,善攀树,有刺,花香醉。
[8] 畇畇:谓田地平整齐均。畇,音 yún。
[9] 莫:通"暮"。

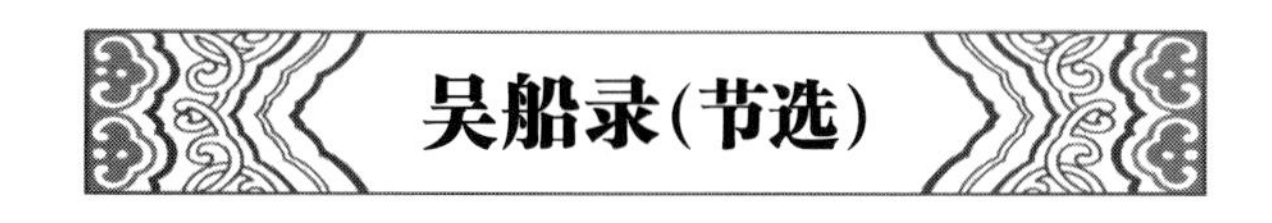

吴船录(节选)

南宋·范成大

【提要】

本文选自《范成大笔记六种》(中华书局 2002 年版)。

《吴船录》是范成大结束四川制置使任职,由成都出发,在乘船返回家乡平江(今苏州)石湖的旅途中,汇其所见所闻而形成的文字。

南宋淳熙四年(1177)年,范成大和家眷、宾幕、好友及护卫一行数十人,开始了长达5个月的返乡之旅。五月二十九日,范成大在成都合江亭附近码头起锚,顺流南下,一路走一路下船游览,都江堰、青城山、蜀州(今四川崇庆县)、嘉州、忠州(今重庆忠县)、酆都(今重庆丰都县)……一路上,沿江名胜山川都游遍,《吴船录》忠实地记录了这次游踪。

《吴船录》分上下两部,上部是四川境内的游历,下部约一半篇幅谈四川峡江以上的景物,余则描述出峡口后的风景。

绳桥、乐山大佛、峨眉山等佳构胜景,范成大都浓墨重彩予以勾勒。

绳桥,即安澜桥,位于都江堰玉垒山麓的二王庙前,横跨在内江和外江的分水处,是一座索桥。

安澜桥是我国著名的五大古桥之一,全长 500 米,又有竹桥、竹藤桥等称呼。范成大的描述称:"每桥长百二十丈,分为五架,桥之广,十二绳排连之,上布竹笆,攒立大木数十于江沙中,辇石固其根,每数十木作一架,挂桥于半空。"根据描述可知,绳桥有 5 座桥墩,12 根绳索连成排系于其上,索上铺竹板作为桥面,于是"大风过之,掀举幡然",桥便如幡幢、如渔网、如彩帛顺风鼓荡,人行桥上必须疾步小跑,想从容如君子踱从容方步则"震掉不可立,同行皆失色"。但即便如此,比起数里之外船渡的水湍流险,还是这里安全。

绳桥历代不断缮修。清嘉庆年间,何先德夫妇来灌县教私塾,嘉庆八年(1803),他们亲见白沙渡翻船,淹死百余人。于是,上书县衙,欲修复索桥。知事吴宁很是赞赏,并且给予很多帮助。为使重建的索桥安全稳定,新的设计在桥两旁加十余条绳索,扎紧每块桥板,确保行人不致失足掉入江中。新索桥建成后,人们长享安澜无虞,故称“安澜桥”,当地百姓又敬称索桥为“夫妻桥”,以纪念何先德夫妇。

处于鱼嘴处的安澜桥是连接内、外江两岸的交通要道。长约340米、宽3米、高近13米,江中设有木礅和石礅9座,8孔,最大跨度61米,桥上铺木板,两侧有护栏。全桥用24根5寸粗细的竹索构成,其中10根作底索,以6排木架支撑,上铺木板,两边再压2索,余12根置桥两旁作扶栏。

1974年因兴建外江水闸,经国务院批准,将索桥下移了100多米,改用钢索建造。

乐山宋称嘉州,乐山大佛地处乐山市岷江、青衣江、大渡河三江汇流处,与乐山城隔江相望。乐山大佛雕凿在岷江、青衣江、大渡河汇流处的岩壁上,又名凌云大佛,为弥勒佛坐像。乐山大佛是唐代摩崖造像中的精品之一,是世界上最大的石刻弥勒佛坐像。佛像开凿于唐玄宗开元初年(713),是海通和尚为减杀水势,普度众生而发起,募集人力、物力修凿的。海通死后,海通的弟子接手修筑。直至唐德宗贞元十九年(803)完工,历时90年。

乐山大佛头与山齐,足踏大江,双手抚膝,依山凿成,临江危坐。大佛通高71米,头高14.7米,头宽10米,发髻1 021个,耳长7米,鼻长5.6米,眉长5.6米,嘴巴和眼长3.3米,颈高3米,肩宽24米,手指长8.3米,从膝盖到脚背28米,脚背宽8.5米,脚面可围坐百人以上。大佛双手抚膝正襟危坐,造型庄严,端整肃穆。在大佛左右两侧沿江崖壁上,还有两尊身高10余米,手持戈戟、身着战袍的护法武士石刻,数百龛上千尊石刻造像,形成了庞大的佛教石刻艺术群。排水设施隐而不见,设计巧妙。

大佛左侧,沿“洞天”下去就是凌云栈道的始端,全长近500米。右侧是九曲栈道。佛像雕刻成之后,曾建有13层楼阁覆盖,时称“大佛阁”,“大像阁”,宋时称“天宁阁”。但焚毁于明末张献忠之手。只有大佛两侧的山崖隐约可见的几十处孔穴,依稀想见当年建造楼阁时梁柱的位置。

1996年12月,峨眉山-乐山大佛被联合国教科文组织批准为“世界文化与自然遗产”,列入《世界自然与文化遗产名录》。

万景楼,在今乐山高标山老霄顶上。地处岷江、青衣江、大渡河三江汇流处的古嘉州乐山,扼水路出川之咽喉,踞南方丝路之要冲,加上其美丽与富庶,历来为兵家必争之地,于是筑城以守便成为历代郡官的不二选择。《乐山市志》载:嘉州故城,北周始筑,宋代形成内城。城东南临江,背靠高标山,两翼沿山势展开,左至拱宸门岷江边,右至高西门大渡河畔。乐山城最高处老霄顶,古称高标山,是嘉州古城墙的发轫之地,其上的万景楼是北宋宣和年间(1119—1125)嘉州知州吕由诚所建。“汉嘉登临山水之胜,既豪西州,而万景所见,又甲于一郡。其前大江之所经,犍为、戎、泸,远山缥缈明灭,烟云无际。右列三峨,左横九顶,残山剩水,间见错出。万景之名,真不滥吹。”故而范成大吟道:“若为唤得涪翁起,题作西南第一楼。”

过嘉州,是峨眉。峨眉山在乐山市境内,位于四川盆地西南缘。有山峰相对如蛾眉,故名。包括大峨眉、二峨眉、三峨眉、四峨眉。山势雄伟,隘谷深幽,飞瀑如帘,云海翻涌,林木葱茏,全山上下寺庙宫观极多。

相传东汉时期,佛、道二教便开始在此营造庙观。唐、宋时期,两教并存,寺庙宫观得到很大发展。明代之际,道教衰微,佛教日盛,僧侣一度曾达1 700余人,全山有大小寺院近百座。至清末寺庙达到150余座。

近两千年的佛教发展历程,给峨眉山留下了丰富的佛教文化遗产,成就了许多高僧大德，使峨眉山逐步成为中国乃至世界影响深远的佛教圣地。峨眉山佛教属于大乘佛教，普贤道场，僧徒多是临济宗、曹洞宗门人。尤值一提的是，峨眉山佛教音乐丰富多彩，独树一帜。

全山共有僧尼约300人，寺庙近30座，其中著名的有报国寺、伏虎寺、清音阁、洪椿坪、仙峰寺、洗象池、金顶华藏寺、万年寺等八大寺庙。尼众修行的寺院有伏虎寺、雷音寺、善觉寺、纯阳殿、神水阁。寺庙中的造像有泥塑、木雕、玉刻、铜浇、铁铸、瓷制、脱纱等众多形式，造型生动，工艺精湛。如万年寺（即白水寺）的铜铸“普贤骑象”，通高7.4米，象身长4.7米，重62吨，为宋朝时铸造，堪称山中一绝，现为国家一级文物；还有阿弥陀佛铜像、三身佛铜像、报国寺内脱纱七佛等，均为珍贵的佛教造像。此外古贝叶经、华严铜塔、圣积晚钟、金顶铜碑、普贤金印，均为珍贵的佛教文物。

峨眉胜景有四：日出、云海、佛光、圣灯。范成大对峨眉胜景有着极为精到而细致的描述，尤其是峨眉佛光。范成大完整地记录了这次佛光产生的过程，详尽地描述了佛光中光色与折射的阴影变化，特别介绍了“摄身光”神奇特点，读之尤让人艳羡不已、神往不已。

将至青城[1]，再度绳桥。每桥长百二十丈，分为五架，桥之广，十二绳排连之，上布竹笆，攒立大木数十于江沙中，辇石固其根[2]，每数十木作一架，挂桥于半空，大风过之，掀举幡然。大略如渔人晒网，染家晾彩帛之状。又须舍舆疾步，从容则震悼不可立[3]，同行皆失色。郡人云：稍迁数里有白石渡，可以船济，然极湍险也。

【注释】

[1] 青城：青城山。

[2] 辇：挽。此谓攒砌。

[3] 震悼：惊愕悲悼。

乙酉。泊嘉州。渡江游凌云，在城对岸，山不甚高，绵延有九山头，故又名九顶，旧名青衣山。青衣，蚕从氏之神也[1]。旧属平羌县，县废，并属龙游[2]。跻石磴登凌云寺，寺有天宁阁，即大像所在[3]。嘉为众水之会，导江、沫水与岷江皆合于山下，南流以下犍为[4]。沫水合大渡河自雅州而来，直捣山壁，滩泷险恶，号舟楫至危之地[5]。唐开元中，浮屠海通始凿山为弥勒佛像以镇之，高三百六十尺，顶围十丈，目广二丈，为楼十三层，自头面以及其足，极佛像之大，两耳犹以木为之。佛足去江数步，惊涛怒号，汹涌过前，不可安立正视，今谓之佛头滩。佛阁正面三峨[6]，余三面皆佳山，众江错流诸山间，登临之胜，自西州来始见此耳。东坡诗：“但愿身为汉嘉守，载酒常作凌云游。”后人取其语，作载酒亭于山上。

丙戌。泊嘉州。游万景楼，在州城傍高丘之上[7]。汉嘉登临山水之胜，既豪西州,而万景所见,又甲于一郡。其前大江之所经,犍为、戎、泸[8],远山缥缈明灭,烟云无际;右列三峨,左横九顶,残山剩水,间见错出,万景之名真不滥吹,余诗盖题为"西南第一楼"也。九顶之傍,有乌尤一峰小,江水绕之,如巧画之图。楼前百余步有古安乐园,山谷常游之,名轩曰"涪翁",壁间题字犹存,云:"见水绕乌尤,惟此亭耳。"是时未有万景,故山谷以安乐园为胜,今不足道矣。下山入小巷,至广福院,中有水洞,静听洞中时有金玉声,琅然清越[9],不知水滴何许作此声也。旧名丁东水,寺亦因名丁东院,山谷更名方响洞,题诗云:"古人名此丁东水,自古丁东直到今。我为更名方响洞,要知山水有清音。"

癸巳。发峨眉县。出西门登山,过慈福、普安二院,白水庄、蜀村店、十二里、龙神堂、伏虎寺,自是涧谷舂淙,林樾雄深[10]。小憩华严院。过青竹桥、峨眉新观路口、梅树垭、两龙堂,至中峰院。院有普贤阁,四环十七峰绕之,背倚白崖峰,右傍最高而峻挺者曰呼应峰,下有茂真尊者庵[11],人迹罕至。孙思邈隐于峨眉,茂真在时常与孙相呼相应于此云。出院,过樟木、牛心二岭及牛心院路口,至双溪桥。乱山如屏簇,有两山相对,各有一溪出焉,并流至桥下,石堑深数十丈,窈然沉碧,飞湍喷雪,奔出桥外,则入岑蔚中[12],可数十步,两溪合为一以投大壑。渊渟凝湛[13],散为溪滩。滩中悉是五色及白质青章石子,水色曲尘[14],与石色相得,如铺翠锦,非摹写可具。朝日照之,则有光彩发溪上,倒射岩壑,相传以为大士小现也。牛心寺,三藏师继业自西域归,过此,将开山,两石斗溪上,揽得其一,上有一目,端正透底,以为宝瑞,至今藏寺中,此水遂名宝现溪。自是登危磴,过菩萨阁,当道有榜,曰"天下大峨山"。遂至白水普贤寺。自县至此,步步皆峻阪,四十余里,然始是登峰顶之山脚耳。

甲午。宿白水寺。大雨,不可登山,谒普贤大士铜像,国初敕成都所铸。有太宗、真宗、仁宗三朝所赐御制书百余卷[15],七宝冠、金珠璎珞[16]、袈裟、金银瓶、钵、奁、炉、匙、箸、果罍[17],铜钟、鼓、锣、磬,蜡茶、塔、芝草之属[18]。又有崇宁中宫所赐钱幡及织成红幡等物甚多[19]。内仁宗所赐红罗紫绣袈裟,上有御书发愿文,曰:"佛法长兴,法轮常转,国泰民安,风雨顺时,干戈永息,人民安乐,子孙昌盛,一切众生,同登彼岸。嘉祐七年十月十七日,福宁殿御札记[20]。"次至经藏,亦朝廷遣尚方工作宝藏也[21]。正面为楼阙,两傍小楼夹之,钉铰皆以鍮石[22],极备奇靡,相传纯用京师端门之制[23]。经书则造于成都,用碧硾纸销银书之[24],卷首悉有销金图画,各图一卷之事。经帘织轮相铃杵器物及"天下太平" "皇帝万岁"等字于繁花缛叶之中,今不复见此等织文矣。次至三千铁佛殿,云普贤居此山,有三千徒众共住,故作此佛,冶铸甚朴拙。是日设供,且祷于大士,丐三日好晴以登山[25]。

【注释】

[1] 蚕丛:又称蚕丛氏,是蜀国首位称王之人。是位养蚕专家。最早居岷山石室中,神化不死。后率部至成都。《华阳国志》载:蜀侯蚕丛,其纵目。

[2] 龙游:县名。宋嘉州县治龙游,即今乐山市。

[3] 大像:即乐山大佛。

[4] 犍为:县名。今属乐山市。

[5] 雅州:今四川雅安。滩泷:谓险滩激流。泷:音 lóng,湍急的流水。

[6] 三峨:《明一统志》:小峨山与中峨、大峨山相连,是为“三峨”。即峨眉山。

[7] 高丘:即嘉州西面的高标山,一名高望山。

[8] 戎:戎州,今宜宾。

[9] 琅然:声音清朗貌。

[10] 舂淙:谓流水相激如玉碰击,如鼓咚咚,悠扬、激越而响亮。樾:音 yuè,树荫。

[11] 茂真尊者:《峨眉山志》:峨山有两茂真尊者:一是隋时人,曰游神水,夜宿呼应;一是宋人……今中峰寺是其重修。

[12] 岑蔚:谓草木深茂。凝湛:深湛清澈。

[13] 渊渟:深潭。渟:音 tīng,水停止不流动。

[14] 曲尘:酒曲上所生菌,其色淡黄如尘。因用以指淡黄色。

[15] “太宗”句:宋取蜀,对峨眉山寺庙敕赐不断。980 年,宋太宗赐黄金 3 000 两于普贤寺内造普贤骑象铜像;宋真宗免普贤寺田租,并诏赐黄金 3 000 两,增修普贤寺;仁宗亦有赐物。

[16] 璎珞:古时用珠玉串成的装饰品。

[17] 罍:音 léi,壶。多用来盛酒等。

[18] 蜡茶:茶的一种。早春采摘。以其汤汁泛乳色,与溶蜡相似,故称。

[19] 崇宁:宋徽宗年号,1102—1106 年。中宫:谓皇宫。

[20] 嘉祐七年:1062 年。福宁殿:宋仁宗寝殿。

[21] 尚方:朝廷后宫官署名,掌供应制造皇家所用器物。

[22] 钉铰:铆钉。碔石:石而次于玉者。碔:音 yù,同“砡”。

[23] 端门:宫殿的正南门。

[24] 销银:含银的白色涂料。

[25] 丐:乞求。

乙未。大雾。遂登上峰。自此登峰顶光相寺七宝岩,其高六十里,大略去县中平地不下百里;又无复�蹬[1],斫木作长梯钉岩壁,缘之而上,意天下登山险峻无此比者。余以健卒挟山轿强登[2],以山丁三十夫曳大绳行前挽之,同行则用山中梯轿。出白水寺侧门,便登点心山[3],言峻甚,足膝点于心胸云。过茅亭嘴,石子雷、大小深坑、骆驼岭、簇店。凡言店者,当道板屋一间,将有登山客,则寺僧先遣人煮汤于店以俟蒸炊。又过峰门、罗汉店、大小扶舁、错喜欢、木皮里、胡孙梯、雷洞平[4]。凡言平者,差可以托足之处也。雷洞者,路左深崖万仞,磴道缺处,则下瞰沈黑若洞然。相传下有渊水,神龙所居,凡七十二洞,岁旱则祷于第三洞。初投香币,不应,则投死彘及妇人弊履之类以枨触之[5],往往雷风暴发。峰顶光明岩上所谓兜罗绵云,亦多出于此洞。过新店、八十四盘、娑罗平。娑罗者,其木叶如海桐,又似杨梅,花红白色,春夏间开,惟此山有之。初登山半即见之,至此满山皆是。大抵大峨之上,凡草木禽虫,悉非世间所有,昔固传闻,今亲验之。余来以季夏[6],数日前雪大降,木叶犹有雪渍斓斑之迹。草木之异,有如八仙而深紫,有如牵牛而大数倍,有如蓼而浅青[7]。闻春时异花尤多,但是时山寒,人鲜能识之。草叶之异者,亦不可胜数。山高多风,木不能长,枝悉下垂,古苔如乱发鬖鬖挂木上[8],垂至地,长数丈。又有塔松,状似杉而叶圆细,亦不能高,重重偃蹇如浮图[9],至山顶尤多。又断无鸟雀,盖山高飞不能上。自娑罗平过思佛亭、软草平、洗脚溪、遂极峰顶。光相寺亦板屋数十间,无人居,中间有普贤小殿。以卯初登山,已此已申后。初衣暑绤[10],渐高渐寒,到八十四盘则骤寒,比及山顶,亟挟纩两重[11],又加毳衲驼茸之类[12],尽衣笥中所藏[13],系重巾,蹑毡靴,犹凛栗不自持,则炽炭拥护危坐。山顶有泉,煮米不成饭,但碎如沙粒。万古冰雪之汁不能熟物,余前知之,自山下携水一缶来,才自足也。移顷,冒寒登天仙桥,至光明岩炷香。小殿上木皮盖之,王瞻叔参政尝易以瓦[14],为雪霜所薄,一年辄碎,后复以木皮易之,翻可支二三年。人云佛现悉以午,今已申后,不若归舍明日复来。逡巡[15],忽云出岩下傍谷中,即雷洞山也。云行勃勃如队仗,既当岩则少驻。云头现大圆光,杂色之晕数重,倚立相对,中有水墨影,若仙圣跨象者[16]。一碗茶顷光没,而其傍复现一光如前,有顷亦没。云中复有金光两道,横射岩腹,人亦谓之"小现"。日暮,云物皆散,四山寂然。乙夜[17],灯出岩下,遍满弥望,以千百计。夜甚寒,不可久立。

丙申。复登岩眺望。岩后岷山万重;少北则瓦屋山在雅州;少南则大瓦屋近南诏,形状宛然瓦屋一间也。小瓦屋亦有光相,谓之辟支佛现[18]。此诸山之后,即西域雪山[19],崔巍刻削,凡数十百峰,初日照之,雪色洞明,如烂银晃耀曙光中,此雪自古至今未尝消也。山绵延入天竺诸蕃,相去不知几千里,望之但如在几案间,瑰奇胜绝之观,直冠平生矣!复诣岩殿致祷,俄氛雾四起,混然一白。僧云:银色世界也。有顷,大雨倾注,氛雾辟易[20]。僧云:洗岩雨也,佛将大现。兜罗绵云复布岩下,纷郁而上,将至岩数丈辄止,云平如玉地,时雨点有余飞。俯视岩腹,有大圆光偃卧平云之上,外晕三重,每重有青黄红绿之色。光之正中,虚明凝湛,观者各自见其形现于虚明之处,毫厘无隐,一如对镜,举手动足影皆随形,而不见傍人。僧云:摄身光也。此光既没,前山飞起云驰,风云之间,复出大圆相光,横亘数山,尽诸异色,合集成采,峰峦草木皆鲜妍绚茜[21],不可正视。云雾既散,而此光独明,人谓之"清现"。凡佛光欲现,必先布云,所谓兜罗绵世界[22],光相依云而出,其不依云,则谓之"清现",极难得。食顷,光渐移过山而西。左顾雷洞山上复出一光,如前而差小,须臾,亦飞行过山外,至平野间,转徙得得,与岩正相值,色状俱变,遂为金桥,大略如吴江垂虹,而两圯各有紫云捧之[23]。凡自午至未,云物净尽,谓之"收岩",独金桥现至酉后始没。同登峰顶者,幕客简世杰伯隽、杨光商卿、周杰德俊万,进士虞植子建及家弟成绩。今日复有同年杨愨伯勉,幕客李嘉谋良仲自夹江来,甫至而光现[24]。

【注释】

[1] 磎:音 xī,同"谿"。

[2] 山轿:范是四川最高地方官,所以登山不用梯轿(滑竿),但也不能用他通常坐的官轿。

[3] 点心山:谓登山时,足常抵于胸,可见攀爬之难。作者有诗:岂惟膝点心,固已头抢地。

[4] 扶舁:谓须有他人扶助方可攀登的险径。舁,音 yú。

[5] 彘:音 zhì,猪。枨触:触动。枨,音 chéng。

[6] 季夏:六月。

[7] 蓼:水草。花淡红或呈白色。温庭筠《溪上行》:风翻荷叶一向白,雨湿蓼花千穗红。

[8] 鬖鬖:音 sān sān,头发下垂貌。

[9] 偃蹇:谓塔松层层叠叠曲折婉转貌,如佛塔样。

[10] 绤:音 qī,粗葛衣。

[11] 纩:音 kuàng,古时指新丝绵絮。后泛指绵絮。

[12] 毳衲:毛织衲衣。毳:音 cuì,鸟兽的细毛。

[13] 衣笥:盛衣服的竹器。

[14] 王之望(1102—1170),字瞻叔。襄州襄阳谷城人(今湖北谷城),后寓居台州(今浙江临海)。绍兴八年(1138)进士,授处州教授,历官太学录,知荆门军,潼川府路转运判官等,官至参知政事。有《汉滨集》《奏议》《经解》等传世。

[15] 逡巡:因犹豫而徘徊不前。逡:音 qūn,退让,退缩。

[16] 仙圣跨象:普贤菩萨骑白象,故云。仙圣:指普贤菩萨

[17] 乙夜:二更天,约为夜间十时。

[18] 辟支佛:辟之迦佛陀的简称。三乘中的中乘圣者。因其观十二因缘法而得道,故亦译为“缘觉”;因其身出无佛之世,潜修独悟,又意译为“独觉”。

[19] 雪山:峨眉山正面是贡嘎山,西北是二郎山,山高均在雪线以上。

[20] 辟易:消失。

[21] 绚茜:鲜明绚丽。茜:音 qiàn,青翠茂盛貌。

[22] 兜罗绵:草木花絮的总称。《格古要论》:兜罗绵出南蕃、西蕃、云南,莎罗树子内绵织者,与剪绒相似,阔五六尺,多作被,亦可作衣服。又《翻译名义集》:兜罗,此云细香……或名妬罗绵。妬罗,树名。绵从树生,因而称如柳絮也。喻云或雪。宋人杨万里:“兜罗绵上住兄子,银色界中著吾弟。”

[23] 圯:音 yí,桥。

[24] 夹江:今四川夹江县,在乐山西北。甫至:刚刚到。

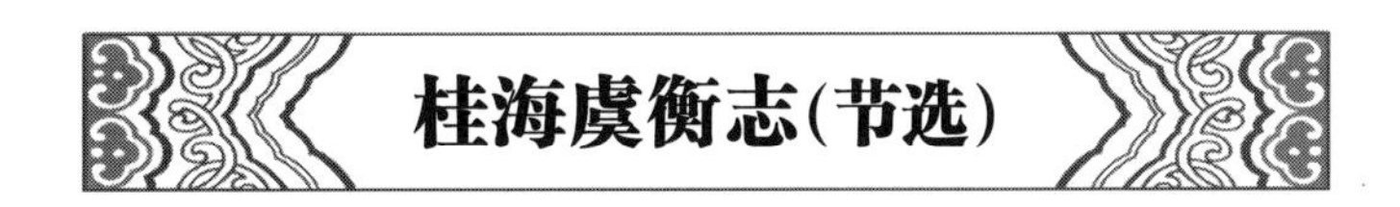

桂海虞衡志(节选)

南宋·范成大

【提要】

本文选自《范成大笔记六种》(中华书局 2002 年版)。

乾道八年(1172),范成大因在是否任用外戚一事上与皇帝意见相左,被贬。第一站是任静江府(今桂林)知府兼广南西路经略安抚使。

素闻广西是“瘴毒环绕,鸟禽绝迹,不闻兽语”的“南蛮”之地,范成大觉得此去经年,凶多吉少,因之心情颇为难受,但在桂林,美景、蛮茶、老酒却让他深深爱上这里。于是,范成大在任上上疏请求朝廷不改边境互市旧规,在民族地区设博易场,禁止私易;他还维修灵渠,协调各民族之间关系。

不仅如此,任职期间,范成大一直潜心观察当地风土人情。他两年后离职赴川时,写成了记载广西风土人情的重要著作——《桂海虞衡志》。

《桂海虞衡志》是关于广西的博物志、民族志,它取名“虞衡志”,意为岭外风土人情、生活习俗情况的记录。全书共13篇:《志岩洞》《志金石》《志香》《志酒》《志器》《志禽》《志兽》《志虫鱼》《志花》《志果》《志草木》《杂志》《志蛮》。书中,作者详尽记载了当地的风土人情、物产资源及当地少数民族的社会经济、生活习俗等情况。如,他说自己见过名山胜景无数,但都不及“桂山之奇”,认为“宜为天下第一”。因此,他将《志岩洞》列为首章,介绍亲自观赏的奇特岩洞30余个。而禽和兽的记录如果与今天的种类、数量现状对照,锐减或消失者甚众。他所记录的器具,有的今天仍在使用,有的已经消失,但通过他的描述,我们依然能够想见这些器物的风采。

《桂海虞衡志》是继唐代刘恂《岭表录异》一书后又一部博物志,具有重要的科学价值。

志 器

南州风俗,猱杂蛮瑶[1],故凡什器,多诡异。而外蛮兵甲之制,亦边镇之所宜知者。

竹弓,以熏竹为之[2]。筋胶之制,一如角弓[3]。惟揭箭不甚力。

黎弓,海南黎人所用长弰木弓也[4]。以藤为弦,箭长三尺,无羽,镞长五寸,如茨菰叶[5]。以无羽,故射不远三四丈。然中者必死。

蛮弩,诸峒瑶及西南诸蕃,其造作略同。以硬木为弓,桩甚短[6],似中国猎人射生弩,但差大耳。

瑶人弩,又名编架弩[7],无箭槽,编架而射也。

药箭,化外诸蛮所用[8]。弩虽小弱,而以毒药濡箭锋,中者立死。药以蛇毒草为之。

蛮甲,惟大理国最工[9],甲胄皆用象皮,胸背各一大片,如龟壳,坚厚与铁等;又联缀小皮片,为披膊护项之属,制如中国铁甲,叶皆朱之。兜鍪及甲身内外[10],悉朱地间黄黑漆,作百花虫兽之文,如世所用犀毗[11],器极工妙。又以小白贝累累、骆甲缝及装兜鍪,疑犹传古贝胄朱綅遗制云[12]。

黎兜鍪,海南黎人所用,以藤织为之。

云南刀,即大理所作。铁青黑,沉沉不锢[13],南人最贵之。以象皮为鞘,朱之,上亦画犀毗花文,一鞘两室,各函一刀,靶以皮条缠束,贵人以金银丝。

峒刀,两江州峒及诸外蛮,无不带刀者,一鞘二刀,与云南同,但以黑漆杂皮为鞘。

黎刀，海南黎人所作，刀长不过一二尺，靶乃三四寸，织细藤缠束之。靶端插白角片尺许，如鸱鸮尾[14]，以为饰。

蛮鞍，西南诸蕃所作，不用鞯[15]，但空垂两木镫。镫之状，刻如小龛，藏足指其中，恐入榛棘伤足也。后鞦镟木为大钱累累[16]，贯数百，状如中国骡驴鞦。

蛮鞭，刻木节节如竹根，朱墨间漆之，长才四五寸，其首有铁环，贯二皮条以策马。

花腔腰鼓，出临桂职田乡，其土特宜鼓腔[17]，村人专作窑烧之，油画红花纹以为饰。

铜鼓，古蛮人所用，南边土中时有掘得者，相传为马伏波所遗[18]。其制如坐墩，而空其下，满鼓皆细花纹，极工致。四角有小蟾蜍，两人舁行[19]，以手拊之，声全似鞞鼓。

铳鼓，瑶人乐，状如腰鼓，腔长倍之，上锐下侈，亦以皮鞔[20]，植于地，坐拊之。

卢沙，瑶人乐，状类箫，纵八管，横一管贯之。

胡卢笙[21]，两江峒中乐。

藤合，屈藤盘绕成拌合状，漆固护之，出藤、梧等郡[22]。

鸡毛笔，岭外亦有兔，然极少，俗不能为兔毫笔，率用鸡毛，其锋踉跄，不听使。

練子[23]，出两江州洞，大略似苎布，有花纹者谓之花練。土人亦自贵重。

緂[24]，亦出两江州洞，如中国线罗，上有遍地小方胜纹。

蛮毡，出西南诸蕃，以大理者为最。蛮人昼披夜卧，无贵贱，人有一番。

黎幕，出海南黎峒。黎人得中国锦彩，拆取色丝，间木绵挑织而成，每以四幅联成一幕。

黎单，亦黎人所织，青红间道，木绵布也。桂林人悉买以为卧具。

槟榔合，南人既喜食槟榔，其法用石灰或蚬灰并扶留藤同咀[25]，则不涩。士人家至以银锡作小合，如银铤样[26]，中为三室，一贮灰，一贮藤，一贮槟榔。

鼻饮杯，南人习鼻饮，有陶器如杯碗，旁植一小管，若瓶嘴，以鼻就管吸酒浆，暑月以饮水，云水自鼻入咽，快不可言，邕州人已如此，记之以发览者一胡卢也[27]。

牛角杯，海旁人截牛角，令平，以饮酒，亦古兕觥遗意[28]。

蛮碗，以木刻，朱黑间漆之，侈腹而有足，如敦瓿之形[29]。

竹釜，瑶人所用，截大竹筒以当铛鼎，食物熟而竹不焙[30]，盖物理自尔，非异也。

戏面，桂林人以木刻人面，穷极工巧，一枚或值万钱。

【注释】

[1] 猱杂：混杂。猱，音 náo。蛮瑶：泛称南方少数民族。

[2] 熏竹：谓（制弓前）以火熏炙竹子，以增韧性及强度。

[3] “筋胶”句：谓（弓上）以筋与胶脂为原料的装饰之制，如同以兽角为装饰的硬弓一样。

[4] 弰：音 shāo，弓的末梢。

[5] 茨菰叶：状如两钝角三角形短边联并而成，连茎处叶片分开。

[6] 桩甚短：谓硬木上系弓弦，所系处离端头甚近。

[7] 编架弩:《容斋随笔》称其约同于中土神臂弓。《贵州通志·土民志》:强弓名曰偏架,长六七尺,三人共张,矢无不贯。"编",此同"偏"。

[8] 化外:教化以外。谓四夷之地。

[9] 大理国(937—1253):中国中古时代国家。后晋天福二年(937),通海节度使段思平自立为王,国号大理。其政治中心在洱海一带,疆域约在今云南、贵州、四川等,并缅甸北部,老挝、越南一部。

[10] 兜鍪:头盔。鍪:音 móu。

[11] 犀毗:带钩。《听雨纪谈》:毗者,脐也。犀牛皮坚而有文,其脐四旁纹如饕餮相对,中一圆孔,坐卧磨砺,色甚光明。西域人割取以为腰带之饰。

[12] 贝胄朱綅:谓用红线缀连贝壳以充甲胄装饰。綅:音 qīn,线。

[13] 韬:音 tāo,函。句谓刀极沉,一般刀函承受不起其重量,故以象皮为鞘。

[14] 鸱鸮尾:其尾圆,张开如折扇。

[15] 鞯:音 jiān,鞍垫。

[16] 后鞦:亦作"后鞧",套车时拴在驾辕牲口屁股周围的皮带、帆布等。

[17] "鼓腔"句:谓职田乡土适合做陶鼓。

[18] 马伏波:即马援。汉光武帝时,奉命征交趾,平定后,立铜柱表功而还。

[19] 舁行:抬着东西行走。舁:音 yú,共同抬东西。拊:音 fǔ,拍。鞞:音 pí,小鼓。

[20] 皮鞔:谓用兽皮蒙贴的鼓面。鞔:音 mán,用兽皮蒙鼓。

[21] 胡卢笙:《岭表录异》:葫芦笙,交趾人多取无柄老瓢,割而为笙,上安十三簧吹之,音韵清响,雅合律吕。

[22] 藤合:即藤盒。藤:藤州,今广西藤县。梧:今广西梧州。

[23] 练子:粗麻织物。

[24] 緂:音 tān,织物名。

[25] 扶留:植物名。叶可与槟榔并食。实如桑葚而长,名蒟,可为酱。

[26] 银铤:犹银锭。

[27] 邕州:今南宁。胡卢:此谓趣闻。

[28] 兕觥:音 sì gōng,谓以犀牛角制的酒杯。

[29] 侈腹:谓大腹。敦:音 duī,古食器,用以盛稻、粱、黍、稷等。器形多为三短足,圆腹,二环耳,有盖。瓿:音 bù,古代容器名。陶或青铜制,圆口、深腹、圈足。

[30] 焟:音 xī,干燥,干裂。

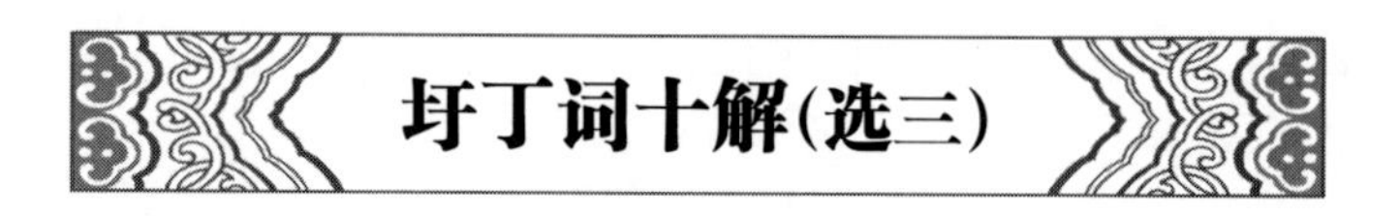

圩丁词十解(选三)

南宋·杨万里

【内容提要】

本诗选自《杨万里选集》(上海古籍出版社 1962 年版)。

圩田，宋朝时盛行于江淮、钱塘江流域的一种水利田。其修筑办法是把低洼的土地或沼泽、陂塘、湖泊、河道、河边沙地等用堤围起来，辟为农田（其中多数是新辟田），以防止水旱，收灌溉之利，并扩大耕地面积。范仲淹说："江南应有圩田，每一圩方数十里，如大城，中有河渠，外有门闸，旱则开闸，潦则闭闸，拒江水之害，旱涝不及，为农美利。"（《范文正公奏议（上）》之《答手诏条陈十事》）

圩田的形成，多数是围裹积水洼地和湖泊草荡。圩田四周，环有堤岸。江东圩田堤岸，皆高阔壮实，堤上有道路，供行人和纤夫行走。濒水一面，往往种植榆柳，以捍风涛，形成"夹路绿杨一千里"（《诚斋集》卷三四，《过广济圩》）的壮观景象，望之如画。圩堤敧斜坡陁之处，常常种有菜蔬麻麦粟豆，两旁青草茂密处牛羊悠闲徜徉；堤下则种植芦苇，以围岸脚。

为了调节田地水量，又沿堤修造木制或砖石砌的斗门，旱时可以开放斗门引江湖之水溉田，涝时则可闭斗门防止外水浸入，圩田内又设有水车，用来灌溉、排水，水旱无忧矣。江东一带，大圩之内往往还包有小圩小埂，圩内沟渠纵横，灌溉排水甚为方便。

圩田除部分种植葑茭菱荷外，都被用来种粮食。由于土地肥沃，灌溉方便，又不怕水旱，所以产量很高，一般每亩可收谷三石，好的每亩可收谷六七石。杨万里诗云："周遭圩岸缭金城，一眼圩田翠不分，行到秋苗初熟处，翠茸锦上织黄云""圩田岁岁镇逢秋，圩户家家不识愁""六七月头无点雨，试登高处望圩田"，充分道出了圩田的富足。

宋朝圩田有官、私之别。宋朝湖荡大抵属官者多，往往修为官圩，由政府直接经管，作为营田、职田、学田等等，招募客户耕种，分别由州县、常平转运司、提举茶盐司及南宋时设置的总领所、安边所等管理。田地纳租米一年为 3 斗上下，且视优劣分等，多则亩纳一石。私圩往往以主人名或村名为名，像当涂广济圩附近即有私圩 50 余所，宁国府两圩腹内包裹私圩 15 所。

圩田，特别是江东圩田的维修，是宋朝政府十分重视的一项工作。从仁宗开始，政府曾多次下令兴修各地圩田。在有圩田的地方，地方官职衔内往往添上"兼提举圩田""兼主管圩田""专切管干圩岸"等名头。对某些圩田，还设有专门的圩官，永丰圩甚至多达 4 人。圩田兴治的好坏，常常成为官员考绩升黜的标准。兴修的办法，从仁宗及神宗时开始，即规定为在地方官吏监督之下，由圩内承租系官圩田的人或私人田主依田亩多少，户等高低，量出工料钱米修筑，佃户则出劳力，如遇钱米不敷，可在常平仓项下借支，依借青苗钱例分期归还。如工程过大，民户无力修筑，则由官支钱米，和雇人夫修筑，有一次用工 90 余万，支米数万石，钱数万贯的。为了维修圩田，江东一带圩田内还设有圩长，推有心力田亩最多的人担任，依圩田大小，设一人或二人。每逢秋后，岁晏水落之时，集本圩人夫逐圩增修，其下又有圩丁，或出力筑圩，或看守斗门水闸，组织颇为严密。修圩工程浩大，形成"万杵一鸣千畚土"，"不是修圩是筑城"（《诚斋集》卷三二，《圩丁词十解》）的壮观景象，每年培土多高多宽多厚，都有规定，如圩内人力不足或缺工食，政府量力添助，修圩完毕后，又常订防护圩岸约束，刻成石碑，分立在圩上，禁止行人及放牧牛羊造成损坏，当地官吏定期检视。州县官每年秋后检查一次圩田，成为定例。

江东水乡，堤河两涯而田其中，谓之圩[1]。农家云：圩者，围也：内以围田，外以围水。盖河高而田反在水下,沿堤通斗门[2],每门疏港以溉田,故有丰年而无水患。余自溧水县南一舍所[3],登蒲塘河小舟,至孔镇,水行十二里,备见水之曲折。上自池阳,下至当涂[4],圩河皆通大江;而蒲塘河之下十里所,有湖曰石臼,广八十里,河入湖,湖入江,乡有圩长,岁晏水落[5],则集圩丁,日具土石捷菑以修圩[6]。余因作词以拟刘梦得[7]《竹枝》《柳枝》之声,以授圩丁之修圩者歌之,以相其劳云[8]。

年年圩长集圩丁,不要招呼自要行。万杵一鸣千畚土[9],大呼高唱总齐声。

儿郎辛苦莫呼天,一日修圩一岁眠。六七月头无点雨,试登高处望圩田[10]!

河水还高港水低,千枝万派曲穿畦。斗门一闭君休笑,要看水从人指挥。

【作者简介】

杨万里(1127—1206),字廷秀,号诚斋,吉州吉水(今属江西)人。高宗绍兴二十四年(1154)进士。历任太常博士、广东提点刑狱、尚书左司郎中兼太子侍读、秘书监等。主张抗金,正直敢言。宁宗时因奸相专权辞官居家,终忧愤而死。诗与尤袤、范成大、陆游齐名,称南宋四家,时称"诚斋体"。有《诚斋集》传世。

【注释】

[1] 堤:作堤以拦水。动词。田:治田。动词。圩:音 yú,低凹处。俗读 wéi。

[2] 斗门:堤堰中开设闸门以便控调蓄水、泄水,名谓斗门。

[3] 溧水:今属江苏南京;一舍所:谓三十里左右。

[4] 池阳:今安徽池州。当涂:今安徽当涂。皆为江东。

[5] 岁晏:谓秋冬时。

[6] 捷菑:木材。

[7] 刘梦得:刘禹锡。唐中期诗人,有"诗豪"之称。

[8] 相:称颂,赞扬。

[9] 畚:音 běn,盛土的筐子。

[10] "六七月"句:谓夏日干旱时,去望望我们的圩田吧:瓦蓝的天空烈日如火,绿油油的禾苗迎风点头,圩田一点也不缺水。

南宋·杨万里

【内容提要】

本诗选自《杨万里选集》(上海古籍出版社 1962 年版)。

楚州古为山阳郡，即今江苏淮安。

楚州地处徐、海、通、扬中心，扼南北要冲，遥控江、河，为南北交通的咽喉要地和江淮军事重镇。南宋时，宋金对峙，淮安的军事地位显得十分重要。南宋建炎四年(1130)正月，金人完颜昌率大军攻楚州。知州赵立仅以万人固守，敌不能下。金兵绕道南下攻取高邮、扬州。五月，金兀术兵屯楚州南之九里径，断了赵立粮道，并南北夹击楚州，亦不能下。八月复攻，形势紧急。楚州孤城，久已绝粮，初食野豆野麦，后食草根榆皮。赵立天天登城作战，城屡破屡堵。后中箭死于城内三圣庙，年仅37岁。从重围到城陷，激战100余天。

随后，南宋高宗绍兴六年(1136)，韩世忠驻守楚州。他披草莱，积粮谷，立军府，集流散，通工商，创营垒，使民心安固，军气益振，并数次兴兵主动向北出击，北方淮阳民众来归楚州者以万计。夫人梁红玉筑城楚州，与士卒一同劳作，亲织蒲为屋。韩世忠夫妇在楚州前后10年，兵仅3万，而金人不敢来犯。

因为军事位置重要，楚州城若金汤便是历任守者首先考虑的“长策”，可惜今已荡然无存。

已近山阳望渐宽[2]，湖光百里见千村：人家四面皆临水，柳树双垂便是门。全盛向来元孔道[3]，杂耕今是一雄藩[4]。金汤再葺真长策，此外犹须子细论[5]。

【注释】

[1] 新城：南宋初年，楚州城重修。周12里，金使路过，称之为“银铸城”，可见其炫夺眼目。

[2] 望渐宽：谓视野渐渐开阔。

[3] 全盛：谓北宋时期。元：同“原”。孔道：大道。

[4] 杂耕：典出《三国志·蜀志·诸葛亮传》。谓久驻屯田的兵士，杂于百姓之间。

[5] 子细：即仔细。句谓楚州新城修得好，但仅靠这个还不够，根本大计也应仔细考虑。

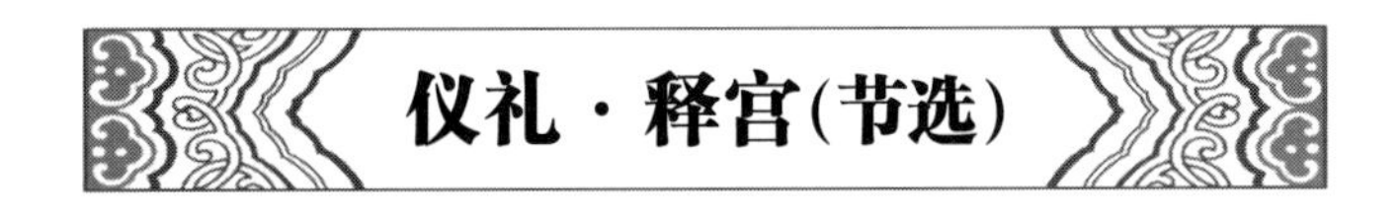

仪礼·释宫(节选)

南宋·朱　熹

【提要】

本文选自《传世藏书》(海南国际新闻出版中心1996年版)。

徽州建筑有三绝，祠堂、居室和牌坊，它们与朱熹理学思想关系极大。

朱熹是南宋大儒、理学宗师，其思想理在气先、遵礼守节，敬祀先人。晚年，编定《仪礼·释宫》，系统阐述房屋营建之礼制。加之《仪礼经传通释》《家礼》《祭礼》《理气图说》等著作,构成了其营建宫室的“宗祠”为先、以“礼”定房屋主脑、“理在气先”定门向及特色鲜明的“天井”制度。

营建宫室“宗祠”为先。《仪礼·释宫》:“君子将营宫室,先立祠堂于正寝之东。”这一建筑形制在今天徽州古村落中仍屡见不鲜,棠樾、唐模、呈坎、汪口村……祠堂都建于村东口。《仪礼·释宫》还说:“君子将营宫室,宗庙为先,厩库为次,居室为后。”即规划设计房屋时先考虑祠堂,次及牲口棚和库房,最后才是居室,因为祭祀时需要牛羊猪,需要从库房里请出供具、供品。随着宗法制度的加强与完善,祠堂兼备祭祖和族人集会场所与执行族规的公庭等职能,在家族中的权势地位极为崇隆。于是,祠堂建筑的威严宏丽就成为族人共同的荣耀,成为显示本族力量强大、财富雄厚的象征。在徽州,原面阔三间的祠堂规模渐被突破,多开间多进深的祠堂屡见不鲜。如呈坎“宝纶阁”竟达到11开间,超越故宫建筑等级制度。祠堂前面设有广场,竖牌坊,立旗杆;由棂星门进门厅,内设广敞天井式场院;享堂、寝殿(供祖先牌位),两厢祭品库、马房等应有尽有,各种宗族活动都能进行。不少祠堂内还设置戏台,使宗法礼祭,娱神、娱人等一个都不少。

以“礼”为建房的主脑。礼制之“礼”作为理学建房的指导思想,朱子之言说得颇为明白:“民之所以生者,礼为大,非礼则无以节事天地之神,非礼则无以辩君臣、上下、长幼之位焉。即有成事,然后治其雕镂、文章,以别尊卑、上下之等。”(《家礼》)于是,朱熹说“宫墙之高足以别男女之礼”(《孔子家语·问礼篇》),朱熹之后徽州民居建造莫不绕有高大围墙。《仪礼·释宫》:“堂下至门谓之庭,自门皆周以墙”,从外观之,你见到的都是围墙,起居生活方式的私密性得到很好的保障,安全、防盗、别男女样样齐备,“一个宅园”就成了。徽州有钱人家便开始营构理想中的“人家住屋,须是三分水、二分竹、一分屋”(周密《癸辛杂识》续集卷上)的高墙大屋。别大防还不够,女人还要守贞节,所谓“饿死事小,失节事大”,所以徽州境内到处可见“节烈”牌坊,仅徽州古城小北街上的“节烈总坊”便载有5 600多名节妇烈女。

“理在气先”定门向。“庙在寝东皆有堂、有门、其外有大门、宫室必面南”。以今天的物候风水论,北半球阳光在南,建房坐北朝南便尽可享受阳光泽惠,于是屋内便冬暖夏凉。“(住室)四边皆窗户,遇风即闭,风息而开……”徽州民居多四面敞窗,前帘后屏,以卷帘调节屋内光线,纳揽习习凉风。这是朱熹“理在气先”理论在民居上的体现。

朱子又说:“为何安处,以前堂后寝、暗房、亮灶;在南向而坐,以东首而寝、阴阳适中、明暗相半。屋无高,高则阳盛而明;屋无卑,卑则阴盛而暗多。故明多而伤魄,暗多而伤魂……苟伤明暗,则疾病生焉。”于是,徽州民居常表现为厅堂明、房间暗、厨房亮的格局。

徽州规模稍大的古民居普遍都有天井,这一规制倡于朱熹。“天井主于消纳,大则泄气,小则郁气。”(《理气图说》)按照朱熹的理气说,天井消郁积,纳乾坤,宜大不宜小。在其间议事、闲聊、看书、下棋,天井便成了家族的雅致天地、融融世界。

朱熹所论的“礼别异、尊卑有分、上下有等”。徽州民居功能布局严遵朱子之“礼”,设正堂崇礼天地君亲师,上屋住长辈,厢房住晚辈,内院住女流,僻处安置佣人,家中人等辈分、等级有差,各得其所,不得僭越。而方正对称、左右平衡的天井“不偏不倚,不损不过”,原本等级森严的礼有了活气,有了代代同堂、忧乐共担的天伦和乐,彰显的是中华民族深入骨髓的“和谐”追求。

宫室之名制不尽见于经，其可考者，宫必南向，庙在寝东，皆有堂有门，其外有大门。

《周礼》："建国之神位，右社稷[1]，左宗庙。"宫南向而庙居左，则庙在寝东也。寝庙之大门一曰外门，其北盖直寝，故《士丧礼注》以寝门为内门。中门凡既入，外门其向庙也皆曲而东行，又曲而北。案《士冠礼》：宾立于外门之外，主人迎宾入，每曲揖，至于庙门。《注》曰："入外门，将东曲，揖；直庙将北曲，又揖"是也。又按《聘礼》，公迎宾于大门内，每门每曲揖，及庙门。贾氏曰："诸侯五庙，太祖之庙居中，二昭居东，二穆居西[2]。每庙之前两旁有隔墙，墙皆有阁门。诸侯受聘于太祖庙。太祖庙以西隔墙有三大门，东行至太祖庙凡经三阁门，故曰每门也。大夫三庙，其墙与门亦然，故宾问，□□大夫迎宾入，亦每门每曲揖，乃及庙门。"其说当考。大夫、士之门惟外门、内门而已，诸侯则三，天子则五，庠序[3]则惟有一门。乡饮酒、射礼，主人迎宾于门外，入门即三揖，至阶是也。

堂之屋南北五架，中脊之架曰栋，次栋之架曰楣。

《乡射礼记》曰："序则物当栋，堂则物当楣。"《注》曰："是制五架之屋也，正中曰栋，次曰楣，前曰庋[4]。"贾氏曰："中脊为栋，栋前一架为楣，楣前接檐为庋。"今见于经者，惟栋与楣而已。栋一名阿。案《士昏礼》，宾升当阿致命[5]。《注》曰："阿，栋也。"又曰："入堂深，示亲亲。"贾氏曰："凡宾升皆当楣，此深入当栋，故云入堂深也。"又按《聘礼》，宾升亦当楣。贾氏曰："凡堂皆五架，则五架之屋通乎上下，而其广狭隆杀则异尔[6]。"

后楣以北为室与房。

后楣之下，以南为堂，以北为室，与房室与房东西相连为之。案《少牢馈食礼》，主人室中献祝，祝拜于席上坐受。注曰："室中迫狭。"贾氏曰："栋南两架，北亦两架。栋北楣下为室南壁，而开户以两架之间为室，故云迫狭也。"《昏礼》："宾当阿致命。"郑云："入堂深明不入室，是栋北乃有室也。序之制则无室。"案《乡射礼记》曰："序则物当栋，堂则物当楣。"《注》曰："序无室可以深也。"又礼席宾南面注曰："不言于户牖之间者，此射于序。"贾氏曰："无室则无户牖故也。"《释宫》曰："无室曰榭，榭即序也。"

人君左右房，大夫士东房西室而已。

《聘礼》记：若君不见，使大夫受聘，升受，负右房而立。《大射仪》："荐脯醢[7]，由左房。"是人君之房有左右也。《公食大夫礼》记："筵出自东房。"《注》曰："天子诸侯左右房。"贾氏曰："言左对右，言东对西。大夫、士惟东房西室，故直云房而已。"然按《聘礼》，宾馆于大夫、士，君使卿还玉于馆也，宾亦退，负右房，则大夫亦有右房矣。又《乡饮酒礼》记："荐出自左房。"《少牢馈食礼》："主妇荐自东房。"亦有左房、东房之称，当考。

室南其户，户东而牖西。

《说文》曰："户，半门也。牖，穿壁以木为交窗也。"《月令正义》曰："古者窟居，开其上取明，雨因溜之，是以后人户室为中溜[8]，开牖者象中溜之取明也。牖一名乡，其扇在内。"案《士虞礼》："祝阖牖户[9]，如食间启户启牖。"乡注曰："牖先阖后启,扇在内也。乡、牖一名是也。”

户牖之间谓之依。

郭氏曰:“窗东,户西也。”《觐礼》斧扆亦以设之于此而得扆名[10]。《士昏礼注》曰:“户西者尊处,以尊者及宾客位于此,故又曰客位。”

户东曰房户之间。

《士冠礼注》曰:“房西,室户东也,寝庙以室为主,故室户专得户名。凡言户者皆室户,若房户则兼言房以别之。大夫、士房户之间于堂为东西之中。”按《诗正义》曰:“《乡饮酒义》云,尊于房户之间,宾主共之。由无西房,故以房与室户之间为中也。”又《乡饮酒礼》,席宾于户牖间,而《义》曰:“坐宾于西北”,则大夫、士之户牖间在西,而房内间为正中明矣。人君之制经无明证,按《释宫》曰:“两阶间谓之乡。”郭氏曰“人君南乡当阶间”,则人君之室,正中其西为右房,而户牖间设扆处正中矣。又按《诗·斯干》曰:“筑室百堵,西南其户。”《笺》曰:“天子之寝左右房,异于一房者之室户也。”《正义》曰:“大户唯有一东房,故室户偏东,与房相近。天子、诸侯既有右房,则室当在其中,其户正中。”此一房之室户为西,当考。

房户之西曰房外。

《士昏礼》记:“母南面于房外,女出于母左。”《士冠礼》:“尊于房户之间。若庶子,则冠于房外南面。”《注》曰:“谓尊东也。”是房户之西得房外之名也。房之户于房南壁亦当近东。案《士昏礼注》曰:“北堂在房中半以北,南北直室东隅,东西直房户,与隅间。”隅间者,盖房东西之中、两隅间也。房中之东,其南为夹洗,直房户而在房东西之中。则房户在房南,壁之东偏,可见矣。

房中半以北曰北堂,有北阶。

《士昏礼》记:“妇洗在北堂,直室东隅。”《注》曰:“北堂,房中半以北。”贾氏曰:“房与室相连为之,房无北壁,故得北堂之名。”按《特牲馈食礼》记:“尊两壶于房中,西墉下南上。内宾立于其北,东面南上。宗妇北堂北上。”内宾在宗妇之北,乃云北堂。又妇洗在北堂,而直室东隅是房中半,以北为北堂也。妇洗在北堂,而《士虞礼》“主妇洗足爵于房中”,则北堂亦通名房中矣。《大射仪》“工人士与梓人升,下自北阶”。《注》曰:“位在北堂下。”则北阶者,北堂之阶也。

堂之上东西有楹。

楹,柱也。古之筑室者以垣墉为基,而屋其上惟堂上有两楹而已。楹之设盖于前楣之下,按《乡射礼》曰:“射自楹间。”《注》曰:“谓射于庠也。”又曰:“序则物当栋,堂则物当楣。”物,画地为物,射时所立处也。堂谓庠之堂也。又曰:“豫则钩楹内,堂则由楹外。当物北面揖。”豫即序也。钩楹,绕楹也。物当栋而升,射者必钩楹内,乃北面就物,则栋在楹之内矣。物当楣而升,射者由楹外北面就物。又郑氏以为物在楹间,则楹在楣之下也。又按《释宫》曰:“梁上楹谓之棁[11]。棁,侏儒柱也,梁楣也。”侏儒柱在梁之上,则楹在楣之下又可知矣。

堂东西之中曰两楹间。

《公食大夫礼》:“致豆实陈于楹外,簠簋陈于楹内两楹间[12]。”言楹内外矣,又言两楹间,知凡言两楹间者,不必与楹相当,谓堂东西之中尔。

南北之中曰中堂。

《聘礼》:“受玉于中堂与东楹之间。”《注》曰:“中堂,南北之中也,入堂深,尊宾事也。”贾氏曰:“后楣以南为堂,堂凡四架。前楣与栋之间为南北堂之中。公当楣拜讫,更前北侵半架受玉,故曰入堂深也。”案:东楹之间,侵近东楹,非堂东西之中而曰中堂,则中堂为南北之中明矣。又按《士丧礼注》曰:“中以南谓之堂。”贾氏曰:“堂上行事非专一所,若近户即言户东、户西,近房则言房外、房东,近楹即言东楹、西楹,近序即言东序、西序,近阶即言东阶、西阶。其堂半以南无所继属者,即以堂言之。祝淅米于堂是也。”

堂之东西墙谓之序。

郭氏曰:“所以序别内外。”

序之外谓之夹室。

《公食大夫礼》:“大夫立于东夹南。”《注》曰:“东于堂。”贾氏曰:“序以西为正堂,序东有夹室。今立于堂下当东夹,是东于堂也。”又按《公食礼》:“宰东夹北西面。”贾氏曰:“位在北堂之南,与夹室相当。”《特牲馈食礼》:“豆笾铏在东房[13]。”《注》曰:“东房,房中之东,当夹北”,则东夹之北通为房中矣。室中之西与右房之制无明文。东夹之北为房中,则西夹之北盖通为室中。其有两房者,则西夹之北通为右房也欤?

夹室之前曰箱,亦曰东堂、西堂。

《觐礼记注》曰:“东箱,东夹之前。相,翔待事之处。”《特牲馈食礼注》曰:“西堂,西夹之前近南尔。”贾氏曰:“即西箱也。”《释宫》曰:“室有东西厢,曰庙。”郭氏曰:“夹室前堂是东厢,亦曰东堂。西箱亦曰西堂也。”《释宫》又曰:“无东西厢,有室曰寝。”按《书·顾命疏》:“寝有东夹、西夹。”《士丧礼》:“死于适寝,主人降袭绖于序东[14]。”《注》曰:“序东,东夹前。”则正寝亦有夹与箱矣。《释宫》所谓无东西箱者,或者谓庙之寝也欤?凡无夹室者,则序以外通谓之东堂、西堂。按《乡射礼》:“主人之弓矢在东序东。”《大射仪》:“君之弓矢适东堂。”大射之东堂即乡射之东序东也。此东西堂堂各有阶。案《杂记》:“夫人奔丧,升自侧阶。”《注》曰:“侧阶,旁阶。”《齐丧》曰:“妇人奔丧,升自东阶。”《注》曰:“东阶,东面阶。”东面阶,则东堂之阶,其西堂有西面阶也。

东堂下、西堂下曰堂东堂西。

《大射仪》:“宾之弓矢止于西堂下。其将射也,宾降取弓矢于堂西。”堂西即西堂下也。《特牲馈食礼》:“主妇视饎爨于西堂下[15]。”《记》曰:“饎爨在西壁”,则自西壁以东皆谓之西堂下矣。又按《大射仪》:“执幂者升自西阶。”《注》曰:“羞膳者从而东,由堂东升自北阶,立于房中。”则东堂下可以达北堂也。

升堂两阶,其东阶曰阼阶。

《士冠礼注》曰:“阼酢也[16],东阶,所以答酢宾客也。每阶有东西两廉。”《聘礼》:“饔鼎设于西阶[17],前当内廉。”此则西阶之东廉,以其近堂之中,故曰内廉也。士之阶三等,按《士冠礼》:“降二等受爵弁。”《注》曰:“下至也。”贾氏曰:“匠人云,天子之堂九尺,贾马以为阶九等;诸侯堂宜七尺,阶七等;大夫宜五尺,阶五等;士宜三尺,故阶三等也。”两阶各在楹之外,而近序。按《乡射礼》:“升阶者升自西阶,绕楹而东。燕礼胜爵者二人,升自西阶。序进东楹之西,酌散交于楹北。”《注》曰:“楹北,西楹之北。”则西阶在西楹之西矣。《士冠礼》:“冠于东序之筵。”而《记》曰:“冠于阼。”《丧礼》:“攒置于西序。”而《檀弓》曰:“周人殡于西阶之上。”故知阶近序也。

堂下至门谓之庭,三分庭一,在此设碑。

《聘礼注》曰:“宫必有碑,所以识日景、知阴阳也。”贾氏释《士昏礼》曰:“碑在堂下,三分庭一,在北。”按《聘礼》:“归饔饩醯醢[18],夹碑米设于中庭。”《注》曰:“庭实固当中庭。”言中庭者,南北之中也。列当醯醢南,列米在醯醢南,而当庭南北之中,则三分庭一在北可见矣。《聘礼注》又曰:“设碑近如堂深。”堂深谓从堂廉北至房室之壁,三分庭一,在北设碑,而碑如堂深,则庭盖三堂之深也。又按《乡射》之“侯去堂三十丈”,《大射》之侯去堂五十四丈,则庭之深可知,而其降杀之度从可推矣。

堂涂谓之陈。

郭氏曰:“堂下至门径也,其北属阶,其南接门内溜。接凡入门之后,皆三揖,至阶。”《昏礼注》曰:“三揖者,至内溜将曲,揖;既曲,北面揖;当碑,揖。”贾氏曰:“至内溜将曲者,至门内溜,主人将东,宾将西,宾主相背时也。既曲北面者,宾主各至堂涂,北行向堂时也。”至内溜而东西行,趋堂涂,则堂涂接于溜矣。既至堂涂,北面至阶而不复有曲,则堂涂直阶矣。又按《聘礼》:“饔鼎设于西阶,前陪鼎当内廉。”《注》曰:“辟堂涂也。”则堂涂在阶廉之内矣。《乡饮酒礼注》:“三揖曰将进揖,当陈揖,当碑揖。陈即堂涂也[19]。”

中门屋为门,门之中有㯷。

《士冠礼》曰:“席于门中阑西阈外。”《注曰》:“阑[20],橛也。”《玉藻正义》曰:“阑,门之中央所竖短木也。”《释宫》曰:“枳在地者,谓之臬。”郭氏曰:“即门橛也。”然则阑者门中所竖短木在地者也,其东曰阑东,其西曰阑西。

门限谓之阈。

《释宫》曰:“秩谓之阈[21]。”郭氏曰:“阈,门限。”邢昺曰:“谓门下横木,为内外之限也。”其门之两旁木则谓之枨。枨、阑之间则谓之中门,见《礼记》。

阖谓之扉。

邢昺曰:“阖,门扉也,其东扉曰左扉。”门之广狭,案《士昏礼》曰:“纳征俪皮。”《记》曰:“执皮左首随入。”《注》曰:“随入为门中,厄狭。”贾氏曰:“皮皆横执之。门中厄狭,故随入也。匠人云,庙门容大扃七个。大扃,牛鼎之扃,长三尺,七个二丈一尺。彼天子庙门,此士之庙门,降杀甚小[22],故云厄狭也。推此则自士以上,宫室之制虽同,而其广狭则异矣。”

夹门之堂谓之塾。

《释宫》曰:“门侧之堂谓之塾。”郭氏曰:“夹门,堂也。门之内外,其东西皆有塾,一门而塾四,其外塾南向。”按《士虞礼》:“陈鼎门外之右,匕俎在西塾之西[23]。”《注》曰:“塾有西者,是室南向。”又按《士冠礼》:“摈者负东塾。”《注》曰:

"东塾，门内东堂，负之北面，则内塾北向也。"凡门之内，两塾之间，谓之宁。按《聘礼》："宾问卿大夫，迎于外门，外及庙门。大夫揖入，摈者请命，宾入，三揖并行。"《注》曰："大夫揖入者，省内事也。"既有俟于宁也。凡至门内溜为三揖之始，上言揖入，下言三揖并行，则俟于溜南门内两塾间可知矣。李巡曰："宁，正门内，两塾间。"义与郑同，谓之宁者，以人君门外有正朝，视朝则于此宁立故耳。周人门与堂修广之数不著于经，案匠人云，夏后氏世室堂修二七，广四修一。堂修谓堂南北之深，其广则益以四分修之一也。门堂三之二，室三之一。门堂通谓门与塾，其广与修取数于堂，得其三之二、室三之一者，两室与门各居一分也。以夏后氏之制推之，则周人之门杀于堂之数，亦可得而知矣。

门之内外，东方曰门东，西方曰门西。

《特牲馈食礼注》曰："凡向内以入为左右，向外以出为左右。"《士冠礼注》又曰："出以东为左，入以东为右。"以入为左右，则门西为左，门东为右。《乡饮酒礼》："宾入门左。"燕礼卿大夫皆入门右是也[24]。以出为左右，则门东为左，门西为右。《士冠礼》："主人迎宾出门左，西面"，《士虞礼》："侧享于庙门之右"是也。阑东曰臬右，亦自入者言之也。天子、诸侯门外之制，其见于经者，天子有屏，诸侯有朝。案《觐礼》："侯氏入门右告听事，出自屏南适门西。"《注》曰："天子外屏。"《释宫》曰："屏谓之树。"郭氏曰："小墙，当门中。"《曲礼正义》曰："天子外屏，屏在路门之外；诸侯内屏，屏在路门之内。"此侯氏出门而隐于屏，则天子外屏明矣。《释宫》又曰："门屏之间谓之宁。"谓宁在门之内、屏之外，此屏据诸侯内屏而言也。诸侯路寝，门外则有正朝，大门外则有外朝。按《聘礼》："夕币于寝门外[25]，宰入告具于君，君朝服出门左，南乡[26]。"《注》曰："寝门，外朝也。入告，入路门而告。"贾氏曰："此路门外正朝之处也。"是正朝在寝门外也。《聘礼》又曰：宾死，"介复命，柩止于门外。"若介死，"惟上介造于朝[27]。"《注》曰："门外，大门外也。必以柩造朝，达其中心"，又宾拜饔饩于朝。《注》曰："拜于大门外。"贾氏曰："大门外，诸侯之外朝也。"宾拜于朝，无入门之文，则诸侯外朝在大门外明矣，是外朝在大门外也。诸侯三朝，其燕朝在寝，燕礼是也。正朝与外朝之制度不见于经，盖不可得而考矣。

寝之后有下室。

《士丧礼》记："士处适寝。"又曰："朔月若荐新，则不馈于下室。"《注》曰："下室如今之内堂，正寝听事。"贾氏曰："下室，燕寝也，然则士之下室，于天子诸侯则为小寝也。"《春秋传》曰："子大叔之庙在道南，其寝在庙北。"其寝，庙之寝也。庙寝在庙之北，则下室在适寝之后可知矣。又按《丧服传》曰："有东宫，有西宫，有南宫，有北宫，异宫而同财。"《内则》曰："由命士以上，父子皆异宫。"贾氏释《士昏礼》曰："异宫者，别有寝。"若不命之士，父子虽大院同居，其中亦隔别，各有门户，则下室之外又有异宫也。

自门以北皆周以墙。

《聘礼》"释币于行"注曰："丧礼有毁宗躐行[28]，出于大门。"则行神之位在庙门外西方。《檀弓正义》曰："毁宗躐行，毁庙门西边墙，以出柩也。"《士丧礼》："为垼于西墙下[29]。"《注》曰："西墙，中庭之西。"《特牲馈食礼》："主妇视饎爨于西堂下。"《记》曰:"饎爨在西壁。"《注》曰:"西壁,堂之西墙下。"案,门之西有墙,则墙属于门矣。西墙在中庭之西,则墙周乎庭矣。西壁在西墙下,则墙周乎堂矣。墙者,墉壁之总名,室中谓之墉。《昏礼》:"尊于室中北墉下"是也。房与夹亦谓之墉。《冠礼》:"陈服于房中西墉下。"《聘礼》:"西夹六豆,设于西墉下"是也。堂上谓之序,室房与夹谓之墉;堂下谓之壁,谓之墙,其实一也,随所在而异其名尔。堂下之壁闱门在焉[30]。案《士丧礼》"冠者降适东壁,见于母"。《注》曰:"适东壁者,出闱门也。时母在闱门之外,妇人入庙由闱门。"《士虞礼》:"宾出主人送,主妇亦拜宾。"《注》曰:"女宾也。不言出,不言送,拜之于闱门之内。"闱门如今东西掖门。《释宫》曰:"宫中之门谓之闱。"郭氏曰:"谓相通小门也。"是正门之外,又有闱门,而在旁壁也。

人君之堂屋为四注,大夫、士则南北两下而已。

《士冠礼》:"设洗直于东荣。"《注》曰:"荣,屋翼也。"周制,自卿大夫以下,其室为夏屋,燕礼设洗,当东溜。《注》曰:"人君为殿屋也。"案《考工记》:"殿四阿,重屋。"《注》曰:"四阿,若今之四注屋,殷人始为四注屋。"则夏后氏之屋,南北两下而已。周制,天子、诸侯得为殿屋四注,卿大夫以下但为夏屋两下。四注则南北东西皆有溜,两下则唯南北有溜,而东西有荣,是以燕礼言东溜,而大夫、士礼则言东荣也。溜者,《说文》曰:"屋水流也。"徐锴曰:"屋檐滴处。"荣者,《说文》曰:"屋梠之两头起者为荣。"又曰:"梠,齐谓之檐,楚谓之梠。"郭璞注《上林赋》曰:"南荣,屋南檐也。"义与《说文》同,然则檐之东西起者曰荣,谓之荣者,为屋之荣饰。谓之屋翼者,言其轩张如翚斯飞耳[31]。《士丧礼》:"升自前东荣。"《丧大记》:"降自西北荣。"是屋有四荣也。门之屋虽人君亦两下,为之燕礼之门。内溜则门屋之北溜也。凡屋之檐,亦谓之宇,案《士丧礼》:"为铭置于宇西阶上。"《注》曰:"宇,梠也。"《说文》曰:"宇,屋边也。"《释宫》曰:"檐谓之樀。"郭氏曰:"屋梠。"邢昺曰:"屋檐,一名樀,一名梠,又名宇,皆屋之四垂也。"宇西阶上者,西阶之上,"上"当"宇"也,阶之上当宇,则堂廉与坫亦当宇矣。《特牲馈食礼》:"主妇视饎爨于西堂下。"《注》曰:"南齐于坫。"其《记》又注曰:"南北,直屋梠是也。"阶上当宇,故阶当溜,《乡射礼》记磬阶间缩溜是也。溜以东西为从,故曰缩溜。此溜谓堂之南溜也。

此其著于经而可考者也。

《礼经》虽亡阙,然于觐见天子之礼,于燕射、聘食、见诸侯之礼,余则见大夫、士之礼,宫室之名制,不见其有异特,其广狭降杀不可考耳。案《书·顾命》:成王崩于路寝,其陈位也有设斧依,"牖间南乡",则户牖间也西序东向,"东序西向",则东西序也。"西夹南向",则夹室也。"东房""西房",则左右房也。"宾阶面阼",阶面则两阶前也。"左塾之前""右塾之前",则门内之塾也。"毕门之内",则路寝门也。"两阶戺"则堂廉也。"东堂""西堂"则东西箱也。"东垂""西垂"则东西堂之宇阶上也。"侧阶"则北阶也。又云:"诸侯出庙门俟",则与《士丧礼》"殡宫"曰"庙"合也。然则郑氏谓天子庙及路寝如明堂制者,盖未必然。《明堂位》与《考工记》所记明堂之制度者,非出于旧典,亦未敢必信也。又案《书·多士传》曰:"天子之堂广九雉[32],三分其广,以二为内,五分内,以一为高。东房、西房、北堂各三雉；公侯七雉，三分广，以二为内，五分内，以一为高。东房、西房、北堂各一雉；伯子男五雉，三分广，以二为内，五分内，以一为高，东房、西房、北堂各一雉；士三雉，三分广，以二为内，五分内，以一为高，有室无房、堂。”《注》曰：“广，荣间相去也。雉，长三丈。内，堂东西序之内也。高，穹高也。”此传说房堂及室与经亦不合，然必有所据，姑存之以备参考。

【作者简介】

朱熹(1130—1200)，字元晦，后改仲晦，号晦庵，别号紫阳，祖籍徽州婺源(今属江西)。历仕高宗、孝宗、光宗、宁宗四朝，累官知南康，提典江西刑狱公事、秘阁修撰、焕章阁侍讲等。

朱熹是宋代理学的集大成者，他继承了北宋程颢、程颐的理学思想，认为理是世界的本质，“理在先，气在后”，提出“存天理，灭人欲”。朱熹学识渊博，对经学、史学、文学、乐律乃至自然科学都有研究。朱熹一生极为热衷办学，白鹿洞书院、岳麓书院等许多书院都留下了他的深深足迹，更留下了等身著述。主要有《四书章句集注》《四书或问》《太极图说解》《通书解》《西铭解》《周易本义》《易学启蒙》等。此外还有《朱子语类》，是他与弟子们的问答录。

【注释】

[1] 社稷：土神和谷神，后以之代表国家。

[2] “昭穆”句：古代宗法制度，宗庙或宗庙中神主的排列次序，始祖居中，以下父子递为昭穆。

[3] 庠序：学校。庠：音 xiáng，古时地方学校，殷曰庠，周曰序。

[4] 庋：音 guǐ，搁放器物的架子。

[5] 致命：谓说明来意。

[6] 隆杀：谓尊卑、厚薄、高下。

[7] 脯醢：音 fǔ hǎi，谓菜肴。脯：干肉。醢：肉酱。

[8] 中溜：亦作“中霤”。室中央。溜：音 liù，屋顶上的水往下流。

[9] 阖：关闭。

[10] 斧扆：亦作“斧依”。朝堂、正堂所用的状如屏风的器具，高八尺，东西当户牖之间，其上有斧形图案，故名。

[11] 棁：音 zhuō，梁上短柱。

[12] 簠簋：音 fǔ guǐ，古代盛食物的器具，簠方簋圆。

[13] 豆笾铏：均为盛食物的器皿。木制的称豆，竹制的叫笾，铏是盛羹的器皿。

[14] 袭绖：丧服、孝衣。袭：本义为死者穿的衣服，衣襟在左边，左衽袍。绖：音 dié，古代丧服所用的麻带。扎在头上的称首绖，缠在腰间的称腰绖。

[15] 饎爨：谓炊煮，烧火做饭。饎：音 chì，炊。爨：音 cuàn，烧火做饭。

[16] 阼：音 zuò，堂前东面的台阶。酢：音 zuò，此谓答谢，招待。

[17] 饔鼎：谓煮食鼎。饔：音 yōng，烹煮。

[18] 饩：音 xì，赠送给人的粮食、草、牛羊豕等。醯醢：音 xī hǎi，用鱼肉等制成的酱。因调制肉酱必用盐醋等作料，故称醯醢。

[19] 堂涂：亦作“堂途”。堂下至门的砖路。

[20] 闑：音 niè，古代门中央所竖短木，或谓门。

[21] 阈：音 yù，门槛。

[22] 降杀:缩小。

[23] 匕俎:祭器。匕:古代舀取食物的器具,像现在的汤匙。俎:古代祭祀时盛牛羊等祭品的器具。

[24] 燕礼:古代天子诸侯与群臣宴饮之礼,亦指古代敬老之礼。

[25] 币:古人用作礼物的丝织品。

[26] 乡:通"向"。

[27] 上介:古代外交使团的副使或军政长史的高级助理。

[28] 躐行:一种葬礼。谓灵柩经过行坛(路神坛),如生时祈求途中安稳。

[29] 垼:音 yì,瓦灶。

[30] 闱门:闺门。

[31] 翚:《诗经·斯干》:如翚斯飞,君子攸跻。朱熹集传:"翚,雉。"按:雉,野鸡。

[32] 雉:古代计算面积的单位,长三丈宽一丈为一雉。

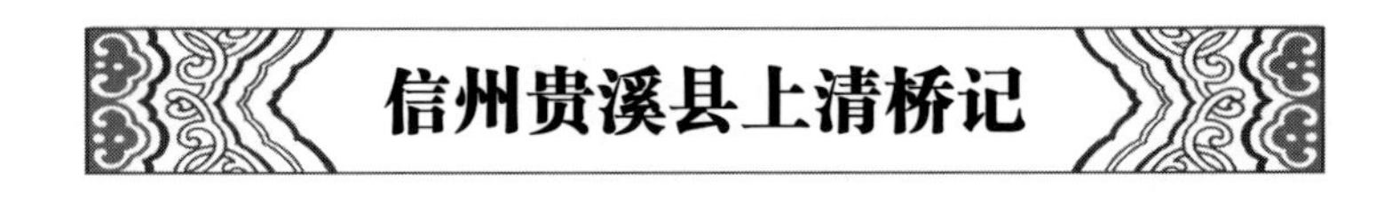

信州贵溪县上清桥记

南宋·朱　熹

【提要】

本文选自《传世藏书》(海南国际新闻出版中心 1995 年版)。

位于江西省东北部、信江中游,"东连江浙、南控瓯闽"的贵溪县河流众多,县治附近居民往来"以舟楫为三渡",而中溪之舟,"常为横波所荡击,人力不得施,凿石则水触西崖,斗怒腾蹙,其险为尤盛"。渡河的船只倾覆溺人事件经常发生,百姓"病之","欲为浮梁以济久矣"。

可是,因为"役大费广",没有人敢站出来牵这个头。

李正通作为县大夫,大概从事的工作中有计财一项。于是,心存修桥之念,攒下"余财八十万",准备召集匠人役夫搭建浮桥。消息一出,应者如云,有人献出铁环编织长链千五百尺,有的"捐其林竹十余里",有的拿出"米百斛者佐之"。可见此事得民心,顺民意。

李正通在大溪、二渡之间的"水平不湍"处确定下修桥地点,绍熙三年(1192)六月动工,不到百日,桥便修成。"桥修九百尺,比舟七十艘,且视水上下而时损益",我们可以想见用铁链栓连的七十艘船拼成的长 900 尺(约 280 米)浮桥的壮观景象;小港较窄,十条舟船就可以变水路为旱路了;而水流湍急的中溪,则用"双舰以航",抗风浪能力大为增强。

更为难得的是,工程结束,80 万钱还剩下 50 万,放到明觉和尚那里,作为贷款基金,获利后,"岁输其赢五一以奉增葺之费",即将利息所得的五分之一作为浮桥的维修、增加设备的费用。于是,桥有人管护、有人维修,便可长久为当地百姓提供渡河服务。

贵溪之水，其原东出铅山之分水，北出玉山之镇头者，合为大溪。自弋阳西流径县治南，少西乃折而北[1]，大溪之南有小港焉。出县东南境上，西北流至县治西南，乃入于溪。居民行客之往来者，故以舟楫为三渡，自县治西南绝大溪者曰中溪，当其西流北折之处者曰凿石小港，水落时广不过百余尺，褰裳可涉[2]；霖潦暴至则其深广往往自倍[3]，而亦为一渡。中溪之舟，每以是时过港，常为横波所荡击，人力不得施，凿石则水触西崖，斗怒腾蹙[4]，其险为尤甚。故二渡者岁率一再覆溺，邑人病之，欲为浮梁以济久矣，而役大费广无敢唱者。

今县大夫建安李君正通至，则阴计而嘿图之[5]，久之乃得县之余财八十万，将以属工，而邑之大姓闻之，有以铁为连环巨絙千五百尺以献者，有捐其林竹十余里以献者，州家又以米百斛者佐之。于是李君乃相大溪、二渡之间水平不湍者，以为唯是为可久，遂以绍熙三年六月始事[6]，民欢趋之，不百日而告成。两崖砻石为磴道，高者五百尺，卑者亦居其五之四。桥之修九百尺，比舟七十艘，且视水之上下而时损益焉。又维十舟以梁小港[7]，作双舰以航巨浸[8]。于是东西行者春夏免漂没之虞，秋冬无病涉之叹，其功甚大，而费则省。盖其规模筹画一出李君，主吏工师拱手受成，不能有所预也。既又留钱五十万于明觉浮屠氏，使自为质贷[9]，而岁输其赢五一以奉增葺之费[10]。

明年，李君将去，乃以书来道邑人之意，请予文以记之。予惟李君此桥之功，百里之人与四方之往来者固已颂而歌之，宜不待记而显。且其才之果艺明达[11]，用无不宜，又非独此为可书也。姑为记其本末，以告后之君子，使知其成之不易者如此，相与谨视而时修之，是则李君与其邑人之志也云尔。

四年九月戊寅既望[12]，新安朱熹记。

【注释】

[1] 少：稍。

[2] 褰裳：撩起衣裳。

[3] 霖潦：淫雨。

[4] 腾蹙：迅疾前进冲击。

[5] 嘿图：谓悄悄筹划。

[6] 绍熙三年：1192年。

[7] 梁：动词。以……为梁。

[8] 巨浸：大水。

[9] 质贷：放贷，贷款。

[10] 增葺：谓增筑修葺。

[11] 果艺：谓果决而有才能。

[12] 既望：月盈满后的第二日称之。一般指农历十六。

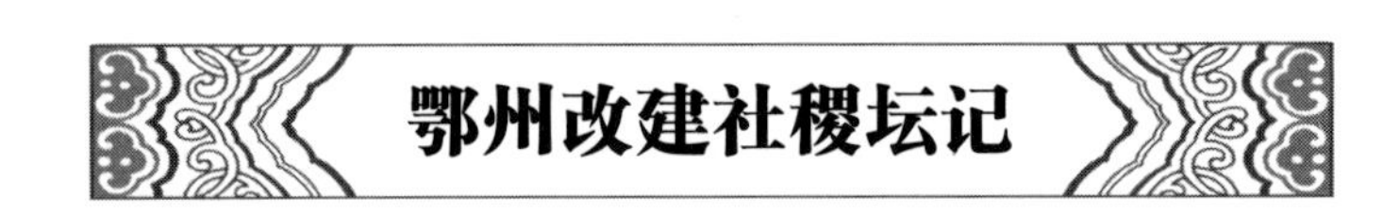

鄂州改建社稷坛记

南宋·朱　熹

【提要】

本文选自《古今图书集成·职方典》卷一一二三(中华书局、巴蜀书社1985年影印本)。

鄂州社稷坛在今湖北省武汉市武昌阅马场。

在古代,祭祀是为官执政的一项非常重要的内容,祀天地、山川、社稷一个都不能少。鄂州有社稷坛,位于城东偏北处,“始在中军寨”,“其地褊逼洿下,燎瘗无所”,与堂堂州郡极不相称。

新长官刘清之见此情形,联想到这里常遭水旱,可能就与社稷坛地势低下逼迫关系很大。于是,很快在黄鹤山下(即今蛇山)找到废地一区,“东西十丈,南北倍差”,开始营造新的社稷坛。不久坛成,“东社西稷居前,东风伯、西雨雷师居后,少却坛,皆三城。有壝,壝四门。前二坛址皆方二丈五尺,崇尺二寸;后二坛址皆方一丈六尺五寸,崇八尺。其迩城方面皆杀尺崇四分而去一,二城方杀如之,而崇不复杀。前二壝皆方四丈二尺,门六尺,间丈五尺。后三壝皆方二丈八尺,门五尺,间一丈四尺,其崇皆四尺。社有主,崇二尺五寸,方尺,剡其上,培其下,半石也。南五丈,为门三,间北二丈有奇,为斋庐五间,缭以重垣,甃以坚甓,而植以三代之所宜木”。朱熹详细描述了社稷坛的规划、设计,乃至各坛构成、尺寸、树种等,均符合“政和五祀”的礼制规定。

朱熹说,“社实山林、川泽、丘陵、坟衍、原隰五土之祇……稷则专为原隰之祇”。理学大师、精通礼易等的朱熹来写这篇社稷坛记,应该说是最合适的人选。

社稷坛建造时为淳熙十年(1183),距今已830余年,坛如今早已荡然无存。但根据朱熹的描述,我们还能仿造出一处原汁原味的南宋社稷坛来。

淳熙十年春,朝奉郎知鄂州事新安罗侯愿以书来,曰:“吾州郡祀之坛始在中军寨。去年秋,通守清江刘君清之至,而往谒焉。视其地褊逼洿下[1],燎瘗无所[2],不称藩国。钦崇命祀之,意且念比年郡多水旱[3],札瘥之变[4],意其咎或在是。则言于州,请得度地更置如律令。”

已而刘君行州事,遂以属录事参军周明仲行视,得城东黄鹤山下废营地一区,东西十丈,南北倍差[5],按政和五祀画为四坛[6]。而属其役事于兵马监押赵伯烜作治,未半而愿承乏[7],又属都监王椿董之,以速其成焉。

某月坛成,东社西稷居前,东风伯、西雨雷师居后,少却坛,皆三城,有壝[8],壝四门。前二坛址皆方二丈五尺,崇尺二寸;后二坛址皆方一丈六尺五寸,崇八尺。其迩城方面皆杀尺崇四分而去一[9],二城方杀如之,而崇不复杀。前二壝皆方四丈二尺,门六尺,间丈五尺。后三壝皆方二丈八尺,门五尺,间一丈四尺,其崇皆四尺。社有主,崇二尺五寸,方尺,剡其上[10],培其下,半石也。南五丈,为门三,间北二丈有奇,为斋庐五间,缭以重垣,甃以坚甓,而植以三代之所宜木。

亦既拣时日,属僚吏修祀,号以告于神而妥之矣。则又与刘君谋以吾子尝学于礼也,是以愿请文以记之,俾后之人勿坏。

熹按,社实山林、川泽、丘陵、坟衍、原隰五土之祇[11],而后土勾龙氏其配也。稷则专为原隰之祇,能生五谷者。而后稷,周弃氏其配也。风师,箕。雨师,毕也。是皆著于《周礼》,领于大宗伯之官。惟社稷自天子之都,至于国里通祭,而风雨之神则自唐以来诸郡始得祀焉。至于雷神,则又唐制所与,雨师同坛共牲而祀者也。国朝礼文大抵多袭唐故,故今郡国祀典,自先师先圣之外,惟是五者。盖以为二气之良能,天地之功用,流行于覆载之间以育万物,而民生赖焉者,其德惟此为尤盛。是以于其坛壝时日之制,牲币器服之品,降登馈奠之节[12],莫不忝订讨论著之礼[13]象,颁下郡国,藏于礼典。有司岁举行之,而部刺史又当以时循行,察其不如法者。盖有国家者,所以昭事明神,所以降祥锡福于下,其勤如此。顾今之为吏者所知,不过簿书期会之间[14]。否则,觞豆舞歌相与放焉,而不知返其所敬畏崇饬而神事者[15],非老子释氏之祠,则妖妄淫昏之鬼而已。其于先王之制、国家之典,所以治人事神者,曷尝有介于其心焉?呜呼!人心之不正,风俗之不厚,年谷之不登,民生之不遂,其亦以此与?

今罗侯之与刘君乃能相与延爰乎此,非其学古爱民之志,卓然有见乎!流俗见闻之表,其孰能之?熹虽不文,不足以纪事实垂久远。然二君子过以为尝从俎豆之事,不远千里而属笔焉。因为书,使刻于丽牲之石[16]。

【注释】

[1] 褊逼:狭小。褊:音 biǎn,本谓衣带或衣服狭小。洿下:低洼。洿:音 wū,洼池。

[2] 燎瘗:谓烧烛掩埋等祭祀活动。瘗:音 yì,掩埋,埋葬。

[3] 比年:近年。

[4] 札瘥:谓因疫疠、疾病而死。瘥:音 cuó,疫病。

[5] 倍差:谓增加至原数的一又三分之二倍。

[6] 政和:北宋徽宗年号,1111—1118 年。五祀:古代祭祀的五种神祇。文中有述。

[7] 承乏:谓承继暂时无适当人选的职位。此指他处任职。

[8] 壝:音 wěi,祭坛四周的矮墙。

[9] 迩:谓靠近。杀尺:谓放低高度。

[10] 剡:音 yǎn,削。

[11] 坟衍:谓水边和低下平坦的土地。原隰:平原和低下的地方。隰:音 xí,低湿的地方。

[12] 降登:古代按礼数升阶、降阶或升席、降席,以示恭敬和礼让。

[13] 忝订:谦词。谓愧参修订。礼象:指礼仪条文。

[14] 簿书:谓官署中的文书簿册。期会:约期聚集。此谓定期举行的辩论会。

[15] 饬:修整,整治。

[16] 丽牲:谓碑石。古代入宫庙祭祀,常将所用牲口系在碑石上。

宣州修城记

南宋·张孝祥

【提要】

本文选自《于湖居士文集》(上海古籍出版社 1980 年版)。

今安徽宣州是一座有着 2 200 多年县名史、1 600 多年建城史的悠久古城。唐代宣州是全国的造纸中心、采铜中心,经济繁荣,文化发达。南宋时代,宣州濒临前线,适应战备要求的筑城刻不容缓。

文中,宣州继任长官任公"德成而行尊",视城垒,发现城墙"东倾西决",兵器"剥折蠹败",惊呼负有守土之责而没有重视城防,"失职矣"。于是,集材募工,吩咐下县,两个月紧张忙碌之后,宣州城焕然一新:"千雉云矗,百楼山峙,屹岦岋峨,若化而出"。与此同时,兵器营造也同步完备。

战时城修得好坏,还得经战事检验。"冬十月,虏驱绝淮,翦我合肥,蹂我历阳"之后,兵压大江,大宋军民"焦然以忧"。任公闻谍报后,不动声色,徐召幕僚,一一安排停当,"增斥候,申火禁,察奸宄,诘逋逃"……任公之所以从容不迫、思路清晰地布置防御,全赖城池固若金汤。因为城池牢固,边地居民先前出力出钱修城,现在城池成了他们的庇护神,"边之迁民,系路来归,振廪授地,罔不得所"。

公之德,百姓当然念念不忘,百计尊之。

关于宣州城的"容貌",记载颇多,李白有诗:"江城如画里,山晚望晴空。两水(句溪和宛溪)夹明镜,双桥落彩虹。"宋《嘉定宣城志》:"……今城制盖出其所画,襟山带溪,得势之便,省龟为形,南首翘尾,为城门楼者八,始鸠工于壬戌,而迄于癸亥。"经考,南唐刺史得地势之便,将城池规划为鳌龟形状,这就是后人"宣城是乌龟地"传说的由来。

宣为城,西南负山[1],东北踞溪流[2],幅员三千四百步。建炎中[3],侍御史、直龙图阁会稽李公尝守以支溃卒,围阅月引去[4]。公益治城,具器用,严为之备。当是时,江、淮之间,靡焉骚动,惟宣以城坚好,故不被兵[5]。宣之人德李公,尸而祝之[6],盖距今辛巳余三十年矣,而定陶任公亦以御史、直龙图阁继李之绩。

惟定陶公德成而行尊，实大而声宏，刚方以立朝，岂弟以牧民[7]。民听既孚，吏虔弗偷，教条一施，事讫于理[8]。乃视城垒，东倾西决；乃阅戎器，剥折蠹败。公耸然[9]惧曰：“吾惟守土，不此之务，吾失职矣。”即日出令，裒材揆功[10]，易圮以坚，增庳为崇。尺积寸会，役有成数，檄召下县，使以徒集。程督有制[11]，犒赐有时，无偏徭，无堕工，一月而栽[12]，再月而毕。千雉云矗，百楼山峙，屹岦岋峨[13]，若化而出。池隍险幽，门闳回阻，谁何周严，至者神沮。凡城所须，无一不给。既又冶金伐石，刓革揉木[14]，杀簳傅羽[15]，濡[16]筋削角，练工之良，大治兵械，戈剑弓矢，櫜[17]兜戟帜，视诸故府，乃易乃饬[18]，枚计其凡[19]，四十万有奇。邦人士女，四方宾客，骇叹其成，天造鬼设。

冬十月，虏驱绝淮[20]，翦我合肥，蹂我历阳[21]，流柿投鞭[22]，规济天堑[23]。并江列城，焦然以忧。公旦起闻谍[24]，色不为动，徐召宾佐，分畀其职[25]。某调某卒，某赋某甲，某守某险，米盐薪刍，铁炭布帛，琐细之物，毛举其目[26]，严以待命。增斥候，申火禁，察奸宄，诘逋逃[27]。吏持笔牍，毕受成画，号令明壹，奔走就事。邑居之豪，率其童客，什伍相联，以艺自达[28]。受粟取佣，丰杀以宜，旬日得战士五千，严兵登陴，部分整暇[29]。驿闻诸朝，恩给台仗，朝暮阅习，导以酴赏。四邻绎骚，羽书交驰，吏骇人摇，滋不奠居[30]。而吾宣城，晏起早眠，在都在鄙，弗震弗惊。边之迁民，系路来归，振廪授地[31]，罔不得所。十有一月，首亮就毙，阖府文武，撰日解严。

父兄子弟，惟公之勤，欢喜踊跃，愿肖公象，置祠宇，如所以事李公者。公持不可。民不公之谋，亟营屋市中。公命撤之。邦人曰：“公德著闻，天子且夺公归之朝，盍乞诸天子而留公。”则数百千人相与扶携走阙下拜疏，愿借公十年。公又遣县吏禁止。民从间道疾驰[32]，卒上疏，乃已。

或谓某：“子之居是邦也，宜知之矣。今吾父兄子弟将列公之事刻之金石，使子孙不忘公，文非子谁宜为？”

某谨应之曰：“不敢辞也。虽然，此公之细也。使公自是进而居可为之地，一众心以为城[33]，尊主威，隆国势，以保鄣天下，此公之志也。而见于宣城者，公之细也，曾何足云劳苦？父兄幸教某，某不敢辞，愿因父兄之言，书颠末[34]以诏来今。”

明年三月吉日[35]，历阳张某记。

【作者简介】

张孝祥(1132—1170)，字安国，号于湖居士，历阳乌江(今安徽和县东北)人。绍兴进士，其状元策、诗与字时称“三绝”。因廷试第一，居秦桧孙秦埙之上，登第后即上书为岳飞叫屈，秦桧指使党羽诬告张孝祥谋反，将其父子投入监狱，秦桧死后方获释。历任校书郎兼国史实录院校勘、起居舍人、权中书舍人、都督府参赞军事、抚州知州、建康留守等职。有《于湖集》40卷。

【注释】

[1] 负山:背后依山。

[2] 踞:依靠。

[3] 建炎:南宋高宗赵构年号,1127—1130年。

[4] 支溃卒:谓支应溃退的部队。其时,金人势大力汹,势不可挡,宋军节节败退,丢盔弃甲。李公收容、重整之,以备城守。阅月:经一月。

[5] 被:通“披”,遭受。

[6] 尸而祝:谓以木制李公牌位拜祝。尸:木制牌位。

[7] 刚方:刚正方直。岂弟:通“恺悌”,和乐平易。

[8] 民听:民众的舆论。孚:信服。婾:音 yú,同“偷”,苟且。

[9] 耸然:惊惧貌。耸,通“悚”。

[10] 裒材揆功:聚集材料,估算役工。裒:音 póu,聚集。揆:音 kuí,度量,估量。

[11] 程督:谓按规矩、程式监督。

[12] 栽:谓规模初具。

[13] 屹嶪:音 yì yè,高耸貌。岌峨:音 jí è,高耸貌。

[14] 刓:音 wán,削刻。

[15] 杀簳傅羽:谓晒干小竹,缚上羽毛(做箭)。

[16] 濡:浸渍,沾湿。

[17] 橐:音 tuó,一种口袋。

[18] 乃易乃饬:谓视旧库存备情形,不敷使用者更换,缺的整饬添加。

[19] 枚计其凡:谓逐个计其总数。

[20] 绝:横渡,渡过。

[21] 历阳:今安徽和县。

[22] 投鞭:谓下马。

[23] 规济:打算横渡。

[24] 谍:刺探,侦察。此谓谍报、情报。

[25] 畀:音 bì,给予。

[26] 毛举:粗略地列举。

[27] 斥候:侦察、守望之人。奸宄:犯法作乱之人。宄,音 guǐ。诘:音 jié,追问,追究。

[28] 自达:此谓自保。

[29] 部分:部署。整暇:既严谨而又从容不迫。

[30] 绎骚:骚动,扰动。羽书:谓插有鸟羽的紧急军事文书。奠居:安居。

[31] 振廪援地:谓(未归边民)发粮食、予田地,使其安居乐业。

[32] 间道:小道,小路。

[33] 一:动词,统一。

[34] 颠末:本末,前后经过情形。

[35] 明年三月:张作此记为1162年,为定陶任公履宣州职辛巳(1161)之明年。

金堤记

南宋·张孝祥

【提要】

本文选自《于湖居士文集》(上海古籍出版社 1980 年版)。

《舆地纪胜》载:南宋乾道四年(1168)荆江大水,荆湖北路安抚使方滋“夜使人决虎渡堤(即南岸的虎渡),以杀水势”。一条长江,襟带荆湘,可是到了荆湘却回肠百转。一到洪水季节,荆湘两地就成了水袋子、洪洼子。南宋以来,荆州、洞庭湖两地纷纷修筑长江堤坝,这样一来,原本九曲的回肠就经常梗塞,决堤便是家常便饭。

那一年,大雨从二月开始一直下到五月,“水溢数丈,既坏吾堤,又啮吾城”,洪水之势“昼夜澒洞,如叠万鼓”。但是,关于方滋坏洞庭大堤之事,张孝祥文中说得比较隐晦,“尹尚书方公,极救灾之道,决下流以导水势”。与此同时,“亲督吏士别筑堤,城中民安不摇”。张孝祥文虽没有《舆地纪胜》那样直白,但两岸为生民性命及赖以生存的良田而开展的明争暗斗之势则不言自明。

大水过后,尹尚书方滋调他任,张孝祥自长沙来,任荆南知州、湖北路安抚使。朝廷选择这样的任命,可能也有协调荆湘两地关系的考虑吧。

张孝祥一到任,当年十月,便主持寸金堤数处决堤的修复。因为已决之堤,现为深渊,已经能够没有再筑的可能性,张孝祥集材募工,修筑新堤,“别起七泽门之址,度两阿之间,转而西之,接于旧堤,穹崇坚好,悉倍于旧”。5 000 人、40 日,工程就竣工了。寸金堤正处于江陵城和今荆江大堤之间,寸金堤离城二里,成为捍卫城池的一道屏障。

寸金堤一直是护卫荆州的生命堤,直至元代末年在今荆州观音寺有新的护城大堤出现。

蜀之水既出峡,奔放横溃,荆州为城,当水之冲。有堤起于万寿山之麓,环城西南,谓之金堤。岁调夫增筑,夏潦方淫,府选才吏,分护堤上。

乾道四年,自二月雨,至于五月,水溢数丈,既坏吾堤,又啮吾城[1],昼夜澒洞[2],如叠万鼓。前尹尚书方公,极救灾之道,决下流以导水势,亲督吏士别筑堤,城中民安不摇,越两月而后水平。秋八月,某自长沙来,以冬十月鸠材庀工作新堤[3],凡役五千人,四十日而毕。已决之堤,汇为深渊,不可复筑。别起七泽门之址,度两阿之间,转而西之,接于旧堤,穹崇坚好,悉倍于旧。

既成,某进府之耋老,问堤之所以坏。曰:“异时岁修堤,则太守亲临之,庳者益之,穴者塞之,岁有增而无损也,堤是以能久。今不然矣,二月,下县之夫集,则有职于是者率私其人以充它役,或取其佣而纵之;畚锸所及[4],并宿草与土而去之耳。视堤既平,则告毕工,于是堤日以削而卒致于溃也。”予感其言,因书之以告来者,使知戒焉。

筑堤余材,裒[5]之作小亭于堤之半,取少陵“江湖深更白,松竹远微青”[6],扁之青白亭[7],而刻文于壁间。

五年三月,张某记。

【注释】

[1] 啮:音 niè,咬,咬坏。

[2] 澒洞:水势汹涌、声响震天。澒,音 hòng。

[3] 鸠材庀工:谓聚集材料,募召役工。鸠:聚集。庀:音 pǐ,具备。

[4] 畚锸:音 běn chā,谓土建之事。畚,盛土器。锸,起土器。

[5] 裒:音 póu,聚集。

[6] 少陵:杜甫自号少陵野老。

[7] 扁:同“匾”,谓制匾。

荆南重建万盈仓记

南宋·张孝祥

【提要】

本文选自《全宋文》(巴蜀书社 1988 年版)。

乾道三年(1167)三月,因坚决主战而命运多舛的张孝祥忽然又接到秘阁修撰、知潭州、领荆湖南路安抚使、权荆南提刑的朝命,因“恳辞不准”,只得“恭命而行”。四月从芜湖启程,六月间达到潭州(长沙)。上任后,为政易简,时济以威,坚决反对横征暴敛和严刑峻法,主张与民休息,不误农时。同时大力修筑水毁工程。

乾道四年(1168)七八月间,荆南府守臣方滋离任,朝廷又诏复张孝祥知荆南。宋时荆南府,领荆湖北路安抚使。荆南地处边境,“兵戈蹂践,阅四十年;版籍凋残,无三万户”(《荆州修堤设醮》)。张孝祥到职之后,加强防务,医治战争创伤,“内修外攘,百废俱兴,虽羽檄旁午,民得休息”(《宣城张氏信谱传》)。张孝祥颇为自豪的有两件事:一是整修金堤,已见前记;二是重建一座官仓。

文中,张详细记录了万盈仓的沧桑变迁。旧在牙城西街北,今天已到牙城之南街西。这座仓库,在荆州太平时库藏的米、麦、麻、豆“十四万有奇”,而今只有当初的 1/7 了。正因为少,所以官府对仓库“不复甚经意,因陋就简”。官家不上心,仓库自然“上雨旁风,至栋桷委地”,还收藏谷物,这样的谷物发给军士当然“皆黑腐”,用来喂养鸡猪,都不吃。

张孝祥筑毕金堤,与僚佐巡视官府寺观,“盖无有不蔽坏者”,但他认为“仓为急”。于是用上朝廷新赐的峡州之木,替旧为新,缮治仓屋 150 盈,号为万盈仓,“外峻墙垣,内谨扃钥,台门高广,听事深明”,“自湖之南北,江之东西,举无与吾仓为俪者”。另外,还修葺了甲仗库、军帑、学宫等官房。

张孝祥在荆南任上只有 8 个月,乾道五年(1169)三月,以朝奉大夫、显谟阁直学士致仕,时年 38 岁。

按《荆州图经》[1],府仓在牙城西街北,今之仓者,乃在牙城之南街西,其迁废岁月[2],不可得而考也。

初,荆州平时,米、麦、麻、豆岁输于府者合十四万有奇,今财七之一。以其少也,故廪庾出纳[3],在官者不复甚经意,因陋就简,以至于今。十年来,荆州屯兵,诸道之饷者受给无所,于是因仓之余地,续续为屋,横邪曲直,随地之宜。如积薪,如布算,或高或庳,上雨旁风,至栋桷委地,而犹藏谷。军士月给皆黑腐,以饲鸡豚,且不食。

余至官三月,既筑溃堤,间与僚吏周视官寺,盖无有不敝坏者,而仓为急。会朝廷赐以峡州所买之木[4],即檄统制官董江、节度判官赵谦、摄掌书记汪琳,撤旧屋而新之,合为屋一百五十盈,揭之曰万盈仓。外峻墙垣,内谨扃钥[5],台门高广,听事深明,面势位置称其为大有司也[6]。自湖之南北,江之东西,举无与吾仓为俪者。是役也,奔走程督[7],又有摄潜江巡检郭执。凡用木九千枚,缗钱六千,米千斛。

既成而余以亲疾丐祠去[8],前所谓官寺之当葺者,仅能毕甲仗库,若学宫、军帑[9],则已鸠工而未成也。

【注释】

[1]《荆州图经》:荆州地理图书。今存该书为清人辑本。图经:附有图画、地图的书籍或地理志。

[2] 迁废:谓变迁湮废。

[3] 廪庾:粮仓。

[4] 峡州:今湖北宜昌。

[5] 扃钥:谓门上锁禁。

[6] 大有司:宋代尚书省俗称大有司。

[7] 程督:考核,监督。

[8] 祠去:谓侍奉亲人而请辞职。

[9] 军帑:军用仓库。

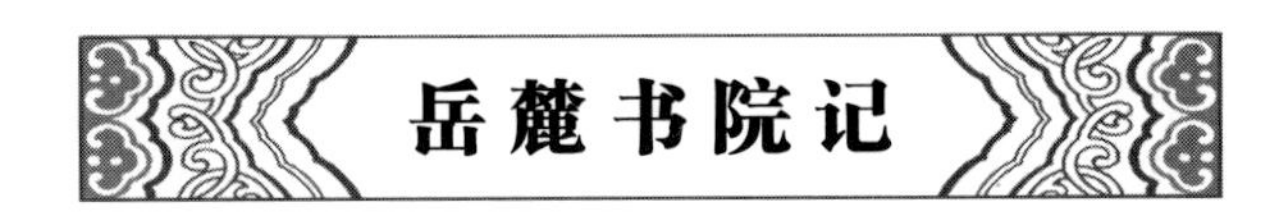

岳麓书院记

南宋·张　栻

【提要】

本文选自《古今图书集成·职方典》卷一二一五(中华书局、巴蜀书社 1985 年影印本)。

岳麓书院位于长沙市湘江畔岳麓山下,是我国古代四大书院之一,全国重点文物保护单位。

北宋开宝六年(973),朱洞以尚书出任潭州太守。鉴于长沙岳麓山抱黄洞下的寺庵林立和环境幽静,接受了刘鳌的建议,于开宝九年(976)在原有僧人兴办的学校基础上创建了岳麓书院。初创的书院分有"讲堂五间,斋舍五十二间",其中"讲堂"是老师讲学道的场所,"斋堂"则是学生平时读书学习兼住宿的场所。岳麓书院的这种中开讲堂、东西序列斋舍的书院格局一直流传至今。岳麓书院"历四十有一载,居益加葺,生益加多"。

宋太宗咸平二年(999),李允则任潭州太守,他一方面继续扩建书院的规模,增设了藏书楼、"礼殿"(又称"孔子堂"),并"塑先师十哲之像,画七十二贤";一方面积极争取并获得了朝廷对岳麓兴学的支持,书院有了更大的发展空间。咸平四年(1001)朝廷首次赐书岳麓书院,其中有《释文》《义疏》《史记》《玉篇》《唐韵》等经书。当时书院学生正式定额 60 余人。宋真宗大中祥符五年(1012)经学家周式担任山长主持岳麓书院后,书院得到迅速的发展,学生定额愈百人,周式本人还得到宋真宗的召见和鼓励,并得到朝廷赐予的"岳麓书院"匾额。

绍兴兵祸,岳麓书院尽毁于火,"十一仅存"。乾道改元(1165),潭州新来的太守刘珙重修岳麓书院,"为屋五十楹,大抵悉还旧规,肖阙里先圣像于殿中,列绘七十子,而加藏书阁于堂之北"。刘珙邀请著名理学家张栻主持岳麓书院。张栻反对科举利禄之学,致力于培养传道济民的人才,在教学方面,提出"循序渐进""博约相须""学思并进""知行互发""慎思审择"等原则;在学术研究方面,强调"传道""求仁""率性立命",培养出一批优秀学生。张主教岳麓,一时群英骤至,人文荟萃,从学者广及东南数省,人数达千人之多,以致"马饮则池水立涸,舆止则冠冕塞途",为岳麓历史上所未有。盛况引得南宋另一位大理学家朱熹专程造访,举行了驰名天下的"朱张会讲"。淳熙七年(1180),张栻去世后,朱熹、真德秀等人对岳麓书院的办学和传播理学,也表现出极大的热忱。朱熹还将《白鹿洞书院教条》学规颁行于岳麓书院。

嗣后,历经宋、元、明、清各代,至清末光绪二十九年(1903)改为湖南高等学堂,1926 年定名为湖南大学。岳麓书院是我国高等教育发展史的一个缩影。

千年中,岳麓书院屡毁屡修。自明宣德始,经地方官员多次修复扩建,岳麓书院建筑的主轴线前延至湘江西岸，后延自岳麓山巅，配以亭台牌坊，于轴线一侧建立文庙，形成了书院历史上亭台相济、楼阁相望、山水相融的壮丽景观。书院的讲学、藏书、祭祀三大功能不断得到拓展，奠定了现存建筑基本格局。

湘西故有藏室，背陵而向壑，木茂而泉洁，为士子肄业之地[1]。始开宝中，郡守朱洞首度基创宇以待四方学者，历四十有一载，居益加葺，生益加多。李允则来为州，请于朝，乞以书藏。方是时，山长周式以行义著[2]。祥符八年，召见便殿，拜国子学主簿，使归教授。诏以“岳麓书院”名，增赐中秘书。于是，书院之称始闻于天下，鼓笥登堂者相继不绝[3]。

自绍兴辛亥，兵革灰烬，十一仅存。间有留意，则不过袭陋仍弊，而又重以撤废，鞠为荒榛，过者叹息。

乾道改元，建安刘侯下车，既剔蠹彝奸，民俗安静，则葺学校，访儒雅，思有以振起。湘人士合辞以书院请侯，竦然曰：“是故章圣皇帝加惠一方[4]，来劝励长养[5]，以风天下者，而可废乎?”乃命郡教授、婺源郭颖董其事，鸠废材，用余力，未半岁而屋成。

为屋五十楹，大抵悉还旧规，肖阙里先圣像于殿中，列绘七十子，而加藏书阁于堂之北。

既成，栻从多士往观焉[6]，爱其山川之胜，栋宇之安，徘徊不忍去，以为会友讲习，诚莫此地宜也。已而，与士言曰：“侯之为是举也，岂特使子群居佚谈[7]，但为决科禄计乎，亦岂使子习为言语文辞之工而已乎？盖欲造就人材以传道而济斯民也。惟民之生，厥有常性而不能以自达，故有赖圣贤者出。三代导人，教学为本，人伦明，小民亲而王道成。夫子在当时，虽不能施用而兼爱万世，实开无穷之传，果何与曰：“仁也，仁人心也。率性立命，知天地而载万物者也。”今夫目视而耳听，手持而足行，以至于饮食起居言动之际，谓道而有外夫是焉，可乎？虽然，天理人欲同行异情，毫厘之差，霄壤之谬，此所以求仁之难必贵于学，以明之与善乎？孟氏之发仁深切也。齐宣王见一牛之觳觫而不忍[8]，则教之曰：“是心足以王矣。”古之人所以大过人者，善推其所为而已矣。论尧舜之道，本于孝弟，则欲其体夫徐行、疾行之间指。乍见孺子匍匐将入井之时，则曰：“恻隐之心，仁之端也。”于此焉求之，则不差矣。尝试察吾事亲从兄，应物处事，是端也，其或发见，亦知其所以然乎？苟能默识而存之，扩充而达之，生生之妙油然于中，则仁之大体，岂不可得乎？及其至也，与天地合德，鬼神同用，悠久无疆，变化莫测，而其初则不远也。是乃圣贤所传之要，从事于斯终身而后已，可也。虽然，闲居屏处[9]，庸何损于我得[10]，时行道事，业满天下，而亦何加于我侯!

既属栻为记，遂书斯言，以励同志，俾毋忘侯之德，抑又以自励云尔。

【作者简介】

张栻(1133—1180)，字敬夫，又字乐斋，号南轩，南宋汉州绵竹(今属四川)人。以父荫补右承郎,先后知严州(今属浙江)、袁州(今属江西)、静江(今属广西)、江陵(今属湖北)诸州府,在朝曾充侍讲,后进直宝文阁。绍兴三十一年(1161)于碧泉书院从胡宏受业,为湖湘学派主要传人。与朱熹、吕祖谦齐名,史称“东南三贤”。有《南轩易说》《孟子说》《论语解》《南轩文集》等传世。

【注释】

[1] 肄业:谓学习专业。

[2] 山长:唐、五代时对山居讲学者的敬称。宋元时为官立书院置山长,讲学兼领院务。

[3] 鼓笥:谓负笈。笥:音 sì,竹制的匣子,可盛装书籍。

[4] 章圣皇帝:即宋真宗。

[5] 劝励:激励,勉励。

[6] 多士:指众多的贤士。

[7] 佚谈:闲谈,空谈。

[8] 觳觫:音 hú sù,恐惧得发抖。

[9] 屏处:隐居。

[10] 庸何:何,什么。

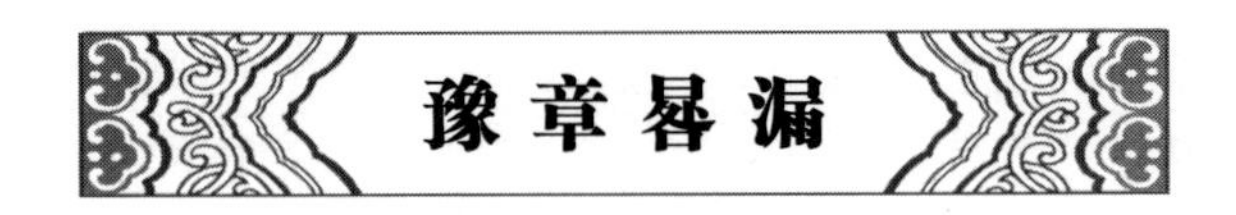

豫章晷漏

南宋·曾敏行

【提要】

本文选自《独醒杂志》(上海古籍出版社 1986 年版)。

赤道日晷的明确记载初见于南宋曾敏行的《独醒杂志》卷二中提到的晷影图。

赤道日晷通常由铜制的指针和石制的圆盘组成。铜制的指针叫做“晷针”,垂直地穿过圆盘中心,晷针又叫“表”,石制的圆盘叫做“晷面”,安放在石台上,呈南高北低,使晷面平行于天赤道面,这样,晷针的上端正好指向北天极,下端正好指向南天极。在晷面的正反两面刻划出 12 个大格,每个大格代表两个小时。当太阳光照在日晷上时,晷针的影子就会投向晷面,太阳由东向西移动,投向晷面的晷针影子也慢慢地由西向东移动。于是,移动着的晷针影子好像是现代钟表的指针,晷面则是钟表的表面,以此来显示时刻。

早晨,影子投向盘面西端的卯时附近。接着,日影在逐渐变短的同时,向北(下)方移动。当太阳达正南最高位置(上中天)时,针影位于正北(下)方,指示着当地的午时正时刻。午后,太阳西移,日影东斜,依次指向未、申、酉各个时辰。

漏刻是我国古代一种计量时间的仪器。最初,人们发现陶器中的水会从裂缝中一滴一滴地漏出来,于是专门制造出一种留有小孔的漏壶,把水注入漏壶内,水便从壶孔中流山来，另外再用一个容器收集漏下来的水，在这个容器内有一根刻有标记的箭杆，相当于现代钟表上显示时刻的钟面，用一个竹片或木块托着箭杆浮在水面上，容器盖的中心开一个小孔，箭杆从盖孔中穿出，这个容器叫做“箭壶”。随着箭壶内收集的水逐渐增多，木块托着箭杆也慢慢地往上浮，司时者从盖孔处看箭杆上的标记，就能知道具体的时刻。

后来发现漏壶内的水多时，流水较快，水少时流水就慢，影响了计时的精度。于是在漏壶上再加一只漏壶，水从下面漏壶流出去的同时，上面漏壶的水即源源不断地补充给下面的漏壶，使下面漏壶内的水均匀地流入箭壶，从而取得比较精确的时刻。《独醒杂志》中记录曾南仲“范金为壶”“刻木为箭”的漏刻壶后面“置四盆一斛”，水持续而均匀地注入，就是为了保证其计时的准确性。

豫章晷漏乃曾南仲所造。南仲自少年通天文之学[1]，宣和初，登进士第，授南昌县尉。时龙图孙公为帅，深加爱重。南仲因请更定晷漏，帅大喜，命南仲召匠制之。遂范金为壶[2]，刻木为箭，壶后置四盆一斛。壶之水资于盆，盆之水资于斛。其注水则为铜虬张口而吐之。箭之旁为二木偶，左者昼司刻，夜司点。其前设铁板，每一刻一点则击板以告。右者昼司辰，夜司更。其前设铜钲[3]，每一辰一更则鸣钲以告。又为二木图，其一用木荐之，以测日景；其一用水转之，以法天运[4]。制器甚精，为法甚密，皆前所未有。南仲夜观乾象，每预言其迁移躔次[5]。尝言有某星某夜当过某分，时穷冬盛寒，仰卧床上，彻[6]其屋瓦以观之，偶睡著霜下，遂为寒气所侵而死。其学惜无传焉。独晷漏之制，其子尝闻其大概，今江乡诸县亦有令造之者。南仲名民瞻，庐陵睦陂人也[7]。

南仲尝谓古人揆景[8]之法载之经传杂说者不一，然止皆较景之短长，实与刻漏未尝相应也。其在豫章为晷景图，以木为规，四分其广，而杀其一，状如缺月。书辰刻于其旁，为基以荐之，缺上而圆下，南高而北低。当规之中，植针以为表，表之两端一指北极，一指南极。春分已后，视北极之表，秋分已后，视南极之表，所得晷景与刻漏相应。自负此图，以为得古人所未至。予尝以其制为之，其最异者，二分之日，南北之表皆无景，独其侧有景，以其侧应赤道。春分已后，日入赤道内，秋分已后，日出赤道外，二分日行赤道，故南北皆无景也。其制作穷赜[9]如此。

【作者简介】

曾敏行(？—1175)，吉水(今属江西)人，字达臣，号独醒道人、浮云居士、归愚老人。与胡铨、杨万里、谢谔相友善。年甫二十，以病废，不能仕进，遂专意学问。亦工画草虫。著《独醒杂志》，其子编为 10 卷，杨万里为之序。

【注释】

[1] 曾南仲：北宋进士，天文学家。

[2] 范金：谓以模子浇铸金属品。

[3] 钲:铃。

[4] 天运:谓天体的运行。

[5] 躔次:日月星辰在轨道上的运行位次。躔,音 chán。

[6] 彻:撤除,撤去。

[7] 睦陂:今属江西永丰。

[8] 揆景:测量日影,以定时间或方位。

[9] 赜:音 zé,深奥,玄妙。

修中津桥记

南宋·唐仲友

【提要】

本文选自《古今图书集成·考工典》卷三二(中华书局、巴蜀书社 1985 年影印本)。

中津桥建于南宋淳熙年间的临海灵江之上,是一座构造形式独特的浮桥,其结构建筑与设计都非常科学。

南宋淳熙庚子(1180),唐仲友来守。第二年三月,他迎常平使者朱熹于城南,“戊夜登舟,篙工失度,比晓乃讫济”。不知道朱熹后来弹劾唐仲友是否与此相关,但夜里戊时(相当现 19 时)登船,天明才上岸肯定会让这位新官太守误了接人大事,颜面丢尽,没齿难忘。所以想到了修桥!

临海修桥,在当时不是件小事。唐仲友首先做的是,安排官员召集工徒,“度高下,量广深,立程度”,深入细致地开展勘查、测算等研究;紧接着,“以寸拟丈创木样,置水池中,节水以筒,效潮进退”,开展 1∶100 的实验室模拟试验。自己琢磨清楚工程原理及桥型结构,还让参与工程的所有人都“胸有成竹”之后,方才开始建造浮桥。

工程开始于淳熙八年(1181)四月,竣工于这年九月。“筑两堤于皇华亭以东,甃以巨石,贯以坚木,载护以笞楗。中为级道,两旁为却月形,三其层以杀水势。南堤上流为夹水岸以受水冲。”即在系浮桥的岸头,密砌巨石,埋下木桩以系缆绳;中间为步道,两旁为外弓内直的月形围护,共三层以备水势涨落;基础复加短桩围护,以御风浪冲击。

《临海县志》载:“中津桥”修筑在兴善门外的金鸡岭下,桥长 287 米,宽 5 米余。建造时,以每 2 艘船组成一节,总共以船 50 艘,编成 25 节。然后用缆索、地锚、锚碇等设备,将浮桥的所有船只串联,系连固定成为桥面。

中津桥最为神奇的当数活动引桥了。“桥不及岸十五寻,为六筏,维以柱二十,固以楗。筏随潮与桥岸低昂,续以版四。锻铁为四锁,以固桥。纽竹为缆,凡四十有二,其四以维舟,其八以挟桥,其四以为水备,其二十有六以系筏。系锁以石囷四,系缆以石狮子十有一、石浮图二。缆当道者,植木为架。”这里浮桥随水低昂的关键在柱和筏。筏，用木编为排。六筏均由圆木编排而成，上搁桥面板，板下为系筏竹缆。板上栏杆处亦为系筏竹缆及夹桥竹缆。这样，六筏相连形成了活动的木筏链，筏间钩铰处都嵌在木柱上随水上下浮动，成为河中间船排低昂的“向导”。紧靠岸边的筏端牢牢固定在石堤之上。于是，潮位高涨时，所有的筏都浮在水面；潮位低时，各筏便斜斜地都落到相应的揵柱之上，高低错落，方便通行。唐仲友考虑到筏子因高低潮时的倾斜度不一致，可能导致的水平差距伸缩，采用了四块跳板以接续。如此一来，不论涨潮落潮，筏子都能自如变换坡度，颇便通行。唐仲友发明的活动引桥，成功解决了潮汐河流上的浮桥通行问题，其原理与形式与现代浮桥的做法已十分近似。其时距今800余年。

大概是水中施工的缘故，此一工程还用去“酒二百六十石”。

郡界括苍、天台间[1]，水源二山东南流，合于城西十五里，东注于海。城临三津[2]，其中最要道出黄岩，引瓯闽[3]，往来昼夜不绝，招舟待济。寒暑尤病，飓风无时。嚣师牟利[4]，敝船重载，命寄毫发。仲友以淳熙庚子来守。辛丑三月常平使者循行，迓于城南[5]。戊夜登舟，篙工失度，比晓乃讫济。因问父老：“江可桥，未作，何故?”对曰：“潮汐升降，经营为难。食于津与濒江之市又沮之[6]，皆中辍。”仲友自念承乏牧养，继歉岁入。境人草食，赖朝廷勤恤，辨麦告登[7]。病少瘳矣[8]。桥大利，可毋作？乃分官吏，庀工徒，度高下，量广深，立程度[9]。以寸拟丈创木样[10]，置水池中，节水以筒[11]，效潮进退[12]。观者开谕[13]，然后赋役。始于四月丙辰，成于九月乙亥。

筑两堤于皇华亭之东，甃以巨石，贯以坚木，载护以菑揵[14]。中为级道，两旁为却月形[15]，三其层以杀水势。南堤上流为夹水岸，以受水冲。堤间百十有五寻[16]，为桥二十有五节，旁翼以栏。载以五十舟，舟置一碇[17]。桥不及岸十五寻，为六筏，维以柱二十，固以揵。筏随潮与桥岸低昂，续以版四，锻铁为四锁[18]，以固桥。纽竹为缆，凡四十有二，其四以维舟，其八以挟桥，其四以为水备，其二十有六以系筏。系锁以石囷四[19]，系缆以石狮子十有一、石浮图二。缆当道者，植木为架。迁飞仙亭于南岸，迁州之废亭于北岸，以为龙王神之祠。为僧舍及守桥巡逻之室二十有一间，南僧舍为僧伽之堂。凡桥栏舟筏之役，五邑供之。黄岩预竹缆之需，余皆属临海。金木土石之工二万二千七百，用州钱九百八十万，米四百五十斛，酒二百六十石。

桥既成，因其地名之曰中津。第赏官吏有差，燕犒以落之，命临海尉支盐官主桥事，两指使同视启闭[20]。择报恩寺僧行各二人奉香火，置吏属行文书，番将校主巡警逻者二人，守桥十有四人，皆厚其廪给[21]。又以度数名物为图书，禁防法守为要策，田亩财用为版籍[22]。东湖岁输公帑数百缗改入焉，以备葺费，命临海、黄岩令董葺事。所以为桥计者粗备矣。

夫民可与乐成，难以虑始。方议作桥则疑，中则谤，既成则疑释。谤弭，而悦继之，是皆常情耳。然虑始之难未若保之之难。金石至坚，久犹刓而泐[23]，况他

乎?故记其大概,使后人知其勤尚或继之。且为铭曰:

台江之津,憧憧往来。桥之未作,吾民其咨[24]。岂无智谋,亦阻浮议。桥之既成,其勤在继。矜吾民兮,悯吾勤兮。永诏厥后,见斯文兮。

【作者简介】

唐仲友(1136—1188),字与政,又称说斋先生,金华人。绍兴二十一年(1151)进士,又中三十年博学宏词科。任建康府通判,历秘书省正字、著作佐郎。隆兴初,上书丞相张浚,献抗金三策:越淮而战为上策,沿淮而守为中策,夹淮而戍为下策。台州知州任内,兴修学校,建中津桥,赈济饥民,兴利除弊,颇有政声。升任江西提点刑狱。尚未赴任,被人毁谤,朱熹借机弹劾,实则道不同尔。仲友与吕祖谦、陈亮同为当时金华学派(婺学)的创始人。有《六经解》《帝王经世图谱》《说斋文集》等传世。

【注释】

[1] 括苍:括苍山在浙江临海西南部,为灵江水系与瓯江水系分水岭。天台:天台山位于浙江东中部,东连临海、三门。

[2] 津:渡口。

[3] 瓯闽:谓浙江、福建。

[4] 嚚师:奸诈之人。嚚:音 yín,奸诈。

[5] 迓:音 yà,迎接。

[6] 沮:阻止。句谓因渡口及临江集市谋生之人又阻止建桥之事。

[7] 麰麦:谓麦子。麰:音 móu,大麦。登:成熟,丰收。

[8] 瘳:音 chōu,病愈。

[9] 程度:程式标准。

[10] 木样:谓木制桥梁模型。

[11] 节水以筒:谓以竹筒来调节水位高低。

[12] 效:仿效。

[13] 谕:明白,知晓。

[14] 菑揵:音 zī jiàn,树立木桩。菑,树立。揵:通"楗",谓木桩。

[15] 却月形:半圆形。

[16] 寻:长度单位,宋代一寻为八尺。

[17] 碇:石锚。

[18] 四锁:谓四条锁链。

[19] 石囷:石墩。囷:音 qūn,一种圆形谷仓。

[20] 第赏:评定奖赏。燕犒:宴庆犒赏。

[21] 番:轮值,更替。廪给:俸禄。

[22] 版籍:户口册。

[23] 刓:音 wán,磨损,残缺。泐:音 lè,裂开。

[24] 咨:叹惜。

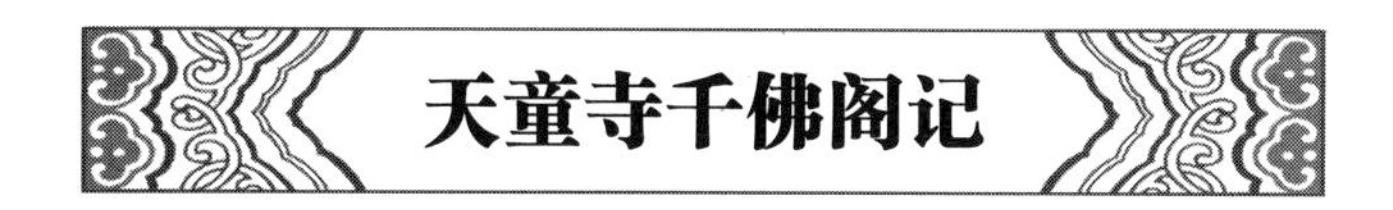

天童寺千佛阁记

南宋·楼　钥

【提要】

本文选自《新修天童寺志》(宗教文化出版社 1997 年版)。

本文记录的是中日民间友好交往的一段佳话。

唐宋时期,中日佛教往来极为频繁。至宋代,鄞县佛教与日本佛教的交往达到了鼎盛时期。据《天童寺志》等典籍记载,两宋期间,来鄞参禅求法的日僧共计 22 批次,鄞县僧人应邀赴日弘法 8 批次。

南宋乾道四年(1168),日僧荣西首次来中国求法,在明州(今宁波)遍访广慧寺、阿育王山,继往天台山巡礼圣迹,得天台章疏等 30 余部于九月四日返回日本。淳熙十四年(1187),荣西再次从明州入宋,计划入宋后赴印度巡礼佛迹,因未获准不能成行,便上天台山谒万年寺虚庵怀敞。淳熙十六年(1189),虚庵怀敞移住天童禅寺,荣西也随侍左右,嗣其法,传临济正宗法脉,宋孝宗赐荣西"千光法师"封号。绍熙二年(1191),荣西返回日本,在博多建圣福寺,盛倡临济禅法,学徒云集,朝野尊尚。后赴镰仓创立寿福寺,传禅法于关东,成为日本佛教临济宗的开山祖。为提倡禅学,荣西著《兴禅护国论》3 卷。

荣西为报"摄受之恩",回日本后精选"百围之木","挟大舶,泛鲸波"运至明州,助虚庵怀敞扩建天童寺的千佛阁。

淳熙五年,孝宗皇帝亲洒宸翰,大书"太白名山",以赐天童山景德禅寺[1]。寺之门甚雄敞,刻云章,尊阁其上[2]。又于方丈专建一阁,以藏真迹。实为禅林盛事,前所未有也。

初,西晋永康中,沙门义兴,卓庵此山[3],有童子手给薪水。后,既有众,遂辞去,曰:"吾太白一辰,上帝以师笃于道行,遣侍左右。"因忽不见。自是,始有"太白" "天童"之名。

山在郡东南六十里所。太白一峰,高压千岭,雄尊深秀,为一郡之望。绍兴初[4],宏智禅师正觉,欲撤其寺而新之,谋于众。有蜀僧,以阴阳家言自献曰:"此寺所以未大显者,山川宏大,而栋宇未称。师能为层楼杰阁,以发越淑灵之气[5],则此山之名,且将震耀于时矣!"觉深然之。乃拓旧址,谋兴作。内外鼎新,以次就成。智匠高妙,务极崇侈[6]。门为高阁,延袤两庑,铸千佛列其上。前为二大池,中立七塔,交映澄澈。游是山者,初入万松关,则青松夹道,凡二十里。云栎雪脊[7],层见林表,而倒影池中,未入宝阁,已非人间世矣!中建卢舍那阁[8],尤为壮丽。住山三十年,其为久远之计,皆绝人远甚。后有慈航了朴[9],一住亦二十年,起超诸有阁,于卢舍那阁之前,复道联属,至今巍然相望。又大筑海涂,增益岁人。由是天童不特为四明甲刹,东南数千里,亦皆推为第一。游观者必至,至则忘归,归而说于人,声闻四方,江湖衲子以不至为歉[10]。

皇子魏惠宪王出镇[11],一见慈航,欢若平生。暇日来游,顾瞻山林;登玲珑,坐宿鹭,或累日不忍去,因图以进于上。会稽郡王、太师、史文惠公又从容奏请,遂有四大字之赐。瑰奇绝特之观,无以加矣!

十六年,虚庵怀敞自天台万年来主是刹。百废俱举,追迹二老。而千佛之阁,岁久寝圮[12],且将弗支。犹以前人规模为未足以称上赐,欲从而振起,更出旧阁及前二阁之上。佥以为难[13],师之志不回也。

先是,日本国僧千光法师荣西者,发愿心欲往西域,求教外别传之宗若。有告以天台万年为可依者。航海而来,以师为归。及迁天童,西亦随至。居岁余,闻师有改作之意,请曰:“思报摄受之恩[14],糜躯所不惮,况下此者乎?吾忝国王近属,他日归国,当致良材以为助。”师曰:“唯。”未几遂归。越二年,果致百围之木,凡若干。挟大舶[15],泛鲸波而至焉。千夫咸集,浮江蔽河,辇致山中。师笑曰:“吾事济矣!”于是鸠工度材,云委山积。列楹四十,多日本所致,余则取于境内之山。始建于绍熙四年季秋之甲申[16],才三载告毕,费缗钱二万有奇。是岁,海庄倍稔,赢谷三千斛,如有相之者[17];不求于人,见者乐施,以迄于成。

凡为阁七间,高为三层。栋横十有四丈,其高十有二丈,深八十四尺,众楹俱三十有五尺。外开三门,上为藻井。井而上十有四尺为虎座,大木交贯,坚致壮密,牢不可拔。上层又高七丈,举千佛居之。位置面势,无不曲当[18]。外檐三,内檐四,檐牙高啄,直如引绳。旅楹有闲,翚飞跂翼[19];周延四阿,缭以栏楯;内为绮疏,表里明豁。自下仰上,如见昆阆[20],梵呗磬钟[21],半空振响。徜徉登览四山,下瞰河汉星斗,如在栏槛。御书金榜,巍乎中峙。翊以翔龙[22],护以绛绡,高出云霄之上,真足以弹压山川,传示千古。善财童子,大庄严藏,入见楼阁,广博无量,则不可知。若经行四方,室屋巨丽,殆未见其比也!

钥奉祠东归[23],尝往游焉。惊叹杰特[24],目眩神骇,过于耳闻,敞请记其事。老矣学落,不能形容,姑记大略,以表吾乡之胜。海内好奇之士,欲游而未遂者,览此,则太白之景,思过半矣。虚庵道价素高[25],禅子向方,岛夷亦闻其名而归之,加以愿力深重,才刃恢恢[26]。巧匠瑰才[27],成此胜事,观此无不钦叹。或请饰之,敞曰:“殚力竭材,幸济登兹。若丹雘华饰,尚有赖于后之人。”

【作者简介】

楼钥(1137—1213),字大防,号攻愧主人。鄞县(今属浙江宁波)人。隆兴元年(1163)进士。初任教官,后调为温州教授,累官中书舍人、吏部尚书兼翰林侍讲、参知政事、资政殿大学士等职。楼钥敢于直谏,无所避忌。光宗都说:“楼舍人朕亦惮之。”

楼钥长期供职内廷,擅长内外制及书奏启札之类应用文字。博通经史,讲求实学,在训诂小学诸方面能纵贯古今,论述大多可信。有《攻愧集》等。

【注释】

[1] 淳熙五年:1178年。宸翰:帝王的墨迹。

[2] 雄敞:雄伟宽敞。云章:谓帝王的文章。

[3] 卓庵:谓搭建庵舍。卓:建立,树立;超然独立。

[4] 绍兴:南宋高宗赵构年号,1131—1162年。

[5] 淑灵:谓天地间神灵之气。

[6] 崇侈:高大华丽。

[7] 云栎:谓栎树摇曳云间。

[8] 卢舍那:佛教语。佛有三身,分别为毗卢遮那佛、卢舍那佛和释迦牟尼佛。卢舍那佛又名极身佛,义曰:光明遍照。

[9] 慈航:佛教语。谓佛菩萨以慈悲之心度人,如航船之济众,使之脱离生死苦海。

[10] 衲子:僧人。

[11] 魏惠宪王:赵恺(1146—1180),宋孝宗次子。初补右内率府副率,转右监门卫大将军、贵州团练使。孝宗即位,拜雄武军节度使,封庆王。庄文太子赵愭病死,恺理应当立。帝意未决,遂加恺雄武、保宁军节度使,进封魏王,判宁国府。恺究心民事,修筑圩田。淳熙元年(1174),徙判明州,以属邑田租兴学,旋改永兴、成德军节度使、扬州牧。七年(1180),死于明州,赠淮南、武宁军节度使、扬州牧兼徐州牧,谥惠宁。

[12] 寖圮:谓灭毁颓坏。

[13] 佥:音 qián,都,皆。

[14] 摄受:佛教语。谓佛以慈悲心收取和护持众生。

[15] 挟:音 xié,携同。

[16] 绍熙四年:1193年。

[17] 有相:佛教语。佛教主张万有皆空,心体本寂。称造作之相或虚假之相为"有相"。相,谓事物的形象状态。

[18] 面势:方面,形势。曲当:恰当。

[19] 旅楹:众多的楹柱。翚飞:谓宫室高峻壮丽。按:此种屋翼檐角向上的建筑形式,俗称飞檐,近代建筑学称"翚飞式"。跂翼:谓檐翼欲飞。

[20] 昆阆:昆仑山上的阆苑,传说中神仙所居之地。

[21] 梵呗:佛教谓做法事时的歌咏赞颂之声。呗,音 bài。

[22] 翊:音 yì,辅助,辅佐。

[23] 奉祠:宋代设宫观使、判官、都监、提举、提点等职以安置五品以上不能任事或年老退休官员,只领官俸而无职事。因宫观使等职原主祭祀,故亦称奉祠。

[24] 杰特:佳作。

[25] 道价:谓僧家在修持方面的声望。

[26] 才刃:谓才情锋刃。

[27] 瑰才:谓杰出的人才。

诗辨

南宋·严　羽

【提要】

本文选自《沧浪诗话校释》(人民文学出版社 1961 年版)。

《沧浪诗话》是宋代诗论的代表作,包括《诗辨》《诗体》《诗法》《诗评》和《考证》等 5 部分。其中《诗辨》即辨明诗的性质,是严羽诗论的宗旨所在。

《诗辨》主要论述了 3 个问题:一是"别材别趣"说。"诗有别材,非关书也;诗有别趣,非关理也。"严羽认为,诗歌是"吟咏情性"的,它以表达审美感受为旨趣,有其自身的规律,即"不涉理路,不落言筌"。他说,"盛唐诗人惟在兴趣",即从审美感受出发;"羚羊挂角,无迹可求"及"莹彻玲珑"的诗歌即是完整优美、情景相融、虚实得当;"言有尽而意无穷",诗能给人无穷的审美感受。因此他说:"诗有词、理、意、兴。南朝人尚词而病于理;本朝人尚理而病于意兴;唐人尚意兴而理在其中;汉魏之诗,词理意兴,无迹可寻。"(《沧浪诗话·诗评》)

二是以禅喻诗,提出"妙悟"说。严羽深谙禅宗,引其意旨入诗学,他说:"论诗如论禅",诗境如禅境,"禅道惟在妙悟,诗道亦在妙悟","惟悟乃为当行"。在《诗辨》中,他把悟分作二:透彻之悟;一知半解之悟。他推崇汉魏盛唐之诗,称其是大乘之悟,即透彻之悟;晚唐后的诗包括苏轼、黄庭坚等的诗,则是一知半解之悟。严羽以禅喻诗的诗论方法是独具创新且影响深远的。

三是提倡"以盛唐为法"。他概括的盛唐风格为:"既笔力雄健(即'雄浑悲壮'),又气象雄厚(《答吴景仙书》)",认为盛唐诗歌符合诗歌审美特点和思维规律,其诗歌寄托了他的美学思想,因之力倡。

要而言之,严羽《沧浪诗话》论诗主要解决两个问题:一是何为好诗;二是如何作好诗。为解决第一个问题,他提出了"兴趣说";为解决第二个问题,他提出了"妙悟说"。建立起以兴趣(气象)为中心的批评论,以妙悟为中心的创作论。兴趣,有时也叫"气象""兴致",是由钟嵘的"兴"和司空图的"味"合流而来。所谓"诗者,吟咏情性也……"妙悟的根据和出发点是禅,即别材别趣,其要害是反对以理为诗,以文为诗,以模拟、剽窃为诗,认为诗境如禅境,如镜花水月、兴象风神。严羽心中,诗歌至境是"入神"。"诗之极致有一,曰入神。诗而入神,至矣,尽矣,蔑以加矣!惟李、杜得之,他人得之盖寡也。"

严羽指出,诗境的形态如"空中之音,相中之色"。它不是思辨中的虚无,又非毫无生气的实有,镜象水月是有而无,无而有,它是言中出象,象中出意,而又意在言外,韵味无穷,如王维诗句:"雨中山果落,灯下草虫鸣","明月松间照,清泉石上流",一幅多么淡远清丽的图画——镜象水月。是虚无吗?否,分明有雨有山、有灯、有草有虫,有月,有松,有泉有石;是实有吗?否,分明是一片空灵剔透。即所谓的“不著一字，尽得风流”。

严羽的“镜象水月说”影响深远、广泛而巨大。“苏州园林”等的营造手法依稀可见其波烟月痕尔。

夫学诗者以识为主：入门须正，立志须高；以汉、魏、晋、盛唐为师，不作开元、天宝以下人物[1]。若自退屈[2]，即有下劣诗魔入其肺腑之间，由立志之不高也。行有未至，可加工力；路头一差[3]，愈骛愈远，由入门之不正也。故曰：学其上，仅得其中；学其中，斯为下矣。又曰：见过于师，仅堪传授；见与师齐，减师半德也[4]。工夫须从上做下，不可从下做上。先须熟读《楚辞》，朝夕讽咏以为之本；及读《古诗十九首》，乐府四篇[5]，李陵[6]、苏武、汉、魏五言皆须熟读，即以李、杜二集枕藉观之，如今人之治经，然后博取盛唐名家，酝酿胸中，久之自然悟入。虽学之不至，亦不失正路。此乃从顶𩕳[7]上做来，谓之向上一路[8]，谓之直截根源[9]，谓之顿门[10]，谓之单刀直入也。

诗之法有五：曰体制，曰格力，曰气象，曰兴趣，曰音节[11]。

诗之品有九：曰高，曰古，曰深，曰远，曰长，曰雄浑，曰飘逸，曰悲壮，曰凄婉[12]。其用工有三：曰起结，曰句法，曰字眼[13]。其大概有二：曰优游不迫，曰沉着痛快[14]。诗之极致有一，曰入神。诗而入神，至矣，尽矣，蔑以加矣！惟李、杜得之，他人得之盖寡也。

禅家者流，乘有小大[15]，宗有南北[16]，道有邪正；学者须从最上乘，具正法眼[17]，悟第一义。若小乘禅，声闻、辟支果[18]，皆非正也。论诗如论禅：汉、魏、晋与盛唐之诗，则第一义也。大历[19]以还之诗，则已落第二义矣。晚唐之诗，则声闻、辟支果也。学汉、魏、晋与盛唐诗者，临济下也[20]。学大历以还者，曹洞下也。

大抵禅道惟在妙悟[21]，诗道亦在妙悟。且孟襄阳学力下韩退之[22]远甚，而其诗独出退之之上者，一味妙悟故也。惟悟乃为当行，乃为本色[23]。然悟有浅深，有分限[24]，有透彻之悟，有但得一知半解之悟。汉、魏尚矣，不假悟也[25]。谢灵运至盛唐诸公，透彻之悟也。他虽有悟者，皆非第一义也。吾评之非僭也，辨之非妄也。天下有可废之人，无可废之言。诗道如是也。若以为不然，则是见诗之不广、参诗之不熟耳[26]。试取汉、魏之诗而熟参之，次取晋、宋之诗而熟参之，次取南北朝之诗而熟参之，次取沈、宋、王、杨、卢、骆、陈拾遗[27]之诗而熟参之，次取开元、天宝诸家之诗而熟参之，次独取李、杜二公之诗而熟参之，又取大历十才子[28]之诗而熟参之，又取元和[29]之诗而熟参之，又取晚唐诸家之诗而熟参之，又取本朝苏、黄[30]以下诸公之诗而熟参之，其真是非自有不能隐者。傥犹于此而无见焉，则是野狐外道[31]，蒙蔽其真识，不可救药，终不悟也。

夫诗有别材[32]，非关书也；诗有别趣，非关理也。然非多读书，多穷理，则不能极其至。所谓不涉理路[33]，不落言筌者[34]者，上也。诗者，吟咏情性也。盛唐诸人惟在兴趣[35]，羚羊挂角[36]，无迹可求。故其妙处莹彻玲珑，不可凑泊[37]，如空中之音，相中之色，水中之月，镜中之象[38]，言有尽而意无穷。近代诸公作奇特解会[39],遂以文字为诗,以才学为诗,以议论为诗。夫岂不工?终非古人之诗也。盖于一唱三叹之音,有所歉焉。且其作多务使事,不问兴致;用字必有来历,押韵必有出处,读之反复终篇,不知着到何在[40]。其末流甚者,叫噪怒张,殊乖忠厚之风,殆以骂詈为诗。诗而至此,可谓一厄也。

然则近代之诗无取乎?曰:有之,吾取其合于古人者而已。国初之诗,尚沿袭唐人:王黄州学白乐天[41],杨文公、刘中山学李商隐[42],盛文肃学韦苏州[43],欧阳公学韩退之古诗,梅圣俞学唐人平淡处[44]。至东坡、山谷始自出己意以为诗,唐人之风变矣。山谷用工尤深刻,其后法席盛行,海内称为江西宗派[45]。近世赵紫芝、翁灵舒辈[46],独喜贾岛、姚合之诗,稍稍复就清苦之风;江湖诗人多效其体[47],一时自谓之唐宗;不知止入声闻、辟支之果,岂盛唐诸公大乘正法眼者哉!

嗟乎!正法眼之无传久矣。唐诗之说未唱,唐诗之道或有时而明也。今既唱其体曰唐诗矣,则学者谓唐诗诚止于是耳,得非诗道之重不幸耶!故予不自量度,辄定诗之宗旨,且借禅以为喻,推原汉、魏以来,而截然谓当以盛唐为法[48],虽获罪于世之君子,不辞也。

【作者简介】

严羽,字仪卿,号沧浪逋客,邵武(今福建邵武)人。生活于南宋宁、理时期,一生恃才高傲,清高自许,放浪江湖,隐居不仕。曾避难江西、湖南,后结识戴复古,又历游苏杭一带,吴越归来后行踪无考。诗词现存146首,词2首。其中律诗体近杜甫,歌行体近李白、李贺。所著《沧浪诗话》是继钟嵘《诗品》之后的一部完整、系统且影响深远的诗学论著。

【注释】

[1] 开元、天宝:唐玄宗年号,713—756年。

[2] 退屈:退缩屈服。

[3] 路头:途径,方向。

[4] 德:此通“得”。

[5] 乐府四篇:《文选》中《乐府四首古辞》:《饮马长城窟行》《君子行》《伤歌行》及《长歌行》。

[6] 李陵(?—前74):字少卿,陇西成纪(今甘肃静宁)人。西汉将领,李广之孙。曾率军与匈奴作战,败降匈奴。与出使匈奴被囚的苏武以诗唱答,编为《苏武李陵赠答诗》。

[7] 顶𩕳:头顶。𩕳,音 níng。

[8] 向上一路:原指佛理的最精妙处。《传灯录》:载宝积禅师对众僧曰:“向上一路,千圣不传,学者劳形,如猿捕影。”

[9] 直截根源:谓佛理的最根本处。

[10] 顿门:佛教语。顿悟之门。

[11] 体制:体裁。格力:格调。气象:仪态风貌。兴趣:兴象意趣。音节:音韵节奏。

[12] 品:谓风格。陶明浚《诗说杂记》卷七:“何谓高?凌青云而直上,浮颢气之清英是也。何谓古?金薤琳琅,黼黻溢目者是也。何谓深?盘谷狮林,隐翳幽奥者是也。何谓远?沧溟万顷,飞鸟决眦者是也。何谓长?重江东注,千流万转者是也。何谓雄浑?荒荒油云,寥寥长风者是也。何谓飘逸?秋天闲静,孤云一鹤者是也。何谓悲壮?笳拍铙歌,酣畅猛起者是也。何

谓凄婉？丝哀竹滥，如怨如慕者是也。古人之诗多矣，要必有如此气象，而后可与言诗。”

[13] 起结：开头和结尾。句法：谓句子的组织。字眼：谓关键性词语。

[14] 优游不迫：谓悠闲从容。沉着痛快：谓酣畅淋漓。此处二词，义近优美（阴柔）与壮美（阳刚）。

[15] 乘有大小：佛教讲经说法因人不同说有深浅，深广者为大乘，浅小者为小乘。

[16] 宗有南北：禅宗五祖后，分为南北宗。南宗由慧能（六祖）创，主顿悟；北宗始于神秀，重渐修。故有“南顿北渐”之说。

[17] 正法眼：佛教语。亦称“正法眼藏”，原指包罗万法的佛理真谛。正，即中正不偏；法，即中正不偏之心所体现的万法；眼，即明鉴一切事物；藏，即包藏一切看法。

[18] 声闻：佛教有菩萨、辟支和声闻三乘。声闻乘谓闻佛之言教，证四谛之理的得道者，常指罗汉；辟支乘则谓无师承，独自悟道，未能达到无上觉悟的法界而成佛。

[19] 大历：唐代宗李豫年号，766—779 年。

[20] 临济：与曹洞宗一起为禅宗南宗五家之一，其宗风单刀直入，机锋峻烈。

[21] 妙悟：佛教语。谓以心灵的体验而非概念推理去达到，妙会神洽而非逻辑演绎。

[22] 孟襄阳：孟浩然。韩退之：韩愈。

[23] 当行：内行。本色：本来面目。北宋陈师道《后山诗话》云：“退之于诗本无解处，以才高而好耳。”又云：“退之以文为诗，虽极天下之工，要非本色。”又引苏东坡称：“孟浩然之诗，韵高而才短。”严说所本于此。

[24] 分限：限度，界限，区分。

[25] 不假悟：汉魏人无意于诗，不须讲究“悟”而自然浑成。许学夷《诗源辩体》：“汉魏天成，本不假悟；六朝刻雕绮靡，又不可以言悟。”

[26] 参诗：谓对诗歌的领悟。

[27] 沈：沈佺期。宋：宋之问。王、杨、卢、骆：即王勃、杨炯、卢照邻、骆宾王。初唐四杰。陈拾遗：陈子昂。

[28] 大历十才子：《新唐书》载李端、卢纶、吉中孚、韩翃、钱起、司空曙、苗发、崔峒、耿沣、夏侯审。

[29] 元和：唐宪宗李纯年号，808—820 年。元和诗人以白居易、元稹为代表。

[30] 苏、黄：即苏轼、黄庭坚。

[31] 野狐外道：犹野狐禅。禅宗对一些妄称开悟而流入邪僻者的讥刺语。

[32] 别材：谓特殊的才能。

[33] 理路：谓常理之路。

[34] 言筌：《庄子·外物》：筌者所以在鱼，得鱼而忘筌……言者所以在意，得意而忘言。后因称在言词上留下的迹象为“言筌”。此谓舍诗歌文字而会意旨。

[35] 兴趣：谓兴象与情致相结合而产生的情趣与韵味。

[36] 羚羊挂角：传说羚羊夜宿，挂角树上，全身缩成一体，再也分不出首尾。此处借喻诗歌艺术形象的整体性。

[37] 凑泊：靠近，捉摸。

[38] “空中之音”四句：佛教把一切事物外现的形象状态称为“相”，相中之色即事物外现形象的色彩。四句借喻诗歌的艺术形象应是具体可感、优美生动的，同时又是虚拟的，易于引起人的想象的。

[39] 解会：领会，理解。

[40] 着到:着落,意思所指。

[41] 王黄州:王禹偁。曾官黄州。

[42] 杨文公:杨亿。谥曰文。刘中山:刘筠,中山人。

[43] 盛文肃:盛度,谥文肃。

[44] 梅圣俞:梅尧臣,字圣俞。

[45] 江西宗派:即江西诗派。是我国文学史上第一个有正式名称的诗文派别。黄庭坚为宗主,吕本中、陈师道、陈与义等为其大者。夺胎换骨、点铁成金是其理论核心。

[46] 赵紫芝:赵师秀,字紫芝。翁灵舒:翁卷号灵舒。二人均为"永嘉四灵"成员。

[47] 江湖诗人:以刘克庄、戴复古为首的南宋后期诗派。曾合刊《江湖集》,故名。

[48] 原注:后舍汉魏而独言盛唐者,谓古律之体备也。

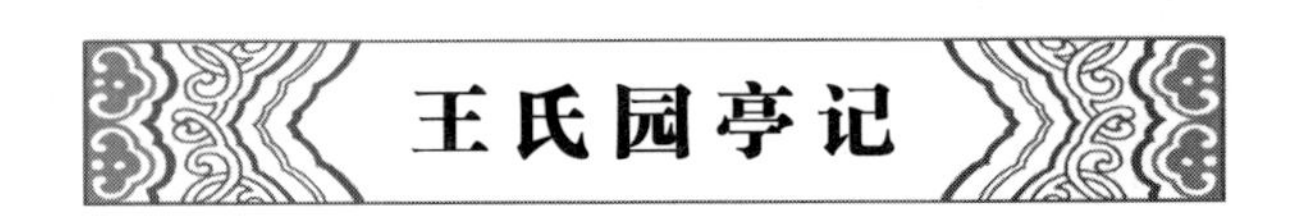

王氏园亭记

南宋·林景熙

【提要】

本文选自《绍兴府志》(乾隆五十七年新镌)。

王英孙,字才翁,号修竹,会稽(今浙江绍兴)人。南宋景炎二年(1277),林景熙应王英孙之邀请,来到越中。宋亡后,贵公子出身的王英孙,在百无聊赖的心情下,延致四方名士,啸傲泉石,饮酒赋诗,以表达反元情绪,林景熙自然与他声气相通。

王氏园,其先祖王亢所筑之园。园址在今浙江海宁盐官镇西北隅。园子周长数千步,靠西面凿有数亩方圆的水池,菖蒲芦苇、菱芡莲荷"鲜洁如铺锦",池北筑有梦醒堂,堂东南聚石为假山。山可攀登,"自顶引流注岩下,每大雨初霁,浏浏作声,汇为小洼,莹澈弘澄",亭依水边……园中轩、台、馆、窖,一应俱全。尤值一提的是,园中此窖专门用来冬天储藏惧寒花卉之用,于是,兰蕙、海棠、杜鹃、石岩、芙蓉、牡丹、芍药、蔷薇……名花奇卉,品类繁多。

王氏园在后代逐渐成为江南四大名园(另三园:南京瞻园、苏州狮子林、杭州小有天园)之一。明神宗万历年间转入陈与郊手中,陈重建之,取名隅园。清康熙二十四年(1685)后,隅园传至本族曾孙、清朝文渊阁大学士陈元龙,更号遂初园。陈元龙殁后,其子陈邦直得之。邦直将其扩建至百亩,园内布置三十余景,当地俗称为陈园。1762 年乾隆南巡,驻跸于此,赐名安澜园。

清人沈复《浮生六记》中写道:游陈氏安澜园,占地百亩,重楼复阁,夹道回廊。池甚广,桥作六曲形,石满藤萝凿痕全掩,古木千章,皆有参天之势,鸟啼花落如入深山。此人工而归于天然者,余所历平地之假石园亭,此为第一。曾于桂花楼中张宴,诸味尽为花气所夺……

安澜园的恢宏气势令人惊叹。从园门入内经乾隆御碑亭到军机处,北路有太子宫、天架楼、佛阁等，最终通向园林的主建筑寝宫，西路有十二楼、漾月轩、映水亭、群芳阁等组成。中路有御书房、古藤水轩、飞楼、环碧堂等。全园有景点40余处，如和风皎月、沦波浴景、石湖赏月、烟波风月、竹深荷静、引胜奇赏、曲水流觞……乾隆爱住这里，还将园子的设计图带回京城，圆明园的四宜书屋按其布局建造，而且也将这园中之园题名为“安澜园”。

咸丰十一年(1861)，园毁，今仅存九曲桥、荷花池。当地有关部门按城镇总体规划将园址作为保护用地，拟重建。

王氏园亭在府第之河北，周围可数千步。

近西凿地数亩，甃石为池，俗所谓后衙胜概也。蒲苇盈水际[1]，芰荷菱芡[2]，鲜洁如铺锦，波光荡漾，嘉鱼出没，沙鸥水禽，如在镜中。

池北有堂曰“梦醒”，盖少保庄简公归休之所[3]。公蒙被荣宠逾三十年，老而乞闲，如梦斯醒，故以名堂。珠帘绣幕，朱户绮窗[4]，笼云映日。壁皆缟素，绘以丹青，中积秘书及名人图画。门外碧梧高拱，枝柯四荫[5]，补于阶所，旁植千叶。

碧桃堂东南百余步，聚石为假山，石多太湖、昆山、灵壁、锦川之属，崒嵂岑崟[6]，盘纡茀郁[7]，宛若生成。危峰插天，悬崖壁立，石洞玲珑，如神工鬼斧之所雕刻。观者缘丹石之梯，穿苍苔之径，扳跻而上[8]。登绝顶，履层峦，下视景物，恍然图画。自顶引流注岩下，每大雨初霁，浏浏作声，汇为小洼，莹澈泓澄，毫发可鉴。金鱼作阵，洋洋往来，如行琉璃瓶中。石麓藓封[9]，蔓络樛葛荟翳[10]。有亭傍水，曰“观澜”。左麓植丹桂十余株，秋深花香袭人，芬郁可爱，亭曰“联桂”。

山之西出洼数步，有石如鼓如覆钟，可列而坐。有路达池，白石鳞起，明莹如玉。路穷有轩，曰“环秀”。轩当山水之间，仰瞻隆阜，俯瞰回流，佳花异卉，纷杂纠错，桂柏苍翠，果树分罗，莫不呈奇献秀于几席之前。中有古琴，暇则焚香鼓之。轩外为弈棋处，宾至相对手谈。或临池而钓，或泛舟而游，徜徉竟日。池中叠石为洲，洲左右为石堤，以通往来。堤尽处为石梁，以通舟楫。洲之上构亭，曰“浸碧”，八窗洞开，水光浮映，清气逼人，衣袂成碧色，虽盛夏自觉神清潇爽，如坐水晶宫，平生烟火气消尽。

池西岸有台，高数十丈，名“醉月”，栋宇宏伟，檐楹翚飞，盼望上下，无不夺目。中设竹床、石枕、古缶之类[11]，月夜醉眠，歌声四达，市人闻之，如在云霄之上。台下有石，可坐而濯足。

台畔高柳沿堤，郁郁与池相向，百鸟翔集，曰“柳堤”。循堤而东折，与亭相对峙者，曰“迎薰馆”，绿阴茂密，紫翠稠叠，薰风徐来，金碧掩映，前有海榴、番蕉，入此园第一佳境也。

由馆而东北，有路可达于山。山之后，面东为窖，冬月以藏花卉。窖之左，植菊百余本，曰“菊径”。深秋吐芳，幽香可挹。径北二十余步，有轩曰“爱日”，隆冬居之，曦阳煦照，温然如良朋[12]。轩后土阜，植竹万竿，曰“竹坡”。又东古松三株，枝干槎牙[13]，形状偃蹇，如苍龙奋爪，突兀天表。松之南有梅二十余株，琼葩冷艳,莹然如雪,曰"梅坞"。坞之西南,结竹为亭,曰"撷芳",覆茅以代陶瓦。栏槛之外,环植兰蕙、海棠、杜鹃、石岩、芙蓉,品类繁多,莫可殚述。前有牡丹台,后有芍药栏,左有蔷薇屏,右有荼蘼架[14],清芬秀色,触目所至,皆可乐可玩,不知蓬瀛仙岛视此孰优劣也。

余生也晚,不获待公杖履[15],幸与公之子修竹君交,每布席园亭,举酒和歌,声振林木,围棋六博[16],为金谷之罚[17],初不知日之西下也。因念公之壮也,建功树烈,先天下而忧。迨其老也,憩息邱园,后天下而乐,所谓进退皆宜者也。若余与修竹君辈,既不能挽回世运,登之康泰,生无益于时,则死必不能有闻于后,所以寄情于山水间者,聊以偷一日之安耳。是同公之乐而不能同公之所以乐也,故有感而为之记。景炎丁丑四月既望[18]。

【作者简介】

林景熙(1242—1310),南宋末诗人。字德阳,号霁山。温州平阳(今属浙江)人。咸淳七年(1271)进士。授泉州教官,历礼部架阁,转从政郎。宋亡不仕。元朝西藏僧人杨琏真伽挖掘宋帝陵墓时,林景熙收拾遗骨,葬于兰亭,植宫廷内冬青树为标志,作《冬青花》诗:"冬青花,花时一日肠九折。隔江风雨晴影空,五月深山护微雪。石根云气龙所藏,寻常蝼蚁不敢穴。移来此种非人间,曾识万年觞底月。蜀魂飞绕百鸟臣,夜半一宗山竹裂。"以抒忠愤,正所谓国家沦亡而人骨气仍在。他教授生徒,从事著作,漫游江浙,名重一时,学者称"霁山先生"。有《林霁山集》传世。

【注释】

[1] 蒲苇:蒲草与芦苇。

[2] 芰荷:谓菱叶与荷叶。芰,音 jì。菱芡:菱角和芡实。

[3] 庄简公:即王亢。王亢曾为南宋安化郡王。

[4] 绮:音 qī,谓刻饰花纹及图案。

[5] 枝柯:枝条。

[6] 崒嵂岑崟:音 zú lǜ cén yín,高耸险峻貌。

[7] 盘纡:盘旋曲折。茀郁:曲折貌。茀,音 bó。

[8] 扳跻:攀登。

[9] 石麓藓封:谓石头边缘长着苔藓。

[10] 蔓络樛葛:谓藤蔓类植物穿插纠葛,缠绕上树。樛:音 jiū,同"摎",缠绕,纠结。荟翳:谓交会遮蔽,犹如伞盖。

[11] 缶:瓦器,口小肚大。

[12] 温然:和润貌。

[13] 槎牙:亦作"槎岈",树枝树杈歧出貌。

[14] 荼蘼:音 tú mí,蔷薇科,落叶小灌木,攀缘茎,茎上有钩状刺,羽状复叶,小叶椭圆形,花白色,有香气,夏季盛开。

[15] 杖履:老者所用手杖和鞋子。此尊称。

[16] 六博:古代一种掷采下棋的比赛游戏。

[17] 金谷之罚:谓罚酒。晋石崇《金谷诗序》:"遂各赋诗,以叙中怀,或不能者,罚酒三

斗。”后遂以“金谷酒数”泛指宴会上罚酒三杯的常例。

[18] 景炎丁丑:南宋端宗赵昰(shì)景炎二年,1277 年。1279 年,南宋亡。既望:农历十六日。

烟霏楼记

南宋·叶　适

【提要】

本文选自《水心先生文集》(四部丛刊初编集部)。

烟霏楼在蕲州(今湖北蕲春)。作者从湖口渡江,沿淮北上至王潼州,一路上,“烧苇夜行”,车夫与牙兵争执,“践小杨湖,一步数陷”,“过空堤绝岸,败芦衰莽”,百余里间,到处都是衰败不堪的景象,“州无城堞,市无廛肆,屋无楼观,佳卉良木不殖,公私一切简陋”。

两国对峙状态下的“边关”如此萧条!

费尽周折终于到达蕲州,见烟霏楼。作者以之为中心,浓墨重彩描述蕲州的风光,“四旁庐宅,以宽且远”,“鸥鹭之羽,鸡犬之声”,“林樊间错,晻霭西去”,楼“对灵虬、马下等山,拱揖宾伏,阴晴旦暮,天地之气迭为降升,登之者亦如在吴、越绮丽之乡,湖、湘清幽之滨,使吟者忘句而饮者忘酒也”。果然好楼!

蕲州边地,作者身为江淮军政长官,他说作为“淮之名城”的蕲州如此荒凉萧索,是因为“地力未尽”。作此文,刻楼上,“使蕲之人能尽其性之德以为材,尽其地之力以为利”,好好享受生活。

不能因为战争而忘了“美的生活”。

烟霏楼者,本西楼也。太守仲并更名之[1]。

余自湖口渡江[2],沿淮北上至王潼州,烧苇夜行,投宿民舍。迟明[3],道上车夫与牙兵相詈击[4],慰谢之,然后肯去。践小杨湖,一步数陷,所过空堤绝岸,败芦衰莽而已。入濯港,乃见黄梅诸峰雄秀可喜。而百余里之间,碎坡丛岫,靡迤连接[5],浅泉细石,经络田畔,则蕲之土无不辟而居者相望矣。

然而州无城堞,市无廛肆,屋无楼观,佳卉良木不殖,公私一切简陋。四方之集徙者,以欺诞苟且为生[6],促具衣食则止[7]。其于绝埃烦,近清凉,理榛荒,致茂好,居高览远,以遂其生之乐,非惟不能,亦未之知也。故郡之涵晖、见山与超然观之废址[8],不散则逼[9],景蔽而意昏,皆不足以处。

烟霏者,直通判厅之西。其下中洲隐士李之翰所居,稍有水竹花石之胜,四旁庐宅,以宽且远,不见甚陋。鸥鹭之羽,鸡犬之声,飞走喧寂,各会其性。林樊间错[10],晻霭西去[11],对灵虬、马下等山,拱揖宾伏,阴晴旦暮[12],天地之气迭为降升,登之者亦如在吴、越绮丽之乡,湖、湘清幽之滨,使吟者忘句而饮者忘酒也。盖一州之观,无以过此。

夫蕲,山泽之聚,淮之名城也,岂其天趣不足哉?特地方有未尽尔。以余之不肖,忝长吏于是,不能疏涤其陋以安利之,徒品择其美以自纵也,岂古人所谓富而教之者乎!顾今之吏有不可以此责者,故记其说以遗通判事朱君俣,刻之楼上,使蕲之人能尽其性之德以为材,尽其地之力以为利,生殖遂长而英发[13],器用坚实而久成,如韩之乐,公刘之芮鞫[14],淇澳之君子[15],亦欲其知自兹游者始也。

绍熙三年正月四日。

【作者简介】

叶适(1150—1223),字正则,号水心。瑞安(今浙江温州)人。淳熙五年(1178)进士。历仕孝宗、光宗、宁宗三朝,官至权工部侍郎、吏部侍郎兼直学士院。他力主抗金,反对和议。南宋大臣韩侂胄伐金失败,叶适以宝谟阁待制主持建康府兼沿江制置使,因军政措置得宜,曾屡挫敌军锋锐。金兵退,他被进用为宝文阁待制,兼江淮制置使,曾上堡坞之议,实行屯田,均有利于巩固边防。后因依附韩侂胄被弹劾夺职。卒谥忠定。

叶适讲究功利之学,主张以国家之力扶持商贾,流通货币,在哲学、史学、文学以及政论等方面都有贡献。有《水心先生文集》等传世。1961年中华书局将其合编为新版《叶适集》。

【注释】

[1] 仲并:字弥性,江都(今属江苏)人。绍兴二年(1132)及进士第。仕途不顺,因秦桧所阻,退闲20年。后知蕲州。有《浮山集》。

[2] 湖口:在今江西九江鄱阳湖、长江交汇处。

[3] 迟明:黎明,天快亮时。

[4] 牙兵:卫兵,亲兵。詈击:谓恶语相加、争吵。詈:音 lì,骂。

[5] 靡迤:低伏绵延。

[6] 欺诞:虚夸骗人。

[7] 促:短。此谓仅仅。

[8] 涵晖:黄州三大名楼之一,始建于北宋初。因楼依山面江,晚涵落日余辉,夜摇明月清影,故名。见山、超然:不详。

[9] 逼:狭窄。

[10] 林樊:树林边沿。

[11] 晻霭:音 ǎn ǎi,阴翳貌。

[12] 莫:通"暮"。

[13] 生殖:生长繁衍。

[14] 芮鞫:恭敬谦逊。公刘:古代周部落首领。《诗·大雅》有《公刘》篇,称颂其务耕种、拓疆域。

[15] 淇澳:淇水弯曲处。《诗》有《卫风·淇奥序》:"《淇奥》美武公之德也。有文章,又能听其规谏,以礼自防,故能入相于周。"因之,旧时常用以称颂辅佐国政之人。

南康军新修白鹿洞书院记

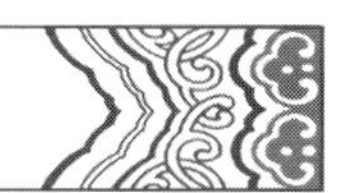

南宋·黄 榦

【提要】

本文选自《中国历代园林图文精选(二)》(同济大学出版社 2005 年版)。

白鹿洞书院,位于江西九江庐山五老峰南,江西省星子县内。诸峰至此汇成环状,别具洞天。后屏山、左翼山、卓尔山,山山苍松翠竹,郁郁葱葱。一股清泉自卓尔山后流出,由西向东迂回流至白鹿洞前,迤逦往东朝峡口而去,注入鄱阳湖中。白鹿洞本无洞,因山石环列似洞形,故名之为洞。传说唐代诗人李渤年轻时隐居此地求学,养一头白鹿以自娱,白鹿常随主人外出走访游玩,帮主人传递信件和物品,于是人称李渤为白鹿先生,地亦称白鹿洞。

今天的白鹿洞书院以礼对殿为中心,明伦堂、文会堂、御书阁、朱子阁、思贤台、状元桥、门楼、牌坊、碑群等各居其位,殿阁巍峨,庭园闲雅,亭榭静落,墙垣檐角与青山绿水呼应托衬,融为一体。

南唐升元年间,白鹿洞正式辟为书馆。北宋初年,江州乡贤在白鹿洞开办书院,"白鹿洞书院"名从此始。朱熹知南康军(1179),重修书院,并制定《白鹿洞书院教条》。从此,朱熹以"格物、致知、诚意、正心、修身、齐家、治国、平天下"等儒家思想为教育条规,在白鹿洞书院固化、光大起来,白鹿洞书院也成为南宋以后中国封建社会 700 年书院办学的样板。

嘉定十年(1217),朱熹的儿子朱在以大理寺正知南康军。他继承父志,继续修建白鹿洞书院,"为前贤之祠、寓宾之馆、阁东之斋、趣洞之路;狭者广之,为直舍,为门,为墉",朱熹手中初成的白鹿洞书院在其子手中完成,规模宏大。朱熹高足、女婿黄榦写下这篇《南康军新修白鹿书院记》:"榦顷从先生游,承观书院之始。后三十有八年,复睹书院之成。既悲往哲之不复见,又喜贤侯之善继其志。"

白鹿洞书院由是蔚成大观,为南宋朝教育之重镇。

庐山之阳,杰然而以峰名者五老;五老之麓,窈然而以洞名者白鹿。唐太子宾客李公渤之所隐居,而南康之所以为养士之地。圣宋肇兴[1],文教敷畅。开宝中[2],有以高第知庐山学事,而洞学始盛。太平兴国[3],有赐书之宠。大中祥符[4],有加缮之命。庆历[5],诏郡县皆立学,而应有学者率仍其旧。圣祖神宗所以崇儒风、惠士子者至矣。荡为丘墟,莽为荆榛者,岂立学之后,士趋简便,不复为林泉之适耶?

淳熙六年[6],诏以文公朱先生起家为郡,始得遗址规复之。岁适大祲[7],役从其简。已而请额与书以重其事,则其简也,固有待也。继为郡侯为博士者,累累增治,然量力之宜,踵堂之旧,未有能侈而大之者也。嘉定十年[8],先生之子在,以大理正来践世职,思所以扬休命[9],成先志。鸠工度材,缺者增之,为前贤之祠、寓宾之馆、阁东之斋、趋洞之路;狭者广之,为礼殿,为直舍,为门,为墉。已具而弊者新之,虽庖湢之属不苟也[10]。又以先生尝著跪坐之制,闻于朝,请厘正之。其规模闳壮,皆它郡学所不及,于康庐绝特之观甚称,于诸生讲肄之所甚宜。宣圣朝崇尚之风,成前人教育之美,皆可无憾矣。

周衰道晦,且千余载,周、程夫子始得孔孟不传之绪,未及百年,大义乖矣。先生洞究其道,而推其所未发。其为郡也,固尝与诸生熟讲之,规诲之语约而尽矣。今侯亦招致尝从学先生而通其说者,使长其事讲授焉,所望于诸生岂浅哉!苟徒资口腹,谋利禄,而治心修身漫不加意,则既失崇尚教育之旨,览观山川之胜,周旋堂宇之盛,于心安乎!

侯之为政,得于过庭诗礼之余。戢奸扶弱[11],革弊兴怀,而尤以字民为先务。南康地瘠民贫,先生累乞蠲减租税。与凡无艺之征,侯亦抳渗漏[12],节浮冗,代民之输,而蠲其负者至缗钱六万余。尚能以其余力,属意于儒宫者如此,是固不可不书。

榦顷从先生游,承观书院之始。后三十有八年,复睹书院之成。既悲往哲之不复见,又喜贤侯之善继其志。命之记,不得辞也。是为记。嘉定十年三月也。

【作者简介】

黄榦(1152—1221),字直卿,号勉斋,福州闽县(今福建闽侯)人。南宋理学家。少受业于朱熹,深受器重,朱熹以次女许配其为妻。历监台州酒务,知新干县、通判安丰军、知汉阳军等。后讲《易经》于白鹿洞书院。著述有《五经讲义》《四书纪闻》《诲鉴衎》等。

【注释】

[1] 肇兴:初起,始兴。
[2] 开宝:宋太祖赵匡胤年号,968—976年。
[3] 太平兴国:二年(977),宋太宗赐给白鹿洞书院国子监印制的儒家九经。
[4] 大中祥符:北宋真宗年号,1008—1017年。
[5] 庆历:北宋仁宗年号,1041—1048年。
[6] 淳熙:南宋孝宗年号,1174—1189年。
[7] 大祲:亦作"大侵"。大饥荒。
[8] 嘉定:南宋宁宗年号,1208—1224年。
[9] 休命:谓天子的旨意。
[10] 庖湢:厨房浴室。湢,音 bì。
[11] 戢:音 jí,止息。
[12] 抳:音 nǐ,止。

重修玉林州城记

南宋·谭景先

【提要】

本文选自《古今图书集成·职方典》卷一四〇五(中华书局、巴蜀书社 1985 年影印本)。

玉林,宋袭唐称郁林州。宋至道二年(996),玉林州治徙南流,筑城周二里有奇。淳熙六年(1179),陆川李接因当地赋税苛重而造反。起义军杀死官府派驻当地的"都巡检使",接连攻破容州、雷州、高州等多个州县,郁林郡守黄龄筑外城守御,为起义军所毁。九月,李接被俘,遇害于静江(今广西桂林)。十月,起义为广西经略刘焞等扑灭。

七年,郁林新郡守施埤上任,安抚百姓,肃清李接残部之外,另一项重要的任务就是重修玉林城,"计材鸠工,辇石运甓,浚深增高",很快就让城池壮大而倍于前。据《读史方舆纪要》记载,施埤在重修子城之外,又缮水城。

谭景先说,新修的郁林城"周二百八十步,高一丈九尺。为屋三百二十七间,敌楼四。城守之备,应敌之具,皆为创治";"外城亦加缮理,且增筑瓮城而新其六门焉"。和当时许多兴造活动一样,这次修城同样工期很短,"自十月丁未始事,十二月甲子落成",工期不到 40 天。

谭景先说,"今郡城既壮,楼橹既设,器械既具",即使有盗者起,"又岂轻为窥闯之谋哉"?墙高壕深,异谋之人自不敢轻举妄动。

淳熙六年夏五月庚申,寇李接起陆川[1],聚徒数百。癸卯,劫调马场,攻南那寨,杀都巡检使。党与日炽,且万人,僭窃名号,部分伪将相[2]。警报至郁林,官兵往讨不敌而遁,太守以城不可守,先事退避。壬申,贼袭博白,继攻陷郁林。甲申,帅司水军自雷州至,贼逾城走。乙酉,贼众长驱趋容,又趋化州,两郡城壁坚,攻不能克。羽书上闻[3],天子亟命帅臣节制驻调,发军民。贼始分党队,散保山险。秋七月辛巳,节制驻师郁林。九月壬申,李接始就缚。冬十月乙酉朔,班师讨六越月矣。

明年,天子命朝散郎施公埤分铜虎符来守是邦,慰安斯民。其时,余孽尚出没山谷里闾之间,烟火萧然[4]。公延见父老,宣德布政,告谕远迩,捕逆俦[5],宥胁从。未逾月,卖剑买牛,咸就亩畮[6]。

惟郁林自至道二年徙治南流,创建城堡,迨今八十有余年,墉堞颓陷,壕堑湮塞。岁一缮修,不过增埤、增薄而已。公鉴往事矣,具封事闻于朝。特诏帅臣计其用度以施行之。

公计材鸠工,辇石运甓,浚深增高,率倍于前。城周二百八十步,高一丈九尺。为屋三百二十七间,敌楼四。城守之备,应敌之具,皆为创治。外城亦加缮理,且增筑瓮城而新其六门焉。自十月丁未始事,十二月甲子落成。署事推官符昌言、兵马监押赵节实董其役,受成于公,经理、观督不愆于素矣。

夫郁林为州,由岭以南亦一都会。南连雷、化,至于琼、管,西接廉、钦,达于横山,为海道之蔽翼,桂林之藩篱也[7]。地平广而无险,水纡回而不深。况监利所在,舟车之会,巨商富贾于此聚居,所赖以固者,城池而已。今郡城既壮,楼橹既设[8],器械既具,万一有盗弄库兵于潢池之中如寇接者[9],又岂轻为窥闯之谋哉?

昔忠献韩魏公知秦州[10],夏人抄边,遂增城厉兵以待贼,迄公去,不敢窥秦之塞。正献吕申公知定州,尝有边患[11]。其初,州城与筑且四年,仅成一面。公曰:“定,河之喉襟也。城役其可缓乎?”竭力经营,不期年而成。今郁林遭贼之所蹂,与秦、定之有边患者何异?公之备御不失其宜,亦二公之用心也。故郁林士夫皆欲刻之坚珉,景先敬叙本末,使百世之下尚有考焉。

【作者简介】

谭景先,生卒年月不详。孝宗淳熙六年(1179)为郁林州通判。后知琼州,以苏轼故居为尊贤堂。

【注释】

[1] 李接:一作李楫,原是弓手,南宋容州陆川县人。淳熙六年(1179)五月,李接在陆川起事,自称李王,斥官军为贼,年号罗平。义军广贴榜文,宣布10年不收赋税,并打开官府和地主的仓库赈济贫苦农民。应者如云,义军相继攻下广西路郁林(今广西玉林)、化(今广东化州)、容(今广西容县)、雷(今广东雷州)、高(今广东高州)、贵(今广西贵港)六州八县,接连击败官军。约半年后,起义失败,在静江府(今广西桂林)被杀。

[2] 部分:部署。

[3] 羽书:古代插有鸟羽的紧急军事文书。

[4] 萧然:空寂貌。句谓百姓人心惶惶,居不安生。

[5] 逆俦:逆党。

[6] 亩畮:田亩,田垄。畮,音 mǔ。

[7] 蔽翼:谓屏障护翼。藩篱:篱笆。犹屏障。

[8] 楼橹:守城或攻城用的高台战具。

[9] 潢池:潢池弄兵。《汉书·龚遂传》:海濒遐远,不沾圣化,其民困于饥寒而吏不恤,故使陛下赤子盗陛下之兵于潢池中耳。后因以“潢池弄兵”谓叛乱,造反。

[10] 韩魏公:韩琦。事见本书《昼锦堂记》。秦州:今甘肃天水市。

[11] 吕申公:即吕公著(1018—1089)。字晦叔,寿州(今属安徽)人,吕夷简之子。幼嗜学,至忘寝食,夷简器而异之。恩补奉礼郎。登进士第,通判颍州。欧阳修与为讲学之友。累官御史中丞。元祐初(1086)拜尚书右仆射,兼中书侍郎,与司马光同心辅政,务一切持正。光疾革,以国事托之,独当国3年。辞位,卒,封申国公,谥正献。有文集等行于世。

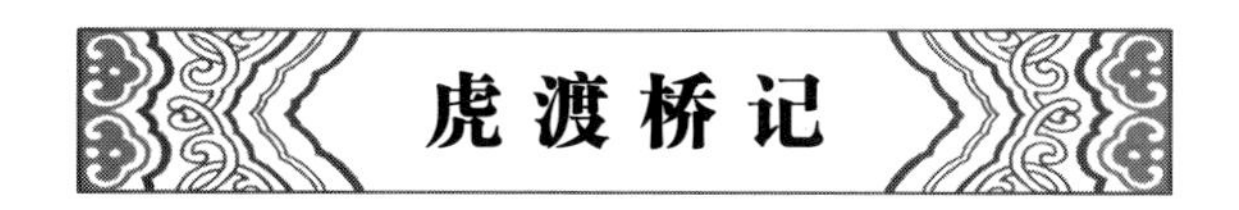

虎渡桥记

南宋·黄　朴

【提要】

本文选自《古今图书集成·职方典》卷一一〇六(中华书局、巴蜀书社 1985 年影印本)。

虎渡桥,又名通济桥,今名江东桥。位于福建漳州龙文区与龙海市交界处,横跨于九龙江北溪下游。

"漳之北溪源发临汀……汇于虎渡,南入于海。"虎渡处溪海之交,飘风时至,篙工为难。"旧有飞桥,联艘以济",即架设浮桥;可"摇荡掀簸,过者凛容",过客提心吊胆;不仅如此,浮桥由于受到海水的腐蚀,"腐黑挠摧,疲于数易",经常更换浮船当然在所难免。桥修于南宋绍熙年间(1190—1194),修浮桥者郡守赵逖伯。

嘉定甲戌(1214),郡侯宗正少卿庄夏始建石墩木桥,"垒石为址,舆梁其上而亭焉"。嘉熙元年(1237),木桥毁于火,当时为漳州郡守的李韶闻之,决心建成梁式石桥。筹钱选人,李韶甚至"辍私帑",有称说是 50 万;还"蠲南山招提",即把州中南山的寺庙卖了;庄夏的儿子庄梦说在桂州辅佐州政已经 5 年,亦出资佐修。

重建的虎渡桥还是在原基址上,桥"长三千尺,址高百尺,酾水(桥孔)一十五道,梁之跨于址者五十有八,长八十尺,广博皆六尺有奇。东西结亭以憩往来者"。从黄朴的描述可以看出,虎渡桥是一座多孔梁式石桥,桥长 310 余米,桥高 30 余米。

虎渡桥地处九龙江北溪与西溪交汇入海处,两岸峻山夹峙,江宽流急,地势险要,古称"三省通衢"。宋人陈让桥记称,桥墩屡建不稳,偶有猛虎负子过江,遂依虎道勘得水中礁石,乃就石垒墩,桥墩遂固,故名虎渡桥。而《漳州府志》卷六则说此处"为郡之寅方,因名虎渡"。桥成,命名"通济桥",又称"虎渡桥"。桥成后,虎渡之险即刻成为胜景所在处:"今兹入境,乐其有成,屏车从桥,凭高眺远,樵歌牧吹相属于道。风景之夷旷,波涛之激壮,鸟兽之鸣号,鼋鱼之出没,献奇呈怪,如在几席之侧,诚一方伟观也。"

虎渡桥在元、明、清各代,又屡毁屡修,史书所载便有十余次。明嘉靖十六年(1537),代巡李翔谋建石梁桥,但因调职未建成;十八年,代巡侍卿王石沙再拨帑兴修,隔年冬,新建的石梁桥即告落成。"石梁长八十尺,宽厚各五尺;酾水一十一道,一道三梁,疏之以广其道,以板石横弥其缝,广二十尺,长二千尺,皆新制也,址仍其旧。"梁石最重的近二百吨。桥梁专家茅以升说:"我国劳动人民在建筑技术上有很多创造,在起重吊装方面更有意想不到的办法,如福建漳州的江东桥,修建于八百年前,有的石梁一块就有二百来吨重,究竟是怎样安装上去的,至今还不完全知道。"(《中国石拱桥》,载 1962 年 4 月 3 日《人民日报》)英国剑桥大学博士李约瑟在《中国科学技术史》一书中也说:“江东桥是一个有趣的历史性问题。”

虎渡桥是我国古代十大名桥之一。近年又被《世界之最》书籍列为世界最大的石梁桥。2001 年被列为国家重点文物保护单位。

建国以后,江东石桥仍横跨九龙江上,成为国道 324 线要塞。但 2006 年的一场大水将桥冲断 10 多米,大桥西岸护坡被大水淘空,第一个桥孔被冲断,6 条老桥板被滚滚的洪水冲入九龙江。国家迅速启动修缮工程,工程包括修建 5 座老桥墩、9 座残基墩,建立 2 座支撑老桥墩的金刚墙,保留具有较高文物价值的 10 条重 200 多吨的老桥板,恢复 3 座桥亭和桥栏杆。

漳之北溪源发临汀,循两山而东。众流赴之,汇于虎渡,南入于海。渡当溪海之交,飘风时至[1],篙师难之。旧有飞桥,联艘以济,摇荡掀簸,过者凛容[2],腐黑挠摧,疲于数易。

嘉定甲戌,郡侯宗正少卿庄公夏更治之,垒石为址,舆梁其上而亭焉。后二十四年,嘉熙改元,桥圮于燬。今礼部侍郎侍讲李公韶以集英修撰来守是邦,闻之蹙然曰:“是东北往来一都会,其议所以经理之。”有建议者曰:“梁用木而屋之非计也。今易以石,毋屋焉,则善矣。”时郡无盖藏[3],议几寝。

公乃辍私帑,又蠲南山招提[4],非时科敛,俾出万缗以相斯役。闻者胥劝,郡人陈君正义、佛者廷浚与其徒净音、德垕、师照、法耸奉命惟谨。南走交广,北适与泉,露宿风餐,求诸施者。会乡大夫颜公颐仲持节入桂,庄公嗣子梦说贰郡五年,捐赀佐之。

更造如前,计其长三千尺,址高百尺,釃水一十五道,梁之跨于址者五十有八,长八十尺,广博皆六尺有奇。东西结亭以憩往来者,靡钱楮三十万缗[5]。经始于戊戌二月,其告成则辛丑三月也。

是岁予被命守漳,获踵后尘,别公里第。公念桥事不置,俾余记之,曰:“余将指南越,桥方庀工,轻舸绝江,进寸退尺,眩目怵心,大类扶胥黄木间[6]。今兹入境,乐其有成,屏车从桥,凭高眺远,樵歌牧吹相属于道。风景之夷旷,波涛之激壮,鸟兽之鸣号,鼋鱼之出没,献奇呈怪,如在几席之侧,诚一方伟观也。

嗟夫!临不测之渊,兴未必可成之役,工夥费广,财殚廪绝,世之能臣才吏猝未易集就使[7]。能之,其骇民听岂少哉?公恳恻至诚[8],未尝疾言遽色。一乡善士,咸乐奔走,竟成公志。余乃知自用之智浅,资人之功深也。方斯役未就,支海之桥填渊跨壑,雄伟弘壮,孰若清源。万安之石,昔梅溪王公赋万安也[9],尝有山川、人物两奇之叹。以此较彼,殆似过之。余乃知立事惟人,今人未必不古若也。公自漳归,杜门扫轨[10],若将终身。诏强起,公方将当大任、决大议,推是心以往,岂特一桥之利济哉!若夫护桥有田,主田有僧,勿为势攘,勿为利取。有庄公记文在。

【作者简介】

黄朴(1192—1245),福州侯官(今福建闽侯)人,字成父,一字诚甫,号东野。宋理宗绍定二年(1229)己丑科进士第一(状元)。历著作郎,出知吉安,改知泉州。又主管云台观,除广东运判、兵部侍郎,出知漳州。

【注释】

[1] 飘风:谓大风、飓风。

[2] 凛容:惊惧貌。

[3] 盖藏:储藏。此谓储藏的财物。

[4] 蠲:谓捐让,出让。招提:寺庙。

[5] 钱楮:谓钱财。楮:音 chǔ,纸币。

[6] 扶胥黄木:地名,在广州东南海中。唐韩愈《南海神庙碑》:扶胥之口,黄木之湾。

[7] 猝:突然,出乎意料。

[8] 恳恻:诚恳痛切。

[9] 梅溪王公:即王十朋(1112—1171)。字龟龄,号梅溪,乐清(今浙江乐清)梅溪村人。绍兴二十七年(1157),十朋以"揽权"中兴为对,中进士第一,擢为状元。先授承事郎,起知严州,未赴任召除司封员外郎,迁国子司业、起居舍人,除侍御史。十朋力排和议,主力战,因出知饶、湖等州。隆兴元年(1163)辞官归里,家有饥寒之号却不叹穷。有《王梅溪文集》等传世。其《万安桥》诗云:北望中原万里遥,南来喜见洛阳桥。人行跨海金鳌背,亭压横江玉虹腰。功不自成因砥柱,患宜预备有风潮。蔡公力量真刚者,遗爱胜于郑国侨。

[10] 杜门:闭门。扫轨:扫除车轮痕迹。谓隔绝人事。

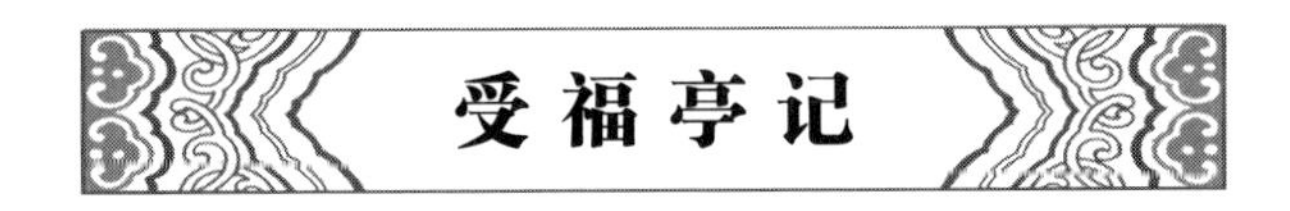

受福亭记

南宋·董 楷

【提要】

本文选自《古今图书集成·职方典》卷七〇三(中华书局、巴蜀书社 1985 年影印本)。

《受福亭记》是史料所见上海最早的城镇化"符号",时间是南宋咸淳年间(1265—1274)。"楷忝命舶司",身为船务官员,经手银两无数,决意要为当地百姓做些事情。于是,"痛节浮费,市木于海舟,陶埴于海渍",市木买砖,开始市政建设。

港口城镇上海市政建设以船舶分司署(今外咸瓜街、老太平弄北)为基准,署西北建拱辰坊,坊北有益庆桥,桥南"凿井筑亭",名"受福亭"。受福亭前铺砖砌石,辟为广场,为"一市阛阓之所",即当时街市中心,类如今日上海之"人民广场"。受福亭东面原有桥,毁颓于"巨涛浸啮",重建桥命名曰"回澜";桥又北有上海酒库,旁建福惠坊。往西为文昌宫,原为土房,拆除重建以砖瓦覆盖,并建文昌坊,再北建致民坊;尽致民坊,迁神祠改建为福谦桥;福谦桥与齐昌寺之间,"臣子于兹颂万寿,广承滋液,施及群动”,改建成泳飞桥。

以受福亭为核心,上海镇此番规划建设建成一亭、一井、一广场、一学宫、四桥、四坊,而且市民广场铺上了砖石……港口城市上海镇坊巷棋布,楼宇错落有致,且街市道路都已铺砌砖石,颇为整洁,甚为便民,上海已具市镇气象。

“《受福亭记》是一份很好的规划书。”古建专家路秉杰先生评价。

咸淳五年八月[1],楷忝命舶司[2]。既逾二载,自念钝愚,于市民无毫发补益。乃痛节浮费,市木于海舟,陶埴于海濆[3]。自舶司右趋北,建拱辰坊。尽拱辰坊,创益庆桥,桥南凿井筑亭名曰“受福”。前旷土悉甃以砖,为一市阛阓之所。其东旧有桥,已圮,巨涛浸啮且迫,建桥对峙曰“回澜”。桥又北为上海酒库,建福惠坊。迤西为文昌宫[4],建文昌坊。文昌本涂泥,概施新甃[5]。文昌坊又北,建致民坊。尽致民坊,市民议徙神祠为改建桥曰“福谦”。由福谦趋齐昌寺,臣子于兹颂万寿,广承滋液,施及群动[6],改建桥曰“泳飞”。桥之寿不能三十岁,虽无述可也。亭之寿以百岁计,井之寿以千岁计,讵可无述也。

人非水火不生活,水于五行最先。圣人观象立卦,取巽木入坎水之义,名之曰“井”,井以养为利,以汲为功。故王明则受其福,用汲之验也。今阳明当宁[7],俊乂在列[8],郡县之吏各称乃职,有勿幕之吉[9],无不食之恻。源泉汤潏[10],溥及怀生[11],漱甘饮芳,兆蒙嘉祉[12],咸遂厥宇,谁之赐也?夫日用不知者,百姓之常也;推上之德惠,以达之民者,人臣之事也。因刻诸石示尔民,且使来者有考焉。

市舶提举董楷记。

按:选文参《弘治上海县志》卷五《受福亭记》酌定。

【作者简介】

董楷(1226—?),字正翁,号克斋,临海(今属浙江)人。南宋理宗宝祐四年(1256)进士,授绩溪县主簿。迁知瑞州,改知隆兴府(辖今江西南昌、新建、丰城、进贤等)。咸淳年间,任上海镇市舶分司提举。仕至礼部郎中。

【注释】

[1] 咸淳五年:1269年。

[2] 舶司:官署名。宋代分设提举市舶司于广州、杭州、明州等地,管理商舶,征收关税,收买进口物资等。

[3] 陶埴:谓烧制砖瓦。濆:音 fén,水边。

[4] 迤:延伸。

[5] 概:一律。

[6] 群动:谓众人。

[7] 今:原作“念”,据明弘治《上海志》改。

[8] 俊乂:才德出众之人。乂:音 yì,贤才。

[9] 勿幕:《易·井》:井收勿幕,有孚元吉。王弼注:处井上极,水已出井,井功大成,在此

爻矣,故曰井收也。尚秉和注:收,成也。幕,盖也,覆也……言井既成,以出水为功,不宜盖覆也。

[10] 汤:原文作"勿",据明弘治《上海志》改。汤潏:音 shāng jué,谓泉汩汩涌动,摇荡起伏。

[11] 溥及:谓广施。怀生:谓生灵。

[12] 嘉祉:福祉。

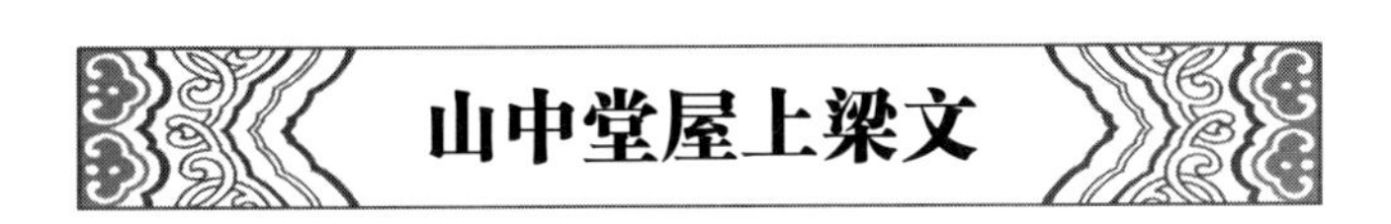

山中堂屋上梁文

南宋·文天祥

【提要】

本文选自《古今图书集成·职方典》卷一〇六(中华书局、巴蜀书社 1985 年影印本)。

文天祥为一间山中堂屋撰文,此屋必定有殊异之处。

首先,这间堂屋位于今福建建阳芹溪流经的绿水青山之中。这条长约 40 公里的涓涓小溪,在八百多年前,还是可供游人泛舟的溪河。所以,文天祥称"建阳九曲,类武夷之桃源"。绍兴二十一年(1151),朱熹泛舟芹溪,溯流而上,叹服于这里的山川美景,写下著名的《芹溪九曲棹歌》,因为这里"二曲溪边万木林,山环竹石四时清。渔歌棹入斜阳里,隔岸时闻一两声"。"林四路入桃源近,时有渔郎来问津""万顷白云时自闲""四曲烟云锁小楼,寺临乔木古溪头",所以白云深处隐仙亭,溪环常有处士家。

文天祥笔下,这里"江村八九家,得重洲小溪、澄潭浅渚之胜;山行六七里,有诡石、怪木、奇卉、美箭之饶"……美景如画,"自天作之",定居于此,当然悦目怡情。可是,不知何故,戴符只能"姑营面北之一堂"。但有一点可以肯定,一堂而致文天祥为文,二人友谊可见一斑。

于是,文天祥尽情讴歌:"窗中列岫,庭际俯林,舍北生云,篱东出日。或积土室,编蓬户;或通竹溜,缚柴门。宛然林壑坻岛之中,更有花木楼台之意。"在这里,焉能不"弹琴以咏先王之风,高卧自谓羲皇之上",字里行间饱含称羡,透出的是文天祥"隐逸"情愫。

欲隐逸而不能,于是,文天祥心中的山中堂屋就是这般"讴吟月露""判断烟霞",虽然四壁萧条,但"一水排闼","水增而广,山增而高",住在这里,亦"不知老之将至"矣。

戴符寻隐久矣,买山潘岳奉亲,昉兹筑室[1],未说胸中之全屋,姑营面北之一堂。凡私计之绸缪,皆上恩之旁薄[2]。自昔园林台馆之胜,难乎溪山泉石之全。

琊琊两峰,似太行之盘谷[3];建阳九曲,类武夷之桃源。然而有窈而深者,无旷而夷;有清而厉者,无雄而峭。所在罕并于四美,其间各擅于一长,而况索之于杖屦之余,去人远甚。未有纳之于户庭之近,奉亲居之主人。白发重闱[4],彩衣四世,出随园鸽,付轩冕于何心;归对林鸟,觉箪瓢之有味。顷辟上游之业翳[5],偶逢小隐之坡陀。江村八九家,得重洲小溪、澄潭浅渚之胜;山行六七里,有诡石、怪木、奇卉、美箭之饶,攀飞雪而窥空谾[6],度修芜而陟穹巘[7],云奔虎斗,根穴相呀,斗折蛇行,巉岩差互[8],看辋川画如。登南垞,过华子冈,读黄溪诗,如上西山。至袁家渚,其遐诡足以骋怀[9],而游目其深靓,足以养道而棲真。自天作之,非人力也,未为仙翁释于之所物色,惟有樵童牧竖之相往来[10]。偶然幻出,种竹斋见,山堂尚欲敞为拂云亭、澄虚阁,先生酒壶钓具,无日不来。

夫人步舆轻轩,有时而至,乃若波涛汹欻,雪月纷披,烟雨吐吞,虹霞变现,将使山间四时之乐,尽为堂上百岁之娱。啜菽水,尽其欢[11],先庐固在;得谖草,植之背,别墅何妨[12]?乃相南隅,乃规中丘,有护曰:一水排闼,两山之势[13],得栽芋百区,种鱼千石之陂。问之阴阳,天与我时,地与我所,若有神物,水增而广,山增而高,不管相如四壁之萧条,且作乐天三间之潇洒[14]。窗中列岫,庭际俯林,舍北生云,篱东出日。或积土室,编蓬户;或通竹溜,缚柴门[15]。宛然林壑坻岛之中,更有花木楼台之意。眼前突兀见此屋,人生富贵须何时?

苟美苟完,爰居爰处。讴吟月露,供燕喜之诗;判断烟霞,博平反之笑。何必瑶池昆仑,阆风元圃[16],方是神仙;不须终南、太华,天台、赤城[17],亦云山水。被褐而环堵,却轨而杜门,弹琴以咏先王之风,高卧自谓羲皇之上,不知老将至,聊复得此生今日幽居,便可号为秘书外监[18]。他年全宅,亦无华干昌黎先生小住郢斤,齐听巴唱:

东红日,照我茅屋东。绕尽湖阴桥上看,世间无水不流东。
南说与,山人住水南。江上梅花都自好,莫分枝北与枝南。
西隄东,千顷到隄西。往来各任行人意,湖水东流江水西。
北浊酒,一杯北窗北。白云去处总何心,或在山南或在北。
上莫道,青山在屋上。青山一叠又青山,有钱连屋青山上。
下试看,流水在屋下。他时戏彩画堂前,福禄来崇更来下。

伏愿上梁之后,千山欢喜,万竹平安。举寿觞,和慈颜,儿童稚齿,昆弟颁白[19]。濯清泉,坐茂木,虎豹远迹,蛟龙遁藏,阴阳调而风雨时。神祇安而祖考乐[20],一新门户,永镇江山。

【作者介绍】

文天祥(1236—1283),庐陵(今江西吉安)人。原名云孙,字宋瑞,又字履善,自号文山、浮休道人。宋理宗宝祐四年(1256)进士第一名(状元)。历任湖南提刑,知赣州。恭帝德祐元年(1275)元兵渡江,文天祥起兵勤王。临安危急,奉命至元营议和,因坚决抗争被扣留,后冒险脱逃,拥立益王赵昰,至福建募集将士,进兵江西,光复州县多处。后兵败被俘至元大都,终以不屈被害。屡任丞相。封信国公。有《文山先生全集》传世。

【注释】

[1] 昉:起始。

[2] 绸缪:紧密缠缚。谓天之未阴雨,彻彼桑土,绸缪牖户。旁薄:同"磅礴"。

[3] 盘谷:在今河南济源的太行山南麓。

[4] 重阓:谓(白发)苍苍而蜷曲。

[5] 顷辟:谓方才辟开。

[6] 空谾:谓空谷。谾:音 hōng,谷空貌。

[7] 穹巘:谓高耸峻拱的山顶。

[8] 嵁岩:峭壁。差互:交错。

[9] 遐诡:辽远奇异。

[10] 牧竖:牧童。

[11] 菽水:常作"水菽",谓粗茶淡饭。《礼记·檀弓下》:子曰:"啜菽水尽其欢,斯之谓孝。"

[12] 谖草:即萱草,又称忘忧草、金针花。《诗·伯兮》:焉得谖草,言树之背。谖,音 xuān。背:北堂,母亲所居。忘忧草种在母亲所居的北堂,至孝无忧。

[13] 一水两山:王安石《书湖阴先生壁》:茅檐常扫净无苔,花木成畦手自栽。一水护田将绿绕,两山排闼送青来。排闼:推开门。

[14] 相如:司马相如。《史记》:文君夜亡奔相如,相如乃与驰归成都,家居徒四壁立。乐天三间:白居易《庐山草堂记》:"明年春,草堂成。三间两柱,二室四牖。"又有诗:"五架三间新草堂,石阶桂柱竹编墙。"

[15] 竹溜:竹制的引水道。

[16] 阆风:即阆风巅。传说中神仙居住的地方。《海内十洲记》:山三角:其一角正北,于辰之辉,名曰阆风巅;其一角正西,名曰玄圃堂;其一角正东,名曰昆仑宫。元圃:即"玄圃"。传说中的"黄帝之国",是处于昆仑山顶的神仙居所。元:本作"玄",避康熙玄烨讳改。

[17] 太华:华山。天台:天台山。传说阮肇入此山采药遇仙。赤城:传说中的仙境。庾信《奉答赐酒》:"仙童下赤城,仙酒饷王平。"

[18] 秘书外监:贺知章性旷夷,善谈说,嗜酒,与李白、杜甫结为好友。晚年尤加放纵,自号"四明狂客",又称"秘书外监"。

[19] 颁白:须发半白。颁,通"斑"。

[20] 祖考:祖宗,祖先。

重修千金陂记

南宋·赵与𥲅

【提要】

本文选自《古今图书集成·职方典》卷八八九(中华书局、巴蜀书社 1985 年影印本)。

千金陂在今江西临川市东南。唐代以前,抚河流经临川城郊,形成瑶湖。中唐时,抚河因暴雨猛涨,斜走支港,致主流干涸。上元元年(760),百姓筑陂于支港口,令抚河回归主干原道,称华陂。大历三年(768),颜真卿任抚州刺史,修固华陂,并改名土塍陂。贞元间(785—805)戴叔伦任抚州刺史,复修固土塍陂,又改名冷泉陂。同时修筑数十条堤岸以均水利,并制定"均水法"。20余年后,冷泉陂又被冲毁。咸通九年(868)新任抚州刺史李某,经过实地勘察,决意在此治理抚河,清除原河道淤积,挖开冷泉陂故基,重新筑陂125丈。竣工后,水归原道,千顷良田受益。

南方多雨,陂塘屡修屡毁。南宋绍兴间(1131—1161),当地王姓富民"极力筑堤以捍",岁久复毁。后来,太守赵师郡"于上流顺地势之直,别凿小渠引水以至拟岘台下",结果是"复成绝潢"。淳祐十年(1250),叶梦得任抚州太守,上任后"鸠工饬材,浚广旧渠,筑陂绝江以灌","其内陂长三百丈,渠广二十丈",归流后的千金陂"源深流长,舳舻相接。气聚风宜,渐复旧观"。工程起于淳祐十一年的十月,38天后就竣工了。

赵与辆为之记,还针对人们的巨舰连樯顺流而来,渠恐难以承受;筒车灌溉的水源问题;夹私贩货之船的检查;长桥遭水冲啮等,一一给予回答。作者担心的仍是"阅岁兹久,竹折木腐,葺之劳费莫继"之事。从宋到清,此陂屡遭洪水冲击,屡废屡修,费置千金,故名千金陂,或称千金堤。建国后,修筑了数十里长的金临渠、宜惠渠,加筑了临水、抚河两岸的堤坝,临、汝二水才彻底告别水龙旱虎。

登上汝水上游的金石山,攀上高高的宝塔,极目远眺:临、汝两水交汇之处,波涛汹涌,白帆点点,泛于中流;两岸村落棋布,良田阡陌,房庐村舍,炊烟缕缕。

尝读杜君卿《通典》,建昭中,邵信臣为南阳太守[1],于县南造钳卢陂。累石为堤,旁开六石门以节水势,用广灌溉,岁岁增多至三万顷,人得其利。后杜诗为太守[2],复修其业,时歌之曰:"前有邵父,后有杜母,循吏之流风善政,民到于今称之。"

惟抚为郡,以二水合流,号曰:"临汝"。考之图志,临川水在县东北五十里,源出定川。以今地势观之,合宜黄、崇仁诸水,由郡城而西,趋豫章,赴彭蠡,此临水也。汝水源出南城为盱,自盱入石门为汝,由郡东过文昌堰,绕北城至西津,与临水合。

郡城之山,发迹军峰,重冈复岭,嵬峨岌嶪。北行二百里至此为二水所束止焉,回环缭绕,如玉围腰,金石台屹峙于外,故里识有"台分堰合"之语。川融山结,钟奇孕秀;人物瑰异,生聚繁庶,江右之巨镇也。

汝之上流,距城七八里,旧有支港,决而他出,又越二十余里,方合与正流。相为消长,若支盛则正壅,褰裳可涉。越旬不雨,则绝流,地脉枯燥,风气涣散。

自唐已有千金陂,遏支而行正,然陂常溃决。绍兴间,郡有富民王其姓者,极力筑堤以捍,岁久复毁。嘉熙间,太守计院赵公师郡尝属寓公符簿遂者经营,于上流顺地势之直,别凿小渠引水以至拟岘台下。事未及竟,傍无障闲[3],复成绝潢[4]。后之来者顾瞻永叹,欲作而复辍者屡矣。

今郡守秘书叶公梦得莅事之明年[5],燕凝坐啸[6],乃酌舆言[7],欲回其澜。鸠工饬材,浚广旧渠,筑陂绝江以灌。其内陂长三百丈,渠广二十丈。财用之币余而不侵经费,工取之佣雇而不科夫丁[8],一竹一木厚酬其直。民乐为市,咄嗟而办[9]。源深流长,舳舻相接。气聚风宜,渐复旧观。

是役也,肇于淳祐辛亥十月二十日,讫于十一月二十八日。见者咸啧其成之易也[10]。三衢徐三锡实董其事,颇有心计之助焉。

或有倡为浮议者曰:"盱城岁饵连墙[11],巨艦顺流而来,渠恐难受。殊不知纲发必俟春夏积雨巨涨,然后鼓楫而下,此邦亦然。若只常流,虽无此陂,亦罔水行舟也,此一不足虑。或者又曰:"溪溃而东,多历年所,率为筒车以资灌溉。陂而绝之,人失此利。殊不知束薪囊沙[12],岂能涸流?今西港逑陂,新陂绵亘,倍此而下流自若。此二不足虑。又曰:"艖茗之舟[13],必挟私贩。若经岸下,虑有检柅[14],多为谤议。"殊不知前此郡务,亦布津栏。其越税者未尝无禁,岂以陂而苛征?此三不足虑。又曰:"东门长桥,民不病涉。若水复故道,或至冲啮。"殊不知桥数十眼,受水甚宽,前此固闻屋裂于风矣,未闻址圮于水也。此四不足虑。

所可虑者,阅岁滋久,竹折木腐,葺之劳费莫继耳。以今计之,钱仅一千缗,米仅二百石,若岁加葺,多则十之三四,少则十之一二。然以一郡之力为之,那辍亦直易事[15],特在后之贤侯加之意尔,罔俾前邵后杜之歌专美于南阳也[16]。

郡侯俾与钠识颠末[17],刻诸坚珉。故不敢以肤浅辞,姑勉述其概,并得以剖或者之疑云。淳祐十一年季冬望日记[18]。

【作者简介】

赵与钠,生平不详。

【注释】

[1]邵信臣:九江寿春(今安徽寿县)人。西汉大臣。建昭(前38—前34)中,为南阳太守,"于穰县理南六十里造钳卢陂,累石为堤,旁开六石门以节水势。泽中有钳卢王池,因以为名。"(《通典》)邵,又作"召"。

[2]杜诗:字君公,河内汲县(今属河南)。汉光武时,为侍御史。建武七年(31)任南阳太守,创水排(水力鼓风机),造农具,主持修治陂池,使郡内富庶起来。

[3]障阏:碍堵阻塞。阏:音è,阻塞。

[4]潢:积水池。

[5]叶梦得(1077—1148),字少蕴。苏州吴县(今属江苏)人。绍圣四年(1097)登进士第,调丹徒尉。累官翰林学士,授户部尚书,迁尚书左丞。绍兴元年(1131)为江东安抚大使,兼知建康府。八年授江东安抚制置大使,兼知建康府、行宫留守,总管四路漕计。十二年移知福州。晚年隐居湖州卞山石林谷,自号石林居士。

[6]燕凝坐啸:谓沉思默想,热烈讨论(方案)。

[7]舆言:舆论。

[8]夫丁:谓徭役。

[9] 咄嗟:霎时。
[10] 啧:音 zé,赞叹声。
[11] 恽:音 yùn,运粮,运输。
[12] 束薪囊沙:谓以成捆的树枝、沙包以拦洪、截流。
[13] 鹾茗:谓盐、茶。鹾:音 cuó,盐。
[14] 检柅:检查制止。柅:音 nǐ,阻止。
[15] 那辍:即"挪辍",常作"辍挪"。调动,挪动。
[16] 前邵后杜:即前注召信臣、杜诗二人,时人歌曰:前有召父,后有杜母。
[17] 颠末:本末,原委。
[18] 淳祐十一年:1251 年。望日:农历十五。

乾明寺记

南宋·僧修信

【提要】

本文选自《古今图书集成·职方典》卷五三四(中华书局、巴蜀书社 1985 年影印本)。

乾明寺,又名中梁寺,位于今陕西南郑县,是唐宋时期陕南重要的寺庙之一。寺庙"距郡城一十四里,高四里"的中梁山上,乾明寺"西望嶓冢,北眺褒斜,东瞰洋川,南睨巴丘"。四望皆景,加上"溪谷窈窕,林径盘纡",实为胜寺。因此,后蜀时期,新罗国僧人来此修行,更有慧眼、法乘、禅印、法眼等有道禅师住留,寺庙名气日益远播。

但是,乾明寺在绍兴三年(1133)遭兵祸,栋宇经像无一幸存。于是,尊宿、居行、仲璋等和尚前赴后继,历经近 50 年的营造,终于重现旧时容貌,"凡为屋若楼殿堂室、祠庙亭宇,以至宾寮厩舍,无虑千楹",同时还"辟田畴水陆,仅及百顷,饭僧衲岁不下十余万人",规模宏大可堪一书!所以现任住持珍洋遣徒德珪来请文时,僧人修信忻然为记。

历经风雨的乾明寺,如今只保存有古井、石刻残碑及少量古建筑。

大宋太平兴国三年[1],诏赐兴元府中梁山伽蓝号乾明禅院。

山在禹贡梁州之中,隶汉中郡,距郡城一十四里,高四里。西望嶓冢[2],北眺褒斜[3],东瞰洋川[4],南睨巴丘[5]。溪谷窈窕,林径盘纡,而上有石马池,水春冬不涸,时出云雨,见怪物马,今亡矣。入夜,或闻其嘶鸣,其神曰"灵寿将军"。绍兴二十年，圣朝加封“休应侯”庙号。

泽润山半，旧有馆舍，初不知何自兴起。伪蜀广政间[6]，新罗国僧，传失其名，从海东来居之，遂成伽蓝。其后有慧眼、法乘、禅印、法眼诸师，并称有道，伽蓝于是乎益大。

绍兴三年，兵火延烧，栋宇经像无孑遗，僧徒皆奔逃去。时则有尊宿居行来[7]，首图兴造。其次仲璋，又其次胜峣、永璘、靖永，逮今海珍，先后经营之垂五十年。伽蓝皆复就，凡为屋若楼殿堂室、祠庙亭宇，以至宾寮厩舍[8]，无虑千楹。辟田畴水陆[9]，仅及百顷，饭禅衲岁不下十余万人[10]。

嗟乎盛哉！恢弘象教[11]，隆振法化如此[12]，六尊宿者可谓能事矣[13]。虽然，今之成者，昔之坏者也。方其坏也，非夫郡邑公卿大夫士清信檀越[14]，戮力调护之，曰我有以云为何由哉！

珍洋川人，肄业于城固法隆院[15]。尝游东吴，从天台禅师授心印，临济正传也。住山十余年，禅林法制灿然一新。乃砻石于宇下，使其徒德珪来俾予书之[16]。是岁辛丑，淳熙八年秋九月，苾刍修信书[17]。

【作者简介】

僧修信，生平不详。

【注释】

[1] 太平兴国：宋太宗赵匡义年号，976—983年。

[2] 嶓冢：山名。在今陕西宁强县北。嶓，音bō。

[3] 褒斜：古栈道名。在秦岭中，南起褒谷口（汉中大钟寺），北至斜谷口（斜峪关），全程近500里，有驿站十余处。

[4] 洋川：今陕西洋县。

[5] 巴丘：今岳阳。

[6] 广政：后蜀后主孟昶年号，938—965年。

[7] 尊宿：谓年老而有名望的高僧。

[8] 宾寮：客舍。

[9] 水陆：谓水旱田。

[10] 禅衲：谓僧人。

[11] 象教：释迦牟尼离世后，诸大弟子想慕不已，刻木为佛，以形象教人，后称佛教为象教。

[12] 法化：佛法的教化。

[13] 六尊宿：谓居行、仲璋、胜峣、永璘、靖永、海珍等六高僧。

[14] 檀越：梵语译音。意为“施主”。

[15] 肄业：谓修习佛理。

[16] 俾：音bǐ，此谓“求”。

[17] 淳熙八年：1181年，是年岁届辛丑。苾刍：比丘。苾，音bì。

真如宝塔记

南宋·鲍义叔

【提要】

本文选自《古今图书集成·神异典》卷一二三(中华书局、巴蜀书社1985年影印本)。

真如宝塔,在浙江嘉兴(宋代称秀州)真如寺。真如塔原址在嘉兴南门外南湖西,始建于嘉祐七年壬寅(1062),寺中"尝建神王护国般若宝塔";宋庆元三年(1197),上首智矩重建;清顺治十一年再次重建,光绪二十五年再修。塔高53米。建国后,真如塔因年久失修,出现险情,当地于1959年将重约10吨的塔刹拆除,移至嘉兴人民公园。2008年10月27日,作为当地"七塔八寺"唯一历史遗存的真如塔刹从人民公园搬入嘉兴市博物馆。

"蟹舍渔村两岸平,菱花十里棹歌声,侬家放鹤洲前水,夜半真如塔火明。"清人朱彝尊在《鸳鸯湖棹歌》吟道。真如寺始建于唐至德二年(757)。宋仁宗皇祐四年(1052),真如住持清辩,与僧惠宗率众迎道欢为师,讲授经论。后经兵燹焚荡无遗,仅存地宫银塔像佛牙舍利而已。南宋孝宗淳熙二年(1175)主僧戒月,重建佛寺。高逸卿《真如教院华严阁记》:"嘉兴之南门外数里所,有精舍曰真如。含碧晃耀,位置森然,晨香夕灯,雾横星灿,信一方圣地。"

在宋仁宗时寺中塔基址上重建的宝塔,始工于淳熙十年(1183),竣工于庆元三年(1197),历时整整14年,其中的捐财施力之不易,可见一斑。但落成的宝塔"云壁八面,绚烂凌空。路盘七层,巍峨出地。东际沧海,日爽光明。西瞻都畿,佳气葱郁……"

但是,元代以后,真如寺渐渐式微。

中土自摩腾竺法兰以经来[1],华人固知有经也;菩提达摩以法来,华人固知有法也。阿育王于佛灭度后一日之中造浮图八万四千,皆西方殊胜事,华人未之知也。逮吴赤乌二年,康僧会拥锡至金陵[2]。吴主使求佛舍利,既得之,即为造塔。自是浮图始建于中士,而吴中独盛焉。隋唐以来,名山胜地,表刹相望,赤珠夜明,毫光昼现,四种八种,三意六意,瓶沙发愿,窣堵正名[3]。众生不见心者,如暗而明;仰观斗极,无感不应,无应不神。所以塔庙庄严,偏于四维上下矣[4]。

槜李为郡[5],实今辅藩。皋陆四周[6],平夷洞达。宜有标植[7],用镇陬隅[8],雉堞离方[9],真如兰若,芗云覆地,华雨弥空。嘉祐壬寅岁,有法师自南者,尝建神王护国般若宝塔，善道众生崇修梵福。宣和庚子[10]，逆寇兆乱焚荡无遗，仅存地宫冶银塔象佛牙舍利，光彩如新。历年既多，因循废坠。

今比丘上首智炬[11]，夜梦观音大士有所告语。于是勇猛精进，捐财施力，复有长者檀波罗众，舍己爱乐无量数[12]计，共成佛事。鸠工于淳熙十年仲冬二十九日[13]，落成于庆元三年孟冬六日。云壁八面，绚烂凌空。路盘七层，巍峨出地。东际沧海，日爽光明。西瞻都畿，佳气葱郁。南极于越，江涛轰豗[14]。北频吴会，太湖汗漫[15]。介日月之间，出云雨之上。十通大用，三界无边。统万有于微茫，视亿载于顷刻。猗欤伟哉，诚迦维之妙刹[16]，群生之指归也。作是语已，有一居士长跪问言，昔闻如来谈法华于鹫岭，时有七层宝塔涌出现前，其中发大音声；又休胥国道合尸罗于指端，出浮图十层，有僧执炉盖旋绕而行。以此较彼，孰真孰幻？

夫万法生灭，孰非妄幻。幻身既妄，物物非真。作如是观，名无为法。不取于法，无得而修。法固无为，相有真实。现前三昧[17]，如丘山高。如来方便，提引众生。勤力修行，成就幻力。空不是色，道不虚行，出世阶梯，故应顶礼云尔[18]。

【作者简介】

鲍义叔，生平不详。

【注释】

[1] 摩腾：全名迦摄摩腾，中天竺人。擅长礼仪，解大小乘经典。汉明帝夜梦金人，与竺法兰随蔡愔来中土，译佛经。竺法兰：中天竺人。自言诵经论数万章。

[2] 赤乌二年：239年。

[3] 窣堵：即窣堵波，佛塔。

[4] 徧：通“遍”。

[5] 槜李：古地名。在今嘉兴一带。槜，音 zuì。

[6] 皋陆：平原，平地。

[7] 标植：谓植之以为标识。

[8] 陬隅：本室内西南角。此谓僻远之地。

[9] 雉堞：谓城墙。离方：南方。

[10] 宣和庚子：1120年。是年十月，浙江睦州清溪县农民，呼应方腊而起事。攻秀州不克，退往临安。

[11] 上首：佛教语。本指一座大众中的主位。后指寺院中的首座。

[12] 檀波罗：即“檀波罗蜜”，译为布施。

[13] 淳熙十年：1183年。

[14] 轰豗：谓众声喧嚣。豗：音 huī，撞击，撞击声。

[15] 吴会：唐后俗称苏州为吴会。汗漫：广大，漫无边际。

[16] 迦维：佛祖诞生地“迦维罗卫”的省称。

[17] 三昧：佛教语。意指止息杂念，使心神平静。

[18] 顶礼：佛教最高礼仪。跪下，两手伏地，以头顶着所尊敬之人的脚。

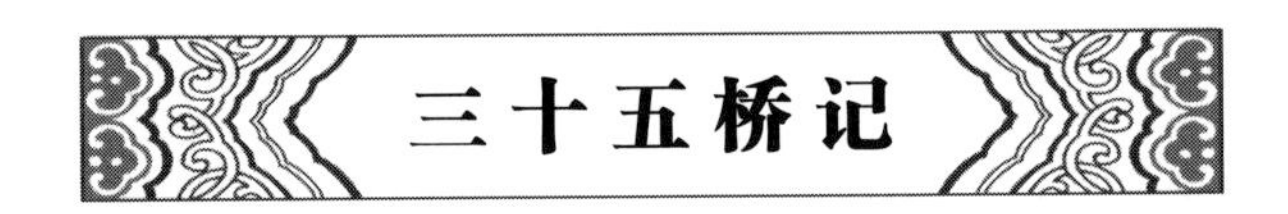

三十五桥记

南宋·黄 櫄

【提要】

本文选自《古今图书集成·考工典》卷三二(中华书局、巴蜀书社 1985 年影印本)。

黄櫄开篇即叙"皇宋庆元四年(1198)夏六月丁卯,漳州由南谯门达于漳浦,造桥三十有五所"。在一个州同时有 35 座桥开工,这在数百年前的中国,是壮举!

漳浦在南宋的中国,还是个蛮荒之地。"漳浦距城百二十里而远,崖谷倾亚,高下之势,谺然洼然,斜川断港,湍注奔溢,春霖秋潦,交流之势益悍。往来憧憧,睨视咨嗟",对于新上任的傅伯成来说,路桥工程就成为当地发展、为民谋福的大事。因此在这个问题上,官员"或曰役众费广,未易猝办,请丛贯巨木以济"时,傅伯成坚定地认为那不是长久之计,必须修造石桥。

35 座桥同时开工,费用全由政府支出,修桥工役不采用"官府文书,科役百姓",而是"工酬其直",多劳多得,于是,"民劝而趋,不竞不哗,谈笑而集";花钱五百万,傅公恻然心痛,"生民膏血也",但因为是为民兴利,他心安理得,"州郡他无妄费,则惠可及百姓矣"。

第二年春正月,35 座桥梁全部告竣。"出州行五十里,即漳浦界,为桥四:曰亭兜,曰桃李径,曰谢仓,曰岑兜。惟马口旧有大桥,缺圮而重修之。自两邑界至于三古坑,为桥九:曰赤岭,上下二桥;曰冷水坑;曰洋駹,曰李林。惟三古坑其桥四。此地灌莽丛石,涧水旁出,故桥特多。"最为壮大的是茭蓼潭桥。

茭蓼潭位于今福建漳浦县。自古为闽粤古驿道的要冲之地,有一口长满茭笋和辣蓼的浅潭,称茭蓼潭。茭蓼桥共 17 孔,宏伟长大,俗称为"长桥",以后,长桥成为地名——长桥镇。后来茭蓼潭淤浅,被垦为田,桥在 1926 年建漳州至漳浦公路时堙没,公路下只留了一个涵洞。

为官当如傅伯成。

皇宋庆元四年夏六月丁卯,漳州由南谯门达于漳浦[1],造桥三十有五所,越明年春正月甲寅咸告厥功。嘻!此百世之伟绩也。

漳浦距城百二十里而远,崖谷倾亚[2],高下之势,谺然洼然[3],斜川断港,湍注奔溢,春霖秋潦[4],交流之势益悍。往来憧憧[5],睨视咨嗟[6],畴克拯之[7]。

太府寺丞傅公来莅州事,内外修明,百废具举。期年政洽,田里欢康,益思所以利人于远。乃命龙溪宰李君鼎经度桥事。或曰:"役众费广,未易猝办,请丛贯巨木以济”。公曰:“此非所以为后图,必伐石为之乃可。”择僧徒之可任者分督焉。不用官府文书,科役[8]百姓工酬其值。民劝而趋,不竞不哗,谈笑而集。

出州行五十里,即漳浦界,为桥四:曰亭兜,曰桃李径,曰谢仓,曰岑兜。惟马口旧有大桥,缺圮而重修之[9]。自两邑界至于三古坑,为桥九:曰赤岭,上下二桥;曰冷水坑;曰洋谾[10],曰李林。惟三古坑其桥四。此地灌莽丛石,涧水旁出,故桥特多。自三古坑至于邑为桥十有三:曰鸟石径,曰草履岭,曰吴径,曰茭蓼潭[11](其壮大尤为诸桥之冠),曰新坑,曰橡林,曰黄林,曰虎深坑,曰陈垄,曰横漳(其桥二),曰龙山庄,曰葵坑,其间又有小桥九,不著名。悉皆坚好,共长九百五十尺有奇,广狭不齐,随地之宜。

桥既立矣,复砌石治道,夷其险阻。凡一千二百余丈,靡金钱五百万。

公节用爱人,不事游观。每与官僚语及财赋,恻然曰:“生民膏血也。”独至于捐利与民及为民兴利,了无靳色[12],曰:“州郡他无妄费,则惠可及百姓矣。”

行道之人,去危履坦,踊跃歌舞,愿纪其实以谂来者[13]。甘棠道周[14],有石巍然,几世几年。可磨可镌,若有待焉。郡人黄櫄拂石大书,祝公之操,如此石坚,石不可朽。公名永传,宏此休功[15],以济巨川。父老来观,相与告戒曰:“无愧召公,勿伐勿拜。”

【作者简介】

黄櫄,生平不详。

【注释】

[1] 漳浦:在今福建漳州市,位于东海沿海。

[2] 倾亚:倾斜。

[3] 谺然:山谷空旷貌。谺,音 xiā。

[4] 秋潦:秋天因久雨而形成的大水。

[5] 憧憧:往来不绝貌。憧,音 chōng。

[6] 咨嗟:叹惜。

[7] 畴:谁。

[8] 科役:征发。

[9] 缺圮:残缺倒塌。

[10] 谾:音 lóng,长大山谷。

[11] 茭蓼:音 jiāo liǎo,野草水生植物。

[12] 靳色:吝色。谓舍不得的神情。

[13] 谂:音 shěn,告诫。

[14] 甘棠:《诗经·甘棠》:“蔽芾甘棠,勿剪勿伐,召伯所茇。蔽芾甘棠,勿剪勿败,召伯所憩。蔽芾甘棠,勿剪勿拜,召伯所说。”诗诵召公惠政,怀念召公之爱民。

[15] 休功:大功,美盛的功业。

合州钓鱼城记

佚　名

【提要】

本文选自《古今图书集成·职方典》卷五三四(中华书局、巴蜀书社1985年影印本)。

钓鱼城位于重庆市合川区合阳镇嘉陵江南岸钓鱼山上，占地2.5平方千米。山上有一块平整巨石，传说有一巨神于此钓嘉陵江中之鱼，以解一方百姓饥馑，山由此得名。

“其山高千仞，峰峦岌岌，耸然可观。其东、南、北三面据江，皆峭壁悬岩，陡然阻绝。”钓鱼城就建在山稍低的西南处，“高一十仞。城之门有八，曰护国、青华、正西、东新、出奇、奇胜、小东、始关。其山脚周回四十余里”。钓鱼城有山水之险，也有交通之便，经水路及陆上道，可通达四川各地。

南宋末，蒙古军窥视中土。

彭大雅奉命入蜀期间(1239—1240)，命“郡县图险保民”，筑钓鱼城。1243年，余玠复筑，移合州治及兴元都统司于其上。钓鱼城分内、外城，外城筑在悬崖峭壁之上，城墙用条石垒成。城内有大片田地和四季不绝的丰富水源，周围山麓也有许多可耕田地。这一切使钓鱼城具备了长期坚守的必要地理条件以及依恃天险、易守难攻的特点。1254年，合州守将王坚“发郡所属石照、铜梁、巴川、汉初、赤水五县之民计户口八万、丁一十七万以完其城”。这次修城重点在西门城内，“因沟为池，周回一百余步，名曰‘天池’”，水池蓄积的是泉水，汪洋一片，“旱亦不枯，池中鱼鳖，可棹舟举网”。不仅如此，军民还在城内各处开小池13所、井92眼，以备长期守城。

附近州县百姓纷纷来此，“城中之民春则出屯四野，以耕以耘，秋则收粮运薪，以战以守”。由于城池坚固，城内军民耕作、守城两不误，生活晏然有序，合川城声名远播，秦、巩、利、沔等地百姓纷纷前来。

1251年，蒙哥登上大汗宝座，稳定了蒙古政局，并积极策划攻取南宋的战争。1258年秋，蒙哥率军4万分三路入蜀，加上在蜀的蒙军及征调而来的部队，蒙军总数大大超过4万之数。蒙哥大军势如破竹，很快迫近合州。蒙哥汗遣宋降人晋国宝至钓鱼城招降，为宋合州守将王坚所杀。宋开庆元年(1259)二月三日，蒙哥亲督诸军战于钓鱼城下。七日，蒙军攻一字城墙(一字城墙又叫横城墙，其作用在于阻碍城外敌军运动，同时城内守军又可通过外城墙运动至一字城墙拒敌，与外城墙形成夹角交叉攻击点)，钓鱼城的城南、城北各筑有一道一字城墙。九日，蒙军猛攻镇西门，不克。

蒙军先后攻打一字城、镇西门、东新门、奇胜门、护国门，无一成功。四月间一度乘夜攻上外城，都被王坚、张珏等守城宋军将士打败。王坚还乘夜率军下山，袭击蒙哥汗营地。六月间，蒙古军大将汪德臣又单骑匹马到钓鱼城下招降，喊话未完，即遭到宋军矢石的攻击，几乎被击中。汪德臣因而患疾，不久死去。蒙哥闻知，扼腕叹息，如失左右手。于是蒙古军又挑选精兵，乘夜攻占外城马军寨，王坚率领援军反击。次日清晨下雨，蒙古军的后继部队遭宋军阻击而未能上山增援，攻城的蒙古军终于被击退。由于张珏与王坚"协力坚守，攻之九月不能下"。七月间，蒙哥汗自己也在攻城时被炮石击中而受重伤，不得不承认进攻钓鱼城(合州)战役的失败，决定只留三千蒙古军牵制合州宋军，其主力转攻川东重镇重庆。十多天后，蒙哥汗终因伤重而死。蒙古无主，忽必烈等蒙军相继退回北方。

钓鱼城战役告捷，蒙哥汗凋亡城下，其影响极为巨大而深远。首先，它导致蒙古南下的步伐全面打乱，使宋祚得以延续20年之久。

其次，它使蒙军的第三次西征行动停滞下来，蒙古军力对欧、亚、非等国的进攻步伐随之放缓。1252年，蒙哥汗遣其弟旭烈兀发动了第三次西征，先后攻占今伊朗、伊拉克及叙利亚等地。正当旭烈兀准备进军埃及时，获悉蒙哥死讯，遂率大军东还。结果少量蒙古军因寡不敌众而被埃及军队打败，蒙古的大规模扩张行动从此走向低潮。

其三，没有蒙哥的死亡，就没有忽必烈的汗位。与蒙哥这位蒙古保守主义者相比，忽必烈极力推行的是汉化政策，大有利于蒙古入主中原。

蒙哥汗死前曾留下遗言，日后攻下钓鱼城，当尽屠城中之民。但1279年，钓鱼城以不可杀城中一人为条件，放下武器自愿终止抵抗。"王立随李相至京奏贺，对品蒙授怀远将军、合州军民安抚使"，钓鱼城抵抗蒙古大军36年且全身而退，实力使然。

钓鱼城作为山城防御体系的典型代表，在冷兵器时代，充分显示了其防御作用，它成为蒙古军队无法攻克的堡垒，蒙古军队的噩梦。中国人民革命军事博物馆特意制作了钓鱼城古战场的沙盘模型，以展示其在中国古代战争史上的重要地位。

山在州治之东北，渡江十里，至其下。其山高千仞，峰峦岌岌[1]，耸然可观。其东、南、北三面据江，皆峭壁悬岩，陡然阻绝。至修城之后，凿山通道，方可登临。其西南山稍低，于此筑城，高一十仞。城之门有八，曰：护国、青华、正西、东新、出奇、奇胜、小东、始关。其山脚周回四十余里。峰顶有寺曰："护国"，堂殿廊庑，百有余间。宋绍兴间，思南宣慰田少卿所建[2]。至元戊戌[3]，为兵火焚熄灰尽。寺门之外，突然一台，曰"钓鱼台"。其上平正，可坐十余人。上有巨人足迹，年代虽远，风雨不能磨灭，岸边插竿之目犹存焉。此台乃在山之巅，俯视大江，悬崖千仞，相去险远，钓可施乎？名为钓台，似不侔矣。

窃尝稽之，古之洪水为患，荡荡怀山襄陵。此山三面据岩，渠、嘉陵二江自西北而来，冲于山之西，流至合州城。下则与涪江会同，皆浩浩荡荡，环绕山足而东下。往古水患之际，势必怀抱此山，则钓鱼之名必自始矣乎？后有石庵，凡二十四片石斫成，乃开山祖僧石头和尚自造也。

宋高宗南渡之后,北兵益炽,彭大雅奉命入蜀[4],命郡县图险保民。太尉甘闰至州,观此山形势,可以据守,故城之。郡牧王坚发郡所属石照[5]、铜梁、巴川、汉初、赤水五县之民,计户口八万、丁一十七万以完其城。西门之内,因沟为池,周回一百余步,名曰"天池"。泉水汪洋,旱亦不涸。池中鱼鳖,可棹舟举网。又开小池十有三所,井九十二眼,泉水春夏秋冬足备不干。城中之民春则出屯四野以耕以耘[6],秋则收粮运薪以战以守。厥后秦、巩、利、沔之民皆避兵至此[7],人物愈繁,兵精食足,兼获池地之利,官民协心,是以能坚守力战而效忠节。东有沟,曰"天涧沟";东北有山,曰"天涧岭"。龟山与鱼山对峙,城上呼语相闻。元宪宗蒙哥以此驻跸[8]。王坚去任之后,继任乃安抚张珏也[9],有谋略,应敌出奇制胜,尤有过人。其时北兵大营驻汉中、利、沔,初冬严寒则来攻围,春夏暄热则复退去已。

来岁值大旱,自春至秋,半年无雨。北兵围逼其城,意城中无水,急攻之。一旦至西门外,筑台建桥楼,楼上接桅,欲观城内之水有无。城内知其计,置炮于其所。次日,宪宗亲率其兵于下。珏命城中取鱼二尾,重三十斤者,蒸面饼百数,俟缘桅者至其竿木,方欲举首,发炮击之,果将上桅人远掷身殒百步之外,即遗鲜活之鱼及饼以赠,谕以书曰:"尔北兵:可烹鲜食饼再守十年,亦不可得也。"时北兵遂退。宪宗为炮风所震,因成疾。班师至愁军山,病甚,遗诏曰:"我之婴疾[10],为此城也。不讳之后,若克此城,当赭城剖赤而尽诛之[11]"。次过金剑山温汤峡而崩。

期年之间,世祖皇帝即位。北兵大集,总元帅蒙古等军于本州云门、虎头、渠口、鱼村、富谷、石子山等处,连营对垒,攻围甚急,而城中设奇制胜,或击却之,或掩袭之,斩获累捷。是后不敢久留城下。春去秋来,去没不常者十有余年。安抚张珏以功升渝州制置使,继以王立为安抚[12]。

立至任,益严守备,兵民相为腹心声息。稍缓即调兵计捕邻邑之降北者,取果州之青居城,复潼、遂州境土,攻铁炉城堡。承命旌赏,权授迁秩矣[13]。

至元丁丑,北兵攻围甚急,加以两秋致旱,人民易子而食,王命不通三年矣。戊寅春正月,渝城为守门者献之北兵矣,制署张珏被俘,而鱼城孤而无援矣。北军毕至攻城,且曰:"宋已归我国久矣,尔既无主,为谁守乎?"城中之民惶惶汲汲[14],危如累卵釜鱼,知其祸在顷刻。然皆协力而无异谋,王立命众曰:"某等荷国厚恩,当以死报。然其如数十万生灵何?今渝城已陷,制置亦擒,将如之何?"愁蹙无计,归家不食。

其家之义妹者,乃北营所掠北平渠帅之妻[15],名熊耳。夫人初至,王立问之,答曰:"妾姓王氏。"立乃喜,曰:"作吾之妹,侍吾之母。待获尔夫,俾其完娶。"待之若同乳之妹已数年矣。至是,熊耳夫人亦忧城危祸及,素知有兄在北营而不敢言。因见王立之忧而告之曰:"妹本姓李,今成都总兵李德辉是吾亲兄。若知安抚待我恩礼,必尽心上闻,亲来救此一城人民。"立乃大喜,即命致书。熊耳夫人常为兄作鞋,有式,兄甚爱之。仍作一鞋以奉,必见手泽为信[16]。遂遣儒生杨獬等潜赴成都,纳款李相。得其降书,知妹在鱼城,喜不自胜。乃遣使星驰赴阙奏闻,仍领兵亲至城下。先遣獬归语王立,夤夜竖降旗于城上,次日北兵见说纳款降,欲登城而门闭,壁坚而不能入。又次日,乘舟至城下,民皆欢呼焚香望拜。

李庵退围兵，汪总帅蒙古军曰："我等攻守此城十余年，战而死者以万计，宪宗皇帝亦因此城致疾而崩。临崩遗诏，来降必因攻困致毙，赭城则当。上为先帝雪耻，下为亡卒报仇。"李相谕慰[17]，未决。又数日，朝使适至，奉诏旨：鱼城既降，可赦其罪。诸军毋得擅便杀掠，宜与秋毫无犯。李相仍推其功于汪总帅，赍立降书，大军随退。李相命城中之民悉力陷城筑门。

旬日，仍徙其民复旧治所。士农工商各复其业，黔黎老稚咸感李相再生之恩。安抚王立随李相至京奏贺，对品蒙授怀远将军、合州军民安抚使。合民遂于城之西南隅建楼立祠以奉李忠宣公，岁时祭祀以报其恩云。

【注释】

[1] 岌岌：高耸貌。

[2] 思南：今属贵州。

[3] 至元戊戌：按：疑有误。至元年号行31年，无戊戌年。

[4] 彭大雅：字子文，鄱阳（今属江西）人。嘉定进士。绍定五年（1232），以书状官随使蒙古，著《黑鞑事略》，叙述了蒙古立国、地理、物产、语言、风俗、赋敛、贾贩、官制、法令、骑射等事，为研究早期蒙古史重要史籍。后为四川安抚制置副使，创筑重庆城，以御蒙古军。彭大雅任四川制置副使期间（1239—1240），命甘闰初筑钓鱼城。淳祐初，被劾贪黩残忍，除名，赣州居住。十二年（1152），追录其创城之功，复官。

[5] 王坚（？—1264）：南宋名将。曾知合州，后任湖北安抚使等职。理宗宝祐六年（1258）蒙古蒙哥率军攻四川。开庆元年（1259），蒙哥汗（元宪宗）亲率大军围攻合州，他率部坚守5个月之久，蒙哥汗受创而亡（一说病死），元军被迫撤退。王坚因功升领宁远军节度使、封开国伯，累官湖北安抚使等职。因遭权臣贾似道排斥，愤世而亡。

[6] 出屯：谓出城屯垦。

[7] 秦：秦州，今甘肃天水市一带。巩：巩州，今甘肃陇西。利：利州，今四川广元。沔：沔州，今陕西略阳一带。

[8] 驻跸：帝王出行途中停留暂住谓之。

[9] 张珏（？—1280）：字君玉，凤州（今陕西凤县）人。18岁从军，因功升都统制。曾与王坚合守合州。累官至四川制置使。宋亡后坚持抗元。景炎二年（1277），元兵围重庆，城破被俘，后自尽。

[10] 婴疾：谓得病。

[11] 不讳：死的婉称。赭城剖赤：谓屠城。赭：红色。

[12] 王立，1275年奉命守城，1276年南宋临安陷落，南宋小朝廷流亡至福建。王立苦守3年后，1277年，以不杀一人为条件，率合川城降蒙。入元，王立获封节度使，后为元灭吐蕃作出贡献，因功获显位。后因图复宋，赐死。

[13] 旌赏：表彰奖赏。迁秩：谓官员晋级。

[14] 汲汲：急切貌。

[15] 渠帅：首领。

[16] 手泽：先辈存迹。此谓手编之物（鞋）。

[17] 谕慰：劝说安慰。

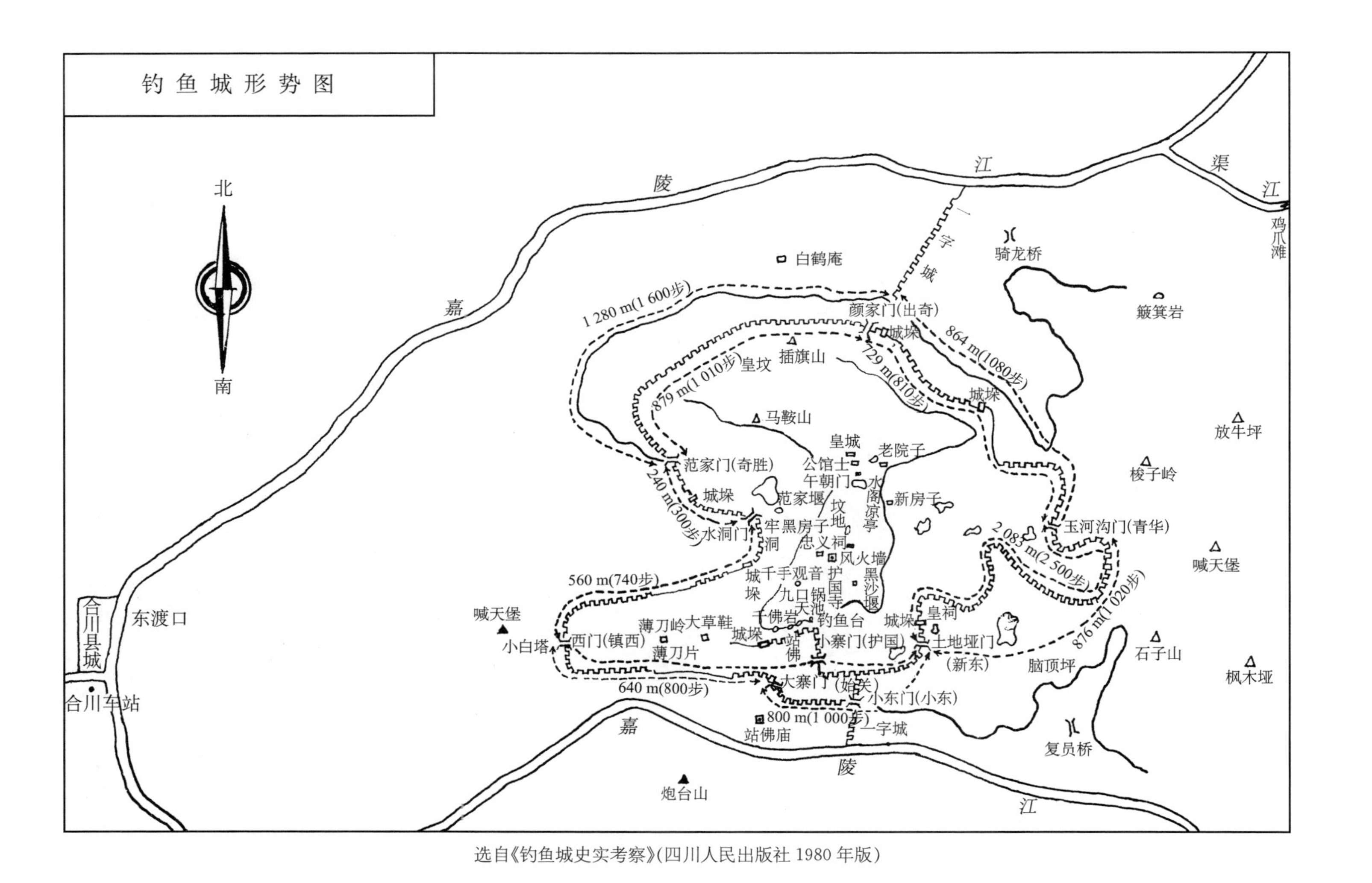

选自《钓鱼城史实考察》(四川人民出版社 1980 年版)

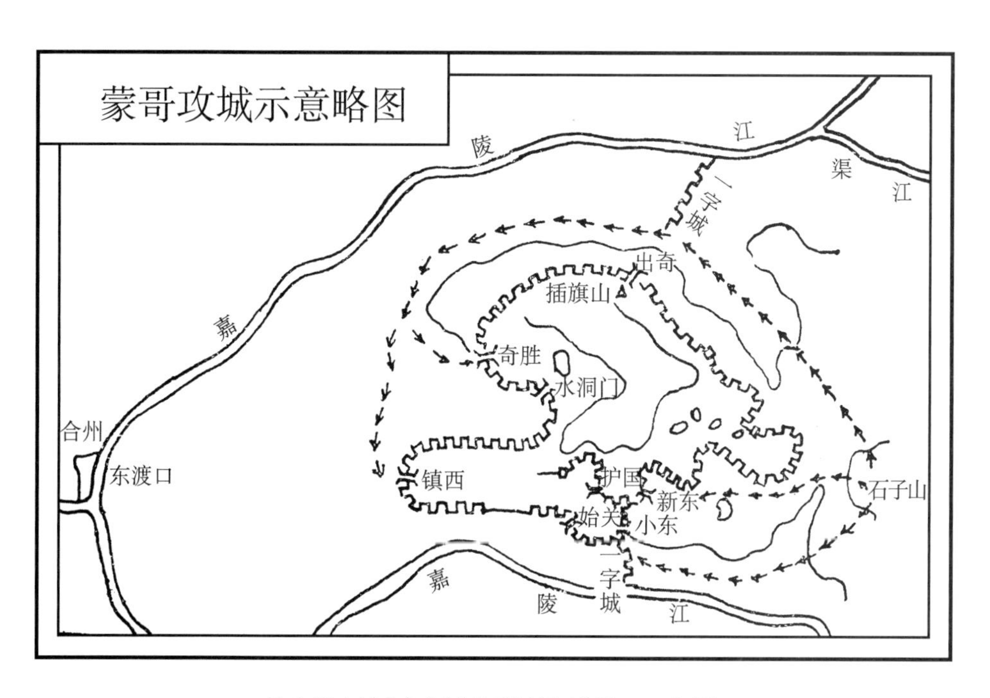

选自《钓鱼城史实考察》(四川人民出版社 1980 年版)

元　代

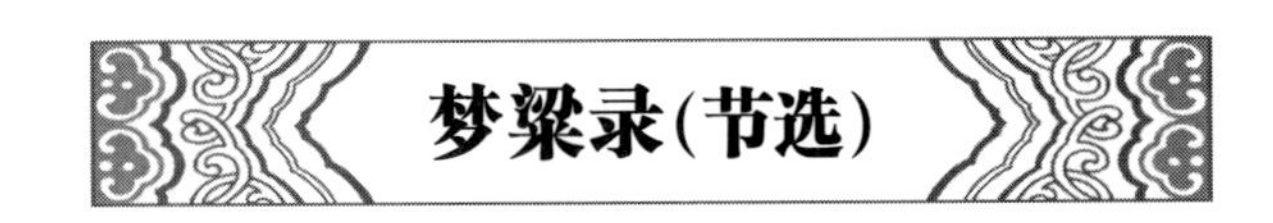

梦粱录(节选)

元・吴自牧

【提要】

《梦粱录》,中国商业出版社 1982 年版。

北宋统一后,杭州为两浙路治所,已成为"东南第一州"。宋室南渡后,建都于杭州,改称临安府。杭州从此成为南宋全国政治、经济、文化的中心。

临安城遗址位于杭州市南部凤凰山麓,是南宋高宗赵构于建炎三年(1129)定都临安后,在北宋州治旧址上修建的宫城禁苑。依凤凰山的临安城西临西湖,北部、东部为平原,呈南北狭长的不规则长方形。

皇宫在凤凰山东麓。原是北宋杭州的州治,南宋建炎三年(1129)二月辟为行宫,绍兴元年(1131)草创皇城,绍兴八年南宋定都杭州。其范围南至今杭州茗帚湾,北到万松岭,西至山腰,东达中河南段,东西长约 1 400 米,南北约 700 米,方圆 9 里。大内分南、北两部分。南内即皇城,依自然地形布置宫殿、亭阁、园林等。宫城四面各有一门,南门为丽正门,北门为和宁门,另增辟东华、西华二门。丽正门是宫殿的大门,有三重门,每重"皆金钉朱户,画栋雕甍,覆以铜瓦,镌镂龙凤飞骧之状,巍峨壮丽,光耀溢目"(《梦粱录》卷八)。门上还筑有御楼,门外两旁排红杈子,戒备森严。北面的和宁门也有三门,其壮丽略同。

宫城内有"大殿三十座,室三十三,阁十三,斋四,楼七,台六,亭十九"(《梦粱录》卷八)。与丽正门相对的是庄严宏伟、富丽堂皇的文德殿,俗称金銮殿,用汉白玉砌成的殿基高达二丈多,殿高约十丈。

文德殿后面是垂拱殿。大殿五间十二架,长六丈,宽八丈四尺,是皇帝处理日常事务、接见群臣的地方。垂拱殿后面是皇帝、后妃、太子生活起居的内廷,有皇帝就寝、用膳的福宁殿、勤政殿等。宫城内除了这些华丽的宫殿外,还有专供皇室享用的御花园——后苑。苑内有模仿西湖景致精心建筑的人造小西湖。

外城又名"罗城"。基本上是吴越西府城的规模,只是在东南部略有扩展,西北部稍有紧缩,成了内跨吴山,北到武林门,东南靠钱塘江,西濒西湖的气势宏伟的大城。城墙高三丈、宽丈余,共有城门 13 座。13 门中的艮山门、东青门、便门建有瓮城,其余各门均修有城楼,尤以嘉会门城楼"绚丽为诸门冠"。城外绕有宽达十丈的护城河,河岸种植杨柳,禁人往来。

城市街区在皇城以北,形成了"南宫北市"的格局。自宫殿北门向北延伸的御街贯穿全城,成为全城繁华区域。御街南段为衙署区,中段为中心综合商业区,同时还有若干行业市街及文娱活动集中的"瓦子",官府商业区则在御街南段东侧。

临安以御街为主干道,御街从宫殿北门和宁门起至城北景灵宫止,纵贯南北,由石板铺成,亦称天街。街中心是专供皇帝用的御道,两旁是用砖石砌成的河道。

河里种植荷花，岸边植桃、李、梨、杏，春夏之间，如绣如画。河道外边是供市民行走的走廊。除此之外，还有4条与御街相似走向的南北向道路。东西向干道也有4条，都是东西城门之间的通道。还有次一级的街道若干条，均通向中部御街。全城因地制宜，形成大小不一的网格，道路方向多斜向，并以“坊”命名。

临安城内河道有4条，其中盐桥河为主要运输河道，沿河两岸多闹市。城外有多条河流，与大运河相连。

南宋临安与西湖关系尤密，西湖十景之名便源出南宋西湖山水画之题名。十景各擅其胜，共同之点为景目位置皆傍近西湖或就在湖中，分别是：平湖秋月、苏堤春晓、断桥残雪、雷峰夕照、南屏晚钟、曲院荷风、花港观鱼、柳浪闻莺、三潭映月、两峰插云。南宋后，十景名略有变化，但景点如故。

临安商业十分发达。商业街市与手工业作坊遍及全城，“自和宁门杈子外至观桥下，无一家不买卖者”(《梦粱录》)，金、银交易市场，茶楼、酒店、演杂技场所，随处可见的瓦子、刻版作坊……官营手工业作坊多集中在城市北部武林坊、招贤坊一带；瓷器的官窑在城南凤凰山下，称内窑；私营手工业则遍布全城，丝纺业多为亦工亦商的作坊，集中在御街中段官巷一带；御街中段的棚桥是临安最大的书市，刻版作坊就在棚桥附近。

临安罗城内外有八十余坊，但坊墙早已拆毁，坊制名存实亡，政府另在坊之上分成十三厢以加强对市民的控制。随着商品经济的发展，临安城内造船、陶瓷、纺织、印刷、造纸等手工业，都建立了大规模的作坊。专业性的集市和商行遍布城内外，“自大街及诸坊巷，大小铺席，连门俱是”(《梦粱录》卷十三)，天街两边也店铺林立。由于坊制、市制的破坏与夜禁的松弛，城内还出现了夜市，“买卖昼夜不绝，夜交三四鼓，游人始稀；五鼓钟鸣，卖早市者，又开店矣”(同前引)。城北运河中，来自江、淮的河舟，樯橹相接，昼夜不舍；城南江干一带来往于台州、温州、福州、泉州以及远航日本、高丽和南洋各国的海舶云集，临安已发展成为全国最大、对周边国家贸易十分频繁的国际大都市。

南宋造船业十分发达，从福建泉州出土的宋代沉船来看，它代表了当时世界上最先进的造船技术。首先是它的尖底船型，截面是一个巨大的“V”字形，有粗大的龙骨和扁阔的船体。这种面宽底尖的海船，吃水深，稳定性好，不畏风浪，而且容量大。在遇到侧面刮来的风时，横向移动也较小，甚至可以开顶风船。其次是它的多重板结构，即船壳板不是单层的，而是用二层或三层板叠合的。重板建造，不仅取材和施工(包括维修)容易，而且使船壳坚固耐波，经得起狂风巨浪的冲击，有利于远航。最后也是最重要的是它的水密仓设置，就是用隔舱板把船舱分格成互不相通的一个一个仓区。在航行中即使有一个或两个船舱进水，也不会流到其他船舱，船也不会沉没。水密仓技术最迟在唐代便已出现，到宋代，使用和设计就更加普遍和成熟了。

以载运量看，宋朝有各种吨级的船。有一种运粮船的载重量可达1万石(500吨以上)；一般的远洋海船，载重量2 000石(约100吨)左右，并可容纳船员数百人；大型的远洋海船，载重量更达5 000石以上。南海上航行的海船，舵长数丈，一船载几百人，积一年粮食，还能在船上养猪和酿酒。内陆河道中，落脚头船、大滩船、舫船、飞蓬船等可大显身手；在近海，湖船、刀鱼船及等细长体小、吃水浅的尖底海船，便可大派用场，虽然这些船只我们大都已经不知道其形状。

繁荣的商业活动使得临安人口不断增长。史料载，临安府九县的户口总数，南宋初期孝宗乾道年间(1165—1173)，为“户二十六万一千六百九十二，口五十五万二千五百零七”(《乾道临安志》残本),到南宋末年咸淳年间(1265—1274),已增至“户三十九万一千二百五十九,口一百二十四万七百六十”(《咸淳临安志》)。100余万人口的城市在中世纪的世界上是何等的气象!

临安城在元军南下时遭火焚毁过半,至明代渐成废墟。

【作者简介】

吴自牧,生卒年不详。钱塘人。宋亡后尝追记钱塘盛况,作《梦粱录》20卷。

杭　州

杭城号武林,又曰钱塘,次称胥山。隋朝特创立此郡城,仅三十六里九十步,后武肃钱王发民丁与十三寨军卒增筑罗城[1],周围七十里许,有南城门,称为龙山;东城门号为南土北土保德;北城门名北关,今在余杭门外,人家门首有青石墩是也;西城门曰水西关,在雷峰塔前。城中有门者三:曰朝天门,曰启化门,曰盐桥门。

宋太平兴国年间[2],钱王纳土,□□□□安有,号为宁海军。高庙于绍兴岁南渡,驻跸于此,逐称为“行在所”。其地襟江抱湖,川凑□□□□□衍,民物阜蕃,非殊方下郡比也。

自归宋□□□□□□易名。旱门仅十有三,水门者五。城南门者一曰嘉会,城楼绚彩,为诸门冠,盖此门为御道,遇南郊[3],五辂从此幸郊台路。

城东南门者七:曰北水门;曰南水门,盖禁中水从此流出,注铁沙河及横河桥下,其门有铁窗栅锁闭,不曾辄开[4];曰便门;曰候潮门;曰保安水门,河通跨浦桥,与江相隔耳;曰保安门,俗呼小堰门是也;曰新开门。

城东门者三:曰崇新门,俗呼荐桥门,曰东青门,俗呼“菜市”;曰艮山门。

城北门者三:曰天宗水门,曰余杭水门,曰余杭门,旧名“北关”是也。盖北门浙西、苏、湖、常、秀[5],直至江、淮诸道,水陆俱通。

城西门者四:曰钱塘门;曰丰豫门,即涌金;曰清波,即俗呼“褏门[6]”也;曰钱湖门。其诸门内便门东青、艮山,皆甕城。

水门皆平屋。其余旱门,皆造楼阁。诸城壁各高三丈余,横阔丈余。禁约严切[7],人不敢登,犯者准条治罪。城内元三门俱废之,独朝天门止存两城壁,杭人犹以门称之。

【注释】

[1]武肃钱王:即钱镠(liú),五代十国时吴越王,谥曰武肃。罗城:城外的大城。

[2]太平兴国:宋太宗赵匡义年号,976—984年。吴越国纳土北宋在太平兴国三年(978)。

[3]南郊:谓帝王祭天大礼。五辂:亦作“五路”,古代帝王所乘的五种车子,即玉路、金路、象路、革路、木路。

[4]辄:总是,经常。

[5]秀:秀州,今浙江嘉兴。

[6] 衺:音 xié,倾斜。

[7] 禁约:禁止,约束,禁止某些事物的条规。严切:严峻,严厉。

禁城九厢坊巷

在城九厢界,各厢一员小使臣注授,任其烟火盗贼,收解所属[1]。其职至微,所统者军巡火下地分[2],以警其夜分不测耳。曰宫、城、厢、庑、坊、巷,东至嘉会门禁城角,西至中军壁小寨门,南至八盘岭,北至便门巡铺城角矣。

左一南厢所管坊巷:曰大隐、安荣、怀庆、和丰,并在清河坊内南首一带。

左一北厢所管坊巷:曰吴山坊,即吴山井巷。清河坊,与南瓦子相对。融和坊,即灌肺岭巷。新街融和之北太平坊,通和相对。市南坊,即巾子巷。市西坊,俗呼坝头,又名三桥街,并在御街西首一带。南新街,御史台相对。康裕坊,俗呼八作司巷。后市街、吴山北坊西相对。泰和坊,俗呼糯米仓巷。天井坊,即天井巷,旧名通淛坊。稍西龙舌头路中和坊,元呼楼店务巷,旧名净因坊。仁美坊俗呼石坂巷,在通判北厅之东。近民坊,府治东。流福坊,府治前西。丰裕坊,凌家桥西。美化坊,府学西。八巷并在清河坊北首一带,直至州府沿河至府学前凌家桥西。

左二厢所管坊巷:曰修义坊,俗呼菱椒巷,即肉市。富乐坊,俗呼卖马巷。众乐坊,俗呼虎跑泉巷。教睦坊,俗呼狗儿山巷。积善坊,即上百戏巷。秀义坊,即下百戏巷。寿安坊,俗名官巷。修文坊,即旧将作监巷。里仁坊,元名陶家巷。保信坊,俗呼剪刀股巷。定民坊,即中棚巷。睦亲坊,俗呼宗学巷。纯礼坊,元名后洋街巷。保和坊,旧称砖街巷。报恩坊,俗名观巷。以上在御街西首一带。福德坊,在保和坊巷内。招贤坊,仁和县前对巷。登省坊,县衙相对,系郭宰买民地创开此坊耳。

左三厢所管坊巷:钦善坊,井亭桥南。闻扇子巷、甘泉坊、相国井巷口,与井亭桥对。清风坊,庄文府南。活水巷、清河坊,洪福桥西杨和王府前。兴庆坊,结缚桥对前洋街。德化坊、旧木子巷,在潘阆巷口。字民、平易,俱在钱塘县前。

右二厢所管坊巷:孝仁、登平二坊,和宁门外西东。寿城坊,太庙南粮料院巷。天庆坊,即天庆观巷。保安坊,元呼庙巷。怀信坊,俗呼糍团巷。长庆坊,入忠清庙路。以上并在大街东西。新开坊,清平巷转东上抱剑营路。常庆坊,都税务南柴垛桥巷。富乐坊,荐桥西。

右二厢所管坊巷:清平坊,即旧沙皮巷。通和坊,金波桥路。宝佑坊,即福王府看位一直路。贤福坊,即坝东猫儿桥巷。兰陵坊,水巷桥巷。义和坊,俗呼炭桥巷。武志坊,元名李博士桥巷。戒民坊,俗呼棚桥巷,为市曹行刑之地。新安坊,名为新桥楼巷。延安坊,鹅鸭桥巷。安国坊,即北桥巷。怀远坊,旧呼军头司营巷。普宁坊,在观桥之北,即清远桥巷。皆在御街东首一带。同德坊,旧呼灯心巷,在大街北。嘉新坊,北库东西,北呼七朗堂巷。教钦坊,俗呼竹竿巷,北酒库东,面南。新开南巷,荐桥。富乐坊,对新开北巷,曰新桥东。

右三厢所管坊巷:东巷坊,即上中沙巷。西巷坊,名下中沙巷。丰禾坊,全皇后府东。善履坊,即芳润桥东。兴化坊,盐桥下西北。昌乐坊,蒲桥东。右四厢所管坊巷名曰兴礼,自宗阳宫墙之东,至传法寺、佑圣观、郭、谢太后宅、福田宫,出街直到宁海坊,俱属所统也。

盖杭旧有坊巷,废之者七,如罗汉洞旧有坊名美俗,三桥涌金路旧名会昌坊,洪桥杨府巷元作紫云坊,癸辛街巷为从训坊,马家桥西曾立孝慈坊,洗麸桥南北二岸谓之通宝、丰财二坊,皆后人不可不知,姑并述之。

【注释】

[1]注授:登记,授受。收解:收进与解出。

[2]军巡:谓治安巡逻。火下:谓火警。地分:地段。

西　湖

杭城之西,有湖曰西湖,旧名钱塘。湖周围三十余里,自古迄今,号为绝景。

唐朝白乐天守杭时[1],再筑堤捍湖[2]。宋庆历间[3],尽辟豪民僧寺规占之地,以广湖面。元祐时[4],苏东坡守杭,奏陈于上,谓"西湖如人之眉目,岂宜废之?"遂拨赐度牒,易钱米,募民开湖,以复唐朝之旧。

绍兴间,辇毂驻跸[5],衣冠纷集,民物阜蕃[6],尤非昔比,郡臣汤鹏举[7]申明西湖条画事宜于朝,增置开湖军兵,差委官吏管领,任责[8]盖造寨屋舟只,专一撩湖[9],无致湮塞,修湖六井阴窦水口[10],增置斗门水闸,量度水势,得其通流,无垢污之患。

乾道年间,周安抚淙奏乞降指挥[11],禁止官民不得抛弃粪土、栽植荷菱等物。秽污填塞湖港,旧召募军兵专一撩湖,近来废阙,见存者止三十余名,乞再填刺补额,仍委尉司官并本府壕塞官带主管开湖职,专一管辖军兵开撩,无致人户包占。或有违戾,许人告捉,以违制论。自后时有禁约,方得开辟。

淳祐丁未大旱[12],湖水尽涸,郡守赵节斋奉朝命开浚[13],自六井至钱塘、上船亭、西林桥、北山第一桥、苏堤、三塔、南新路、长桥、柳洲寺前等处,凡种菱荷茭荡,一切薙去[14],方得湖水如旧。

咸淳间,守臣潜皋墅亦申请于朝[15],乞行除拆湖中菱荷,毋得存留秽塞,侵占湖岸之间。有御史鲍度劾奏内臣陈敏贤、刘公正包占水池,盖造屋宇,濯秽洗马,无所不施,灌注湖水,一以酝酒,以祀天地、飨祖宗,不得蠲洁而亏歆受之福[16],次以一城黎元之生,俱饮污腻浊水而起疾疫之灾。奉旨降官罢职,令临安府日下拆毁屋宇,开辟水港,尽于湖中除拆荡岸,得以无秽污之患。官府除其年纳利租官钱,销灭其籍,绝其所莳,本根勿复萌孽矣。

且湖山之景,四时无穷,虽有画工,莫能摹写。如映波桥侧竹水院,涧松茂盛,密阴清漪,委可人意。西林桥即里湖内,俱是贵官园圃,凉堂画阁,高台危榭,花木奇秀,灿然可观。有集芳御园,理宗赐与贾秋壑为第宅家庙[17],往来游玩舟只,不敢仰视,祸福立见矣。

西冷桥外孤山路,有琳宫者二[18],曰四圣延祥观,曰西太乙宫,御圃在观侧,乃林和靖隐居之地[19]，内有六一泉、金沙井、闲泉、仆夫泉、香月亭。亭侧山椒，环植梅花。亭中大书"疏影横斜水清浅，暗香浮动月黄昏"之句于照屏之上云。

又有堂扁曰"挹翠"，盖挹西北诸山之胜耳。曰清新亭，面山而宅，其麓在挹翠之后。曰香莲亭，曰射圃，曰玛瑙坡，曰陈朝桧，皆列圃之左右。旧有东坡庵，四照阁、西阁、鉴堂、辟支塔，年深废久，而名不可废也。

曰苏公堤，元祐年东坡守杭，奏开浚湖水，所积葑草[20]，筑为长堤，故命此名，以表其德云耳。自西迤北，横截湖面，绵亘数里，夹道杂植花柳，置六桥，建九亭，以为游人玩赏驻足之地。咸淳间，朝家给钱，命守臣增筑堤路，沿堤亭榭再一新，补植花木。向东坡尝赋诗云："六桥横接天汉上，北上始与南屏通。忽惊二十五万丈，老葑席卷苍烟空。"

曰南山第一桥，名映波桥，西偏建堂，扁曰"先贤"。宝历年大资袁京尹歆请于朝[21]，以杭居吴会，为列城冠，湖山清丽，瑞气扶舆，人杰代生，踵武相望，祠祀未建，实为阙文，以公帑求售居民园屋，建堂奉忠臣孝子、善士名流、德行节义、学问功业，自陶唐至宋，本郡人物许箕公以下三十四人[22]，及孝妇孙夫人等五氏，各立碑刻，表世旌哲而祀之。

堂之外堤边，有桥名袁公桥，以表而出之。其地前挹平湖[23]，四山环合，景象窈深，惟堂滨湖，入其门，一径萦纡，花木蔽翳，亭馆相望，来者由振衣，历古香，循清风，登山亭，憩流芳，而后至祠下，又徙玉晨道馆于祠之艮隅，以奉洒扫，易扁曰"旌德"，且为门便其往来。直门为堂，扁曰"仰高"。

第二桥名锁澜，桥西建堂，扁曰"湖山"。咸淳间，洪帅焘买民地创建，栋宇雄杰，面势端闳，冈峦奔赴，水光荡漾，四浮图矗四围，如武士相卫，回眸顾盼，由后而望，则芙蕖菰蒲蔚然相扶，若有逊避其前之意[24]。后二年，帅臣潜皋墅增建水阁六楹，又纵为堂四楹，以达于阁。环之栏槛，辟之户牖，盖迩延远挹[25]，尽纳千山万景，卓然为西湖堂宇之冠，游者争趋焉。

接第三桥，名"望仙"，桥侧有堂，扁曰"三贤"，以奉白乐天、林和靖、苏东坡三先生之祠。袁大资请于朝，切惟三贤道德名节，震耀今古，而祠附于水仙庙东庑，则何以崇教化、励风俗？遂买居民废址，改造堂宇，以奉三贤，实为尊礼名胜之所。正当苏堤之中，前挹湖山，气象清旷；背负长岗，林樾深窈；南北诸峰，岚翠环合，遂与苏堤贯联也。盖堂宇参错，亭馆临堤，种植花竹，以显清概。堂扁水西、云北、月香、水影、晴光、雨色。

曰北山第二桥，名东浦桥，西建一小矮桥过水，名小新堤，于淳祐年间，赵节斋尹京之时，筑此堤至曲院，接灵隐三竺梵宫，游玩往来，两岸夹植花柳，至半堤，建四面堂，益以三亭于道左，为游人憩息之所，水绿山青，最堪观玩。咸淳再行高筑堤路，凡二百五十余丈，所费俱官给其券工也[26]。

曰北山第一桥，名涵碧桥。过桥出街，东有寺名广化，建竹阁，四面栽竹万竿，青翠森茂，阴晴朝暮，其景可爱，阁下奉乐天之祠焉。曰寿星寺，高山有堂，扁曰"江湖伟观"，盖此堂外江内湖，一览目前。淳祐赵尹京重创广夏危栏[27]，显敞虚旷，旁又为两亭，巍然立于山峰之顶。游人纵步往观，心目为之豁然。

曰孤山桥,名宝祐,旧呼曰断桥,桥里有梵宫,以石刻大佛,金装,名曰“大佛头”,正在秦皇缆舟石山上,游人争睹之。桥外东有森然亭,堂名放生,在石函桥西,作于真庙朝天禧年间[28],平章王钦若出判杭州,请于朝建也。次年守臣王随记其事。元祐东坡请浚西湖,谓每岁四月八日,邦人数万,集于湖上,所活羽毛鳞介以百万数,皆西北向稽首祝万岁。绍兴以銮舆驻跸,尤宜涵养,以示渥泽,仍以西湖为放生池,禁勿采捕,遂建堂扁“德生”。有亭二:一以滨湖,为祝网纵鳞之所[29],亭扁“泳飞”;一以枕山,凡名贤旧刻皆峙焉,又有奎书《戒烹宰文》刻石于堂上。

曰玉莲,又名一清,在钱塘门外菩提寺南沿城,景定间尹京马光祖建[30],次年魏克愚徙郡治竹山阁改建于此,但堂宇爽闿,花木森森,顾盼湖山,蔚然堪画。

曰丰豫门,外有酒楼,名丰乐,旧名耸翠楼,据西湖之会,千峰连环,一碧万顷,柳汀花坞,历历栏槛间,而游桡画舫[31],棹讴堤唱,往往会于楼下,为游览最。顾以官酤喧杂,楼亦临水,弗与景称。淳祐年,帅臣赵节斋再撤新创,环丽宏特,高接云霄,为湖山壮观,花木亭榭,映带参错,气象尤奇。缙绅士人[32],乡饮团拜,多集于此。

更有钱塘门外望湖楼,又名看经楼。大佛头石山后名十三间楼,乃东坡守杭日多游此,今为相严院矣。

丰豫门外有望湖亭三处,俱废之久,名贤遗迹,不可无传,故书之使后贤不失其名耳。曰湖边园圃,如钱塘玉壶、丰豫鱼庄、清波聚景、长桥庆乐、大佛、雷锋塔下小湖斋宫、甘园、南山、南屏,皆台榭亭阁,花木奇石,影映湖山,兼之贵宅宦舍,列亭馆于水堤;梵刹琳宫,布殿阁于湖山,周围胜景,言之难尽。东坡诗云:“若把西湖比西子,淡妆浓抹总相宜。”正谓是也。

近者画家称湖山四时景色最奇者有十:曰苏堤春晓,曲院荷风,平湖秋月,断桥残雪,柳浪闻莺,花港观鱼,雷锋夕照,两峰插云,南屏晚钟,三潭映月。春则花柳争妍,夏则荷榴竞放,秋则桂子飘香,冬则梅花破玉,瑞雪飞瑶。四时之景不同,而赏心乐事者亦与之无穷矣。

【注释】

[1] 白乐天:白居易(772—846),字乐天,号香山居士。长庆二年(822)任杭州刺史,前后凡三年。在杭期间,白居易力排众议,筑堤保湖,兴修水利。白公堤的修筑,把西湖一分为二,堤内是上湖,堤外为下湖;上湖蓄水,并建水闸,需要时放水,“渐次以达下湖”。这样既可防洪水淹没湖下农田,又可以蓄水,酌情泄流,灌溉农田,同时开拓了水上交通运输之便,利莫大也。除此之外,他还主持疏浚六井,以便杭州黎民饮水,安居乐业。尤值一提的是,离杭时,白公将自己俸禄的大部分留存官库,以之作为疏浚西湖的基金。并嘱咐用去多少,由继任者补足原数。嗣后,此例沿袭成为制度,持续50年之久。

白居易一生作诗3 600多首,其中写西湖山水的诗就有200余首。“绕郭荷花三十里,拂城松树一千株。”“灯火万家城四畔,星河一道水中央。”“湖上春来似画图,乱峰围绕水平铺。松铺山面千重翠,月点波心一颗珠。”“风翻白浪花千片,雁点青天字一行。”“山名天竺堆青黛,湖号钱塘泻绿油。”“乱花渐欲迷人眼,浅草才能没马蹄。”“灯火家家市,笙歌处处楼”……都是脍炙人口的佳句。

[2] 捍:保卫,保护。

[3] 庆历:宋仁宗赵祯年号,1041—1048年。

[4] 元祐:宋哲宗赵煦年号,1086—1094年。

[5] 辇毂:皇帝的车舆。驻跸:皇帝出行途中停留暂住之地。

[6] 阜蕃:繁衍生息。

[7] 汤鹏举(1087—1165),字致远,号玉阳。江苏金坛人。宋徽宗重和元年(1118),汤鹏举进士及第,授晋陵县(江苏武进)丞。思维敏捷,记忆深刻,见一面终身不忘,因而断案果决,狱无冤案,官民称其为"神命御史"。为官清廉、两袖清风,在任期间严惩贪官不法之徒,广招流民垦耕,所交贡赋居全国之首,为南宋初年的政权稳定作出了贡献。秦桧亡后,汤鹏举受诏入朝,肃清秦党,重振朝纲,奏请"释放秦党所诬受冤官员皆复旧职"。由此忠直之臣弹冠相庆,汤鹏举也因而誉满朝野,更为宋高宗所倚重。

绍兴十八年(1148)六月,汤鹏举以中奉大夫、直秘阁、两浙转运判官除直敷文阁知临安府。次年,他就开始治理西湖,为杜绝西湖"秽浊堙塞"之患,汤鹏举呈奏折《撩湖事宜》:一是不仅由钱塘县尉兼管,又派武臣专管,负责平时的治理工作,并配行船只、寨屋,作为浚治西湖的专用;二是改变允许湖中种植的做法,不再允许在西湖之中"请佃栽种",如有违犯之人,科罪。因此,西湖治理水平再上台阶。

[8] 任责:谓份内应做的事,负责。

[9] 撩湖:谓挖去湖中淤泥。

[10] 阴窦:暗洞。

[11] 周淙:字彦广,湖州长兴人。宣和间以父任为郎,历官至通判建康府。后知临安府。临安为都日久,居民日增,河流湫隘,舟楫病之,乾道年间,淙请疏浚。工毕,除秘阁修撰,进右文殿修撰,提举江州太平兴国宫以归。后又移守婺州。卒年六十。

[12] 淳祐丁未:1247年。

[13] 赵与筹:字德渊,号节斋,宋太祖十世孙。嘉定十三年(1221)进士,累官知嘉兴府、知庆元府、观文殿学士、两淮安抚使、兼知扬州等,卒赠少师。自淳祐元年(1241)至十二年(1252)兼知临安府长达11年。

宋理宗淳祐七年(1247),杭州西湖出现了"百年未见"的大旱,"水尽涸"。朝廷令临安府开浚四至,并依古岸,不许存留菱荷茭荡,碍妨水利。资政大学士兼知临安府赵与筹奉诏惟谨,尽除翳塞,渐复西湖往日面貌。这次利用旱灾的好时机疏浚西湖,其治理的特点主要表现为:一是"开浚四至,并依古岸",力求保持承平时的西湖范围;二是把六井水口,挖之深阔,保持六井之水的供应充足而洁净;三是朝廷支拨3万贯,治理经费有了一定的保证。

此前的淳祐二年(1242),赵与筹在西湖筑小新堤,自北新路第二桥至曲院筑堤,以通灵竺之路,中作四面堂和三座亭,夹岸植花柳,与苏堤相似,又称"赵公堤"。

[14] 薙:音 tì,割去野草。

[15] 潜说友(1210—1277):字君高,处州缙云(今属浙江)人。南宋淳祐元年(1241)进士,官至代理户部尚书,封缙云县开国男。任临安(今杭州)知府期间,重视疏浚西湖,修葺名胜,整修道路。主修《咸淳临安志》。后迁任平江(今苏州)知府。入元,任福州安抚使,被部将李雄杀死。

宋度宗咸淳四年(1268)闰正月,潜说友以朝散郎、直秘阁、两浙运副除司农少卿兼知临安府。不久,他"申请于朝,乞行除拆湖中菱荷,毋得存留秽塞,侵占湖岸之间"。到任不久,便开始治理西湖。他主持摸清了西湖水口污秽的情况,清源头,找新路,还湖清冽;作石笕,穴封之,保证临安居民饮用水口清洁与导水石渠流畅,便民汲,备淘浣。

不仅如此,他还主持撰写《咸淳临安志》。以《乾道临安志》《淳祐临安志》为基础,旁搜博采,增补成书,共一百卷。前十五卷为行在所录,记载皇城及中央官署等。十六卷以下,分列疆域、山川、诏令、御制、秩官、宫寺、文事、武备、风土、贡赋、人物、祠祀、寺观、园亭、古迹、冢墓、恤民、祥异、纪遗等门。所绘皇城、京城、府署、浙江(钱塘江)、西湖及府治、各县境、九县山川等地图颇为详明。

[16] 蠲洁:清洁。蠲:音 juān,干净。

[17] 贾似道(1213—1275),字师宪,号秋壑,天台(今属浙江)人。以父荫补嘉兴司仓。姐为贵妃,获宠理宗,迁知澧州,改湖广总领。累官沿江制置副使、知江州兼江西路安抚使,再迁京湖制置使兼知江陵府,为京湖安抚制置大使,移镇两淮。宝祐二年(1254),加同知枢密院事,后加参知政事、知枢密院事,进右丞相。景定元年(1260)授少师,二年加太傅。度宗咸淳元年(1265),除太师。三年,授平章军国重事,赐第葛岭,三日一朝。恭帝德祐元年(1275),元兵破鄂州,被迫出督师,溃于鲁港,谪高州团练使循州安置,途中为郑虎臣杀,年六十三。

[18] 琳宫:道观、殿堂之美称。

[19] 林逋(967—1028),字君复,北宋初年著名隐逸诗人。赐谥"和靖先生"。少孤力学,好古,通经史百家。性孤高自好,喜恬淡,自甘贫困,不趋荣利。及长,漫游江淮,40余岁后隐居杭州西湖,结庐孤山。终生不仕不娶,无子,惟喜植梅养鹤,自谓"以梅为妻,以鹤为子",人称"梅妻鹤子"。善绘事,工行草,书法瘦挺劲健,笔意类欧阳询而清劲处尤妙。长为诗,其语孤峭浃澹,自写胸臆,多奇句,而未尝存稿。风格澄澈淡远,多写西湖景色,反映隐逸生活和闲适情趣。歌颂梅花清雅高洁的名句"疏影横斜水清浅,暗香浮动月黄昏"便出自他之手。

[20] 葑草:谓各种水草。

[21] 大资:宋代资政殿大学士的简称。袁韶:字彦淳,庆元府(今浙江宁波)人。淳熙十四年(1187)进士。入仕为吴江丞,因得罪权贵家居避祸。嘉定十三年(1210),为临安尹。任临安府尹近十年,擅于处理复杂案件,昭雪诸多冤假错案,百姓称他作"佛子"。绍定元年(1228),拜参知政事。后为同知枢密院事,以资政殿大学士、银青光禄大夫、奉化郡开国公致仕,赠太师、越国公。歆请:谓端肃庄重地奏请。

[22] 许箕公:字仲武,名由。隐于箕山。尧知其贤,逊以帝位,公闻之,乃临河洗耳。每饮,无杯器,以手捧水。有人赠其一瓢,得以操饮,饮讫,挂木上,风吹历历有声。公以为烦,去之。死后谥曰"箕公"。

[23] 挹:音 yì,舀,酌。

[24] 逊避:退让,退避。

[25] 迩延远挹:谓近纳远接。

[26] 券工:钱物役夫。

[27] 广夏:通"广厦"。

[28] 天禧:宋真宗赵恒年号,1017—1021年。

[29] 祝网:《史记·殷本纪》:"汤出,见野张网四面,祝曰:'自天下四方皆入吾网。'汤曰:'嘻,尽之矣!'乃去其三面,祝曰:'欲左,左;欲右,右。不用命,乃入吾网。'诸侯闻之,曰:'汤德至矣,及禽兽。'"后因以"祝网"喻帝王仁惠。纵鳞:放鱼。

[30] 景定:南宋理宗赵昀年号,1260—1264年。马光祖(约1201—1270),字华父。婺州金华(今浙江金华之东阳)人。宋宝庆二年(1226)进士。入仕途历新喻主簿、知余干县,累官领沿江制置使、江东抚使等衔出任建康知府。以公用器皿钱20万缗支犒军民。削减租税,收养鳏

寡孤疾，兴学校，礼贤才，招兵置寨。离任后，建康百姓怀念不已。理宗闻知，命以资政殿学士、沿江制置使、江东学抚使衔，于开庆元年(1259)再任建康知府。光祖益思宽养民力，兴废起坏，以利于民。修饬武备，防拓要害，为政宽猛适宜，事存大体。进大学士兼淮西总领，召赴行在，升提领户部财用兼知临安府、浙西安抚使。时值岁饥，荣王府积粮不发。光祖一连三日往谒，力促荣王开仓济民，民得活者甚多。进同知枢密院事，再出任建康知府。三知建康，共12年，建康郡民为其建生祠6所。咸淳三年(1267)六月，拜参知政事，五年进枢密使兼参知政事，以金紫光禄大夫致仕。卒谥庄敏。

[31] 游桡:谓游船。桡:音 ráo,桨。

[32] 缙绅:古代称有官职或做过官的人。

下　湖

下湖，在钱塘门外，其源出于西湖，一自玉壶水口流出，九曲，沿城一带，至余杭门外；一自水磨头石函桥闸流出策选锋教场杨府云洞北郭税务侧，合为一流，如环带形，自有二斗门潴泄之[1]。

淳祐年，西湖水涸，城内诸井亦竭，尹京赵节斋给官钱米，命工自钱塘尉廨北望湖亭下凿渠，引天目山水，自余杭河经张家渡河口达于溜水桥斗门，凡作数坝，用车运水经西湖，庶得流通[2]，城中诸市民，赖其利也。

林和靖舣舟石函[3]，因过下湖小墅，赋诗曰：“平湖望不极，云气远依依。及向扁舟泊，还寻下濑归。青山连石埭，春水入柴扉。多谢提壶鸟，留人到落晖。”

钱塘定山南乡有名湖，刘道真《钱塘记》云：“明圣湖，在县南一百步。又仁和东十八里，亦有此湖之名。仁和县东北十八里有湖名曰御息，故老相传，秦始皇东游，暂憩于此，故以名之。”

县东长乐乡曰临平湖，前辈夜泛湖赋诗曰：“素彩皓通津，孤舟入清旷。已爱隔帘看，还宜卷帘望。隔帘卷帘当此时，惆怅思君君不知。”“三月平湖草欲齐，绿杨分映入长堤，田家起处乌龙吠，酒客醒时谢豹啼[4]。山槛正当莲叶渚，水塍新擘稻秧畦。人间谩说多岐路，咫尺神仙洞却迷。”

仁和永和乡有湖者二：曰石桥湖，曰丁山湖。天宗门外曰泛洋湖。仁和长乐乡像光湖，唐时湖中现五色光，掘地得弥勒佛石像，乃建寺及湖，名俱曰像光。仁和桐扣山下名石鼓湖。

【注释】

[1] 潴泄:蓄水和放水。

[2] 庶得:方得。庶:副词，表示可能和期望。

[3] 石函:石制的匣子。

[4] 乌龙:谓犬。谢豹:子规、杜鹃。

湖　船

杭州左江右湖,最为奇特,湖中大小船只,不下数百舫。有一千料者[1],约长二十余丈,可容百人。五百料者,约长十余丈,亦可容三五十人。亦有二三百料者,亦长数丈,可容三二十人。皆精巧创造,雕栏画拱,行如平地。各有其名,曰百花、十样锦、七宝、戗金[2]、金狮子、何船、劣马儿、罗船、金胜、黄船、董船、刘船,其名甚多,姑言一二。

更有贾秋壑府车船,船棚上无人撑驾,但用车轮脚踏而行,其速如飞。又有御舟,安顿小湖园水次,其船皆是精巧雕刻创造,俱用香楠木为之。只是周汉国公主游玩,曾一用耳。灵芝寺前水次,有赵节斋所造湖舫,名曰乌龙,凡遇撑驾,即风波大作,坐者不安,多不敢撑出,以为弃物。

湖中南北搬载小船甚夥[3],如撑船卖买羹汤、时果;掇酒瓶,如青碧香、思堂春、宣赐、小思、龙游新煮酒俱有。及供菜蔬、水果、船扑、时花带朵、糖狮儿,诸色千千,小段儿、糖小儿、家事儿等船。更有卖鸡儿、湖齑[4]、海蜇、螺头及点茶、供茶果、婆嫂船,点花茶、拨糊盆、拨水棍小船,渔庄岸小钓鱼船。湖中有撇网鸣榔打鱼船,湖中有放生龟鳖螺蚌船,并是瓜皮船也。

又有小脚船,专载贾客妓女、荒鼓板、烧香婆嫂、扑青器、唱耍令缠曲,及投壶打弹百艺等船[5],多不呼而自来,须是出著发放支犒,不被哂笑[6]。若四时游玩,大小船只,雇价无虚日。遇大雪亦有富家玩雪船。如二月八及寒食清明,须先指挥船户,雇定船只。若此日分舫船,非二三百券不可雇赁。至日,虽小脚船亦无空闲者。船中动用器具,不必带往,但指挥船主一一周备。盖早出登舟,不劳为力,惟支犒钱耳。更有豪家富宅,自造船只游嬉,及贵官内侍,多造采莲船,用青布幕撑起,容一二客坐,装饰尤其精致。

【注释】

[1] 料:古代计量单位。或以一石(约60公斤)粮食为一料;或以两端截面方一尺、长七尺的木料为一料。宋代大船可达五千料。五六百人:运载量。中等二千至一千料,亦可载二三百人。

[2] 戗金:在器物图案上嵌金。戗:音 qiāng,填,嵌。

[3] 甚夥:甚多。

[4] 湖齑:湖粉,用湖中植物等为原料制成粉状食品。齑:音 tì,通“齑”。

[5] 投壶:古时宴会时的娱乐活动,轮流投筹往壶中,投中少者须罚酒。打弹:用棒打球。

[6] 支犒:支付犒赏。哂笑:嘲笑。哂:音 shěn,讥笑。

园　囿

杭州苑囿,俯瞰西湖,高挹两峰,亭馆台榭,藏歌贮舞,四时之景不同,而乐亦无穷矣。然历年既多,间有废兴,今详述之,以为好事者之鉴。

在城万松岭内贵王氏富览园、三茅观东山梅亭、庆寿庵褚家塘东琼花园、清湖北慈明殿园、杨府秀芳园、张氏北园、杨府风云庆会阁、望仙桥下牛羊司侧，内侍蒋苑使住宅侧筑一圃，亭台花木，最为富盛。每岁春月，放人游玩，堂宇内顿放买卖关扑[1]，并体内庭规式，如龙船、闹竿[2]、花篮、花工，用七宝珠翠，奇巧装结，花朵冠梳，并皆时样。官窑碗碟，列古玩具，铺列堂右，仿如关扑，歌叫之声，清婉可听，汤茶巧细，车儿排设进呈之器，桃村杏馆酒肆，装成乡落之景。数亩之地，观者如市。

城东新门外东御园，即富景园，顷孝庙奉宪圣皇太后尝游幸。五柳园即西园、张府七位曹园。南山长桥庆乐园，旧名南园，隶赐福邸园内，有十样亭榭，工巧无二，俗云："鲁班造者"。射圃、走马廊、流杯池、山洞、堂宇宏丽，野店村庄，装点时景，观者不倦，内有关门，名凌风关，下香山巍然立于关前，非古沈即枯枏木耳[3]。盖考之志与《闻见录》所载者误矣。净慈寺南翠芳园，旧名屏山园，内有八面亭堂，一片湖山，俱在目前。雷峰塔寺前有张府真珠园，内有高寒堂，极其华丽。塔后谢府新园，即旧甘内侍湖曲园。罗家园、白莲寺园、霍家园、方家坞刘氏园、北山集芳园。四圣延祥观御园，此湖山胜景独为冠；顷有侍臣周紫芝[4]从驾幸后山亭曾赋诗云："附山结真祠，朱门照湖水。湖流入中池，秀色归净几。风帘还旌幢，神卫森剑履；清芳宿华殿，瑞霭蒙玉扆[5]。仿佛怀神京，想象轮奂美。祈年开新宫，祝釐奉天子。良辰后难会，岁暮得斯喜。洲乃清樾中，飞楼见千里。云车傥可乘，吾事兹已矣。便当赋远游，未可回屐齿[6]。"园有凉台，巍然在于山巅，后改为西太乙宫黄庭殿，向朝臣高似孙会赋诗曰："水明一色抱神州，雨压轻尘不敢浮。山北山南人唤酒，春前春后客凭楼；射熊馆暗花扶扆，下鹄池深柳拂舟。白首都人能道旧，君王曾奉上皇游。"下竺寺园，钱墙门外九曲墙下择胜园、钱塘正库侧新园、城北隐秀园、菩提寺后谢府玉壶园、四井亭园、昭庆寺后古柳林、杨府云洞园、西园、杨府具美园、饮绿亭、裴府山涛园、葛岭水仙庙，西秀野园。集芳园，为贾秋壑赐第耳。赵秀王府水月园、张府凝碧园、孤山路张内侍总宜园、西林桥西水竹院落。

里湖内诸内侍园囿楼台森然，亭馆花木，艳色夺锦，白公竹阁，潇洒清爽。沿堤先贤堂、三贤堂、湖山堂、园林茂盛，妆点湖山。九里松嬉游园、涌金门外堤北一清堂园、显应观西斋堂观南聚景园，孝、光、宁三帝尝幸此[7]，岁久芜圮，迨今仅存一堂两亭耳。堂扁曰鉴远，亭曰花光，一亭无扁，植红梅，有两桥曰"柳浪"、曰"学士"，皆粗见大概，惟夹径老松益婆娑，每盛夏秋首，芙蕖绕堤如锦，游人舣舫赏之，顷有侍从陆游舟过作诗咏曰："圣主忧民罢露台，春风侧苑画常开。尽除曼衍鱼龙戏，不禁刍荛雉兔来[8]。水鸟避人横翠霭，宫花经雨委苍苔。残年自喜身强健，又作清都梦一回。""水殿西头起砌台，绿杨闹处杏花开。萧韶本与人同乐，羽卫才闻岁一来[9]。蠲首波先涵藻荇，金铺雨后上莓苔。远臣侍宴应无日，日望尧云到晚回。"高似孙[10]《游园咏》曰："翠华不向苑中来，可是年年惜露台。水际春风寒漠漠，官梅却作野梅开。"张府泳泽环碧园，旧名清晖园，大小渔庄，其余贵府内官沿堤大小园囿、水阁、凉亭，不纪其数。

御前宫观,俱在内苑,以备车驾幸临憩足之处。内东太乙宫有内宛,后一小山,名曰武林山,即杭城之主山也。宰臣楼钥[11]曾赋长篇咏云:“易君求赋武林山,身困尘劳无暂闲。我求挂冠欲归去,念此诗债须当还。武林山出武林水,灵隐后山无乃是。此山亦复用此名,细考其来具有以。天目两乳到钱塘,一山环湖万龙翔,扶舆[12]磅礴拥王气,皇居壮丽环宫墙。湖阴一峰如怒猊,势临城北尤瑰奇。吴越大作缁黄庐,为穿百井以厌之。从来有龙必有珠,此虽培塿[13]千山余。中兴南渡为行都,崇列原庙太乙庐。曾因祠事来登眺,阛阓尘中有员峤[14],薰风时来洗溽暑,绿树阴阴隐残照。我得暂来犹醒心,羡君清福住年深。长安信美非吾土,倦翼惟思归故林。”

城南则有玉津园,在嘉会门外南四里,绍兴四年金使来贺高宗天中圣节,遂宴射其中。孝庙尝临幸游玩,曾命皇太子、宰执、亲王、侍从、五品以上官及管军官讲宴射礼,孝庙御制诗赐皇太子以下官曰:“一天秋色破寒烟,别籞[15]连堤压巨川。欣见岁功成万宝,因行射礼命群贤;腾腾喜气随飞羽,袅袅凄风入控弦。文武从来资并用,酒余端有侍臣篇。”时光庙在东宫侍驾,恭和曰:“秋深欲晓敛寒烟,翠木森围万里川。阊阖启关开法驾[16],玉津按武会英贤;皇皇圣父明如日,挺挺良臣直似弦。蹈舞欢呼称万岁,未饶天保报恩篇。”宰臣曾怀恭和曰:“名园佳气霭非烟,冠佩朝宗似百川。五品并令陪宴射,四鍭[17]端欲序宾贤;恩涵春意鱼翻藻,威入秋声雁落弦。竣事更容窥典雅,宸章应陋柏梁篇[18]。”“江山秋日冠轻烟,别院风光胜辋川。位设虎侯恢盛典,技精杨叶拔名贤;礼均湛露宣飞斝[19],乐奏钧天看发弦[20]。圣主经文兼纬武,全胜巡幸射蛟篇。”其余群臣俱有恭和诗,不得罄竹而载。史魏王弥远出判宁国府,理庙命宰执侍从于此园设燕饯行,有朝官何铨赋诗曰:“饯行朱邸帝城春,随例颠忙宴玉津。报国独劳千一虑,钧天同听十三人;金卮宣劝君王重,花露湔愁醉梦真[21]。郤忆故人猿鹤在,便思投老乞闲身。”按玉津园乃东都旧名,东坡尝赋诗,有“紫坛南峙表连冈”之句,盖亦密迩园坛也。嘉会门外有山,名包家山,内侍张侯壮观园、王保生园。山上有关,名桃花关,旧扁蒸霞,两带皆植桃花,都人春时游者无数,为城南之胜境也。

城北城西门外赵郭园。又有钱塘门外溜水桥东西马塍诸圃,皆植怪松异桧,四时奇花,精巧窠儿,多为龙蟠凤舞飞禽走兽之状,每日市于都城,好事者多买之,以备观赏也。

【注释】

[1] 顿放:安置,放置。

[2] 闹竿:一种悬挂各种玩具或诸色杂货的竹竿,旧时货郎常用。

[3] 枿:同“蘖”,被砍去或倒下的树木再生的枝芽。

[4] 周紫芝(1082—1155):南宋文学家。字少隐,号竹坡居士,宣城(今安徽宣城)人。诗无典故堆砌,自然顺畅。词亦清丽婉曲,天然自成。

[5] 扆:音 yǐ,古代宫殿户牖之间的位置,也指户牖间画有斧形的屏风。

[6] 屐齿:屐底的齿。代指步履。

[7] 孝、光、宁:分指南宋孝宗赵昚(shèn)、光宗赵惇(dūn)、宁宗赵扩。后文中又称“孝

庙”“光庙”云。

[8] 刍荛:割草打柴,也指割草打柴之人。

[9] 萧韶:舜时乐名。《尚书》:萧韶九成,凤凰来仪。羽卫:帝王的卫队和仪仗。此谓帝王。

[10] 高似孙(1158—1231):字续古,号疏寮,鄞县(今浙江宁波)人。地方志学家、目录学家。著《剡录》,为嵊县第一部县志。一生著述广涉经、史、子、集,诗词亦流传甚广。

[11] 楼钥(1137—1213),字大防,一字启伯,号攻媿主人,鄞县(今浙江宁波鄞州区)人。幼少好读书,潜心经学,融贯史传。南宋隆兴元年(1163)进士,任温州教授,改任宗正寺主簿,继知温州,擢起居郎兼中书舍人。直言敢谏,言奏不避。累官婺州,移知宁国府,任为吏部尚书兼翰林侍讲,同知枢密院事,升参知政事,又授资政殿大学士,提举万寿观。卒赠少师,谥宣献。散文、书法兼工。

[12] 扶舆:亦作“扶与”“扶于”。犹扶摇,盘旋升腾貌。

[13] 培塿:小土丘。

[14] 阛阓:音 huán huì,街市,街道,民间。员峤:传说中的仙山名。

[15] 别籞:谓别苑。籞:音 yù,禁苑。

[16] 阊阖:音 chāng hé,传说中的天门。法驾:天子车驾的一种。

[17] 四鍭:四支利箭。鍭:音 hóu,箭,箭头。语出《诗经·行苇》:“敦弓既坚,四鍭既钧,舍矢既均,序宾以贤。”意思是说,佳宾都来了,如何排座次?每人四支箭,谁贤优谁上座。

[18] 宸章:皇帝所作的诗文。宸:音 chén,屋檐,宫殿。柏梁篇:泛称应制诗。

[19] 斝:音 jiǎ,一种铜制的酒器。

[20] 钧天:“钧天广乐”的略语。语出《列子·周穆王》:王以为清都紫微,钧天广乐,帝之所居。语谓天上的音乐,仙乐。后形容优美雄壮的乐曲。

[21] 卮:音 zhī,古代盛酒的器皿。湔:音 jiān,濯,洒,洗涤。

瓦　　舍

瓦舍者[1],谓其“来时瓦合,去时瓦解”之义,易聚易散也。不知起于何时。顷者京师甚为士庶放荡不羁之所,亦为子弟流连破坏之门。

杭城绍兴闲驻跸于此,殿岩杨和王[2]因军士多西北人,是以城内外创立瓦舍,招集妓乐,以为军卒暇日娱戏之地。今贵家子弟郎君,因此荡游,破坏尤甚于汴都也。

其杭之瓦舍,城内外合计有十七处,如清泠桥西熙春楼下,谓之南瓦子;市南坊北三元楼前谓之中瓦子;市西坊内三桥巷名大瓦子,旧呼上瓦子;众安桥南羊棚楼前名下瓦子,旧呼北瓦子;盐桥下蒲桥东谓之蒲桥瓦子,又名东瓦子,今废为民居;东青门外菜市桥侧名菜市瓦子;崇新门外章家桥南名荐桥门瓦子;新开门外南名新门瓦子,旧呼四通馆;保安门外名小堰门瓦子;候潮门外北首名候朝门瓦子,便门外北谓之便门瓦子;钱湖门外南首省马院前名钱湖门瓦子;亦废为民居;后军寨前谓之赤山瓦子;灵隐天竺路行春桥侧曰行春瓦子;北郭税务曰北郭瓦子,又名大通店;米市桥下米市桥瓦子;石碑头北麻线巷内侧曰旧瓦子。

【注释】

[1] 瓦舍:瓦舍——城市商业性游艺区,也叫瓦子、瓦市。瓦舍里设置的演出场所称勾栏,也称钩栏、勾阑。勾栏的原意为曲折的栏杆,在宋元时期专指集市瓦舍里设置的演出棚。

唐代的寺院戏场到了宋代,随着城市工商业的发展及夜禁制度的瓦解,开始走向民间,形成了遍布市井的勾栏瓦舍。宋代,瓦舍的规模大的有十几座勾栏。南宋都城临安的瓦舍分布尤为普遍。

勾栏的建造形制借鉴了当时神庙戏台的一些手法,设立戏台和神楼。考虑到观众看戏的需要,勾栏四周围起,上面封顶,演出不再有寒风振衣、雷电袭人之虞。在其内部,一面建有表演用的高出地面的戏台,戏台上设有乐床。其后是戏房,戏房戏台间的通道称为"古门道"或"鬼门道",即上下场门。其他面则是从里往外逐层加高的观众席,叫腰棚。其中正对戏台而位置较高的看台又叫"神楼"。观众席里最上等的座位叫"青龙头",位于靠近戏台左侧的下场门附近。勾栏实行商业化的演出方式,对外售票。它的出现标志着中国剧场的正式形成。它历经北宋、金、元、明朝共400余年,是此一时期中国戏剧演出的主要场所。

[2] 殿岩:谓殿帅。杨沂中(1102—1166):字正甫,代州崞县(今山西原平北)人,南宋名将。追封和王,谥武恭。杨沂中生于将门世家,宣和末应募从军。建炎四年正月,从张俊抗击金军于明州(今宁波),以功升中军统制(领),逐渐成为宋高宗的心腹。绍兴十一年十二月,宋高宗、秦桧杀害岳飞,在杀岳云、张宪时,杨沂中任监刑官。后屡起屡罢。乾道二年(1166)死,终年65岁。绍兴间,杨沂中因临安驻军多西北人,是以于城内外创立瓦舍,招集妓乐以为军卒的暇日娱戏之地。瓦舍于是勃兴。

塌　　房

柳永《咏钱塘》词曰:"参差十万人家[1]。"此元丰前语也。自高庙车驾由建康幸杭,驻跸几近二百余年,户口蕃息,近百万余家。

杭城之外城,南西东北各数十里,人烟生聚,民物阜蕃,市井坊陌,铺席骈盛,数日经行不尽,各可比外路一州郡,足见杭城繁盛矣。

且城郭内北关水门里,有水路周迴数里,自梅家桥至白洋湖、方家桥直到法物库市舶前[2],有慈元殿及富豪内侍诸司等人家于水次起造塌房数十所[3],为屋数千间,专以假赁与市郭间铺席宅舍[4]及客旅寄藏物货,并动具等物,四面皆水,不惟可避风烛,亦可免偷盗,极为利便。盖置塌房家,月月取索假赁者管巡廊钱会[5],顾养人力,遇夜巡警,不致疏虞[6]。其他州郡,如荆南、沙市,太平州、黄池皆客商所聚[7],虽云浩繁,亦恐无此等稳当房屋矣[8]。

【注释】

[1] 参差:高低曲折连绵貌。

[2] 法物库:存放祭祀及仪仗的库房。市舶:市舶司的简称。宋代分设提举市舶司于广州、杭州、明州(今宁波)等地,管理商船,征收关税,收买进口物资等。

[3] 水次:水边,码头边。塌房:又名邸店。宋以后寄存、租借商旅货物、提供住宿的场所,寄存者须向主人支付寄存、保管费用。

[4] 假赁:租借。铺席:铺面,店铺。

[5] 钱会:宋代发行的一种纸币。

[6] 疏虞:疏忽,失误。

[7] 荆南:又称南平、北楚,高季兴所建,为五代十国时期十国之一。治所江陵,辖荆、归(今湖北秭归)、峡(今湖北宜昌)三州。沙市:今属湖北。太平州:北宋太平兴国二年,升南平军为太平州,治所在今安徽当涂。黄池:在今河南封丘西南。

[8] 稳当:谓(临安塌房收入)牢靠稳定。

心 境 记

元·方 回

【提要】

本文选自《桐江集》卷二(《宛委别藏丛书》),江苏古籍出版社 1988 年影印本。

源自佛教境界说的诗境论自唐出现后,宋人继续发展并以意境统称物、情、意三境。其大者如苏轼的"境与意会",如欧阳修的"状难写之景如在目前,含不尽之意见于言外,然后为至矣"(《六一诗话》)。南宋僧人普文《诗论》:"天下之诗莫出于二句:一曰意句,二曰境句。境句则易琢,意句则难制。境句人皆得之,独不易得其妙者,盖不知旨也。"

由南宋而入元,崇尚江西诗派并编选了唐宋以来近体诗为《瀛奎律髓》的方回,写了这篇《心境记》,这是中国历史中较早的一篇专论意境的文字。

方回把诗中展现的种种境界,统统视为诗人之"心境",他认为,诗人对诗境的审美追求,不必"喜新而厌常";"厌夫埃坌卑湫之为吾累,而慕夫空妙超旷以自为高,则山经海图崖梯波航之所传闻,足以幻世而骇众",那也不一定就是"幽人逸客"的独特诗境。陶渊明的诗写的就是普通的"人境","结庐在人境,而无车马喧",为什么陶渊明能处身超然物外的"人境"?方回便以"心远地自偏"而生发:"吾尝即其诗而味之:东篱之下,南山之前,采菊徜徉,真意悠然,玩山气之将夕,与飞鸟以俱还,人何以异于我,我何以异于人哉?'盥濯息檐下,斗酒散襟颜',人有是我亦有是也;'相见无杂言,但道桑麻长',我有是人亦有是也。"这就是说,诗的境界本自人人皆有所感受的现实生活的日常境界,但诗人在诗中所表现的境界又毕竟不同于常人的境界,为什么呢?主要在于诗人之心不同于常人之心:

顾我之境与人同,而我之所以为境,则存乎方寸之间,与人有不同焉者耳……然则此渊明之所谓心也,心即境也。治其境而不于其心,则迹与人境远,而心未尝不近;治其心而不于其境,则迹与人境近,而心未尝不远。

方回所谓"心",就是"情""意"的概称,他是在区别现实生活之物境与诗人"存乎方寸之间"的意境。写诗的人不仅要在"与人同"的物境上下工夫,更须从自己的情意中炼其独特感受，方可臻“空妙超旷以自为高”之境，方可情深意远；孜孜以求“幻世而骇众”的物境，方能有陶渊明“心远地自偏”之妙境。方回体悟到了诗境形成过程中诗人主观方面的作用，对“意境”说已有了比较成熟、全面的认识。

明、清之时，“意境”得到了完全的确认，对“意境”简单的理解已极少见，“意境”说也逐渐从佛、道神秘氛围走出来，诗人和诗论家们对方回的“治其心”有了更深入的发挥，即更自觉地从诗人审美心理与诗的美感效应来阐释意境的发生与表现。王国维、梁启超、林琴南各有阐论。

意境说对元以降各种艺术形式都产生了深远的影响，建筑营造自然受其浸染。

世之人喜新而恶常，厌夫埃坌卑湫[1]之为吾累，而慕夫空妙超旷以自为高，则山经海图崖梯波航之所传闻[2]，足以幻世而骇众。其说以为扶桑之东有三神山，长生之药所自出[3]；昆仑之巅曰阆风，其中有五城十二楼，西王母居焉[4]。代之五台、清凉[5]；蜀之青神、大面、凌云、三峨、兜绵之台[6]，金桥金灯示现之地[7]；四明有补陀落伽大士之岛[8]，天台有刘晨、阮肇桃花之溪[9]，则又皆其近在中国而间有至焉者也。是以幽人逸客之有志于斯者，或欲弃捐世事，赢粮[10]而从之。

惟晋陶渊明则不然。其诗曰：“结庐在人境，而无车马喧。”问其所以然者，则答之曰：“心远地自偏[11]。”吾尝即其诗而味之：东篱之下，南山之前，采菊徜徉，真意悠然，玩山气之将夕，与飞鸟以俱还，人何以异于我，而我何以异于人哉？“盥濯息檐下，斗酒散襟颜[12]”，人有是我亦有是也；“相见无杂言，但道桑麻长[13]”，我有是人亦有是也。其寻壑而舟也[14]，其经丘而车也，其日涉成趣而园也，岂亦抉天地而出，而表能飞翔于人世之外耶[15]？顾我之境与人同，而我之所以为境，则存乎方寸之间，与人有不同焉者耳[16]。昔圣门之言志也，子路率尔而对矣，求尔何如，赤尔何如，则亦各言之矣。然后点也，铿尔舍瑟而作曰：“异乎三子者之撰[17]。”然则此渊明之所谓心也。

心即境也。治其境而不于其心，则迹与人境远，而心未尝不近[18]；治其心而不于其境，则迹与人境近，而心未尝不远[19]。蜕人欲之蝉不必乘列子之风也[20]，融天理之春不必吹邹衍之律也[21]。以此心处此境者，桐江马君天骥也；观其境而知其心者，前太守紫阳方回也。于是援无弦琴[22]而为之歌曰：“境而仙乎，敷落其天乎[23]；境而佛乎，华严其国乎[24]；境而隐乎，石其漱流而枕乎[25]。农其家，不啬不奢，我境桑麻；儒其居，奚槁奚腴，我境诗书[26]。境之圃，蔬可以俎，莫狐予侮[27]；境之泉，钓则有鲜，莫蛟予涎[28]。匪宫珠兮室贝，匪玉堂兮门金[29]。问世之雌风安在[30]？曰：九万里斯在下矣[31]。此所以为心境之心。

【作者简介】

方回(1227—1307)，字万里，号虚谷，又号紫阳居士，歙州(今安徽歙县)人。宋末景定进士，累官严州知府。宋亡降元，授建州路总管。在文学和诗歌理论方面多有创获，其诗学理论集中体现于《瀛奎律髓》，另有《桐江集》《桐江续集》等传世。

【注释】

[1] 埃坌:谓尘土飞扬。坌:音 bēn,尘埃。卑湫:谓污秽的积水。

[2] 山经海图:《山海经》中多记奇闻异事。崖梯波航:谓凿梯攀崖,扁舟远航。句谓写诗之人取材专好人迹罕至乃至传说之景。

[3] 扶桑:典出《山海经》:汤谷上有扶桑,十日所浴。后以之谓东方极远处或太阳出来的地方。三神山:传说东海中仙人所居之山,即蓬莱、方丈、瀛洲。

[4] 阆风:山名。在昆仑山上,传为西王母居处。五城十二楼:传说中神仙所居之处。

[5] 五台、清凉:均在今山西五台山,其境古属代州。

[6] 青神:今四川青神境内(乐山、眉山之间)。大面:在今成都。凌云:在乐山,有凌云九峰。三峨:即峨眉山。峨眉山有大峨、中峨、小峨三峰,故称。兜绵:不详。或谓峨眉山金顶。光明岩前兜罗绵云(云海)忽起,翻卷腾涌如海潮,触目皆白。

[7] 金桥金灯:谓仙界幻境。

[8] 四明:四明山。在今浙江宁波。补陀落伽大士之岛:即普陀山。

[9] 天台:山名。在今浙江天台境内。《幽明录》:东汉刘晨、阮肇入天台山采药凡十三日,因欲摘桃充饥,在溪边遇二仙女,留住半年。及返家,见乡邑零落,子孙已过十世。

[10] 赢粮:谓带足粮食。

[11] 心远地自偏:陶渊明《饮酒·其五》:结庐在人境,而无车马喧。问君何能尔?心远地自偏。采菊东篱下,悠然见南山。山气日夕佳,飞鸟相与还。此中有真意,欲辨已忘言。

[12] “盥濯”句:陶渊明《庚戌岁九月中于西田获早稻》:“人生归有道,衣食固其端。孰是都不营,而以求自安。开春理常业,岁功聊可观。晨出肆微勤,日入负耒还。山中饶霜露,风气亦先寒。田家岂不苦,弗获辞此难。四体诚乃疲,庶无异患干。盥濯息檐下,斗酒散襟颜。遥遥沮溺心,千载乃相关。但愿长如此,躬耕非所叹。”诗写的是自己理想中的农耕生活,但描写背后隐然含有农耕与为官两种生活的对比及对理想人生的追求。

[13] “相见”句:陶渊明《归园田居》(其二):“野外罕人事,穷巷寡轮鞅。白日掩荆扉,虚室绝尘想。时复墟曲人,披草共来往。相见无杂言,但道桑麻长。桑麻日已长,我土日已广。常恐霜霰至,零落同草莽。”

[14] “寻壑”句:陶渊明《归去来兮辞》:“园日涉以成趣,门虽设而常关。”又“或命巾车,或棹孤舟,既窈窕以寻壑,亦崎岖而经丘”。

[15] “岂亦”句:作者反问陶渊明,这些诗句表明自己穿越天地而高飞人境外?抉:音 jué,谓跳出。

[16] “顾我”数句:谓我所处的生活环境与他人相同,而我之所以创造诗境,是因为我心中所感受到的,与他人不同。第一“境”,实境;第二“境”,心中之境。方寸之间:谓心。

[17] 三子者之撰:典出《论语》。子路、曾皙、冉有、公西华各言心中抱负。子路、冉有、公西华言志毕,曾皙说“异乎三子者之撰”。他的志向是说:“莫春者,春服既成,冠者五六人,童子六七人,浴乎沂,风乎舞雩,咏而归。”孔子听后,喟然叹曰:“吾与点也。”点,即曾皙。

[18] “治其境”数句:谓只致力于寻求物境的“空妙超旷”而不求己心灵的感觉是否与他人不同,结果诗中虽有若仙之境,但其中体现的诗人心意却与常人无异。

[19] “治其心”数句:与前句句式相仿。不于其境:谓不是特别在客观物境上下功夫。句谓修炼其心而不刻意造境,于是境虽人间常境,却含意隽永、意阔心远。

[20] 蜕人欲之蝉:谓脱去人欲这层蝉壳。列子之风:神仙之风。

[21] 天理之春:谓自然规律蔚成之美丽春天。邹衍之律:《列子·汤问》:北方有地,美而

寒,不生五谷,邹子吹律暖之,而禾黍滋也。邹衍:战国时阴阳家,善音律。

[22] 无弦琴:未上弦之琴,以心弹之。渊明不解音律,但蓄无弦琴一张,“每酒适,则抚琴以寄其意”(《陶靖节传》)。

[23] 敷落其天:谓从天而降。

[24] 华严其国:谓佛家庄严之境。

[25] 漱流而枕:漱石枕流。

[26] “儒其居”句:谓平常读书人家。槁腴:谓干枯丰裕。

[27] 俎:砧板。谓菜可以吃。莫狐予侮:谓没有狐仙之类妖怪作祟,欺侮我。

[28] 莫蛟予涎:《北梦琐言》:蛟蜒形如蚂蟥,即水蛭也。蛟涎沫腥粘,掉尾缠人,而噬其血。

[29] “匪宫”二句:谓不是宫室里的珍珠宝贝,不在玉堂金门之中。

[30] 雌风:典出《风赋》,雌风取平凡之义。

[31] 九万里:典出《庄子·逍遥游》。句谓凭“庶人”之风亦可拓出不平凡的境界。

吴兴山水清远图记

元·赵孟頫

【提要】

本文选自《赵孟頫集》(浙江古籍出版社 1986 年版)。

吴兴是浙江湖州的古称。

吴兴地势自西南向东北倾斜,西部为低山丘陵,西南部依天目山地势略高,东北部为平原区。境内近半为山地丘陵,有“五山一水四分田”之称。放眼西南山势,起伏连绵,如龙腾霞起;而东部则一望无际,“以天为堤”的水乡平原,水网纵横,河港密布。

这篇图记全面而详尽地描述了“吴兴清远”之胜状。文章以写实的手法写出了吴兴山水的全景。从“天目之阳”的“南来之水”写起,写山“奔腾相属”“皆与水际”“散布不属”“联若鳞比”;写湖则“汪汪且百顷”中有“巨石如积”,有“不以水盈缩为高卑”的神奇。湖入城中,又“入于震泽”(太湖)。最后在“吴兴清远”的中心地带,即今湖州市南郊碧浪湖处,落下重墨:“春秋佳日,小舟溯流城南,众山环周,如翠玉琢削,空浮水上,与舡低昂,洞庭诸山,苍然可见,是其最清远处耶?”笔间愈转愈空明,转化为一种可望而不可即的清远之境,清远中道境幽幽,妙处难与人说。

赵孟頫在中国诗文书画史上确立了“吴兴清远”的审美意趣与境界。何谓“清远”?他的《浮玉山》诗:“玉湖流水清且闲,中有浮玉之名山。千帆过尽暮天碧,惟见白云自往还。”《题苕溪》:“自有天地有此溪,泓亭百折净无泥。我居溪上尘不到,只疑家在青玻璃。”前一首写远,远中有清;后一首写清,清中有远。水清天碧,由近而远，形迹在移动中渐虚、渐稀、渐淡、渐微、渐缥缈，于是清远矣。

“清远”实际上与道家以及中国化的佛家的思想关系密切。佛道的离世俗而归“空”，归“道”，就是归入脱世离俗的“远”；而“清”是天地自然间一泓清气，是人生澄净高洁的境界，点尘不染。于是，湖州人赵孟頫选择了吴兴“清远”入画、入诗、入文，吴兴山水的“清远”之境成为了“遗人”赵孟頫孜孜以求的栖居地和精神家园。

昔人有言：“吴兴山水清远。”非夫悠然独往有会于心者，不以为知言。

南来之水，出自天目之阳，至城南三里而近汇为玉湖，汪汪且百顷。玉湖之上有山，童童状若车盖者[1]，曰：“车盖山”。由车盖而西，山益高，曰道场。自此以往，奔腾相属，弗可胜图矣。

其北小山坦迤[2]，曰岘山，山多石，草木疏瘦如牛毛。诸山皆与水际，路绕其麓，远望唯见草树缘之而已。中湖巨石如积，坡陀磊块[3]，葭苇丛焉[4]，不以水盈缩为高卑，故曰浮玉。浮玉之南，两小峰参差，曰上、下钓鱼山。又南长山，曰长超。

越湖而东与车盖对峙者，曰上、下河口山。又东四小山，衡视则散布不属，纵视则联若鳞比，曰沈长，曰西余，曰蜀山，曰乌山。又东北曰毗山，远树微茫中，突若覆釜。

玉湖之水北流入于城中，合苕水于城东北[5]，又北东入于震泽。春秋佳日，小舟溯流城南，众山环周，如翠玉琢削，空浮水上，与舡低昂[6]。洞庭诸山[7]，苍然可见，是其最清远处耶？

【作者简介】

赵孟頫(1254—1322)，字子昂，号松雪，松雪道人，湖州(今浙江吴兴)人。宋太祖赵匡胤十一世孙，秦王德芳之后。赵孟頫一生历宋元之变，仕隐两兼。

宋灭亡后，归老家闲居。元至元二十三年(1286)，朝廷奉诏搜访遗逸士人于江南，赵孟頫受邀进京，得到元世祖的接见，世祖呼为“神仙中人”。随即被任命为从五品官阶的兵部郎中，两年后任从四品集贤直学士。随后亦官亦隐。至大三年(1310)，皇太子爱育黎拔力八达对他产生了兴趣，拜其为翰林侍读学士，知制诰同修国史，次年五月，爱育黎拔力八达即位，是为仁宗。他登基后不久，立即将赵孟頫升为从二品集贤侍讲学士、中奉大夫。延祐三年(1316)，又将其擢为翰林学士承旨、荣禄大夫，官居从一品。至此，赵孟頫“名满天下”。

赵孟頫博学多才，能诗善文，懂经济，工书法，精绘艺，擅金石，通律吕，解鉴赏。特别是书法和绘画成就最高，开创元代新画风，被称为“元人冠冕”。绘画，山水、人物、花鸟、竹石、鞍马无所不能；工笔、写意、青绿、水墨，无所不精。他在我国书法史上地位更是显赫，篆、隶、真、行、草书无不擅长，尤以楷、行书著称于世。其书风遒媚、秀逸，结体严整、笔法圆熟，世称“赵体”，与颜真卿、柳公权、欧阳询并称为楷书“四大家”。

【注释】

[1] 童童：茂盛貌，重叠貌。

[2] 坦迤:谓山势平缓而连绵不绝。

[3] 磊块:泛指块状物。

[4] 葭苇:芦苇。

[5] 苕:音 tiào。苕水出天目山,分两支,“龙飞凤舞,萃于临安”(苏轼《表忠观碑》)。两支流在湖州汇合后同注入太湖。

[6] 低昂:起伏,升降。

[7] 洞庭诸山:在太湖中。位置在吴县西南,风景秀丽,以碧螺春茶著名。

明肃楼记

元·赵孟頫

【提要】

本文选自《赵孟頫集》(浙江古籍出版社 1986 年版)。

明肃楼修造地点在今河北廊坊永清县境内。

军营附近有信安河、滹沱河、白沟河……这里水网密布,虽为一马平川,但以白沟为界却是“澶渊之盟”定下的宋辽边境,于是这里便有了杨家将抗辽的种种传说,还有举世闻名的地下长城。

1989 年,永清县请来了 20 多位考古学家和史学家,举行了一次“永清县古战道考察及学术研讨会”。通过为期 4 个月的踏勘考证,专家们宣布了一个震惊世人的发现:永清地下古战道为北宋初年“宋拒辽侵”的防御性军事工程,与长城的战争功能相同,并正式命名为“古战道”。专家称,这项规模巨大的地下防御性战争工程的发现,填补了史书记载的空白,为我国军事史上的重大发现,堪称“地下长城,国之瑰宝”。

古战道主要分布在永清、霸州、文安、固安、雄县等 5 个县市境内,东西延伸约 65 公里,南北宽 10—20 公里,总面积有 1 300 多平方公里。宋辽交战时,杨六郎镇守雄县的瓦乔关、霸州的益津关和信安的淤口关,与辽军形成对峙局面。宋朝为了收复失地,秘密地构筑了地下古战道系统。

古战道是由规格和质量基本统一的青砖修筑而成,内部构造错综复杂、巧妙独特。战道埋藏深度上呈立体式分布,同一地道群内,甚至同一洞体内,也分深、中、浅三层,最浅处距地表 1 米左右,深处则达 4—5 米,而且洞与井、古庙、神龛、石塔及临街的商店相通。较大的洞室为宋军藏兵洞,有通气孔、放灯台、蓄水缸、土坑等生活设施。比较狭窄、曲折的通道,加上迷魂洞、翻眼、掩体、闸门等军用设施,使善于马上作战、习惯视野开阔的辽兵,一旦进入则身体和思维都会受到局限,甚至迷失方向,很容易被宋军擒获。

尤值一提的是,宋辽交战数百年来,辽军一直都没有发现这个工程,作为当时的国家秘密工程,宋朝史册上没有记载。“永清县宋辽边关古战道遗址”现已被国务院列为第六批国家级重点文物保护单位。

到了元朝，这里的战略重要性从白雁口兵营的万人规模，从营区的缜密规划、详细的功能划分及营房、望楼的数量便可见一斑。

尤值一提的是，时为布衣的赵孟頫为这座兵营命名“明肃”，颂元朝功德。两年后，赵孟頫出仕。

至元十六年[1]，诏立后卫亲军都指挥司，设使、副、签事，统选兵万人，车驾所至常从。营白雁口，既成，官有廨，士有舍，糗粮有仓[2]，金鼓有楼，器械有局，交易有市，凡军中之政毕举。营南迫信安河，西临滹沱白沟，东与郎城蛤蜊港接。

越六年，当至元廿一年秋，大霖雨。明年秋又雨，群川漫流，营居水中，士马告病。枢密院以闻，得旨移稍西。于是重作圆营，去卑就高，舍危即安。众心胥说[3]，不日成之，士强马蕃，视昔为雄。

由是开屯田千顷，用其农隙以讲武事，无坐食仓廪之弊，而有古者寓兵于农之遗意焉。

中营为楼凡数十楹，悬金鼓以警士之视听，雄伟壮丽，去地百尺，凭高远望，可尽数十百里之外。岁时椎牛酾酒[4]，高会飨士，三令而五申之，士皆不敢仰视，坐作进退，无不如法。自卫帅以下，咸请名斯楼而记之。

仆闻之，古人有言曰：“兵政贵明，军令贵肃。”舍明与肃，非政令之善者。乃名之曰明肃，而求集贤侍讲学士宋公大书以匾其颜。方今天子圣明，四海之内晏然，无桴鼓之警[5]，宿卫之士皆安生乐业，除其器械，足其衣食。春秋属櫜鞬[6]，简车马，从乘舆，巡幸搜狝[7]，出入神旗、豹尾之间，示不忘武备而已。而诸公能于无事之时勤于军政如此，其所谓暇且整者耶？大君子闻鼓鼙之声，则思将帅之臣，况入营垒，登斯楼，见其行事者乎？可以知一时将帅之贤矣。抑又闻之，古之谋帅者以说礼乐、敦诗书为贤。诗书、礼乐，疑若于将帅邈然不相及，然欲使士卒皆有尊君亲上之心，非是四者其孰与于此？故因记斯楼之成，而并书之，以为诸君勉。是役也，诸帅既定议，签事刘公实董其事云。

【注释】

[1] 至元十六年：1279年。

[2] 糗粮：干粮。糗，音qiǔ。

[3] 胥：全、都。说：通“悦”。

[4] 椎：击，此谓宰牛。

[5] 桴鼓：警鼓。

[6] 櫜鞬：音tuó jiān，箭袋。句谓春秋两季，备弓箭，侍御驾。

[7] 搜狝：音sōu xiǎn，春猎与秋猎。

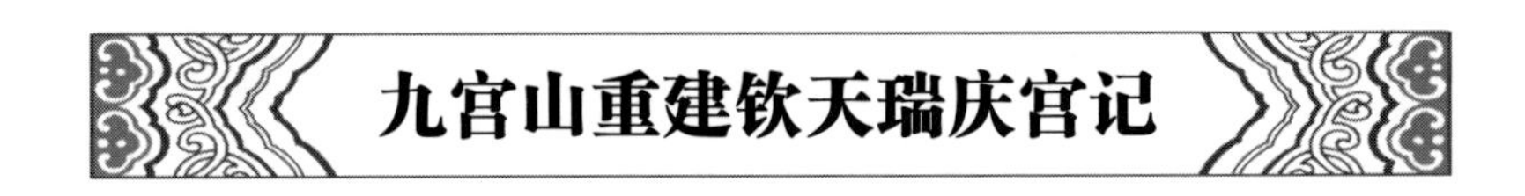

九宫山重建钦天瑞庆宫记

元·赵孟頫

【提要】

本文选自《赵孟頫集》(浙江古籍出版社 1986 年版)。

九宫山是道教发源地之一,在全国五大道场之列,宋元时期为皇家道场。南宋淳熙十四年(1187),湖北郢州(江陵)名道张道清奉诏入山大建道场,此时九宫山成为全国道教名山。宁宗赵扩赐张道清为“开山祖师”,与他结为兄弟,赐龙袍一件,并集江南两年赋税精心筑成“钦天瑞庆宫”,九宫山因此而名声大噪。

南宋末,蒙古大军途经九宫,将百余间道观宫殿付之一炬。统一中国后,忽必烈传旨召见九宫山道士罗希纴,命他主持修复。至此,张道清徒孙封太本、罗希纴前后花了 30 年,最终重建起拥有数百间屋宇的九宫山瑞庆宫。忽必烈还封罗希纴的师傅封太本为“冲隐大师”。罗在大都结识赵孟頫,请赵孟頫撰书《重建钦天瑞庆宫记》。

文中,赵孟頫详细描述了瑞庆宫的布局、楼宇、华表、亭廊……“皆雄杰壮丽,俨若清都;缥渺靓深,疑出尘境”。

然而,27 年后,九宫殿宇又遭雷火,彻底焚尽。次年(1315),第八代门徒车可诏又修复宫宇,元仁宗御赐九宫山宫印,并封车可诏为“文正、明道、诚德法师”。

九宫之山,真人居之[1]。其山之高,去地且四十里[2],殆与人境绝,多寿木灵草、幽花上药,荟蔚藋靡[3],蒙笼蔓延于其上;清泠之泉,喷薄飞流于其下,盖游仙之馆,而栖真之地也。

自真人之居是山,祷焉而雨旸时[4],祈焉而年谷熟,故宋人筑宫而严事之,其事则司业易公之记可考矣。

己未江上之役[5],兵既解,而宫毁于盗。冲隐大师封君大本与其徒思复于古昔,拾瓦砾,除蓁莽,度才鸠工,作而新之。乃作妙应之殿,殿西南向为渊静之居,东为方丈殿,南为天光之堂。其上曰朝元之阁,阁西龙神殿,东为藏室,皆南向。阁之南为仙游之殿,又南为通明之殿。殿西为西庑,庑西为道院。其东亦为庑,东庑之东为斋厨、仓廪。庑南为天声之楼,悬大钟其上。楼东西面又为道院,庭西东面为朝真之馆。中庭为虚皇之坛[6],坛南为碑亭。亭南为三门,门东为化士之局,西亦如之。三门之南为华表,其东西皆属以周廊。门南为壶天之亭[7],又南为天上九宫之门。合数百间,皆雄杰壮丽,俨若清都;缥缈靓深,疑出尘境,虽仙灵之宅,阴有相者,亦不可谓非人力之极致也。

当封君时,则有若某某同其劳。封君既老,戴君继之,最后得法师罗君希纴、某某成其终。由封君以来,历年三十,更有道之士十数,然后毁者复完,废者复兴,卑者崇之,缺者增之。百神之象,祭酒之器,养生之田,鼓钟、幕帟供张之具[8],视昔有加焉。

至元丁亥[9],孟頫奉诏赴阙,始识法师罗君于京师,而又与余同邸舍[10]。居久之,以记为请,不得辞,乃叙其事而记之。然余于此重有感焉,使世之儒者不废先儒之说,以正谊明道为心[11],令议者不得以迂阔而非之,则斯文当日新,庠序当日兴,《子衿》之刺不作矣[12]。岂惟是哉!使天下之人,农、工、商、贾皆不坠其先人之业,各善其事,则家日以益富,生日以益厚,安有坏家毁屋者哉?余于此重有感焉,故并书使刻之石。后之人其尚思余言,毋俾其成之难者[13],败于易也。今天子崇信道德,凡兹山之田,皆已复其租矣。衣食于山中者,盍亦思庶人帅子若弟,终岁勤动以供赋役,而吾乃得优游逍遥,茹蔬饮水以自乐其道,宜何以报帝力哉?罗君方以道术受知圣明,其必有以也。

【注释】

[1] 真人:道教称修真得道或成仙的人。

[2] 去地:谓"山高"。去:离。

[3] 荟蔚藿靡:谓草木繁盛,满目葱茏。

[4] 雨旸:谓雨过天晴。旸:音 yáng,日出。

[5] "已未"句:南宋理宗开庆元年(1259),蒙古大军越过长江进入九江,九江军民奋起反抗,战火蔓延至九宫山。后因王位之争,忽必烈令撤鄂州围,但九宫山上的宫宇已被"江州大盗"烧毁了。

[6] 虚皇:道教神名。

[7] 壶天:谓仙境,胜境。《后汉书・方术传下・费长房》载,费长房为市掾(市场管理员)时,市中有老翁卖药,悬一壶于肆头,市罢,跳入壶中。长房于楼上见之,知为非常人。次日复诣翁,翁与俱入壶中,唯见玉堂严丽,旨酒甘肴盈衍其中,共饮毕而出。

[8] 幕帟:帷幕。帟:音 yì,张盖在上方用以遮蔽尘埃的平幕,以缯为之。供张:常作"供帐"。陈设供宴会用的帷帐、用具、饮食等物。

[9] 至元丁亥:1287 年。

[10] 邸舍:客店,客栈。

[11] 正谊:本来的意义,正确的意义。

[12] 子衿:《诗・郑风》篇名,刺"学校废",谓"乱世则学校不修焉"(《诗序》)。

[13] 俾:音 bǐ,使。

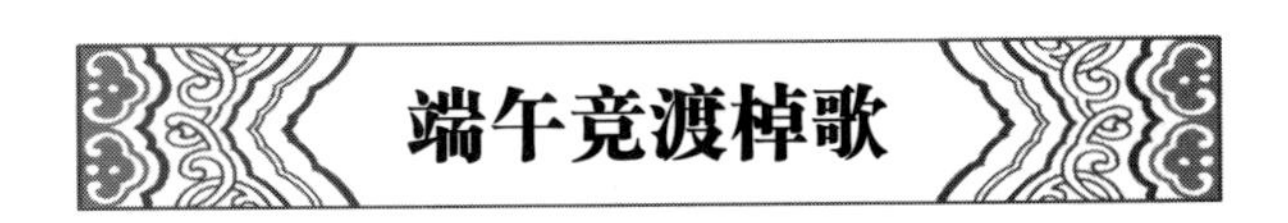

端午竞渡棹歌

元·黄公绍

【提要】

本诗选自《元诗选》(中华书局 1987 年版)。

涌金门是南宋都城临安(今杭州)西城门之一。

五代吴越国时期,曹杲开凿涌金水道,以解西城市民饮咸水之苦。于是,宋以来临安城西就有了涌金池、涌金门、涌金闸,杨万里吟道:"未说湖山佳处在,清晨涌出小金门。"涌金门很早就有游船码头,西湖游船多在此聚散,"涌金门外划船儿"的民谚广为传唱。

宋末元初黄公绍笔下,端午涌金门外竞渡的场景描写一张一弛,令人心向往之。"望湖天,望湖天,绿杨深处鼓韽韽"。春光明媚的端午时节,作者来到了西湖、涌金门一带,极目远望,和众多市民一样急切地盼着竞渡赛早点开始。可是,鼓点声声还被绿杨遮盖,船不见,人不见,两堤未斗水悠悠,"天与玻璃三万顷",水面就如镜面,于是游人的胃口被吊足,纷纷翘首引颈以待。诗歌从静写到动,从远写到近,从早写到晚,把杭州龙舟竞渡的场景写得淋漓尽致,把如画的杭州、美妙的山水写成了人间天堂。

虽然最后"一场离恨两眉峰"蘸有国破之愁怨,但整篇诗歌歌如画、画如歌,泼墨大写意、工笔细描眉兼备,宋元山水画境十分浓郁。

望湖天,望湖天,绿杨深处鼓韽韽[1]。好是年年三二月,湖边日日看划船。

斗轻桡[2],斗轻桡,雪中花卷棹声摇[3]。天与玻璃三万顷,尽教看得几吴舠[4]。

看龙舟,看龙舟,两堤未斗水悠悠。一片笙歌催闹晚,忽然鼓棹起中流。

贺灵鼍[5],贺灵鼍,几多翠舞与珠歌。看到日斜犹未足,涌金门外涌金波。

马如龙,马如龙,飞过苏堤健斗风。柳下系船青作缆,湖边荐酒碧为筒。

绣周张[6],绣周张,楼台帘幕絮高扬。谁赋珠宫并贝阙,怀王去后去沉湘[7]。

棹如飞,棹如飞,水中万鼓起潜螭[8]。最是玉莲堂上好,跃来夺锦看吴儿。

建云斿[9],建云斿,土风到处总相犹。朝了霍山朝岳帝,十分打扮是杭州。

蹋青青,蹋青青,西泠桥畔草连汀[10]。扑得龙船儿一对,画阑倚遍看游人[11]。

月明中,月明中,满湖春水望难穷。欲学楚歌歌不得,一场离恨两眉峰。

【作者简介】

黄公绍，宋元之际邵武(今属福建)人，字直翁。咸淳进士。入元不仕，隐居樵溪(在今邵武，称富屯溪，是闽江上游三源头之一)。著《古今韵会》，已佚，另有《在轩集》传世。

【注释】

[1] 鼘鼘:音 yuān yuān，鼓声。

[2] 轻桡:小桨，借指小船。桡:音 ráo，桨。

[3] 棹:音 zhào，长的船桨。

[4] 吴舠:吴地小船。舠:音 dāo，小船。

[5] 灵鼍:即鼍龙，一种与鳄鱼相似的动物，皮可制鼓。因借指鼓。鼍，音 tuó。

[6] 周张:谓周遍张设。

[7] 怀王:屈原与楚怀王事，龙舟竞渡的源头传说之一。屈原早年受怀王信任，常与王商国是，楚国力渐强。但因自身耿直加谗言不断，屈原终被怀王疏远，流放汉北。后楚郢都破，屈原怀大石自沉汨罗江。

[8] 螭:音 chī，传说中一种没有角的龙。

[9] 云斿:谓如云般的旗帜。斿:音 yóu，旌旗上面的飘带。

[10] 汀:音 tīng，水边平地。

[11] 画阑:彩画装饰的栏杆。

梓人遗制(节选)

元·薛景石

【提要】

《梓人遗制》(山东画报出版社 2006 年版)。

“匠为大，梓为小……为之大者以审曲面势为良，小者以雕文刻镂为工。”段成己在《梓人遗制》的《序言》遍引前人之言说道。

专记雕文刻镂的《梓人遗制》是中国古代的木制机具专著，薛景石撰。景石“素习是业，而有智思，其所制作不失古法，而间出新意。砻断余暇，求器图之所自起，参以时制而为之图，取数凡一百一十条，疑者缺焉”。薛景石在书中，主要介绍木器形状、结构特点、制造方法等，按使用性能分类叙述，每类先介绍历史，一物一条，共一百一十条。每物又分别按其部件叙述，参考古代器物图和当时制度，绘有总图和分图并注明尺寸，易解易学，比较实用。书中记载了包括五明坐车子在内的四种纺织机械，详细记录了这些机械的结构、尺寸、加工工艺，并有这些机械的图形绘制，为我们保存了古代纺织机械的珍贵资料；如制图技术，书中提出了许多符合近代科学的新概念，创造了技术制图的新技法。正如序言中所说，“每一器必离析其体而缕数之,分则各有其名,合则共成一器。"《梓人遗制》是我国机械史,特别是纺织机械史中一部不朽的著作。

《梓人遗制》成书于元朝中统四年(癸亥)(1263)。初刻本早已失传,明朝初年修《永乐大典》时,将其收入。但收入时可能作过某些删节,所绘图谱也可能没有收全。现在传世的是几经劫难、有幸保存下来的《永乐大典》本。

现存《梓人遗制》全书共约 6 400 字,分为两个部分,即"序言"和"正文"。而正文又分为两个部分,第一部分讲"五明坐车子",约占全书篇幅的 1/3;第二部分即本书的主体部分,用了近 3 700 字,绘了 34 幅图,详细讲述了 4 种纺织机械。

"序言"简述了薛景石编写《梓人遗制》的思想和方法。"序言"说:有一位名叫"景石"的木工匠人,很有智慧,又善于思考,他在从事加工各种木制器械的同时,经常利用业余时间,将有代表性的器械,绘成图形。这些图"分则各有其名,合则共同一器,规矩尺度,各疏其下",使加工制造的工匠们,一看图就明白了十之八九。

《梓人遗制》正文的第一部分,记述了"五明坐车子"的结构、尺寸及加工工艺。第二部分讲述了华机子(即提花织机)、立机子(即立织机)、布卧机子(即织造麻布、棉布的平织机)和罗机子(专织绞经织物的木织机)等四大类木织机以及整经、浆纱等工具的型制。全书共有图 110 幅。每图都注明机件名称、尺寸和安装位置、制作方法和工时估算。具体讲解纺织机之前,作者首先论述了纺织机械的产生和发展。作者认为:纺织从黄帝时代就开始了。黄帝的大臣伯余就会用纺织品做衣服。开始织布纺线都是靠手工(手经指挂),后来才有了纺织机。

《梓人遗制》具有科技制图的特性。机械制图作为一门科学,是近代才形成的。按照机械制图学,绘图应分为装配图和零件图、平面图和立体图;对于每个零件、部件、整机,又应有名称、材料、数量、工时定额以及工艺方法等项技术要求;对装配图则有总体尺寸,配合尺寸及零部件的安装位置和方法等内容。而这些内容在该书中都有不同程度的体现。正如"序言"中概括的那样:"规矩尺度,各疏其下。使攻木者揽焉,所得可十九矣。"

《梓人遗制》中所记述的"立机子",也是独一无二的历史资料。因为我国古代的纺织机,大都是平卧式的,竖立式的很少见,有关立式织机的资料,仅赖此而流传下来。

《梓人遗制》的作者薛景石是山西万泉(今山西万荣)人,生活在金末元初的战乱年代。万荣坐落在黄河北岸的中条山西麓,气候温和,雨量适中,森林茂密,木材丰富,农业和纺织业都比较发达。薛景石的祖父和父亲都是当地颇有名气的木制纺织机械制作能手。他从小就跟着父辈走乡串户,为各地作坊和农户加工制作和修理各种纺织机械。长期的实践,使他在木工工艺和木制机械方面积累了丰富的经验,也使他产生了把各种纺织机械及其他木制机械加以总结、规范,绘出图形,为同行工友及后世子孙提供方便的念头。在工友们的鼓励和支持下,薛景石利用"砻断余暇",边制作机器,边学习文化,边计量尺寸,边绘制图纸。绘制成后又反复征求工友们的意见,再三修改,最终为我国纺织机械和技术绘图的历史留下了灿烂的一页。

五明坐车子[1]

《易系辞》云,黄帝服牛乘马[2],引重致远,盖取诸《随》[3]。

《释名》曰，黄帝造舟车，故曰轩辕氏[4]。《世本》云，奚仲造车[5]，谓广其制度耳。《周礼·春官》，巾车掌公车之政令[6]，服车五乘[7]，孤乘夏篆[8]，卿乘夏缦[9]，大夫乘墨车[10]，士乘栈车[11]，庶人乘役车[12]。挽拱[13]。

《周礼·冬官·考工记》云，国有六职，百工与居一焉。或坐而论道，谓之王公。天子诸侯作而行之，谓之士大夫。审曲面势，以饬五材[14]，以辨民器，谓之百工。通四方之珍异以资之，谓之商旅。饬力以长地财，谓之农夫。治丝麻以成之谓之妇功[15]。知者创物，巧者述之，守之世[16]，谓之工。百工之事，皆圣人之作也。烁金以为刃，凝土以为器，作车以行陆，作舟以行水，此皆圣人之所作也。天有时，地有气，材有美，工有巧，合此四者，然后可以为良。

凡攻木之工七，攻金之工六，攻皮之工五，设色之工五，刮摩之工五[17]，搏埴之工二[18]，攻木之工，轮、舆、弓、庐、匠、车、梓。有虞氏上陶[19]，夏后氏上匠[20]，殷人上梓[21]，周人上舆。故一器而工聚焉者，车为多。车有六等之数，皆兵车也。凡察车之道，必自载于地者始也，是故察车自轮始。凡察车之道，欲其朴属而微至[22]。不朴属，无以完久也。不微至，无以为戚速也[23]。轮已崇，则人不能登也。轮已庳，则于马终古登阤也[24]。故兵车之轮六尺有六寸，田车之轮六尺有三寸[25]，乘车之轮六尺有六寸。六尺有六寸之轮，轵崇三尺有三寸也[26]，加轸与轐焉[27]，四尺也，人长八尺，登下以为节[28]。故车有轮，有舆，有辀[29]，各设其人。

轮人为轮，斩三材必以其时。三才既具，巧者和之。毂也者[30]，以为利转也，辐也者[31]，以为直指也。牙也者，以为固抱也[32]。轮敝，三材不失职，谓之完[33]。

轮人为盖，上欲尊而宇欲卑，则吐水疾而霤远[34]。盖已崇则难为门也，盖已庳是蔽目也，是故盖崇十尺。良盖弗冒弗纮[35]，殷亩而驰，不队，谓之国工[36]。

舆人为车，圜者中规，方者中矩，立者中县[37]，衡者中水[38]，直者如生焉，继者如附焉。

凡居材[39]，大与小无并，大倚小则摧，引之则绝。栈车欲弇[40]，饰车欲侈。

辀人为辀，辀有三度[41]，轴有三理[42]。国马之辀[43]，深四尺有七寸。田马之辀[44]，深四尺，驽马之辀，深三尺三寸。轴有三理，一者以为媺也[45]，二者以为久也，三者以为利也，是故辀欲颀典[46]。

辀深则折。浅则负[47]，辀注则利，准则久[48]，和其安[49]。行数千里，马不契需[50]，终岁御，衣衽不敝，此惟辀之和也。轸之方也，以象地也，盖之圜也，以象天也，轮辐三十，以象日月也，盖弓二十有八，以象星也[51]。

周迁《舆服杂事》曰，五辂两箱之后，皆用玳瑁鹍翅[52]。

石崇《奴券》曰，作车以大良，白槐之辐，茱萸之辋[53]。

后梁甄玄成《车赋》云，铸金磨玉之丽，凝土剡木之奇[54]，体众术而特妙，未若作车而载驰尔。其车也，名称合于星辰，圆方象乎天地。夏言以庸之服[55]，周曰聚马之器[56]。制度不以陋移[57]，规矩不以饰异[58]，古今贵其同轨，华夷获其兼利。

后汉李尤《小车铭》云，圜盖象天，方与则地，轮法阴阳，动不相离。

车之制自上古有之，其制多品，今之农所用者即役车耳。其官僚所乘者即俗云五明车，又云驼车，以其用驼载之，故云驼车，亦奚车之遗也。

【作者简介】

薛景石,生卒年月不详。字叔矩,元初河东万泉(今山西万荣)人。早年受过较好的教育。生当金元之际,以木匠为业,智巧好思。他认真总结前人成就,并结合自己的实践经验,撰成《梓人遗制》,他是一位对纺织业作出重大贡献的专家。

【注释】

[1] 五明坐车子:一种乘人的大车。可能源于辽国的驼车(奚车)。元朝时,为官吏乘坐的专车,有毡幕。五明:古代印度的五类学科。即声明、工巧明、医方明、因明和内明,全称五明处。

[2] 服牛:指乘坐牛车。

[3]《随》:《易经》第十七卦。其卦辞义有随遇而安、适应环境之意。

[4] 轩辕氏:传说黄帝作轩冕之服,故称轩辕氏。

[5] 奚仲:鲁国人。故里在今山东枣庄。造车鼻祖。因造车有功,被夏王禹封为"车服大夫"(亦称"车正")。

[6] 巾车:古代官名。车官之长。

[7] 服车五乘:谓供官府使用的车有五乘。

[8] 孤乘夏篆:帝王乘坐的是绘有五彩并雕刻花纹的车。孤:古代侯王的自称。夏篆:古代三孤(周成王时少师、少傅、少保合称)所乘的五彩雕刻为饰的车。

[9] 夏缦:古代卿所乘坐的五彩车。无篆尔。

[10] 墨车:不加文饰的黑色车子。

[11] 栈车:古代用竹木制成的车,不张皮草,为士所乘。

[12] 役车:车名。供役之车,庶人所乘。

[13] 挽拱:疑此为断文。

[14] 饬:古同"饰",巧饰。

[15] 妇功:亦作"妇工"。旧时指纺织、刺绣、缝纫等事。

[16] 守之世:谓(手艺)世代相传。

[17] 刮摩:犹刮磨。磨砺器物,使之光滑。

[18] 抟埴:以粘土制成陶器之坯。抟:音 tuán,把东西捏聚成团。

[19] 有虞氏:古部落名。传说其首领舜受尧禅,都蒲阪。故址在今山西永济东南。

[20] 夏后氏:即禹。郑玄:禹治洪水,民降丘宅土,卑宫室而尊匠也。

[21] 上梓:推尚木工。

[22] 欲其朴属而微至:句谓要让制成的车轮敦实坚固而且精致浑圆。朴属:犹敦实。微至:谓车轮触地部分微小,极圆尔。

[23] 戚:道"促",疾、快。

[24] 阤:音 tuó,坡。

[25] 田车:打猎用的车子。

[26] 轵:音 zhǐ,古代车轴末端小孔,用以插入销钉固定车轮。

[27] 轸:车厢底部后面的横木。轐:音 pǔ,车伏兔。勾连车厢底板的车轴,其形如蹲伏之兔。

[28] 节:度。犹适度。

[29] 辀:辕。大车左右两木直而平者谓之辕,小车居中一木曲而上升谓之辀。

[30] 毂:音 gǔ,车轮中心的圆木,周围与车辐的一端相接,中有圆孔,可以插轴。

[31] 辐:连接车外轮和车毂的直条。三十辐共一毂(《老子》)。

[32] 牙:即辋。车轮外圈。固抱:谓抱合坚固。

[33] 轮敝:谓外轮损坏了。完:完好。

[34] 上欲尊而宇欲卑:句谓车盖上面的盖斗隆起要高,但宇檐要低。霤:通"溜"。滑行,(往下)滑。

[35] 冒:谓盖斗上的布幕。纮:网绳。当为车上的装饰品。

[36] 殷亩而驰:谓在原野上奔驰。队:同"坠"。坠落。

[37] 立者中县:谓直立者合手悬绳。

[38] 衡者中水:谓平坦者水平均匀。

[39] 居材:谓处置木材。

[40] 弇:谓陋狭。

[41] 三度:三种深浅不同的弧度。

[42] 三理:三项质量指标,即功能完备、美观、耐久。

[43] 国马:(郑玄)谓种马、戎马、齐马、道马,高八尺。

[44] 田马:田猎所骑乘之马。

[45] 讚:同"美"。《周礼》郑玄注云:无节目是轴之美状也。

[46] 颀典:谓雍容华贵、气度荣盛。

[47] 负:谓车的曲辕弧度不够,导致车体上仰。

[48] 辀注则利,准则久:《考工记》原文:辀注则利准,利准则久。句谓若车辕的曲度深浅适中,行进时一定是既快且稳,故经久耐用。

[49] 和其安:曲直协调,必定安稳。

[50] 契:相合。句谓车质量极好,行之极远以致马累得拉不了。

[51] 星:指二十八星宿。

[52] 五辂:亦作"五路"。古代帝王所乘的五种车子,即玉路、金路、象路、草路、木路;亦指古代王后所乘的五种车子,即重翟、厌翟、安车、翟车、辇车。两箱:两边,两旁。玳瑁鹍翅:谓用颜色鲜艳的甲壳镶绘出天鹅翅样的图案。

[53] 石崇:西晋文学家、富豪。为官荆州刺史时,劫掠客商,遂致巨富,生活豪奢。茱萸之辋:谓用茱萸木制成轮圈。

[54] 剡木:削木。剡:音 yǎn,削,刮。

[55] 夏言以庸之服:《夏书》说驾车行装要穿着简朴。

[56] 周曰聚马之器:《周书》说车马具要集中管理。

[57] 陋移:谓(制度)因条件简陋而改变。

[58] 饰异:谓(制度)因服饰不同(民族、地域)而变异。

序　言

元 · 段成己

工师之用远矣[1]。唐虞以上,共工氏其职也[2]。三代而后,属之冬官[3],分命能者以掌其事,而世守之,以给有司之求[4]。及是官废,人各能其能,而以售于人,因之不变也。古攻木之工七:轮、舆、弓、庐、匠、车、梓,今合而为二,而弓不与焉。匠为大,梓为小,轮舆车庐[5]。王氏云:为之大者以审曲面势为良,小者以雕文刻镂为工。去古益远,古之制所存无几。《考工》一篇[6],汉儒攟摭残缺[7],仅记其梗概,而其文佶屈,又非工人所能喻也[8]。后虽继有作者,以示其法,或详其大而略其小,属大变故,又复罕遗。而业是工者,唯道谋是用,而莫知适从。日者姜氏得《梓人攻造法》而刻之矣[9],亦复粗略未备。有景石者夙习是业,而有智思,其所制作不失古法,而间出新意。砻断余暇[10],求器图之所自起,参以时制而为之图,取数凡一百一十条,疑者阙焉。每一器必离析其体而缕数之[11],分则各有其名,合则共成一器。规矩必度,各疏其下[12]。使攻木者揽焉,所得可十九矣。既成,来谒文以序其事[13]。夫工人之为器,以利言也。技苟有以过人,唯恐人之我若而分其利,常人之情也。观景石之法,分布晓析,不啻面命提耳而诲之者[14],其用心焉何如,故予嘉其劳而乐为道之。景石薛姓,字叔矩,河中万泉人。中统癸亥十二月既望[15]稷亭段成己题其端云[16]。

【作者简介】

段成己(1199—1279),字诚之,号菊轩,绛州稷山(今山西稷山)人。正大间进士,授宜阳主簿。金亡,与兄避居龙门山(今山西河津黄河边)。兄克己殁后,自龙门山徙居晋宁北郭,闭门读书,近四十年。元世祖忽必烈征为平阳府儒学提举,坚拒不赴。

【注释】

[1] 工师:古官名。上受司空领导,下为百工之长。专掌营建工程和管教百工等事。

[2] 唐虞:唐尧与虞舜的并称。亦指尧与舜的时代,古人以为太平盛世。共工:古代官名。工官。本谓供百工之职,后为官名。

[3] 冬官:《周礼》,周代设六官,司空称为冬官,掌工程制作。后世亦以冬官为工部的通称。

[4] 给:交付。

[5] 车庐:车辆和庐幕。

[6]《考工》:即《考工记》。为春秋时期记述官营手工业各工种规范和制造工艺的文献。

[7] 攟摭:摘取,搜集。攟:音 jǔn,取。

[8] 喻:明白。

[9] 日者:近日。《梓人攻造法》:为《梓人遗制》同期或稍早的同类型书,但现已亡佚。

[10] 砻断:指做木工活。砻:音 lóng,磨;断:砍截木头。

[11] 缕数:一一述说。

[12] 疏:分条陈述。

[13] 谒文:犹求文。

[14] 不啻:如同。

[15] 中统癸亥:元世祖中统四年(1263)。

[16] 稷亭:亭名。故址在今山西稷山县境内。《水经·汾水注》:"山上有稷祠,山下有稷亭。"

东宫正殿上梁文

元·卢 挚

【提要】

本文选自《卢疏斋集辑存》(北京师范大学出版社 1980 年版)。

元大都东宫在太液池西,至元十一年(1274)四月开始兴建。

东宫是为元太子真金兴建的。正殿为光天殿,面阔 7 间,正门为光天门,左为崇华门,右为膺福门。东宫形制,入光天门,其北正中即正殿光天殿。夹光天殿东西两侧有寝殿,其后柱廊通往北端后寝殿,整体格局为工字形。光天殿的左、右、后三面亦有宫殿,成“品”字格局,左曰寿昌殿,又称东暖阁、沉香殿;右曰嘉禧殿,又称西暖阁、宝殿,皆前后轩,重檐;后曰针线殿。以光天殿为主的这一宫殿区四周也有周庑环绕,周庑四隅各有角楼。东庑辟青阳门,门南有凤楼;西庑辟明晖门,门南有骖龙楼。东宫正殿周围有庑房 170 余间,四隅有角楼。宫殿长廊环绕,重栏曲折,规模宏伟。

可是,真金未即位而死。至元三十一年(1294)正月,元世祖忽必烈卒,真金长子铁穆耳即位,是为元成宗。同年四月,元成宗追尊其父真金为皇帝,尊其母元妃为皇太后,改皇太后所居旧太子府为隆福宫。

玉册金文,既正重离之位[1];桂宫兰殿,载新洊震之居[2]。盖将别冢嫡[3]以系人心,所以敞储闱而贰宸极[4]。恭惟皇帝阶下,统垂万世,德冠百王,以不世之英姿,修旷古之坠典[5]。顷因定鼎,爰用正朝,固非逸豫之期[6],率皆社稷之计,每穆然思隆万世之本,其必也能耸四方之观。乃眷春宫,式崇丕构[7]。敬惟皇太子殿下,温文日就,岐嶷生知[8],趋朝回驰道之车,侍幄辨南阳之牍[9];然不有师宾接见之所,则何以示轨范?不有卫率环列之所,则何以明等威?于是少府献图,冬官督役[10];顾僦尽出内帑,经费不烦大农[11];萃梗楠豫章之材,罄般输梓工之技[12];规模素定,斤筑隆施[13]。绣桷华榱,拱星辰于阊阖[14];飞桥复道,接云气于蓬莱。允叶龟谋[15],共扶虹栋。敢申善颂,以相欢谣。

抛梁东,太掖沧波与海通。玉殿问安仙仗晓,郁葱浮动广寒宫。

抛梁西,京观巍峨太白低。少海旌旗葱岭捷,至今威信彻羌氐。

抛梁南,天策元勋自可参。铅椠小才萧统辈[16],痴儿官事竟何堪。

抛梁北,勿谓天高人叵测。居卿半夜望前星,辉耀晶荧拱辰极。

抛梁上,万国欢欣睹明两[17]。金相玉裕德无疵,主鬯承祧神自享[18]。

抛梁下,翼翼青宫崇广厦。横经问道重师儒,却笑瀛洲非大雅。

伏愿抛梁之后,殿下端居鹤禁[19],诞荷鸿休[20],得保傅若二疏[21];有宾客如四皓[22],问安视膳,克尽两宫之欢;监国抚军,大慰兆民之望。

【作者简介】

卢挚(约 1242—1315),字处道,一字莘老;号疏斋,又号蒿翁。元代涿郡(今河北涿州市)人。曾任河南路总管。大德初,授集贤学士,持宪湖南,迁江东道廉访使。复入京为翰林学士,迁承旨,晚年客寓宣城。卢挚官位显达,旧学深厚,文学负有盛名。著有《疏斋集》(已佚),传世散曲 120 首。今人有《卢书斋集辑存》,《全元散曲》录存其小令。

【注释】

[1] 重离:谓帝王或太子。《易·离》之义,以帝王喻日。

[2] 洊震:喻太子。《易·说卦》以震卦象征长子。洊:音 jiàn,古同"荐"。

[3] 冢嫡:谓太子。冢:长。

[4] 储闱:太子所居之宫。宸极:谓帝王、帝位。贰:谓储。

[5] 坠典:指已废亡的典章制度。

[6] 逸豫:闲适安乐。

[7] 丕构:谓大业。

[8] 岐嶷:朱熹谓"峻茂之状"。此喻太子聪慧过人。

[9] 辨南阳之牍:谓会识别隐居英才文牍之微言大义。南阳:诸葛亮隐居躬耕之地。此二句,前句谓情商,后句谓智慧。

[10] 少府:即将作少府,掌治宫室。冬官:工部,掌工程制作。北周仿《周礼》置六官,设冬官府;《通典》工部设有工部、匠师、司木、司土、司金、司水六中大夫及司玉、司皮等五下大夫,以及各大夫的属官。

[11] 大农:即大司农。秦汉时掌全国财政经济收入。凡百官俸禄、军费和工程造作等,都由其支付。大司农职掌多有演嬗变更。

[12] 萃:汇聚。楩柟豫章:俱为树木名。楩:音 pián。柟:音 nán,同"楠"。般输:指古代巧匠公输般。梓工:木匠。

[13] 素定:预先确定。斤筑:谓斧斤土筑。

[14] 阊阖:传说中的天门。

[15] 允叶龟谋:谓卜筮打卦。

[16] 铅椠:古人书写文字的工具。萧统:南朝梁文学家。编有《昭明文选》。

[17] 明两:《易·离》:明两作离,大人以继明照于四方。后以"明两"指太阳,借指帝王或太子。

[18] 主鬯:主掌宗庙祭祀。后称太子为"主鬯"。鬯:音 chàng,古代祭祀用的一种香酒。承祧:谓承继为后嗣。祧:音 tiāo,承继先代。

[19] 鹤禁:太子所居之处。

[20] 休:美善。

[21] 二疏:汉时,疏广为太傅,其侄疏受为少傅,广教宣帝太子读书,受任太子家令。

[22] 四皓:谓汉初东园公、角里先生、绮里季、夏黄公四人。避乱入山中,岩居穴处,紫芝疗饥、须眉皓白。高祖召,不应。后被太子刘盈请去露了一面,成为太子上客。复入商山,卒于商洛(在今陕西境)。

华盖楼

元・李思衍

【提要】

本文选自《元诗选》(中华书局 1987 年版)。

华盖楼在哪已经无从查考,但华盖楼的 36 坊如掌般平平整整,可见当初选址的眼光;长桥短艇的水网纵横说明规划者的诗意追求,更让人觉得如画如梦的是"画障四围山绕城",造城者如此借山遣水构筑生活环境、营造居住意境,着实令人叹为观止!这样的城肯定在江南某处山水汇合处的一块平整的洼地上,肯定绿叶红花、赤霞红晓、波光粼粼,渔舟蓑翁欸乃一声山水绿。

果然,诗往下,老树烟云缭绕、春浓绿暗,就只见,翠生生绿影下谁家院屋之内,一声莺鸣,于是春梦惊醒。

三十六坊如掌平,长桥短艇水纵横[1]。银河一道江连海,画障四围山绕城。老树烟云春绿暗,小楼帘幕晓红明。阴阴翠影谁家屋?梦觉草池莺一声[2]。

【作者简介】

李思衍(约 1240—1300),字昌翁,一字克昌,号两山。余干(今江西万年青云镇)人,南宋德祐元年(1275)登进士科,隐居未仕。后以"贤士"名应召出仕。作为副使随秃卢招谕安南(今越南),不辱使命,拜为礼部侍郎兼浙东宣慰使。任职期间,他十分关心民众疾苦,主张宽减关市之税,兴办学校,多有惠政。升南台御史,再擢礼部尚书。李思衍为人正直,居官清廉,为政皆有声誉。拜南台御史。著有《两山诗集》《天南行稿》等传世。

【注释】

[1] 艇:音 tǐng,轻便的小船。

[2] 莺:黄鹂,或谓叫声清脆婉转的鸟。

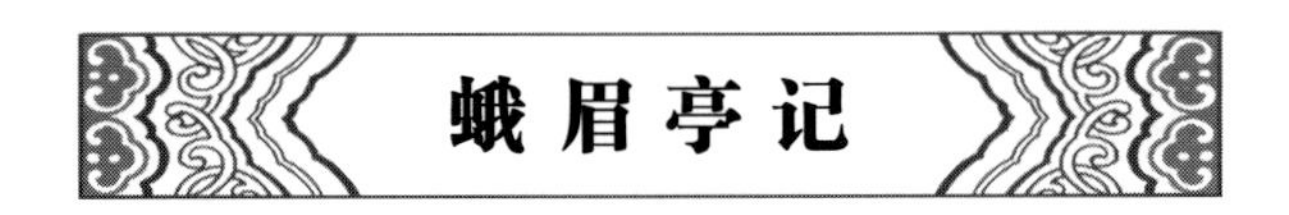

蛾眉亭记

元·吴 澄

【提要】

本文选自《古今图书集成·山川典》卷九二(中华书局、巴蜀书社1985年影印本)。

蛾眉亭在今安徽马鞍山。位于翠螺山南麓临江处,右邻三元洞,左近广济寺。

此亭于宋熙宁三年(1070)为太平州知州张环创建。因为其"一水中通三山,旁翼修曲如蛾眉状",所以名之为蛾眉亭。蛾眉亭"据险而临深,凭高而望远,水天一色,景物千态,四时朝暮变化不同",其景色,即使巧手描绘"莫可殚也"。所以,沈括、文天祥、赵孟頫等纷纷前来,留下"双峰秀山两眉弯,翠黛依然鉴影间""天门日涌大江来,牛渚风生万壑哀。青眼故人携酒共,两眉今日为君开"等诗句。最让人难以忘怀的还是南宋韩元吉的《霜天晓角·题采石蛾眉亭》词:"倚天绝壁,直下江千尺。天际两蛾凝黛,愁与恨,几时极! 暮潮风正急,酒阑闻塞笛。试问谪仙何处? 青山外,远烟碧。"

到元朝,吴澄延祐五年(1318)舟行观览此亭,深感蛾眉亭的破敝。第二年,太平路总管鲁铁柱主持修缮蛾眉亭,"蛾眉亭三门榱之朽者易矣,瓦之缺者补矣,壁之堑今已甓矣。涂之以垩,缭之以楯"。

以后历朝均有修葺,现存蛾眉亭为民国二十三年(1934)重建,1987年复修。

姑孰之水西入大江[1],其汭有山突起[2],曰:采石。横遏其冲,江之势撞激啮射,浩荡而不可御。山之骨峻峭刻露[3],巉绝而不可攀。其下有矶,曰:牛渚,晋温常侍峤燃犀烛怪之所也[4]。其上有亭,曰:蛾眉。宋熙宁时张守环之所创也,俯眺淮甸,平睨天门[5],一水中通三山,旁翼修曲如蛾眉状,亭之所以名也。据险而临深,凭高而望远,水天一色,景物千态,四时朝暮变化不同,虽巧绘莫可殚也。濒江奇观未能或之双者。

熙宁至今余二百年,亭之嗣葺盖亦屡矣。延祐五年秋,予舟过之,又得寓目,而慨亭之将敝也。明年夏,留金陵姑孰郡侯命,其客持书抵予曰:"采石镇距郡二十里,自古号为重地,多士之际,英材名杰,鹰扬虎阚[6]。承平之世,韵人胜士、醉吟醒赏,流风概可想见。"蒙恩守此土,幸与千里之民相安境内。凡有前代遗迹,不敢坐视其废坏。蛾眉亭三门榱之朽者易矣,瓦之缺者补矣,壁之堑者今已甓矣[7]。涂之以垩,缭之以楯。肇谋于岁初,讫工于春杪[8],一时闻者乐趋其事。中朝达官大书其扁[9],亭与名额焕然一新。

重修岁月,不可以无述,敢征一言。惟侯尝仕江西行省,绰有令誉。其牧郡也,廉正如江西时,声实孚于上下,郡事治而心思靡所不周。一亭之微,可以观政。它日郡民思之,触目皆遗爱也,岂特四方来游来观之人啧啧叹羡而已哉[10]?

呜呼!近年气习日异,仕而无愧耻者十八九也[11]。旦夕茧丝其民,苟获盈厌,则翩翩而高翔[12],官府犹传舍耳事之[13],当为者有不暇为,况可以不为者而肯为之乎?如侯之为其识虑远矣,然侯之声不待今而著也,侯之实又岂以久而渝哉[14]。侯名铁柱[15],亚中大夫、太平路总管、翰林学士承旨、司徒公之子也。

是岁五月丙辰记。

【作者简介】

吴澄(1249—1333),字幼清,晚字伯清,学者称草庐先生,抚州崇仁(今江西崇仁)人。20岁应乡试中选,翌年春省试下第,乃归家讲学著书;大德末年除江西儒学副提举;至治(1321—1323)末年超拜翰林学士;泰定(1324－1328)初年任经筵讲官,敕修《英宗实录》。有《吴文正集》100卷、《易纂言》10卷等传世。

【注释】

[1]姑孰:即今安徽当涂县城所在地,因城南姑孰溪而名。

[2]汭:音 ruì,两水汇合处。

[3]刻露:谓毕露。

[4]温峤(288—329),字泰真,一作太真,太原祁县(今山西祁县)人。初为司隶都官从事,后举秀才。西晋末年,匈奴、羯人横行中原,温峤与刘琨死守并州一隅,与之相持。晋元帝即位,除散骑侍郎,历王导骠骑长史,迁太子中庶子。晋明帝即位,拜侍中,转中书令。王敦请为左司马,入补丹阳尹,加中垒将军持节都督安东北部诸军事。敦平,封建宁县公,进号前将军。晋成帝即位,代应詹为江州刺史,持节都督平南将军,镇武昌。苏峻平,拜骠骑将军开府仪同三司,加散骑常侍,封始安郡公。有集10卷。燃犀烛怪:谓能敏锐地洞察事物。《异苑》:"至中渚矶,水深不可测,世云其下多怪物,峤遂毁犀角而照之。须臾,见水族覆火,奇形异状。"

[5]睨:音 nì,视。

[6]鹰扬虎阚:虎视眈眈,鹰扬雄翅。鹰扬,《诗》:维师尚父,时维鹰扬。虎阚,虎怒视貌。《诗》:进厥虎臣,阚如虓虎。

[7]堑:陷缺。甓:动词。以砖……补砌。

[8]春杪:春末。

[9]扁:通"匾",匾额。

[10]啧啧:音 zé zé,赞叹声。

[11]气习:风气与习俗。

[12]茧丝:泛指赋税。盈厌:满足。

[13]"官府"句:谓这些巧取豪夺的官员在任职地方,搜干榨尽,把官府当作旅站,饱足后便翩翩离去。

[14] 渝:改变。

[15] 铁柱:鲁明善,名铁柱。元代高昌(今新疆吐鲁番东)人。曾任靖州路(今湖南靖县)、安丰路(治今安徽寿县)达鲁花赤(蒙古语。意为掌印者。蒙古和元朝官名,为所在地方、军队和官衙的最高监治长官)。延祐元年(1314),任安丰肃政廉访使,兼劝农事。著有《农桑撮要》。

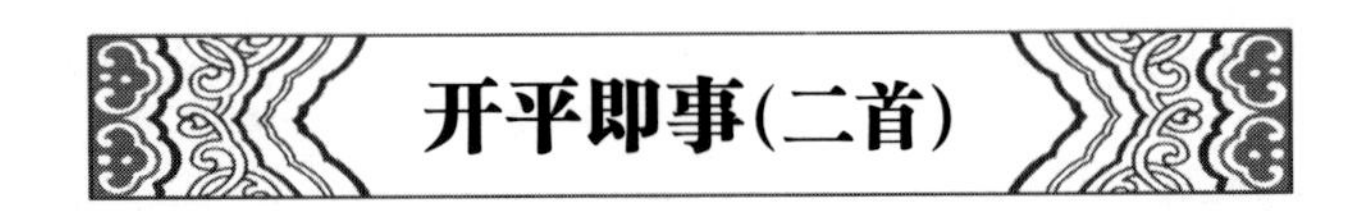

开平即事(二首)

元·陈 孚

【提要】

本诗选自《历代塞外诗选》(内蒙古人民出版社 1986 年版)。

开平,元上都所在地。遗址在今内蒙古正蓝旗五一牧场。

上都,又称上京、滦京,地处中原与漠北的交界处。上都是元朝夏都,位于滦河上游。元帝春夏居上都,秋冬居大都。上都也是标志着元帝国走向辉煌的著名都城。

1251 年蒙哥汗即位后,命其弟忽必烈总领"漠南汉地军国庶事"。忽必烈由漠北南下,在滦河上游的冲击平原——金莲川广招天下名士,建立了金莲川幕府,形成了忽必烈总理中原军国事务兼有文韬武略的人才库、智囊团。在此,忽必烈确立了崇尚儒学的王道思想,兴复文治,以实天下太平之基。

1256 年,忽必烈奉蒙哥汗旨,命刘秉忠在岭北滦河之阳,筑城堡,营宫室。北依龙岗,南临滦河,放眼金莲川,1259 年建成开平城。1260 年忽必烈在开平即大汗位,开平升为府,一跃为夏都,置中书省,总理全国政务。1263 年扩建开平府,正式加号为上都,设上都总管府。当时的北平称作燕京,1264 年改为中都,8 年后改为大都。

上都在中外交往史上具有崇高的地位、深远的影响。大元帝国的广袤的地域和稳定的发展,极大地便利了多元文化的繁荣和与世界各国的政治、经济、文化交流。许多外国使者、传教士、商人、游客等,都在上都受到元朝皇帝的接见,建立和发展了友好关系。意大利人马可·波罗到中国,在上都受到忽必烈极高的礼遇。马可·波罗在中国居住 17 年,著名的《马可·波罗行纪》详细记述了上都的宫殿、寺院、宫廷礼仪、民情风俗,向世界介绍了上都,让世界了解了中国。

上都融蒙古萨满教、佛教、道教、伊斯兰教、基督教等于一炉,佛寺、道宫、回回寺和文庙比比皆是,成为名副其实的集蒙古草原文化与汉族农耕文化、西域文化与中原文化之大成之地,是元朝无可争议的政治文化中心。

这两首诗均是作者目睹开平恢弘气势、兴旺人气,笔触所至,意气奋发,阳光灿烂。

一

百万貔貅拥御闲[1]，滦江如带绿回环[2]。
势超大地山河上[3]，人在中天日月间。
金阙觚棱龙虎气[4]，玉阶阊阖鹭鹓班[5]。
微臣亦有河汾策[6]，愿叩刚风上帝关[7]。

【作者简介】

陈孚(1259—1309)，字刚中，号勿庵，临海(今浙江临海)人。才智过人，任侠不羁，至元中以布衣上《大一统赋》，署为上蔡书院山长。陈孚出使安南(今越南)，未辱使命。使还，除翰林待制。有《观光稿》《玉堂稿》传世。

【注释】

[1] 貔貅:音 pí xiū，古代传说中的猛兽。此谓禁卫军。御闲:皇帝养马的地方，喻军营。

[2] 滦江:滦河。其上游流经上都城南，元代称上都河，今称闪电河。

[3] 势:地势。

[4] 觚棱:宫殿转角处的瓦脊。

[5] 阊阖:宫殿的正门。鹭鹓班:谓水鸟、鹓鸰之类鸟儿班集。鹓:音 yuān，凤凰一类的鸟儿。

[6] 汾河策:谓治国良策。隋代思想家王通，字仲淹，门人私谥“文中子”。绛州龙门(今山西稷山县)人。幼从父王隆受业，后广学儒家经典。向隋文帝献《太平十二策》，文帝因公卿反对而未采用。炀帝即位后，王通隐居河、汾之间，以著书讲学为业，“往来受业者，不可胜数，盖千余人”，其中包括董恒、程元、贾琼、薛收、姚义、温彦博、杜淹等。他一生主张王道仁政，而仁政的核心即“执中之道”，做到致公、无私，以天下为心，达到政和、法缓、狱简，不以天下易一民之命，提出“通其变，天下无弊法”的法治观念；还提出儒、释、道三家相融合一的理论。形成中国哲学史上上承孔孟，下启韩愈的理学理论体系。受其教者，大多在唐初走上治国安邦化民之官途。

[7] 刚风:罡风。高天强劲的风。帝关:天帝、天子的宫门。

二

天开地辟帝王州[1]，河朔风云拱上游[2]。
雕影远盘青海月[3]，雁声斜送黑山秋[4]。
龙冈势绕三千陌[5]，月殿香飘十二楼[6]。
莫笑青衫穷太史[7]，御炉曾见衮龙浮[8]。

【注释】

[1] 帝王州:帝王所居之地，帝都。

[2]河朔:泛指黄河以北地区。

[3]盘:盘旋。

[4]黑山:谓塞外高山。

[5]龙冈:上都据此而建。三千陌:极言上都街道之多。陌:大道,街道。

[6]月殿:月宫。十二楼:神话传说中的仙人居处。句谓上都楼台殿宇数量众多,高耸入云。

[7]穷太史:作者时为国史院编修,身着低级官员常穿的青衫。

[8]衮龙:谓天子。

创修圆通寺记

元·李源道

【提要】

本文选自路秉杰手抄之《昆明圆通寺现存碑刻集》,参校《滇志》等酌定。

昆明城内螺峰山南麓的圆通寺,坐北向南,随地势而建,山门高,殿宇低。大雄宝殿前为一方形大水池,弥勒殿建于池中,成为一座独具特色的"水院佛寺",其建筑模式全国佛寺建筑中十分罕见。

唐代在这里建有补陀罗寺,寺院存在400多年,宋末毁于元世祖南征兵燹,这里成为"蓬藋之墟、蛇豕之家"。元大德五年(1301),云南行中书省左丞阿昔思,大兴土木,"崇建法宇,庄严梵身",历时18年,元延祐六年(1319)建成观音大士殿、藏经阁、圆通宝殿、钟鼓楼、两座佛塔及东西排列的方丈室、云堂、僧庖、僧湢等,成为西南一壮观之佛寺建筑群。

按照文中记载,首先在寺院最高处"基岩之巅,创观音大士殿三楹";接着依次"岩之南,建殿三楹,以庋藏经";"又南为殿三筵,像释迦、如来其中";"又南为重屋",安排晨钟暮鼓之楼、浮图之塔、门关斋寮、庖湢庾庤,丈室云堂等等生活起居屋舍,规划设计井井有条。

圆通寺落成,螺峰山亦称圆通山。

圆通寺在明、清时期又多次重修、扩建。其中明朝时,日本来滇和尚曾在寺内建过翠微轩、古木楼、回岩楼;清康熙时,吴三桂大规模扩建圆通寺,建圆通胜境牌坊、天王宝殿、八角弥勒殿,重修接引殿(原藏经阁),修葺东院30间、西院20间禅房客堂,重修各佛寺殿宇及西面悬崖峭壁中之松鹤堂、雷祖阁、灵官殿、吕祖阁、文昌阁等道观建筑。

现存的圆通寺为1979年修复后的面貌,其中圆通胜境牌坊、八角弥勒殿均为清代原物;而重檐歇山黄琉璃瓦屋顶、两层斗拱支撑的圆通宝殿是元代原物,圆通宝殿中的释迦牟尼佛三身佛及十二圆觉也系元代泥塑,弥足珍贵。圆通寺是昆明市内现存最大的寺院和云南省古代优秀艺术建筑之一，在中国西南地区和东南亚一带都享有盛名。

圆通寺目前正酝酿新的变化。

滇城北陬一许里[1]，有岩曰盘坤。谽谺珑玲[2]，万石林立，一峰屏峙，势如偃箕[3]，极幽胜所也。下且衍[4]，可庐可栖，有寺曰圆通，资善大夫云南行中书省左丞阿昔思之所新也。

资善公之言曰："宵人不德，少也来斯，老于斯，由微以既乎显而都端揆矣[5]！主恩天大，报称无所。尝虑诚输愿，崇建法宇，庄严梵身，招礼苾刍[6]，上以祝皇帝无疆之寿，下为元元祷祠[7]，使岁无札瘥[8]，时和年丰，此悽悽之念力也[9]。"

往昔蒙氏窃有兹土[10]，崖有洞穴，蛟潜其中，大为民害。蒙即崖而寺，曰补陀罗以镇之，而蛟害息。俚俗传闻如此。

岁甲寅，世祖皇帝天戈南指，十赕六诏，稽颡厥角，望风来庭[11]。六龙既北，明年，余冠陆梁，而寺毁于兵燹矣[12]。自是为蓬藋之墟、蛇豕之冢者[13]，余三四十年。

公与其叔父武德将军、临安路治中阿的术始谋而大之，会武德君去世，公一以匠办自任。大德五年，辛丑岁也，乃基岩之巅[14]，创观音大士殿三楹；由西行，蹑虚而登，高朗雄丽，山川城郭，一目可得；岩之南，建殿三楹，以庋藏经[15]。经，舟致于杭，上所赐也。又南为殿三筵，像释迦、如来其中；又南为重屋，栖钟其上，树两塔其旁，金碧丹雘[16]，焜耀夺目[17]，门闳斋寮[18]，庖湢庾庴[19]，丈室云堂，岐翼左右。后土有祠，常住有田，汤沐有室。卉木篁竹，果林蔬圃，映带后前[21]。

皇庆元年壬子，天子赐玺书，嘉乃用心[22]。延祐六年，岁在己未，工始落成。住持僧佛日、圆照、普觉大师，大休大禅师、弘觉大师、普圆讲主、广慧、大师普政，轨行高洁[23]，宗风振焉！

其年末，由翰林蒙恩问南方，公方受代，屡以寺无刻文为请。尝试论之，大雄氏之教[24]，行乎中国，千有余年，顾其书之多，又不知其几千万言。其言高，其教弘且大，学者罕能尽通其说。自昔帝王多尊礼之，以启神武不杀之仁，盖其"性善"一言有与儒合，淑人心而美风教[25]。际天蟠地[26]，薄海内外[27]，与王化并行无间，遐迩罔不奔走崇奉之者。

滇以南，俗尚狰狞[28]，喜格斗攻战，刑教所不能束，而奉三宝尤至[29]。户有梵宇，昕夕熏燎[30]，钟磬声相闻，少老牢自持律，不轻毙一蚁，岂非三恶八难、十缠九恼之戒[31]，有以革其面而律其心欤？所谓性善之根，其油然而生矣。

嗟夫，佛之力庸可既哉！公之是果也，举大善以介繁禧[32]，不于己归，而国乎归，而令生是归[33]，又岂凡夫所可及者?！予既纪兴修颠末[34]，复申言其故，庶徼福乞灵[35]、惩恶劝善，来者益起信焉[36]。

公高昌人，恭慎慈俭，盖本自天性云。

延祐七年庚申二月二十六日,翰林直学士知制诰兼修国史、受中大夫、云南诸路肃政廉访使李源道撰,承事郎云南诸路儒学提举罗寿书丹并篆额[37]。

【作者简介】

李源道,生卒年不详。字仲渊,号冲斋,关中人。历四川行省员外郎,后迁监察御史。延祐中,迁翰林直学士,出为云南肃政廉访使。累迁翰林侍读学士,出为云南行省参知政事。有《仲渊集》传世。

【注释】

[1] 陬:音 zōu,角落。

[2] 谽谺:音 hān xiā,山谷空旷貌,中空貌。

[3] 偃箕:谓其形如偃卧的簸箕。好风水。

[4] 衍:低而平坦之地。

[5] 端揆:谓相位。宰相居百官之首,总揽国政,故称。

[6] 苾刍:佛教语。比丘,和尚。

[7] 元元:谓百姓,平民。

[8] 札瘥:谓因疫疠,疾病而死。瘥:音 chài,小疫曰瘥。

[9] 悽悽:哀哀貌。

[10] 蒙氏:即南诏王室。初唐时期洱海地区的大姓中不少以“蒙”为姓,如“蒙和”“蒙俭”“蒙崇先”等。圆道寺最初名补陀罗寺,即为蒙氏所造。

[11] 甲寅:1254 年。十赕:南诏统一洱海地区,在洱海周围的中心地区以“赕”为单位设立直辖区,初设六赕,后发展为十赕。赕,音 dǎn,古代南方少数民族以财物赎罪称“赕”,一说所输货物称“赕”。六诏:唐初,分布在洱海地区的少数民族经过相互兼并,最后形成蒙嶲诏、越析诏、浪穹诏、邆赕诏、施浪诏、蒙舍诏等六个大的部落,称为六诏。稽颡:音 qǐ sǎng,古代一种跪拜礼,屈膝下跪,以额触地,以表极度虔诚。厥角:《尚书》:“百姓懔懔,若崩厥角。”孔颖达疏:“以畜兽为喻,民之怖惧,若似畜兽崩摧其角然。”后以“厥角”指额触地。来庭:谓朝覲大子。

[12] 六龙:即六龙舆,谓天子本驾。冠:谓为官。陆梁:古时称五岭以南为陆梁地。

[13] 蓬藋:谓蓬蒿荆棘。蛇豕:谓野生动物。

[14] 基岩之巅:谓在岩顶设基址,构殿宇。

[15] 庋藏:收藏,置放。庋:音 guǐ,搁放器物的架子。

[16] 丹雘:谓涂饰。雘:音 huò,赤石风化之物,红色,可作颜料。

[17] 焜耀:光辉,光彩。

[18] 门闳:谓门巷。斋寮:饭堂。

[19] 庖:厨房。湢:浴室。庾:音 yǔ,谷仓。廥:音 guài,储存草料的房屋。

[20] 云堂:僧众设斋、议事的地方。

[21] 映带:谓景物相互映衬。

[22] 皇庆元年:1312 年。皇庆,元仁宗年号。

[23] 轨行:谓中规中矩的行为。

[24] 大雄氏之教:谓佛教。大雄:以佛具智德,能破微细深悲称大雄。大者,包孕万有;雄者,摄伏群魔。

[25] 淑:美、善。此作动词。

[26] 蟠:环绕。

[27] 薄:近,迫近。

[28] 狰狞:凶猛。

[29] 三宝:佛教语。谓佛、法、僧。

[30] 昕夕:朝暮,终日。昕:音 xīn,太阳将要出来的时候。

[31] 三恶:佛教语。即三恶道。八难:佛教语。难,谓难于见佛闻法,凡有八端,故名。十缠:佛教语。一嗔、二覆、三睡、四眠、五戏、六掉、七无惭、八无愧、九悭、十嫉谓之。九恼:佛教语。谓佛现生所受的九种灾难。

[32] 介:助。繁禧:多福。

[33] 生:谓黎民百姓。

[34] 颠末:本末,前后经过情形。

[35] 徼福:祈福,求福。

[36] 起信:佛教语。谓产生相信正法之心。

[37] 书丹:刻碑前以朱笔在碑上书写文字谓之。

居庸关

元·柳 贯

【提要】

本诗选自《古今图书集成·职方典》卷三一(中华书局、巴蜀书社 1985 年影印本)。

居庸关,在今北京市昌平境内。春秋战国时代,燕国扼控此关口,时称“居庸塞”。传说秦始皇修筑长城时,将囚犯、士卒和强征的民夫徙居于此,取“徙居庸徒”之意。汉朝时,居庸关城已颇具规模。南北朝时,关城建筑与长城连为一体。此后历唐、辽、金、元各朝,居庸峡谷都设有关城。

现存关城,始建于明洪武元年(1368),系大将军徐达、副将军常遇春规划创建,明景泰初(1450—1454)及其后又屡有缮治。城垣东达翠屏山脊,西驶金柜山巅,周长 4 000 余米,南北月城及城楼、敌楼等设施齐备。关城内外还有衙署、庙宇、儒学等各种相关建筑设施。居庸关两旁,山势雄奇,中间有长达 18 公里的溪谷,俗称“关沟”。沟内清流萦绕,翠峰重叠,花木郁茂,山鸟争鸣,素有“居庸叠翠”之称,成为“燕京八景”之一。

居庸关的中心,有一“过街塔”基座,名“云台”。云台创建于元至正二至五年(1342—1345),汉白玉石砌成,台高 9.5 米,顶东西长 25.21 米、南北宽 12.9 米;基址长 26.84 米、长 15.57 米。台顶四周的石栏杆、望柱、栏板、滴水龙头等,都表现出元代艺术风格。台基中央有一个门洞,南北向开五边折角式拱券门,门洞宽

6.32米,高7.27米,门道可通行人、车、马。券门南北券面上,雕刻着造型独特、风格别具的大鹏、鲸鱼、龙子、童男、兽王、象王等造像,佛界称其为“六拿具”。券面最下端的石刻纹饰为交杵,又称羯魔杵、金刚杵。券门洞壁两侧刻四大天王浮雕像,雕像空隙处用梵、藏、八思巴、维吾尔、西夏、汉等6种文字刻《陀罗尼经咒》与《造塔功德论》等经。券门顶部刻有5个曼荼罗,即5组圆形图案式佛像,佛界称其为坛场。5曼荼罗由北往南依次为释迦牟尼佛、阿弥陀佛、阿佛、金刚手菩萨、普明菩萨。券顶两侧的斜面上,刻有十方佛,在每方佛的周围还分别刻有小佛102座,共计小佛1 020座,连同十方佛下的菩萨、比丘,券顶两侧共有刻像1 060尊。

云台上原建有三座白色喇嘛塔,称“过街塔”,惜毁于元末明初。所谓过街塔,是将塔建于街道中或大道上,塔之下部一般修成门洞形式,车马行人可从门洞通过,其意思是所有从塔下穿过的人,就算向佛做了一次顶礼跪拜。塔毁后在台基上建了“泰安寺”,清康熙四十一年(1702),寺遭火焚,仅存云台。现在台顶上的柱础,就是明代泰安寺殿宇的遗物。

居庸朔方塞,始入两崖张。行行转石角,细路萦涧冈。
层峦倒天影,半林漏晨光。崎嵚里四十[1],所历万羊肠。
千辕络前后,两轨通中央。谷开稍夷旷[2],在险获康庄。
岂惟遂生聚,列廛参雁行。微流或矶硊,架广亦僧坊[3]。
我生山水窟,爱此不能忘。是日新雨歇,浮岚乱沾裳。
水声与石斗,风飘韵清商。跼辔不知高,浮云翼超骧[4]。
考牒曩有闻[5],经途今始详。缅惟古塞北,八州犹汉疆。
控扼识形势,会同知乐康。属兹景运开,六服连绥荒。
两京备巡幸,离宫岌相望。守岳特考制,如初匪求祥。
式瞻龙德中,足征王业昌[6]。请继王会图,勿赓祈招章[7]。

【作者简介】

柳贯(1270—1342),字道传,号乌蜀山人。浦江乌蜀山(今浙江兰溪横溪)人。大德间(1297—1307)为江山县教谕,至正间官翰林待制。通经史。文与吴莱、黄缙、虞集、揭傒斯齐名,长于议论,推尊儒学。诗善写景物变化之态。柳贯官仅止于五品,禄不超过千石。但在文坛影响不小,尊誉崇隆,时有“文场之帅,士林之雄”的称誉。有《柳待制文集》传世。

【注释】

[1] 崎嵚:险峻。

[2] 夷旷:平坦而宽阔。

[3] 矶硊:音 jī wéi,谓水边巨石耸立。僧坊:僧舍。

[4] 跼辔:谓放松缰绳,(任马前行)。辔:音 pèi,驾驭牲口的嚼子和缰绳。超骧:腾跃而前貌。

[5] 牒:文牒,档案。

[6] 龙德:圣人之德,天子之德。

[7] 王会图:图册名。唐代画家阎立本所绘,反映的是四夷来朝情形。后用以泛指朝会。赓:音 gēng,继续;应和。

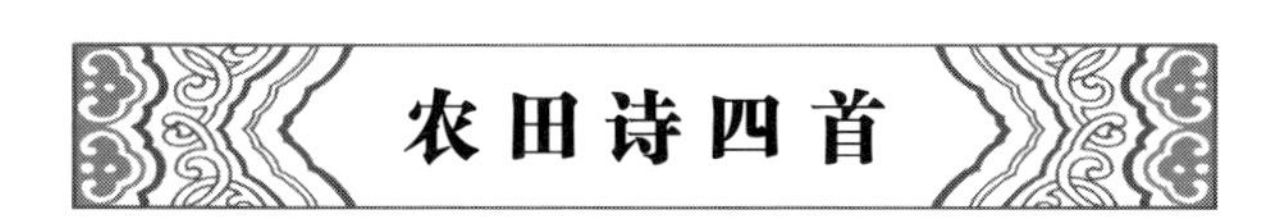

元·王 祯

【提要】

组诗选自《元诗选(二)》(中华书局 1987 年版)。

随着社会的稳定,元朝统治下的中国又开始了新一轮的休养生息大发展。撂荒的土地重新开发,人口随之不断增加。随着人口的增加,土地稀少的矛盾越来越突出,于是,“与水争田”“与山争地”就成为元朝百姓的重要生存活动,围田、圩田、柜田、架田、涂田、沙田、梯田等特殊的土地利用方式都是人们垦荒种植留存的印记。

王祯笔下,圃田“二顷负郭”,一家人便衣食无忧,逍遥自在了,当然这田最好在山脚之下,“润宜临水浒”。有了这样的数十亩田,勤恳劳作,佣工助贫,“水种要渐濡,粪滋饶朽腐”,种出的“蔬茹间甘辛,瓠瓜无苦窳”,农家便“造境到羲炎,逢时知舜禹”,人间也就自有天堂在。

围田,王祯讲述其特点“度地置围田,相将水陆全”,“中藏仙洞秘,外绕月宫圆”,汪汪圆圆的滔滔碧水围住稻浪翻滚的围田。作者一方面描述围田的灌溉方便,丰年屡屡,一方面指出“壤土常增筑,风涛每虑穿”,作者叹道:“谁念农工苦,谁知粒食鲜”?

而柜田,“四起封围”出连顷或百亩、很少有田埂的宽平良田,这样的田“牛犁展用易为力,不妨陆耕与水耕”,水旱不愁,更加上“三年税额方全征”,你说百姓岂能不“便当从此事修筑”? 悉心呵护庄稼地。

梯田,“层磴横削高为梯,举手扪之足始跻”,这样的田耕种起来“凌貌风日面且黧,四体臞瘁肌若封”且不说,担心“十九畏旱思云霓”则是更让农夫揪心的事情,于是在梯田上耕作的农民常常“惭愧平地田千畦”。

田地种类不同,构筑模式、难度及耕种的辛苦都不同,王祯爱得深沉、写得细致的农田诗为我们打开了先民造构田地、耕种水旱的生动、鲜活的“风景”窗。

圃　田

一顷负郭田[1],人上宁易取。数口仰成家,片产足为圃。
远即加倍蓰,多仍防莽卤[2]。虽云绝里间,终得并城府。
幽可寻山隈[3],润宜临水浒。未始外犂锄,或亦事斤斧。
中可居一廛[4],外或兴百堵[5]。请学拟樊须,不如闻孔父[6]。
业作灌园翁,籍沾输税户[7]。作计务勤劬,佣工赡贫窭。
水种要渐濡,粪滋饶朽腐。蔬茹间甘辛,瓠瓜无苦窳[8]。
芃芃黍稷苗,蔚蔚桑果树[9]。鬻利达市廛,植木入村坞。
界展阵图横,区分僧衲补[10]。随分了朝昏,无心富囷庾[11]。
高卧尽元龙,信诬从市虎[12]。闲看穴蚁争,静听井蛙怒。
偶尔阅物情,居然为地主。进退绰有余,奔竞耻为伍[13]。
寸壤思康庄,众流独砥柱。自我结蓬茅,从渠爱簪组[14]。
畎亩著吾身,乾坤留此土。陵谷几变迁,耕凿一今古[15]。
四序转轩楹,八表际庭宇[16]。造境到羲炎,逢时知舜禹[17]。
柴荆敞昏夜,桔槔憩烟雨[18]。俱同动植苏,忝与膏泽溥[19]。
斗酒一醉劝,槃餐众美聚[20]。口腹粗能甘,身形不知苦。
养生诚足嘉,报本非敢侮。五土既有神[21],百谷岂无祖。
斋祭奏《豳》诗,岁时鸣土鼓[22]。不务农务中,是用纪图谱。

【作者简介】

王祯(约1271—1330),字伯善,东平(今山东东平县)人,元代著名农学家、诗人。先后知旌德、永丰。王祯生活极为俭朴,常常捐出薪俸办学校、建坛庙、修桥梁,还兼施医药,救治病患,深得民心。

难能可贵的是,作为地方官,他不仅搜罗以前的历代农书,孜孜研读,而且经常注意观察各地的农事操作和农业机具,经过长时间的积累、写作,终于编成16万多字的《农书》。《王祯农书》比较全面系统地论述了广义的农业,对南北农业的异同进行了分析和比较,比较完备地记录了耕耘、收获、灌溉及农产品加工等"农器图谱",描述了谷属、蔬属、果属、竹木、杂类等"百谷谱"。全书图文并茂,十分便于文化程度不高的元朝农民阅读。

王祯还是一位杰出的发明家,各种农具乃至木活字印刷术、转轮储字架等都彰显了他的智慧。他的农田诗、农具诗同样写得韵味十足:"昔闻圜绕磨相连,役水今看别有传。一轴连轮方卧转,众机连体复旁旋。要枢自假波涛力,哲匠谁偷造化权。总道于人多饱德,好将规制示民先。"(《咏水转连磨诗》)农具诗配上书左的图画,原理清楚,直观方便。若真照图制作,农具成了,诗也记住了,此工、此情、此境,农桑之圃真乃人间乐园。

【注释】

[1] 负郭:谓城郊。
[2] 莽卤:粗疏,马虎。

[3] 山隈:山的弯曲处。

[4] 一廛:古时一家所居之地。廛:音 chán,古代城市平民的房地。

[5] 百堵:众多的墙,或谓建筑群。

[6] “请学”二句:典出《论语·子路》:樊迟请学稼,子曰:吾不如老农。请学为圃,曰:吾不如老圃。稼、圃,谓种田、种菜事。

[7] 灌园翁:谓从事田园劳动之人。籍沾:谓户籍是纳税定赋的依据。

[8] 苦窳:苦劣。窳:音 yǔ,粗劣。

[9] 芃芃:音 péng péng,茂盛貌。蔚蔚:茂盛貌。

[10] “界展”二句:谓圃田中种植的菽谷菜果望去就如队列整齐、方阵颜色鲜明的部队集合。僧衲补:谓各种颜色不同的布补缀的僧衣。

[11] 囷庾:粮仓。

[12] 元龙:语出《三国志·魏志·陈登传》:(刘备)曰:“君(许汜)求田问舍,言无可采,是元龙所讳也,何缘当与君语? 如小人,欲卧百尺楼上,卧君于地,何但上下床之间邪?”后借指抒志壮怀的登临处。市虎:喻流言蜚语。典出《韩非子·内储说上》。

[13] 奔竞:谓为名利而奔走钻营。

[14] 渠:何,哪里。簪组:官簪和官带,借指官宦。

[15] 耕菑:耕种。

[16] 轩楹:堂前的廊柱。八表:八方之外,指极远的地方。

[17] 羲炎:伏羲和炎帝。舜禹:虞舜和夏禹。他们都是古人心中的贤圣之帝,其时代亦是衣丰食足、和乐熙美的大同时代。

[18] 桔槔:汲水器。

[19] 苏:死而复生。膏泽:滋润作物的及时雨。溥:广大。

[20] 槃餐:谓盘子盛的食物。槃,通“盘”。

[21] 五土:山林、川泽、丘陵、水边平地、低洼地等五种土地;或谓青、赤、白、黑、黄五色土。

[22]《豳》诗:豳风之诗,《诗经》十五国风之一。豳诗共有 7 首,其中多描写农家生活,如“七月流火”颂吟的是农人辛勤力作之情景。土鼓:古乐器名,鼓的一种。

围　田

度地置围田,相将水陆全。万夫兴力役,千顷入周旋。
俯纳环池地,穹悬覆幕天[1]。中藏仙洞秘,外绕月宫圆。
蟠互参淮甸,纡回际海堧[2]。官民皆纪号[3],远近不相缘。
守望将同井,宽平却类川。隰桑宜叶沃,堤柳要根骈。
交往无多迳,高居各一廛。偶因成土著,元不畏民编。
生业团乡社,嚣尘隔市廛[4]。沟渠通灌溉,塍埂互连延[5]。
俱乐耕耘便,犹防水旱偏。翻车能沃槁,瀽窦可抽泉[6]。
拥绿秧锄后,均黄刈获前。总治新税籍,素表屡丰年。
黍稌及亿秭,仓箱累万千[7]。折偿依市直,输纳带逋悬[8]。
岁计仍余羡,牙商许懋迁[9]。补添他郡食,贩入外江船。

课最司农绩,治优都水权[10]。富民兹有要,陆海岂无边。
祈奏载芟咏,报歌《良耜》篇[11]。降穰今若此,蒙利敢安然。
壤土常增筑,风涛每虑穿。积储趋日用,防□废宵眠。
系鼓供惟急,苫庐守独专[12]。本为凭御护,或未免灾愆[13]。
谁念农工苦?惟知粒食鲜。并将农谱事,编纪作诗传。

【注释】

[1] 环池地:谓围田堤外被水环绕。

[2] 淮甸:淮河流域。海壖:海边地,沿海地区。壖,音 ruán。

[3] 纪号:标记。

[4] 市廛:谓闹市。

[5] 塍埂:田埂。

[6]"翻车"二句:谓围田旱涝保收。干旱了,翻车即可浇灌;涝了,亦可轻松将渍水排干。瀽:音 jiǎn,倾倒(水)。穸:音 xī,穴。瀽穸,谓水积成渍。

[7] 黍稌:谓粮食。稌:稻。亿秭:谓数量众多。秭:十亿,或谓千亿。

[8] 折偿:谓折算偿贷。输纳:缴纳(租赋)。逋悬:谓(往年)所欠租税。句谓粮食大丰收。

[9] 余羡:谓余粮很多。牙商:旧时替买卖双方说合并抽取佣金的经纪人。懋迁:贸易。

[10] 课最:古代朝廷对官吏进行定期考核,政绩最好的称"课最"。司农:古代掌钱谷的官员,九卿之一。都水:掌河渠、津梁、堤堰等事务的官员,其长官当时称都水监。

[11] 芟:音 shān,铲除杂草。《良耜》:《诗经》中的篇章,叙说农人从春耕到收获,用丰收的果实谷物、鸡豚祭祖、祈福的喜悦情形。

[12] 苫庐:谓茅草屋。此数句,谓围田虽旱涝保收,丰收无虞,但堤外汪洋大水、排空风涛是其大威胁。所以,每到洪水季节,守堤查漏是天大的事。

[13] 灾愆:灾祸,灾殃。

柜　田

江边有田以柜称,四起对围皆力成[1]。有时卷地风涛生,外御冲荡如严城。
大至连顷或百亩,内少塍埂殊宽平。牛犂展用易为力,不妨陆耕与水耕。
长弹一引彻两际,秧垅依约无斜横[2]。旁置瀽穴供吐约[3],水旱不得为亏盈。
素号常熟有定数,寄收粒食犹囷京[4]。庸田有例召民佃,三年税额方全征。
便当从此事修筑,永护稼地非徒名。吾生口腹有成计,终焉愿作江乡氓[5]。

【注释】

[1] 四起对围:谓从水中四面起土筑堤围出一块农田。

[2]"长弹"二句:谓秧垅从柜田这头插到那头,如弹线般笔直。

[3] 瀽穴:谓水洼,水池。

[4] 囷京:粮仓。

[5] 江乡氓:谓水乡百姓。

梯　田

世间田制多等夷[1]，有田世外谁名题？非水非陆何所兮，危颠峻麓无田蹊[2]。层磴横削高为梯，举手扪之足始跻。伛偻前向防颠挤[3]，佃作有具仍兼携。随宜垦斸或东西，知时积早无噬脐[4]。稚苗亟耨同高低，十九畏旱思云霓。凌貌风日面且黧，四体臞瘁肌若刲[5]。冀有薄获胜稗稊[6]，力田至此嗟欲啼。田家贫富如云泥，贫无锥置富望迷。古称井地富可稽[7]，一夫百亩容安棲。余夫田数犹半圭，我今岂独非黔黎。可无片壤充耕犁，佃业今欲青云齐。一饱才足及孥妻[8]，输租有例将何齐？惭愧平地田千畦。

【注释】

[1] 等夷：匹比，一样。

[2] 危颠峻麓：谓高山陡坡。田蹊：小田，细而长的田。

[3] 伛偻：谓猫腰，弯曲。

[4] 垦斸：开垦，挖掘。斸：音 zhú，锄属。噬脐：自啮腹脐，喻后悔不及。

[5] 臞瘁：音 qū cuì，消瘦憔悴。刲：音 kuī，割，谓皮肤焦裂。

[6] 稗稊：稗草和稊草，指杂草。稊：音 tí。

[7] 井地：即井田。古代的一种土地制度，以方九百亩为一里，划为九区，形如“井”字，故称。其中心为公田，外八区为私田，八家各百亩，同养公田。

[8] 孥妻：儿女和妻子。

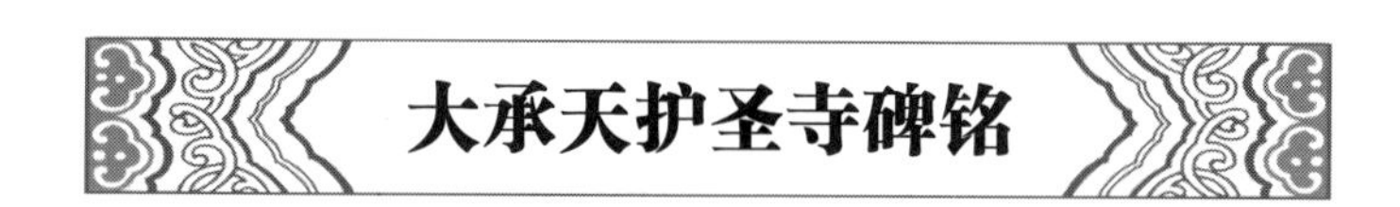

元·虞　集

【提要】

本文选自《虞集全集》(天津古籍出版社 2007 年版)。

承天护圣寺是元文宗为其太皇太后修造的寺庙。1329 年，文宗在西湖(今北京昆明湖)看中了玉泉之阳的风水宝地，于是命大臣兴工构筑护圣寺。1331 年开始，1332 年竣工。

护圣寺规模宏大壮丽，为玉泉山昆明湖添色不少。寺中的部分建筑一直伸展到湖水中。

湖中有水中双阁。双阁由一座平石桥相连，石桥再连通岸边，形成水中“T”字形桥，既实用又美观。有意思的是，当时朝鲜李朝时期流行的汉语教材《朴事通》中有着详细的描述：“西湖是从玉泉里流下来，深浅长短不可量。湖心中有圣旨里盖来的两座琉璃阁,远望高接云霄,近看时远侵碧汉。”“两阁中间有三叉石桥,栏杆都是白玉石,桥上丁字街中间正面上有宫里坐的白玉玲珑龙床,西壁厢有太子坐的石床,东壁也有石床,前面放一个玉石玲珑桌儿。北岸上有一座大寺,内外大小佛殿、影堂、串廊,两壁钟楼、金堂、禅堂、斋堂、碑殿。诸般殿舍且不消说,笔舌难穷。”(参见《历史研究》1995 年第 3 期)文中提到的“玉泉”,就是今天北京西郊的玉泉山,而位于玉泉山脚的西湖,就是今天昆明湖的前身,只是范围有较大的变化。西湖北岸上的大寺叫做大承天护圣寺,由于它位于西湖之畔,民间便称之为西湖寺。

元文宗对护圣寺的修建极为重视,成立了“隆祥总管府以领之,铸银为印,秩正三品。以臣月鲁不花领府事,将作臣阿麻疏为达鲁花赤……臣金界奴为总管”。紧接着,又“命中书右臣萨迪为隆祥总管府达鲁花赤”主管修建事宜,接着又“升隆总管府为隆祥使司,秩从二品”。

护圣寺布局及安请佛像,虞集在文中描述:“寺之前殿置释迦、然灯、弥勒、文殊、金刚并二大士,后殿实五智如来之像,西殿庋金书大藏经,岁庚午上所施也。又像护法神王于西室,护世天王于东室。二阁在水中,坻东曰圆通,有观音大士像;西曰寿仁。上所御也,曰神御殿,奉太皇太后晬容于中……曰寿禧殿,上斋宫也,诸宿卫之舍毕具。”“又作东别殿、楠木别殿、丈室、讲堂、众沙门之居、会食之所、碑亭、井亭、庖湢、库厩、门垣、桥梁,咸称观美。”尤值一提的是,“凡规制,皆图以献,而上亲临定焉”。

元代,寺院兴建之风大盛,从元文宗至顺元年(1330)中书省臣所奏数字来看,专为皇室行佛事的寺院达 367 所(参见《元史》卷三四),而历代皇帝钦修的便有 12 所,且主要集中在大都和上都,地位特殊,耗费巨大,最后导致“国用不充”。

1330 年以后的元朝江河日下,与寺院大兴有关?

惟皇上帝监观万方,爰启圣神,俾一遐迩[1]。时惟太祖皇帝神武维扬,作兴帝业,世有濬哲[2],秉钺誓征。粤世祖皇帝建兹民极,用辑大成,既有九有,戢兵包甲[3],礼修乐宣,神祇咸若敦一。本以端统,树群支以定分,秩序有经,万世永赖。成宗显承,法令较一,我武考受命抚军,归缵历服,保育民物,既庶既富,丰亨豫大[4],如日方中。迨至延祐、至治之间[5],重熙累洽[6],物大而盛,弗虞憸壬[7],间斁彝宪[8]。于是,钦天统圣至德诚功大文孝皇帝德合天人之助,躬修揖逊之节[9],武以勘定,文以宣昭,忠孝率职,奸慝掹伏[10]。雨旸以时,年谷顺成,宝兴于山,海波不扬,嘉靖宁一,利泽长久。颂声交作,度越古今。列圣之仁恩,神灵之景贶[11],布濩旁达[12],湛渍骈臻[13]。于斯时也,有敛福锡民之志焉,固皇极之道也。乃托诸制作之宏,祠享之盛,于以表奉先之孝,于以广济物之慈,同仁之化,不亦与天地合德矣乎?

天历二年,岁在己巳春月,皇帝若曰:予承宗庙之重,君临天下,夙夜兢惧[14],思所以上继祖宗,下安民庶者,不敢少置也。矧予昔在冲幼[15],太皇太后躬保持而导迪之,欲报之德,亦不敢少忘也。稽诸佛氏之书,孝莫重于报亲,慈莫广于及物。而吾佛之所以阴相我国家者,岂可量哉?汝太禧宗禋使月鲁不花、中书平章明理董阿、大都留守张金界奴[16]，其为朕度地以作梵刹，称朕心焉。

四月，上幸近郊，观于玉泉之阳，谓侍臣曰：层冈复巘[17]，隐隆西北，太湖之浸，汪洋渟涵[18]。峙而东高，瓮山在焉。旁薄扶舆，固妡园之地也[19]。使太史视之，曰：吉秋八月晦，立隆祥总管府以领之，铸银为印，秩正三品。以臣月鲁不花领府事，将作臣阿麻疏为达鲁花赤，国语达鲁花赤，官属之长也，臣金界奴为总管。

上曰：建寺而不先正其名，民将因其地而称之。其署题曰：大承天护圣寺。又曰：寺所以严奉祀事，而廛氓杂居，则几乎渎矣[20]。买傍近地，得十顷有奇，皆厚直以予之。分赐从臣，俾为休沐之邸侍祠[21]，而至则处焉。且命其总管府臣相大田以买之，度其岁入以为僧食。

明年，上受尊号，改元至顺[22]。十月，上命太师臣燕帖木儿率百官诣寺所，告诸后土之神，始命大匠治木。十一月，命中书右丞臣萨迪为隆祥总管府达鲁花赤，盖以省臣重其事也。

二年四月十六日，始作土功，治佛殿基，得古金铜之器于地中，多事佛之仪物，实有密契者云。寺之前殿置释迦、然灯、弥勒、文殊、金刚并二大士之像，后殿实五智如来之像，西殿庋金书大藏经，皇后之所施也，东殿庋墨书大藏经，岁庚午上所施也。又像护法神王于西室，护世天王于东室。二阁在水中，坻东曰圆通[23]，有观音大士像，西曰寿仁。上所御也，曰神御殿，奉太皇太后睟容于中[24]。日有献，月有荐，时有享，器用金宝。曰寿禧殿，上斋宫也，诸宿卫之舍毕具。

九月，上谕臣金界奴曰：朕之建寺，非徼福以私朕躬也[25]。昔者国家有佛祠之建，金帛谷粟一出于国之经费。受役庀徒，则民与兵，官府供亿[26]，并缘为奸，非朕意也。今兹役也，工傭其直，物偿其价，勿使有司因得以重困吾民。

臣金界奴顿首，受诏而退，鸠工以集事。材木甓瓦，丹漆设色，必精必良。其土宜交易，得所称事，出傭艺各奏能施，无遗功，人乐效力，若子趋父。属枢密、储政两院臣请以所领军就役，而给钱如民，则军士亦被惠矣；从之。凡役军四千三百人。留守臣言：寺有行宫，天子之所斋也，严重不敢亵[27]，请以所领匠将作，而给钱如两院之兵；亦从之。

十月十五日，上览而悦之，升隆祥总管府为隆祥使司，秩从二品。命太禧宗禋使臣晃火儿不花、臣萨迪、臣阿麻疏、大司农臣金界奴为之使，他官与次俱升。

又作东别殿、楠木别殿、丈室、讲堂、众沙门之居、会食之所、碑亭、井亭、庖湢、库厩、门垣、桥梁[28]，咸称观美。凡规制，皆图以献，而上亲临定焉。皇后出大庆礼，赐白金，从户部易钞四万锭，及割田赋之在荆、襄者以资之。

三年，寺大成。于是，召五台山万圣寺释师惠印，特赐荣禄大夫、司徒，主教于寺。

有敕命臣祖常、臣集、臣法洪、臣惠印，制文以刻诸碑。臣等既同奉诏，乃相与言曰：惟昔有国家者，秘祝不私其身，而思锡诸民，史臣书之，后世诵之。今圣皇之心，一出仁孝，琐琐之秘祝[29]，讵可拟伦哉？且其为役，可谓大矣。财出内帑，而不伤于外府；役以傭钱，而不劳于兵农；官有专任，而不烦于有司。钦惟圣上怡神穆清[30]，对时育物，量准天地，而一日万几，睿知明达，而虑周天下。至若斯寺之落成也,营度经始之勤,治辨董正之任[31],考图攻位之审,其简在帝心又有如此者,岂非亿万世宗社生灵之福哉？敢再拜稽首,而献文曰：

于赫皇祖,圣神立极。历世继承,照临维绎[32]。维我圣皇,孝思如在。
视民如伤,博施广爱。具曰大雄,等慈能仁。导善闵恶,以救我人。
乃作大刹,于国西郊。檐屋翚翼,雾雨之交。金玉宝物,算同河沙。
曰予有祈,世不谓多。飞盖树幢,香鬘珠纲[33]。圣灵与俱,来即来享。
福我惠我,遂我煦养。子孙黎民,均视同仰。思我大母,为世远思。
顾复之勤,孙谋是贻。肃肃徽音,邈邈令仪。眷予晤怀,庶其来兹。
相彼流泉,阁于水涘[34]。人神翊扶[35],天子至止。鼓钟鼎彝,嘉乐宴喜。
多寿多福,又多男子。群臣百工,侃侃献功。民无勚劳[36],府乃羡充。
乐石刻辞[37],颂言雍雍。亿万斯年,赞于皇风。

【作者简介】

虞集(1272—1348),安伯生,号道园,别署青城山樵,人称邵庵先生。祖籍仁寿(属今四川),迁临川崇仁(属今江西)。元成宗大德初年到大都(今北京市),任国子助教。文宗时官至奎章阁侍书学士,与赵世延等编纂《经世大典》,进侍讲学士。卒赠江西行中书省参知政事,封仁寿郡公,谥文靖。素负文名,有《道因学古录》《道园类稿》等传世。

【注释】

[1] 遐迩:远近。

[2] 濬哲:圣明。濬,通"睿"。

[3] 戢:音 jí,收藏。

[4] 丰亨豫大:典出《易经》。谓富饶安乐的太平景象。

[5] 延祐:元仁宗年号,1314—1320 年。至治:元英宗年号,1321—1323 年。

[6] 重熙累洽:谓前后功绩相继,累世升平。

[7] 憸工:奸佞的小人。憸.音 xiān,奸邪。

[8] 斁:音 yì,败坏。彝宪:常法。

[9] 揖逊:揖让。

[10] 奸慝:邪恶。慝:音 tè,恶。擿伏:揭露隐秘的坏事。擿,音 tī。

[11] 景贶:谓慷慨的赠馈。贶:音 kuàng,馈赠。

[12] 布濩:遍布,散布。濩,音 hù。

[13] 湛渍:浸渍,渗透。骈臻:并至,一并到来。

[14] 兢惧:戒慎恐惧,惶恐。

[15] 矧:音 shěn,况且。

[16] 太禧宗禋使:元官名。掌神御殿朔望岁时讳忌日辰禋享礼典。天历元年(1328),废会福、殊祥二院,改置太禧院总管二院事务,次年改太禧宗禋院。有院使、副使等官。所属有隆禧、会福、崇祥、寿福诸总管府,分掌钱粮出纳及营缮等事。太禧宗禋院、崇福司、司禋监与太常礼仪院的职司,在前代均属太常寺。

[17] 巘:音 yǎn,形状似甗(yǎn,古代蒸锅,上下两层,分置水与食物)的山。

[18] 渟涵:水泽。

[19] 扶舆:犹扶摇,盘旋升腾貌。圻园:谓此地先前称圻园。圻:音 xīn。

[20] 廛氓:民家住房。廛:音 chán,古代城市平民的房地。渎:音 dú,水沟,大川。此谓市民良莠杂处。

[21] 休沐:休息洗沐,谓休假。

[22] 至顺:1330 年。元文宗是元明宗之弟,武宗次子。武宗死后(1328),文宗即位于大都。次年,武宗长子即位于上都,是为明宗。名义上已经逊位的文宗迎接其兄于旺忽察都(今河北张北县北),试图伺机毒死明宗,不成。第二年(1330),明宗在上都复帝位。史称天历之变。复位后,改元至顺。

[23] 坻:水中小洲或高地。

[24] 睟容:谓容貌温和润泽。睟:音 suì,清和温润貌。

[25] 徼福:祈福,求福。

[26] 供亿:供给。

[27] 严重:此谓庄严重穆。

[28] 庖湢:厨房浴室。

[29] 琐琐:细小,细碎。此谓低调。

[30] 穆清:太平祥和。

[31] 治辨:谓处理事务合宜。董正:监督纠正。

[32] 绎:连续不断。

[33] 鬘:音 mán,谓美发。

[34] 涘:音 sì,水边。

[35] 翊扶:辅佐。翊:音 yì,辅佐。

[36] 勚劳:劳苦。勚:音 yì,劳苦。

[37] 乐石:按:当为"勒石"。

金山万寿阁记

元·虞 集

【提要】

本文选自《古今图书集成·山川典》卷一〇一(中华书局、巴蜀书社 1985 年影印本)。

万寿阁在金山寺。元朝至治辛酉年(1321),以天子之命住持金山寺的应深,在金山寺右边建大阁,"上严万佛之像,下肖罗汉之容,为位五百"。后来,尚处"潜邸"的元明宗由江舟而登阁,"壮其缔构雄伟,而善深之为也"。于是,明宗出资缮修千余金身佛像。

金山寺位于今江苏省镇江境内的金山上。金山雄峙镇江的长江南岸,山势巍峨,风景优美,有“江南诸胜之最”的美誉。金山寺依山而建,从山脚到山顶,殿宇楼堂幢幢相衔,阶梯成叠,长廊蜿蜒,台阁相接,把整座山密密地包裹起来。远望金山寺,只见金碧辉煌的寺院建筑群和高耸入云的慈寿塔,看不见山,故有“金山寺裹山”之称。与焦山定慧寺“焦山山裹寺”形成鲜明的对比。

金山寺初建于东晋。《万寿阁记》写道:“山有佛祠,始建于晋明帝时。”金山寺自晋至今,历经沧桑,屡有兴废。1948 年又发大火,烧毁大雄宝殿、藏经楼和方丈室等 200 余间房间。残存建筑,“文革”时亦有损坏,但现已复当年外貌。现存大王殿、大雄宝殿、藏经楼、留宿处、念佛堂、紫竹林、方丈室等建筑傍依山根,通过回廊、回檐、石级有机串连,形成楼外有阁、楼上有楼、阁中有亭的精巧构筑。妙高台、七峰顶、楞伽台等联缀山腰;留玉阁、大小观音阁围绕山顶;慈寿塔、江天一览亭矗立山巅,建筑群规模宏大,精巧壮丽。

现有建筑中最引人注目的是金山寺之巅的慈寿塔。慈寿塔最早建于南朝齐梁时代,原为两座宝塔,南北相对而立,后倒坍。宋哲宗元符年间(1098—1100)建成一座八角七层塔。明朝隆庆三年(1569),明了法师重建,清同治、光绪年间加以修葺。现存的塔是光绪二十六年(1900)修建,砖身木檐,仿楼阁式,七级八面,每级四面开门,有楼梯盘旋而上,每层有走廊和栏杆,可凭栏远眺,面面景色不同。东面焦山如碧玉浮江,南面长山葱葱郁郁,西面的金山鱼池波光粼粼,北面的瓜洲古渡烟波中若隐若现。王安石的《金山寺》诗:“数重楼枕层层石,四壁窗开面面风。忽见鸟飞平地上,始惊身在半空中。插云金壁虹千丈,倚汉峥嵘至一峰。想得高秋凉月夜,分明人世蕊珠宫。”

庄严金山。

南徐古治,限大江之堧[1],受众川之委,东趍而将至于海也[2]。其浸汪洋以无涯,其流舒肆而莫止。拳然屹立中江以迎其冲者,金山也。山有佛祠,始建于晋明帝时,梁武帝著水陆斋仪,亲幸其寺[3]。至宋真宗赐名龙游禅寺,国朝至大己酉僧应深以天子之命主之,兼畀以马薛里吉思[4],所据银山、东西二院。且敕使者修水陆大会,如梁之仪。延祐、至治间[5],又两勅建会,如至大故事[6]。于是,应深以辛酉之岁,即寺之右建大阁焉。上严万佛之像,下肖罗汉之容,为位五百。

后三年,今上皇帝潜邸之日,由江引舟而亲登是阁。壮其缔构雄伟,而善深之为也,出帑金成佛像千以赞之。又三年,皇帝既登大宝,建元天历[7]。三遣使赍名香白金往祠之,山祇波神,鱼跃龙舞,幽显咸若应感著焉[8]。

至顺元年秋,应深来朝京师。十月乙未,入见上御奎章阁,奉佛像以进,上曰:“阁中万佛已庄严乎?”对曰:“像具而未完以金也。”上曰:“朕悉为,若成之。”即出内府宝钞五万缗以赐之[9]。仍归以罗汉庄陷江沙汰之田。明日,应深入谢曰:“臣僧请以万佛祝万寿,愿万寿等万佛。”上曰:“朕之崇佛,岂私朕躬所愿?含生均被佛力[10]。”因名其阁曰:“万寿”。又明日,敕学士臣集勒文以记之。

臣集闻诸浮屠氏之说曰:充乎法界,一佛身也,何有于万及其化现至百千亿恒河之沙[11],析为微尘,犹不能拟,岂万可言?用像设教,取数于圆以表也。臣请喻之以言,今我圣皇运至善大慈之心,位乎亿兆万民之上,一念虑之善,一佛之全体也;一号令之善,一佛之大用也。一日二日已具万机,至于岁时积善无数,即佛之言,非万可计。然则圣天子万善之施,岂独见于斯阁而已哉。有生之类无间,远迩大小知上之念己也。仰而望之,一一如亲涵上之恩惠焉。辟如瞻日于天,人各见日,如日视己,不知所见共一日也;观月于水,人各见月,如月视己,不知所见同一月也。散之诸有,名之为万归之于无,其实一佛也,一佛万佛也。我圣天子,一佛万佛之所具乎?一佛之寿已不胜计,即至万佛其寿无量,即寿即佛,即佛即寿。是故斯阁可得而名矣。

请书其事以谂诸来者[12],而深之勤亦得系于无穷焉。

【注释】

[1] 堧:音 ruán,城下宫庙外及水边的空地。

[2] 趍:音 chí,奔向,流向。

[3] 水陆斋式:南朝梁武帝天监四年(505),帝令名僧宝志等在金山举行盛大的水陆法会,宣《六道慈忏》(即《梁皇忏》)。此成为中国佛教水陆法会之源头。

[4] 畀:音 bì,与,付托,委派。

[5] 延祐、至治:元仁宗年号,1314—1323 年。

[6] 至大:元武宗年号,1308—1311 年。

[7] 天历:元文宗年号,1328—1330 年。后明宗袭其年号,1330 年改年号为“至顺”。

[8] 幽显:谓阴阳。

[9] 宝钞:谓纸币。

[10] 含生:一切有生命者。

[11] 化现:佛教所称佛或菩萨在人间显现的化身。

[12] 谂:音 shěn,规谏,忠告。

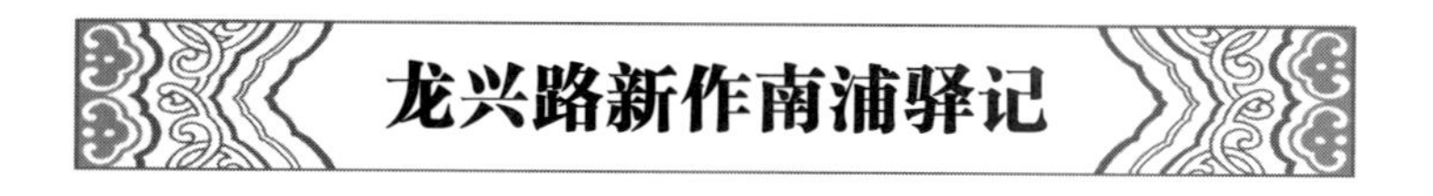

龙兴路新作南浦驿记

元·虞 集

【提要】

本文选自《虞集全集》(天津古籍出版社 2007 年版)。

南浦驿在今江西省南昌市滕王阁附近。元设江西行省,统十八路、九州,设治龙兴路(即今江西南昌),辖境包括今江西、广东大部。南浦驿在南昌滕王阁南面、广润门(宋元称桥步门)左边。广润门面朝抚河支流,水运发达,有 3 处泊船码头。近郊和邻县运送农副产品的船只多在此泊靠,瓜、果、粮油、蔬菜、水产经由此处销入城内千家万户。四通八达、紧靠水边,在附近修筑驿亭便再自然不过了,因此,唐代此地就有驿馆。于是,白居易吟道:“南浦凄凄别,西风袅袅秋。一看肠一断,好去莫回头。”

文中,虞集写道:“江西置行中书省六十余年,勋旧德业相继于位”,“政令日新月盛,无所阙遗”,“唯水驿未有馆舍”。

于是,儒林郎靳仁度其宜,申其意,得到朝廷批准后便开始营造了。作为通都大邑的省级招待所是怎样的规模?朝向:东坐西向;纵 144 尺(元代一尺约合今 31.2 厘米),横则半之;九架之堂 3 间,堂前有轩,“崇广如堂,而杀其架之四”;“堂左右有翼,如堂之深”;“左右廊五架者八间,皆有重屋大门”“七架者五间”,或是客房,或为厩庖井茨。驿馆都门则是一间七架房屋。

在古代,驿舍是专为官员、驿使往来歇息住宿、换车马和供传递军情、信报的处所,不对外开放。此种规模,不算小了。

我国家建元立国,统一海宇,著驰驿之令[1],以会通天下之情,以周知天下之务。视日力之所及,道里之远近,纵横经纬,联络旁午,皆置馆舍,以待往来[2]。水行者有舟楫,以济不通,置驿亦如之,无间内外者久矣。

乃至正乙酉之三月[3],龙兴路始作水驿之馆者,何也?江西置行中书省六十余年,勋旧德业相继于位。凡所统属,皆有府署以奉行其政令日新月盛,无所阙遗。惟水驿未有馆舍,公卿大夫之来,与凡使于岭海及四方之士[4],弥楫城隅[5],次舍不具,无以称大藩,客主人之礼焉。所统郡北控江湖,南极岭海,属吏受事,上计、贡赋、货币、征商之输[6],各率其职。而至者登载于岸[7],无所盖藏[8],杂市逆旅[9],无公私之便,执事者久病。

龙兴缘江为城,上流浅隘,下流有风涛之虞。受江右诸源之水,而衍迤宽广[10],安而有容。惟桥步门之外为然,昔人所谓舸舰迷津,富商大贾之会也。濒江地本隶南昌,水驿之设,当在至元、大德间[11],置财赋提举司,理东朝外帑之出纳,不及于政也。闾阎阛阓[12],列肆成市,居货充斥,有司莫得而问焉。

去年甲申之秋,不戒于火,千室就烬[13]。有司按籍行地,得前代南浦亭之故基,于其优杂淫乐之区,盖昔者迎候燕饯之处也[14]。乃请于行省,白诸宪府,即其地以为水驿之馆,上下合辞以为宜。即以是月,郡府率南昌之属而受役焉。

于是,儒林郎靳君仁为省检校,官清而体严,风裁著于宾佐[15],行省属以亲莅之。度其地之势,东坐西向,得纵者百四十又四尺,而横仅半其纵之数。作堂其中,九架者三间。其前轩崇广如堂,而杀其架之四。堂左右有翼,如堂之深。左右廊五架者八间,皆有重屋大门。七架者五间,庖厩、井茨,与凡墙壁、户牖甃砌之属悉备。前为都门,七架者一间。表之曰“南浦之驿”,而名其堂曰“明远之堂”。于是,使舟至此,近舣官道之侧。至馆如归,所谓送往迎来,无愧于郡府者矣。

木石工佣之费,为中统钞者一万九千四百五十缗有奇[16],皆取诸官帑,无与于民也。是以坚致端重[17],而可久也。

馆成之日,靳君首疏其始末,以郡牍授集,使记焉。从容中度,粲然有文,无待于集之执笔也。然尝忝记载之职,今邈然草野,固在封域之中,其敢以寡陋辞乎?夫公府之有所营建,常因其不可不为者而后为之。不先时而强作,不后时而失宜,制度有节，敏而有成，无伤财害民之失。此君子之行事，所以可书也。馆之始作，荣禄大夫蛮子公为平章政事，参政、通奉大夫董公守恕。其成也，荣禄大夫完者不花公为平章政事，参政则资德大夫密只尔公也。省郎中，奉直大夫不答失里、朝列大夫崔从矩。员外郎，奉直大夫也先伯、朝列大夫王艮。都事，承务郎俺都剌。其掾史，则吴礼也[18]。

【注释】

[1] 驰驿：谓驾乘驿马疾驰。

[2] 道里：路程，里程。旁午：交错，纷繁。

[3] 至正乙酉：1345年。

[4] 岭海：谓两广地区。

[5] 弥楫：谓众多舟船停泊(在此)。

[6] 上计：古代地方守臣向朝廷申报一年治状的制度，内容包括租赋、刑狱、选举等。

[7] 登载：谓人上岸，财物到站。

[8] 盖藏：谓储藏。

[9] 逆旅：客舍，旅店。

[10] 衍迤：繁衍延续。此谓河道宽阔、绵长。

[11] 至元，大德间：至元，1264—1294年；大德，1297—1307年。

[12] 闾阎：里巷内外的门。后多借指里巷。阛阓：市区。

[13] 烬：音jìn，物体燃烧后的灰。

[14] 燕饯：设宴招待或送行。

[15] 风裁：刚正不阿的品格。

[16] 中统钞：元中统年间(1260—1264)颁行的钞票，有交钞、元宝钞两种。纸币以银为本位，面额有2贯文、1贯文、500文、100文等9种。中统钞每两贯可兑换白银一两。中统钞是中国现存最早正式印刷发行的纸币实物。

[17] 坚致：坚实细密。

[18] 掾史：官名。掾与史的合称。掾为长而史次之。多由州县长官自行辟举。

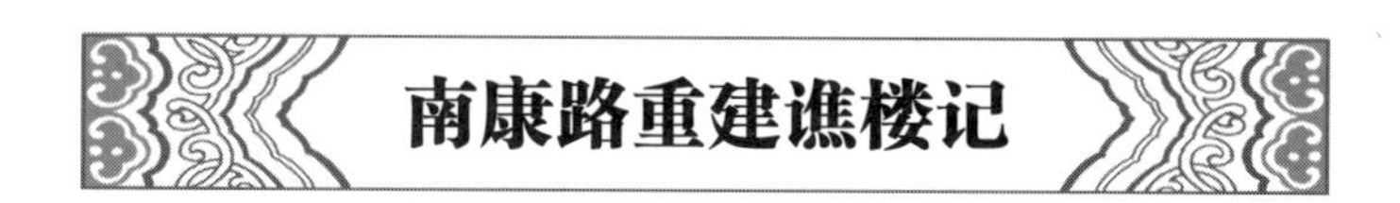

南康路重建谯楼记

元·虞　集

【提要】

本文选自《虞集全集》(天津古籍出版社2007年版)。

南康路辖星子、都昌、建昌(今江西永修)，治所星子。谯楼即修筑于城池城门顶之上的门楼。

虞集描述的南康军自古以来就是“先儒过化之地,名贤经行之所”(《元史·选举志一》),北宋太平兴国七年(982)立南康军,元设南康路,于是王禹偁、欧阳修、周敦颐、苏轼、王安石、苏辙、黄庭坚、米芾、岳飞、杨万里、朱熹、赵孟頫纷纷来此,因为匡庐秀峰、白鹿洞书院等等自然、人文景观。

在文中,虞集写道:“宫室有制,其守居有室,有堂,有听事之庭,重门在前,不得以简陋废也。”至正三年(1343)冬,孙天民在宋府署门楼原址建“谯楼”,“两端为台,崇十有八尺,中为门以通道。楼于其上,其楹三十有八尺,屋三间,有左右翼”,台基至屋脊,通高五十八尺余,这座谯楼遂成为南康郡府的望楼。

与大多数歌功颂德的文字一样,这篇文章亦对孙天民的“用有节而财不告匮,赋有时而民不告劳”赞赏有加,不过作者称,有此楼,“严鼓角以谨朝夕,出教令以示民人,贡赋、狱讼之出入,式命、宾客之往来,必此乎逵焉”,把谯楼的作用说得清楚明白。

彭蠡、九江之水[1],合匡庐屹然而止焉。前代以江湖阔远,置南康治星子以制其要,自江右会府视之[2],则有门户闭遮之势矣。宋南渡,恃江以立国,南康亦重地也。

淳熙中[3],朱文公尝守之,固喜其山川之雄秀,风俗之淳美。然尝以土瘠人稀、役烦税重,无以宽民力为忧也。为之期年,治修化行,比于邹、鲁,而制作之遗,犹可想见。

国朝既一海内,置三行省于江南。封疆之界,接畛是邦,视昔荆、扬、吴、楚之交,郡守之托为甚重矣。郡有堤防、门垣之固,军旅、市里之区,社稷、庙学之所,庾狱、府史之藏[4]。今昔因革,缓急先后,各有其时。郡治本故宋乾道所作[5],百数十年矣。后至元乙亥[6],毁焉。八九年来,守者数易而不遑及也。今郡守之寄,犹古诸侯。宫室有制,其守居有室,有堂,有听事之庭,重门在前,不得以简陋废也。

至正三年冬[7],嘉议大夫孙侯天民来守是邦。励志以自立,平心以治人,作新观听于颓靡之余,随事休养于哀敛之极[8]。未及期月,僚佐稍集,稼穑告登,始作郡治南门之谯楼。督其役者,承事郎、星子县尹蔡君瑛也。

两端为台,崇十有八尺,中为门以通道。楼于其上,其楹三十有八尺,屋三间,有左右翼,广若干、深若干。台之基至屋之极,通五十八尺有奇。起手于四年十二月之九日,成于明年某月日。用有节而财不告匮,赋有时而民不告劳。

于是,严鼓角以谨朝夕,出教令以示民人,贡赋、狱讼之出入,式命、宾客之来往,必此乎逵焉。而侯之为治,明通而无隐,作止之有度,于此可见矣。乃使建昌州儒学正王宗震走临川,求予记之。予通古今以览夫人物、治道之升降,慨文公于既往,善孙侯之方来。乃为书其岁月,以刻诸石,使后之人有所观焉。

孙侯字可逵,济南商邑人。在郡有清节,多善政,民甚安之,观风者称焉。尝以所受禄修学宫,所部学田又见侵于浮图、老氏之徒者,理而归之以养士。其将有意于斯文者乎?蔡令字子华,镇江人,儒者也。侯未至前,郡有诬服杀人狱具者,属子华竟之。子华访得所杀人实在不死,密使人致之,出诸审决之庭,狱解。事类钱若水。同州之政,而多牵制尤难云。侯至,以是贤而属之也。

【注释】

[1] 彭蠡:即彭蠡湖,为鄱阳湖古称。

[2] 会府:都会。此谓南康路治所星子,位于赣江右面。

[3] 淳熙:南宋孝宗赵昚(shèn)年号,1174—1189年。

[4] 庾狱:谓监狱。

[5] 乾道:南宋孝宗年号,1165—1173年。

[6] 至元乙亥:1275年。至元,元世祖忽必烈年号。

[7] 至正三年:1343年。

[8] 裒敛:聚敛财物。裒:音póu,聚集。

大同路兴云桥记

元·虞集

【提要】

本文选自《虞集全集》(天津古籍出版社2007年版)。

兴云桥就是架设在今天大同市东御河上的桥梁,桥成,虞集应邀为记以录此事。

“按旧记:大同,古平城,如浑之水循其城东而南行,亦名曰御河。朝会转输,东趋京师,必逾是焉。河水本盛,遇积雨,益横溢,阻行者。故自元魏以至于唐,河流分合不同,率造桥以达。”御河之上的桥自古以来就是地方官员赴朝廷会聚、地方物产转输的必经之路;但御河本来水流就大,遇上雨水的日子,就更加湍急恣肆了。所以自北魏起至唐代,虽然河流分分合合,经常改道,但历朝历代都建桥以利通达。

唐以后,桥还是经常坏。金代留守高庆裔造好桥后不到一年便被大雨雷电震坏十分之一二;后三年居民高居安又缮修完好;到了元朝大定辛丑年间,又被大雨雷电损坏八九;十二年后的至治元年,桥梁又遭坏损。为何桥梁屡屡损坏?“桥凡二十有七间,其西不坏者二十有三。石柱也,东当水所趋,而柱皆木,乡徒取其易成,而不计其易坏也。”

原因找出来了,元朝的官员认识到:“财不可以属费,民不可以数劳。必究其所以坏,而求其所以长久者。”于是,“采石于弘山之下,凡为柱二十四,自上下流望之,屹然壁立”。然后,“栈木甃石,植栏楯、表门阙、饰神寺,官舍之属,皆以次成”。

泰定元年秋(1324),新修石桥落成,桥名曰“兴云”。虞集感叹道:“善为政者,当为其所不可不为,而不敢擅为其所不得为与轻为其所不必为。”惟其如此,所为皆"仁智之事,而斯民之所赖者也"。更为难能可贵的是,"连率总一方,委任甚重,视民事之急,犹请于上而后行"。对连率图绵赞赏有加。

泰定元年秋[1],大同路城东新修石桥成,河东连率图绵公题曰兴云之桥。明年,寓书京师,请于集贤王公约[2],以记来属焉。

按旧记:大同,古平城,如浑之水循其城东而南行,亦名曰御河。朝会转输[3],东趋京师,必逾是焉。河水本盛,遇积雨,益横溢,阻行者。故自元魏以至于唐,河流分合不同,率造桥以达。岁久,沿革不能详焉。其可知者,金天会壬子[4],留守高庆裔所作。不一年,以大雨震电有怪物出,坏其十一二。后三年乙卯,居民高居安葺完之,事具宇文虚中记。后四十七年,为大定辛丑[5],又以大雨震电坏其十八九。明年壬寅,留守完颜褒重作之,事具边元忠记,今桥是也。至国朝至大三年[6],凡百三十年,又以水坏,官家葺焉。又十有二年,为至治元年[7],又坏。

郡吏考诸故府,取旧记以请,连率为达诸朝,得给钱市材役民力如章。岁终会焉,连率属其副孙侯,谐大同路属其判官某、县属其主簿某,上下以次承事[8]。于是,孙侯曰:财不可以属费[9],民不可以数劳。必究其所以坏,而求所以长久者。

工曰:桥凡二十有七间,其西不坏者二十有三。石柱也,东当水所趋,而柱皆木,乡徒取其易成[10],而不计其易坏也。乃采石于弘山之下,凡为柱二十四,自上下流望之,屹然壁立。然后栈木甃石,植栏楯、表门阙、饰神祠,官舍之属,皆以次成。始八月甲子,毕以九月甲子,凡若干日。

夫为梁之役,有民人土地之常事也。今连率总一方,委任甚重,视民事之急,犹请于上而后行。为之以时而民不劳,用之有度而财不废,无一不合于理者。揆诸春秋之法,常事不书可也,此何以书哉? 噫! 善为政者,当为其所不可不为,而不敢擅为其所不得为与轻为其所不必为,则民力其庶几矣。且革既坏于一日,思持久于方来,不以速成为能,而以他日为虑,盖仁智之事,而斯民之所赖者也。书之者,岂徒纪其功之敏哉?

谨具以告来者,俾有所考,以图无斁焉可也[11]。

【注释】

[1] 泰定:元泰定帝也孙铁木儿年号,1324—1328年。

[2] 王约(1252—1333):字彦博,号豫斋,赠文定公,亦称大梁王文定公。其先汴人,宋末避乱迁真定(今河北正定)。王约在元世祖时任翰林国史院编修,后任中书、詹事、集贤大学士,历经世祖、成宗、武宗、仁宗、英宗、泰定、天顺七朝,撰拟诏告文书长达50年之久。其间朝廷重要文诰都由王约把总。仁宗时曾通告各大臣:"事未经王彦博议者,勿启。"与欧阳玄并称元初"鸿笔"。

[3] 朝会:古代诸侯、臣子及外国使者朝见天子。转输:运输。

[4] 天会壬子:1133年。

[5] 大定辛丑:1181年。

[6] 至大三年:1310年。

[7] 至治元年:1321年。
[8] 承事:治事,受事。
[9] 属:《说文》:连也。
[10] 乡徒:谓见识短浅之人。
[11] 斁:音 dù,败坏。

重修阳和楼记

元·杨俊民

【提要】

本文选自《古今图书集成·职方典》卷一〇六(中华书局、巴蜀书社1985年影印本)。

阳和楼位于今河北正定县。始建于金末元初,横跨正定城南门内南大街上。楼所立之砖台高8.6米,东西长66米,南北宽21.6米,东侧有阶梯可上下。砖台下穿左右两洞门,两门之间,南有关帝庙,庙前有牌楼、旗杆和狮子,牌楼之内是大门,门内为平面呈丁字形殿宇。砖台上的阳和楼,高10米,面阔33米,通进深13.5米,单檐琉璃瓦宫室建筑。平面呈长方形,共7间,中间5间敞开,两头各有似钟鼓楼的单间,楼外东西各有碑亭一间。"其柱头间阑额刻作假月梁形,为罕见之例。其角柱上普柏枋出头角上刻一瓜瓣,为元代最常见作风。角柱生起尤为显著。内部梁架当心间,次间,梢间三缝各不同,颇为巧妙,两际结构更条理井然。斗拱双下昂单拱计心,其柱头铺作实际上为昂嘴华拱两跳。梁栿外端出为蚂蚱头,已兆见明、清桃尖梁头之滥觞,其补间铺作第一跳亦为假昂,但第二层昂斜上,后尾挑起,仍保持其杠杆作用。至于华拱后尾施横拱,宋代仅见于《营造法式》,但实物则金元以后始见盛行。楼准确年代无考,元至正十七年曾经重修,想当为金末元初(1250—1290)所建。"(梁思成《中国建筑史》)阳和楼南面为正面,正中一间悬挂写有"阳和楼"楷书大字的横匾。

在元至正十七年(1357)的《楼记》中,杨俊民写道:"阳和楼者,镇府壮观也。横跨子午之逵,敻超阛阓之表。""每登于斯,南眮滹水,北瞻恒岳,右挹太行之晴岚,左观沧海之旭日,飘然若出尘世,御天风于九霄之上,高爽如是。"杨俊民所记为重修的阳和楼,监郡普颜公、大尹赵公召集大刹高僧赴国家必兴之役,"朽腐者易之,缺坏者补之","表以黝垩,饰以丹碧"。由于大家全力以赴,阳和楼复又"壮丽一新"。

历代帝王官员、文人学士喜登此楼观景,赋诗题字。南宋朱熹题的"容膝"方石嵌于楼上正中央。元代诗人刘因在《登镇州阳和门》中写道:"北望云开岳,东行气犯星。凭阑天宇在,人事听浮萍。"明朝袁宏道在《王郡丞邀饮阳和楼》中称赞这里:"十丈朱旗照水殷,家家箫鼓乐江山。千峰如画供杯酒,不道清时是等闲。"文人雅士、达官贵人则喜在阳和楼附近兴建宅第。楼北不远处便有明朝“太子太保吏部尚书梁梦龙”的御封牌楼和“梁氏宗祠”。清代保和殿大学士梁清标的“蕉林书屋”亦在附近。元人纳新《河朔访古记》载:“左右挟二瓦市,优肆娼门,酒垆茶灶。豪商大贾,并集于此。”可知这里乃正定繁华地。

阳和楼所在的南大街是当时正定城中轴线,时人称“龙脉”:龙头是阳和楼和关帝庙,龙尾在城北头的龙王堂。龙的双眼是阳和楼的两个门洞,龙的前脸是关帝庙的平台,龙须是关帝庙的两根旗杆,龙的鼻子是关帝庙前向外鼓出的两处半圆形庙台。《正定县志》载,明弘治二年(1489),“滹沱河溢,冲坏城墙,大水从城西南角入,从东北角流出。全城居民死亡无数,幸存者仅阳和楼左右数十家”。

1933年,梁思成在兵荒马乱的岁月里来河北正定考察古建筑,随后结集的《正定调查纪略》中如此描述阳和楼:“在大街上横跨着拦住去路,庄严尤过于罗马君士坦丁的凯旋门。”梁先生笔下的阳和楼是“一座高大的建筑物”:很高的砖台上有七楹殿,额曰“阳和楼”,下有两门洞,将街分左右,人由洞中穿过。“予人的印象,与天安门端门极相类似”。

阳和楼毁于20世纪60年代的“文革”中。

阳和楼者,镇府壮观也。跨子午之逵,敻超阛阓之表[1]。基台端峻门路,宏敞上架,巨室七楹,栋宇之隆,缔构之妙,其势则山峙而云飞也。每登于斯,南瞷滹水[2],北瞻恒岳;右挹太行之晴岚,左观沧海之旭日,飘然若出尘世,御天风于九霄之上,高爽如是。而日迈月征[3],檐垂础弛,此为郡者所以兴慨而欲修也。

故自谯楼已废,移置更漏于此,盖亦有年。中郡而立,鼓角声振,四远闻之,警惧如一。昔人闻更鼓分明,知其尹贤。至于悬令布政,耸人耳目,所系如是而上漏旁穿,殆难栖止,此为郡者所以必修而不容止也。

至正十七年春[4],监郡普颜公、大尹赵公承宣之隙,将兴是役而不忍重烦民力。一日焚香煮茗,集人刹都僧而谕之曰:“科征稠叠[5],杼轴已空[6]。尔等深居无扰,国恩至矣。今公家有必兴之役,尔等可无施乎? 且慈悯群生,尔佛氏之教也。”众僧忻然相应,愿献资粮若干。

乃选廉能者董之,厚直以募工,平价以市物。摧压者正之,朽腐者易之,阙坏者补之。耸赐额于两端,环拱棁于四门。巩以瓴甋,表以黝垩,饰以丹碧,物精工善。始事于三月,毕工于六月,矗若神资,壮丽一新。过者骇心惊目,鼓舞称赞。

于戏! 斯一役也,而有可书五:世称北门为子城[7],南门三面无迹,岿然独存。盖关造物,所完古迹以壮其郡,一可书也;震风凌雨,帡幪有庇[8],俾吏卒安居司漏,候天节人,二可书也;督役则择,郡人惰而代闲者不用,公吏以绝奸弊,三可书也;费出于诸寺,夫取于门卒[9],秋毫不犯乎民,四可书也;一言使人忘贪,向义克济盛美[10],五可书也。有五可书而书之,不但记岁月而已。

【作者简介】

杨俊民,生卒年不详。进士,累官翰林编修、山西廉访使,入京为礼部郎中,升国子监司业,又迁为集贤直学士。至正(1341—1370)间,奉命祭祀曲阜宣圣庙,回京后拜为国子监祭酒。

【注释】

[1] 子午:谓南北。古人以"子"为正北,以"午"为正南。逵:四通八达的道路。敻:音xiòng,远。阛阓:音 huán huì,街市,街道。

[2] 瞷:音 jiàn,俯看。

[3] 日迈月征:喻时间不断推移。

[4] 至正十七年:1357 年。

[5] 稠叠:稠密重叠。

[6] 杼轴空:通常作"杼轴困"。谓财物耗空,陷入困境。

[7] 子城:指月城、瓮城等附于大城的山城。

[8] 帡幪:音 píng méng,帐幕。

[9] 门卒:门下的差役。句谓征集劳工不摊派,而是走市场。

[10] 克济:谓能成就。

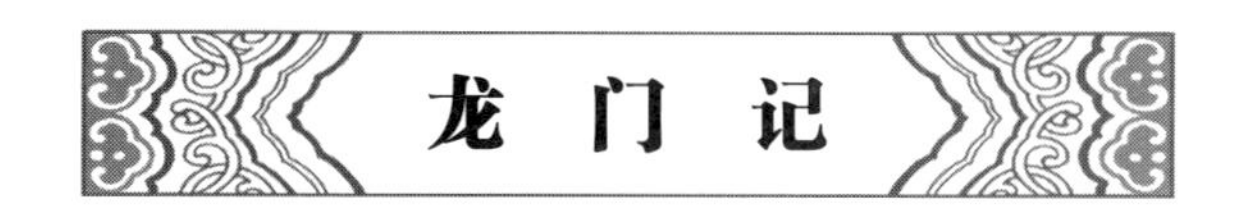

龙门记

元·萨天锡

【提要】

本文选自《古今图书集成·山川典》卷五二(中华书局、巴蜀书社 1985 年影印本)。

中国四大石窟之一的龙门石窟位于洛阳市城南 13 公里,这里的香山和龙门山两山对峙,伊水中穿而过,远望如一座天然门阙,故称"伊阙"。龙门石窟始凿于北魏孝文帝由平城(今山西大同)迁都洛阳(493)前后。历东魏、西魏、北齐、北周、隋、唐和北宋等朝,佛像雕凿断断续续长达 400 年之久。其中北魏和唐代大规模营建时间长达 140 多年,龙门所有洞窟中,北魏洞窟约占 30%,唐代占 60%,其他朝代仅占 10%左右。

萨天锡所看到的造像:"有全身者、有就崖石露半身者、极巨者丈六、极细者寸余、趺坐者、立者、侍卫者,又不啻万数。然诸石像旧有裂衅,及为人所击,或碎首、或损躯,其鼻其耳其手足或缺焉,或半缺、全缺,金碧装饰或悉剥落,鲜有完者。旧有八寺,无一存……有数石碑,多仆,其立者仅一二。"

造成这一惨状的原因是唐武宗和后周世宗的灭佛行动。

唐武宗会昌年间,由于佛教寺院土地不输课税,僧侣免除赋役,佛教寺院经济过分扩张,损害了国库收入;同时,寺院势力扩张,与普通地主也存在着矛盾。唐武宗崇信道教,深恶佛教,又因讨伐泽潞叛乱急需,在道士赵归真的鼓动和李德裕的支持下,于会昌五年(845)四月,下令清查天下寺院及僧侣人数。随后,严令一道接着一道,即便长安、洛阳这样的大都市亦只能各留二寺,每寺僧各30人。天下寺院拆毁殆尽,佛像击毁殆尽。拆下来的寺院材料用来修缮府舍廨驿,金银佛像上交国库,铁像用来铸造农器,铜像及钟、磬用来铸钱。佛教徒称之为“会昌法难”。

后周显德二年(955)五月,后周世宗诏天下寺院,非敕赐寺额者皆废之,所有功德佛像及僧尼合并丁当留寺院中,今后不得再造寺院。禁私度僧尼,禁僧俗舍身、断手足、炼指、带铃、挂灯、毁破身体等。当年废寺院30 336座,此即佛教史上著名的周世宗灭佛。

历尽劫难,龙门无完矣。

龙门石窟是历代皇室贵族发愿造像最集中的地方,其中北魏和唐代的造像体现出迥然不同的风格。北魏造像淡去了云冈石窟造像粗犷、威严、雄健的特征,生活气息逐渐变浓,趋向活泼、清秀、温和。造像的脸部瘦长,双肩瘦削,胸部平直,衣纹的雕刻使用平直刀法,坚劲质朴,追求秀骨清像式的艺术风格充分体现了北魏时期人们以瘦为美的审美偏好。唐代佛像脸部浑圆,双肩宽厚,胸部隆起,衣纹的雕刻使用圆刀法,自然流畅。龙门唐代石窟中最大的一个石窟——奉先寺,长宽各30余米就充分体现了唐造像特征。

据统计,东西两山现存窟龛2 345个、佛塔70余座。龙门全山造像11万余尊,最大的佛像卢舍那大佛,通高17.14米,头高4米,耳长1.9米;最小的佛像在莲花洞中,每个只有2厘米,称为微雕。

洛阳南去二十五里许,有两山对峙,崖石壁立,曰:龙门。伊水中出,北入洛河,又曰:伊阙。禹排伊阙,即此[1]。两山下,石罅迸出数泉,极清冷,惟东稍北三泉,冬月温,曰温泉。西稍北岸河下一潭,极深,相传有灵物居之,曰:黑龙潭。两岸间昔人凿为大洞、为小龛,不啻千数。琢石像、诸佛相、菩萨相、大士相、阿罗汉相、金刚相、天王护法神相。有全身者、有就崖石露半身者、极巨者丈六、极细者寸余、趺坐者[2]、立者、侍卫者,又不啻万数。然诸石像旧有裂衅[3],及为人所击,或碎首、或损躯,其鼻其耳其手足或缺焉,或半缺、全缺,金碧装饰悉剥落,鲜有完者。旧有八寺,无一存,但东崖巅有垒石址两区,余不可辨,有数石碑,多仆,其立者仅一二。所刻皆佛语,字剥落不可读,未暇详其所始。今观其创作似非出于一时,其工力财费不知其几千万,计盖其大者必作自国君,次者必王公贵戚,又其次必富人,而后能有成也。

然予虽不知佛书,抑闻释迦乃西方圣人,生于王宫,为国元子[4],弃尊纲而就卑辱,舍壮观而安僻陋,弃华丽而服朴素,厌浓鲜而甘淡薄,苦身修行以证佛果,其言“曰:无人我相,曰:色即是空,曰:寂灭为乐。”其心若浑然无欲又奚欲,费人之财,殚人之力,镌凿山骨,斫丧元气,而假于顽然之石,饰金施采以惊世骇俗为哉?

是盖学佛者习妄迷真,先已自惑,谓必极其庄严,始可耸人瞻,敬报佛功德。又操之以轮回果报之说,谓人之富贵贫贱、寿夭贤愚一皆前世所自为故,今世受报如此。今世若何修行,若何布施,可以免祸于地狱,徼福于天堂[5],获报于来世。前不可见,后不可知,迷人于恍惚茫昧之途。而好佛者溺于其说,不觉信之深而甘受其惑,至有舍身然臂施财,至为此穷极之功。设使佛果夸耀于世,其成之者必获善报,毁之者必获恶报,则八寺巍然,诸相整然,朝钟暮鼓,缁流庆赞[6],灯灯相续于无穷,又岂至于芜没其宫、残毁其容而荒凉落寞如此哉？殊不知佛称仁王,以慈悲为心,利益众生,必不徇私于己而加祸福于人,亦无意于炫色相以欺人也。

予故记其略,复为之说以解好佛者之惑,又以戒学佛者毋背其师说以求佛于外,而不求佛于内。明心见性,则庶乎其佛之徒也[7]。

【作者简介】

萨天锡(1272？—1359？),名都剌,字天锡,号直斋。其祖父徙居河间(今属河北),萨都剌则生于雁门(今山西代县)。泰定四年(1327)中进士,授镇江录事司达鲁花赤,历南台掾、宪司照磨、经历等职,后入方国珍幕,卒。为官清正,曾发廪赈灾、救助难民、禁止巫蛊、移风易俗等。萨都剌博学能文,兼善楷书。后人曾推崇萨都剌为"有元一代词人之冠"。有《雁门集》。

【注释】

[1] 禹排伊阙:传说禹治水时,曾疏通伊阙山,使伊水流入黄河。

[2] 趺坐:盘腿端坐。趺,音 fū。

[3] 裂衅:裂缝。衅,缝隙。

[4] 元子:长子。

[5] 徼福:祈福,求福。徼:音 jiǎo,同"侥",求。

[6] 缁流:僧徒。

[7] 庶乎:差不多,近乎。

至正河防记

元·欧阳玄

【提要】

本文选自《元史》卷六六(中华书局 1976 年版)。

至正四年(1344),黄河决白茅堤(在今山东曹县境),接着又溃金堤(在今河南兰考东北),并河郡邑,均遭漂没,民居陷溺,壮者流离。元顺帝召集群臣讨论治河方略,特命贾鲁为都水监。鲁亲自循行河道,考察地形,往返数千里,并绘制沿河地图,又上治河二策:一是修筑北堤,以制横溃;二是疏塞并举,挽河东行;使之恢复故道。不久迁右司郎中,事未竟行,而河患仍不息。至正九年脱脱任丞相,又集召群臣议论治河,众以为非由贾鲁出来主持其事不可。十一年(1351)四月命贾鲁以工部尚书总治河防使,调集了 17 万军民,开始治河。7 个月后,竣工。

贾鲁能在短短的 7 个月中,结束近 9 年的黄河水患,主要是他亲自踏勘了黄河下游河道,掌握了第一手资料,并且总结了前人治河的经验教训,设计了下游河道的综合治理方针,有计划有步骤地进行施工。他的“疏塞并举”,准确地说是“疏、浚、塞”三者并举。疏浚的对象有四:一是生地。就是避开原来弯曲的故道,为截弯取直而开的平地,“生地有直有纡,因直而凿之,可就故道”。二是故道。“故道有高有卑,高者平之以趋卑,高卑相就,则高不壅,卑不潴,虑夫壅生溃,潴生堙也。”三是河身。“河身者,水虽通行,身有广狭,狭难受水,水益悍,故狭者以计辟之;广难为岸,岸善崩,故广者以计御之。”四是减水河。“水放旷则以制其狂,水隳突则以杀其怒。”堵塞决口也有不同情况,决口分缺口、豁口和龙口三种。缺口指河水旁决而已成川流的;豁口指堤防残缺处,水涨时则河水溢出于口,水退时口不出水;龙口指决口后新道和故道分汊处(《元史》卷六六《河渠志三·黄河》)。

贾鲁的治河工程中疏浚的河道共280里150步(360步等于1里)而强。

修复堤防,主要修筑北岸堤防。从白茅河口至砀山县244里145步,又在归德府哈只口至徐州三百余里的河道上修筑堤防缺口107处,共3里256步,再加上缕水月堤6里30步,合计254里71步。元代开济州河、会通河后最怕黄河北决,所以先筑北堤,为挽河入故道后的安全准备了条件。

堵塞白茅决口,勒黄河回故道。这是决定治河成败的关键一役。八月二十九日开始向疏浚完毕的故道放水。在此以前贾鲁考虑到决口势大,又正值秋涨汛期,故在口门侧的北岸筑刺水堤二道,总长26里200步,用作挑溜减弱口门溜势。又筑截河大堤19里177步,其中在黄陵北岸者,总长10里41步,在口门西侧岸上筑土堤伸入水中,修叠埽台,系龙尾埽,直抵龙口;黄陵南岸总长9里160步,但刺水堤及截河大堤筑得较短,“约水尚少,力未足恃”。而决河势大南北广四百余步、中流深三丈余,“水多故河十之八。两河争流,近故河口,水刷岸行,洄旋湍激,难以下埽。且埽行或退,恐水尽涌入决河,因淤故河,前功遂隳”。关键时刻,贾鲁提出新的“障水入故河之方”。九月七日,贾鲁采用“船堤障水法”:“逆流排大船二十七艘,前后连以大桅或长桩,用大麻索、竹絙绞缚,缀为方舟。又用大麻索、竹絙周船身缴绕上下,令牢不可破,乃以铁锚于上流硾之水中。又以竹絙绝长七八百尺者,系两岸大橛上,每絙或硾二舟或三舟,使不得下,船腹略铺散草,满贮小石,以合子板钉合之,复以埽密布合子板上,或二重,或三重,以大麻索缚之急,复缚横木三道于头桅,皆以索维之,用竹编笆,夹以草石,立之桅前,约长丈余,名曰水帘桅……然后选水工便捷者,每船各二人,执斧凿,立船首尾,岸上槌鼓为号,鼓鸣,一时齐凿,须臾舟穴,水入,舟沉,遏决河。”船沉后,水溢入故河道,“即重树水帘,令后复布小埽土牛白阑长梢,杂以草土等物,随宜填垛以继之。石船下诣实地,出水基趾渐高,复卷大埽以压之。前船势略定,寻用前法,沉余船以竟后功……船堤之后,草埽三道并举”。由于用船堤障水,加长了挑水的长度,减轻了刺水堤回漩湍激对龙口的威胁。但由于水势过大,堵口合龙极其惊险,修至河口一二十步时,“用工尤艰”。“薄龙口,喧猛疾,势撼埽基”,将大埽冲裂冲陷,“观者股弁,众议腾沸,以为难合”。这时,贾鲁“神色不动,机解捷出”,命十余万人扎帮、运埽、叠埽,终于在十一月十一日使龙口堵合,“决河绝流,故道复通”。贾鲁在堵口技术上的重大创造——石船堤障水法取得了成功。

整个治河工程耗资巨大。据统计,所用木桩大者27 000根,榆柳杂梢667 000根,藁秸蒲苇杂草7 335 000余束,竹竿625 000根,碎石2 000船,绳索57 000根,所沉大船120艘,其余苇席、竹篾、铁缆、铁锚、大钉等等物资不计其数。总计用去中统钞1 845 636锭。工程规模浩大,在我国古代治河史上并不多见。

工程竣工后,黄河主流复行原道,东南经徐州等地入淮归海。

因其功卓著,朝廷特命翰林学士承旨欧阳玄撰制河平碑文。欧阳玄询贾鲁问堵口方略,走访工程参与人员,查阅施工档案,创作此《记》,真实地记录了14世纪中国水利科技成就和水平,在河工史上具有重要地位。

治河一也,有疏、有浚、有塞,三者异焉。酾河之流[1],因而导之,谓之疏。去河之淤,因而深之,谓之浚。抑河之暴,因而扼之,谓之塞。疏浚之别有四:曰生地,曰故道,曰河身,曰减水河[2]。生地有直有纡,因直而凿之,可就故道。故道有高有卑,高者平之以趋卑,高卑相就,则高不壅,卑不潴,虑夫壅生溃,潴生堙也[3]。河身者,水虽通行,身有广狭,狭难受水,水益悍,故狭者以计辟之;广难为岸,岸善崩,故广者以计御之。减水河者,水放旷则以制其狂,水隳突则以杀其怒[4]。

治堤一也,有创筑、修筑、补筑之名,有刺水堤[5],有截河堤,有护岸堤,有缕水堤[6],有石船堤。

治埽一也[7],有岸埽、水埽,有龙尾、栏头、马头等埽。其为埽台及推卷、牵制、埋挂之法[8],有用土、用石、用铁、用草、用木、用杙、用絙之方[9]。

塞河一也,有缺口,有豁口,有龙口。缺口者,已成川。豁口者,旧常为水所豁,水退则口下于堤,水涨则溢出于口。龙口者,水之所会,自新河入故道之淤也[10]。

此外不能悉书,因其用功之次第,而就述于其下焉。

其浚故道,深广不等,通长二百八十里百五十四步而强。功始自白茅,长百八十二里。继自黄陵冈至南白茅,辟生地十里。口初受,广百八十步,深二丈有二尺,已下停广百步,高下不等,相折深二丈及泉。曰停、曰折者,用古算法,因此推彼,知其势之低昂,相准折而取匀停也[11]。南白茅至刘庄村,接入故道十里,通折垦广八十步,深九尺。刘庄至专固,百有二里二百八十步,通折停广六十步,深五尺。专固至黄固,垦生地八里,面广百步,底广九十步,高下相折,深丈有五尺。黄固至哈只口,长五十一里八十步,相折停广垦六十步,深五尺。乃浚凹里减水河,通长九十八里百五十四步。凹里村缺河口生地,长三里四十步,面广六十步,底广四十步,深一丈四尺。自凹里生地以下旧河身至张赞店,长八十二里五十四步。上三十六里,垦广二十步,深五尺;中三十五里,垦广二十八步,深五尺;下十里二百四十步,垦广二十六步,深五尺。张赞店至杨青村,接入故道,垦生地十有三里六十步,面广六十步,底广四十步,深一丈四尺。

其塞专固缺口,修堤三重,并补筑凹里减水河南岸豁口,通长二十里三百十有七步。其创筑河口前第一重西堤,南北长三百三十步,面广二十五步,底广三十三步,树置桩橛,实以土牛、草苇、杂梢相兼[12],高丈有三尺,堤前置龙尾大埽。言龙尾者,伐大树连梢系之堤旁,随水上下,以破啮岸浪者也。筑第二重正堤,并补两端旧堤,通长十有一里三百步。缺口正堤长四里,两堤相接旧堤,置桩堵闭河身,长百四十五步,用土牛、草苇、梢土相兼修筑[12],底广三十步,修高二丈。其岸上土工修筑者,长三里二百十有五步有奇,高广不等,通高一丈五尺。补筑旧堤者,长七里三百步,表里倍薄七步,增卑六尺,计高一丈。筑第三重东后堤,并接修旧堤,高广不等,通长八里。补筑凹里减水河南岸豁口四处,置桩木,草土相兼,长四十七步。

于是塞黄陵全河,水中及岸上修堤长三十六里百三十六步。其修大堤剌水者二,长十有四里七十步。其西复作大堤剌水者一,长十有二里百三十步。内创筑岸上土堤,西北起李八宅西堤,东南至旧河岸,长十里百五十步,颠广四步,趾广三之,高丈有五尺。仍筑旧河岸至入水堤,长四百三十步,趾广三十步,颠杀其六之一,接修入水。

两岸埽堤并行。作西埽者夏人水工,征自灵武[13];作东埽者汉人水工,征自近畿。其法以竹络实以小石,每埽不等,以蒲苇绵腰索径寸许者从铺,广可一二十步,长可二三十步。又以曳埽索绹径三寸或四寸、长二百余尺者衡铺之。相间复以竹苇茼麻大绛[14],长三百尺者为管心索,就系绵腰索之端于其上,以草数千束,多至万余,匀布厚铺于绵腰索之上,槖而纳之[15],丁夫数千,以足踏实,推卷稍高,即以水工二人立其上,而号于众,众声力举,用小大推梯,推卷成埽,高下长短不等,大者高二丈,小者不下丈余。又用大索或互为腰索,转致河滨,选健丁操管心索,顺埽台立踏;或挂之台中铁锚大橛之上,以渐缒之下水。埽后掘地为渠,陷管心索渠中,以散草厚覆,筑之以土,其上复以土牛、杂草、小埽梢土,多寡厚薄,先后随宜。修叠为埽台,务使牵制上下,缜密坚壮,互为犄角,埽不动摇。日力不足,火以继之。积累既毕,复施前法,卷埽以压先下之埽,量水浅深,制埽厚薄,叠之多至四埽而止。两埽之间置竹络,高二丈或三丈,围四丈五尺,实以小石、土牛。既满,系以竹缆,其两旁并埽,密下大桩,就以竹络上大竹腰索系于桩上。东西两埽及其中竹络之上,以草土等物筑为埽台,约长五十步或百步,再下埽,即以竹索或麻索长八百尺或五百尺者一二,杂厕其余管心索之间,俟埽入水之后,其余管心索如前埋挂,随以管心长索,远置五七十步之外,或铁锚,或大桩,曳而系之,通管束累日所下之埽,再以草土等物通修成堤,又以龙尾大埽密挂于护堤大桩,分析水势。其堤长二百七十步,北广四十二步,中广五十五步,南广四十二步,自颠至趾,通高三丈八尺。

其截河大堤,高广不等,长十有九里百七十七步。其在黄陵北岸者,长十里四十一步。筑岸上土堤,西北起东西故堤,东南至河口,长七里九十七步,颠广六步,趾倍之而强二步,高丈有五尺,接修入水。施土牛、小埽梢草杂土,多寡厚薄随宜修叠,及下竹络,安大桩,系龙尾埽,如前两堤法。唯修叠埽台,增用白阑小石。并埽上及前游修埽堤一,长百余步,直抵龙口。稍北,栏头三埽并行,埽大堤广与剌水二堤不同,通前列四埽,间以竹络,成一大堤,长二百八十步,北广百一十步,其颠至水面高丈有五尺,水面至泽腹高二丈五尺,通高三丈五尺;中流广八十步,其颠至水面高丈有五尺,水面至泽腹高五丈五尺,通高七丈。并创筑缕水横堤一,东起北截河大堤,西抵西剌水大堤。又一堤东起中剌水大堤,西抵西剌水大堤,通长二里四十二步,亦颠广四步,趾三之,高丈有二尺。修黄陵南岸,长九里百六十步,内创岸土堤，东北起新补白茅故堤，西南至旧河口，高广不等，长八里二百五十步。

乃入水作石船大堤，盖由是秋八月二十九日乙巳道故河流，先所修北岸西中刺水及截河三堤犹短，约水尚少，力未足恃。决河势大，南北广四百余步，中流深三丈余，益以秋涨，水多故河十之八。两河争流，近故河口，水刷岸北行，洄漩湍激，难以下埽。且埽行或迟，恐水尽涌入决河，因淤故河，前功遂隳。鲁乃精思障水入故河之方。以九月七日癸丑，逆流排大船二十七艘，前后连以大桅或长桩，用大麻索、竹组绞缚，缀为方舟。又用大麻索、竹絙周船身缴绕上下[16]，令牢不可破，乃以铁锚于上流硾之水中[17]。又以竹絙绝长七八百尺者，系两岸大橛上，每絙或硾二舟或三舟，使不得下，船腹略铺散草，满贮小石，以合子板钉合之，复以埽密布合子板上，或二重，或三重，以大麻索缚之急，复缚横木三道于头桅，皆以索维之，用竹编笆，夹以草石，立之桅前，约长丈余，名曰水帘桅。复以木楮拄[18]，使帘不偃仆，然后选水工便捷者，每船各二人，执斧凿，立船首尾，岸上捶鼓为号，鼓鸣，一时齐凿，须臾舟穴，水入，舟沉，遏决河。水怒溢，故河水暴增，即重树水帘，令后复布小埽土牛白阑长梢，杂以草土等物，随宜填垛以继之。石船下诣实地，出水基趾渐高，复卷大埽以压之。前船势略定，寻用前法，沉余船以竟后功。昏晓百刻，役夫分番甚劳，无少间断。船堤之后，草埽三道并举，中置竹络盛石，并埽置桩，系缆四埽及络，一如修北截水堤之法。第以中流水深数丈，用物之多，施功之大，数倍他堤。船堤距北岸才四五十步，势迫东河，流峻若自天降，深浅叵测。于是先卷下大埽约高二丈者，或四或五，始出水面。修至河口一二十步，用工尤艰。薄龙口，喧豗猛疾[19]，势撼埽基，陷裂欹倾，俄远故所，观者股弁[20]，众议腾沸，以为难合，然势不容已。鲁神色不动，机解捷出，进官吏工徒十余万人，日加奖谕，辞旨恳至，众皆感激赴功。十一月十一日丁巳，龙口遂合，决河绝流，故道复通。又于堤前通卷栏头埽各一道，多者或三或四，前埽出水，管心大索系前埽，硾后阑头埽之后，后埽管心大索亦系小埽，硾前阑头埽之前，后先羁縻，以锢其势。又于所交索上及两埽之间，压以小石白阑土牛，草土相半，厚薄多寡，相势措置。

埽堤之后，自南岸复修一堤，抵已闭之龙口，长二百七十步。船堤四道成堤，用农家场圃之具曰辘轴者，穴石立木如比栉，埋前埽之旁，每步置一辘轴，以横木贯其后，又穴石，以径二寸余麻索贯之，系横木上，密挂龙尾大埽，使夏秋潦水、冬春凌簰[21]，不得肆力于岸。此堤接北岸截河大堤，长二百七十步，南广百二十步，颠至水面高丈有七尺，水面至泽腹高四丈二尺；中流广八十步，颠至水面高丈有五尺，水面至泽腹高五丈五尺；通高七丈。仍治南岸护堤埽一道，通长百三十步，南岸护岸马头埽三道，通长九十五步。修筑北岸堤防，高广不等，通长二百五十四里七十一步。白茅河口至板城，补筑旧堤，长二十五里二百八十五步。曹州板城至英贤村等处，高广不等，长一百三十三里二百步。梢冈至砀山县，增培旧堤，长八十五里二十步。归德府哈只口至徐州路三百余里，修完缺口一百七处，高广不等，积修计三里二百五十六步。亦思剌店缕水月堤，高广不等，长六里三十步。

其用物之凡，桩木大者二万七千，榆柳杂梢六十六万六千，带梢连根株者三千六百，藁秸蒲苇杂草以束计者七百三十三万五千有奇[22]，竹竿六十二万五千，苇席十有七万二千,小石二千艘,绳索小大不等五万七千,所沉大船百有二十,铁缆三十有二,铁锚三百三十有四,竹篾以斤计者十有五万,硾石三千块,铁钻万四千二百有奇,大钉三万三千二百三十有二。其余若木龙、蚕椽木、麦秸、扶桩、铁叉、铁吊、枝麻、搭火钩、汲水、贮水等具皆有成数。官吏俸给,军民衣粮工钱,医药、祭祀、赈恤、驿置马乘及运竹木、沉船、渡船、下桩等工,铁、石、竹、木、绳索等匠佣资,兼以和买民地为河,并应用杂物等价,通计中统钞百八十四万五千六百三十六锭有奇[23]。

鲁尝有言:“水工之功,视土工之功为难;中流之功,视河滨之功为难;决河口视中流又难;北岸之功视南岸为难。用物之效,草虽至柔,柔能狎水,水渍之生泥,泥与草并,力重如碇。然维持夹辅,缆索之功实多。”盖由鲁习知河事,故其功之所就如此。

玄之言曰:“是役也,朝廷不惜重费,不吝高爵,为民辟害。脱脱能体上意,不惮焦劳,不恤浮议,为国拯民。鲁能竭其心思智计之巧,乘其精神胆气之壮,不惜劬瘁[24],不畏讥评,以报君相知人之明。宜悉书之,使职史氏者有所考证也。”

【作者简介】

欧阳玄(1274—1357),元代文学家、史学家。清人避康熙玄烨讳将其名改为“元”。浏阳(今属湖南)人,字原功,号圭斋。祖籍庐陵(今江西永丰)。延祐进士。授平江州同知,历芜湖、武冈县尹,入为国子博士、监丞。致和元年(1328),进翰林待制。元统元年(1333),任翰林直学士,与修四朝实录。至正间,与修辽、金、宋三史,任总裁官。三史成,升翰林学士承旨。又编有《太平经国》《至正条格》《经世大典》《元律》等,惜大多已散佚。历官40余年间,凡宗庙朝廷大册、制诰,多出其手。名山大川寺观碑文,人物墓志,所撰亦多。有《圭斋集》。

【注释】

[1] 釃:音 shī,疏导,分流。

[2] 减水河:人工开凿用来控制水势的河道。

[3] 壅:塞。潴:水停聚的地方。

[4] 暴突:冲撞,破坏。

[5] 剌水堤:分水堤。剌:音 là,割开,划开。

[6] 缕水堤:近河的堤,用来约束水流。

[7] 埽:音 sào,治河时用来护堤口的器材,用树枝、秫秸、石头等捆扎而成。亦称用秫秸修成的堤坝或护堤。

[8] 埋挂:旧时治河法之一,用木、石、杙、絙等填塞决口、加固堤岸。

[9] 杙:音 yī,小木桩。絙:音 gēng,大绳索。

[10] 淙:音 cóng,小水流入大水渭之。

[11] 低昂:高低。准折:抵消,抵折。

[12] 土牛:远看似牛,堆在堤坝上准备抢修用的土堆。

[13] 灵武:今属宁夏。

[14] 苘麻:即麻绳。苘,音 qǐng。繂:音 lù,粗绳。

[15] 棞:音 hǔn,捆束。

[16] 缴绕:缠绕。
[17] 硾:音 zhuì,古同“缒”,拴上重物沉坠水中。
[18] 楮:音 zhī,柱子下边的墩子。
[19] 薄:近。喧豗:轰响。豗,音 huī。
[20] 股弁:大腿发抖,形容极端恐惧。
[21] 凌簰:冰凌。簰:音 pái,筏子。
[22] 藁:音 gǎo,禾秆。
[23] 中统钞:元中统(1260—1264)年间发行的钞票。有交钞、元宝钞两种。
[24] 劬瘁:劳累。劬:音 qú。

庐陵县丞冯君修造记

元·揭傒斯

【提要】

本文选自《揭傒斯全集》(上海古籍出版社 1985 年版)。

庐陵县在今江西。揭傒斯开篇即称“庐陵于吉安为剧县,古号难治”。因为“急则怨,缓则怠;怨则身危,怠则政弛。”所以,历任县官无所作为,以至于监察御史来此视察见医、学堂前就是闹市,旁边就是监狱,“以为非宜,谕郡亟迁之”。

于是,延祐六年(1320)十二月,一场规划、设计、建造活动轰轰烈烈地展开了。“故庐陵县治夷衍爽垲,可迁。初废其地以为纹锦院机络之局,而县治栖郡治之西五万仓。”原本是县衙所在地变成了织锦绣缎的工场,此番“乃命增筑纹锦院以处机络”,腾出空间以安置医学院堂,县治、旧学搬回原址,而五万仓也恢复原有功能。

工程安排也颇具匠心。先造纹锦院、廉坊局及诸旁属屋舍八十余楹,二月机络局迁到新址,这样就腾出了空间;紧接着,二月开建医学堂舍,开天之殿为六楹大屋,加上两庑以列从祀,合成“十有三楹”,外加棂星门、讲学堂、庖库、教官办公署,圣贤所处有了合适的屋宇。八月,学校迁入。接下来,建庐陵县衙,“听事之堂四楹,两荣左右有次,皆四楹。为两庑以居六曹,皆十楹。门八楹。其东为都曹之署,凡为屋廿楹”。经过四个月的营造,到了十二月,规模甚为气派的县衙大功告成。

如此三役,先腾位置,次安学堂,最后才造县衙,符合为政为民之情理。更为难得的是,冯君“自经始以迄于成,或完旧而益新,或更创而改作”,充分利用旧有建筑、原有材料,所以作者不由自主地称赞其“节用而爱人”。

吉安于江西为剧郡,庐陵于吉安为剧县,古号难治。急则怨,缓则怠[1];怨则身危,怠则政弛。日惴夕惕,仅免于戾[2]。然亦未尝无名守令也。

延祐六年冬十月之望,监察御史部行至郡,视故医学前直嚣市[3],傍切狱垣[4],以为非宜,谕郡亟迁之。十有二月,郡曹上言[5],故庐陵县治夷衍爽垲[6],可迁。初废其地以为纹锦院机络之局,而县寄栖郡治之西五万仓。至是乃命增筑纹锦院以处机络,而以其地为医学,徙县治旧学而复故仓。三役并兴,悉以县丞冯君克敏董之。君慨然受命而不辞,曰:“吾弗为,必有病吾民者至矣!”会是岁君当督输,即风输者出力佐之,得楮币数千缗[7],遣吏市木,诸县皆与木返币。木石既集,乃择廉敏吏任其事。

明年春正月,新纹锦院堂、廉坊局及诸傍舍余八十楹。二月己未,局乃迁。是月建医学,为开天之殿以祠三皇,六楹;为两庑以列从祀,皆十有三楹。门十楹,外为灵星之门,以备制度。殿之后为讲学堂六楹,及庖库之次十有八楹。西为教官之署,凡为屋十有二楹。秋八月戊申,学乃迁。是月建庐陵县,为听事之堂四楹,两荣左右有次[8],皆四楹。为两庑以居六曹[9],皆十楹。门八楹。其东为都曹之署,凡为屋廿楹。冬十有二月庚午,县乃迁。

凡三役,工徒之费出于寓公大家及寮佐之所助者万二千缗有奇[10],不足皆君自更之[11]。自经始以迄于成,或完旧而益新,或更创而改作,一木一石,必量其材而用之;一钱一粟,必度其宜而给之。宽不至弛,猛不至残,调其燠寒[12],时其饥渴,吏无奸欺,民不告劳。故其成,功敏而无怨言。

夫为政不难,毋轻民力而已。传曰:“不伤财,不害民。”又曰:“节用而爱人,使民以时。”夫节用,故不伤;以时,故不害。惟君力行之,故其为政平易明信,民歌颂焉。大德中[13],金华胡君长孺分教盱江[14],摄录事,视其屋,懔将压[15],曰:“是将病吾民矣!”不逾月而新之。或曰:“此非摄职也。”君笑而不言。嗟乎!惟君子为能忧民之忧,乐民之乐,况冯君身居其任者乎!虽然,有二君之心之才则可;不然,均为怨府矣,岂必庐陵哉!

医学教授严君寿逸,刚正人也。美其事,请书于石,以示后之为政者,且以见郡之能使人也。君字彦达,濮人[16],历宜春、高安、彭泽三县,皆有名。

【作者简介】

揭傒斯(1274—1344),字曼硕,龙兴(江西丰城)人。幼家贫,读书刻苦,早有文名。大德间出游江汉,为程钜夫、卢挚所器重。延祐初,荐于朝,特授翰林国史院编修官,迁国子助教。天历初,升奎章阁侍读学士,擢为授经郎,教授皇亲国戚及功臣子弟预修《经世大典》。元统中,累迁至翰林侍讲学士。至正三年(1343),年七十,求去,不许。诏修辽、宋、金三史,揭傒斯与为总裁官。四年卒。有《揭傒斯全集》。

【注释】

[1] 怨:怨恨。怠:怠惰。

[2] 戾:音 lì,罪责,责罚。

[3] 直:径直,直对。

[4] 切:贴近,紧靠。

[5] 郡曹:郡中干事人员。

[6] 夷衍:平坦舒展。爽垲:高爽干燥。

[7] 楮币:纸币。楮,音 chǔ。

[8] 两荣:房屋两头翘起的屋檐。荣:屋翼,应劭曰"荣,屋檐两头如翼也。"

[9] 六曹:唐始,州府佐治之官分为功曹、仓曹、户曹、兵曹、法曹、士曹。后又以六曹为地方胥吏的通称。

[10] 寓公:谓寓居在庐陵的官员、贵胄等。

[11] 自更:谓自筹。

[12] 燠寒:暑寒。燠:音 yù,温暖。

[13] 大德:元成宗铁穆耳年号,1297—1307 年。

[14] 胡长孺(1240—1314):字汲仲,号石塘,永康(今属浙江)人。为官清介耿慧。精于理学,乐于育人,著述宏丰。有《瓦缶编》《建昌集》《宁海漫钞》等。盱江:即抚河。盱,音 xù。盱江流域古代医学发达,名医辈出。

[15] 懔:音 lǐn,惧,担心。

[16] 濮:今河南濮阳。

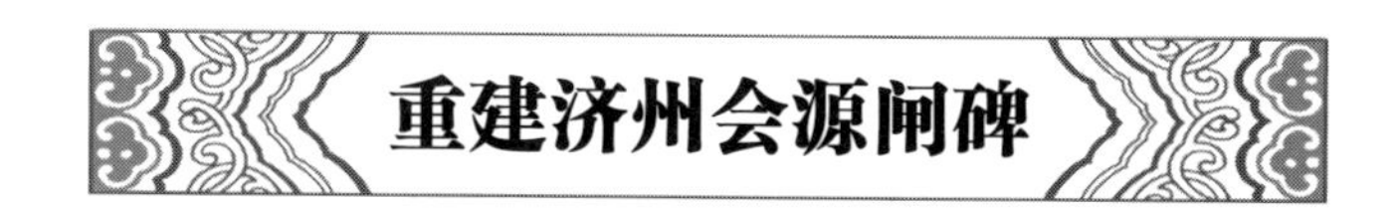

重建济州会源闸碑

元・揭傒斯

【提要】

本文选自《揭傒斯全集》(上海古籍出版社 1985 年版)。

会源闸是蒙元时期大运河上非常重要的闸口之一。

元代统一中国后,漕运路线是由江淮溯黄河(当时黄河东南流至徐州夺泗入淮)西上,至河南封丘县西南中滦镇上岸,改由陆运 180 里至御河(今卫河)南岸的淇门镇,再由御河水运至直沽(今天津),转运至大都。这是一条绕远道的水陆联运路线,甚为不便。于是,开凿黄河和卫河之间直通水道势在必行。

重开济州河。在济州(今山东济宁)北至须城(今山东东平)安山镇所开凿的运河称济州河。工程从至元十九年(1282)十二月开工,至次年八月竣工,开凿的河道长达 200 余里,并筑坝导汶、泗水入运河行运。济州河通航后,设都漕运司的管理机构。

开通济州河主要是想解决水源不足的问题,于是不断设闸以调汇诸河水向,如在土罡城(位今山东宁阳境)立闸堰导汶水入洸河,使二水合于任城之会源闸,以闸堰调节水势,启闭通放舟楫。至元二十六年(1289)将金口坝改为滚水坝,增建黑风口三孔引水闸,济水上建杏林闸、土娄闸、孙氏闸以节制水势。至元二十七年于河上建吴泰闸、官村闸,引水入济河。次年,再于引汶斗门上筑土坝,扩大引水量。此后又建济州上闸、安山闸、石佛闸等以调节水势,保证了运河畅通。

再开会通河。济州河开通之后,输运入京的物资先由大清河至利津行漕,出海后行海道转运至京,比之原来经河南走御河大为捷便。但后来大清河入海口为泥沙淤积,通航不便,再改由东阿陆运过临清入御河。此段陆路虽不算很长,但中经茌平一带洼地,地势低平,每逢夏秋霖雨便泥泞不堪,车马阻滞,输运艰难。为此,开凿会通河也就成为摆在元朝廷面前的急迫任务。至元二十六年(1289)正月动工,当年六月功成。开凿自东平路须城(今山东东平)之安山西南起,经寿张西北过东昌(今山东聊城),再西北经临清与南运河相连接的一段运河河道,全长250余里,以其"开魏博之粱,通江淮之远",由元世祖亲自赐名曰"会通河"。

漕运自此改由会通河,但因为会通河地势高昂,整段河道全靠设闸控制水势,自临清头闸至济州李海务闸,共设闸门31座,因此而又称为闸河。特别是为补充水源,先引汶济运,建土罡城枢纽,又引泗济运,建金口枢纽,使汶、泗二水皆会于济宁之会源闸,分流南北,供运河行运。

济河、会通河漕运全赖会源闸调节水量。

元人常称济州(治济宁)至须城(今东平县)安山镇一段为济州河;安山以北至临清为会通河。二河沟通汶、泗及御河。南段自泗水接黄河。后来,二河常混称为会通河。

本文讲述的是元英宗至治元年(1321)都水丞张仲仁奉命对会通河进行的一次较大规模维修。首先,改建会源闸(明代称天井闸),"彻故闸,夷坳泓,徙其南二十尺,降七尺以为基,下错植巨栗如列星,贯以长松,实以白石……"从揭傒斯的描述可见看出,张仲仁这番修闸是经过深思熟虑、周密论证、规划和设计的;除修此闸,他还对临清南至徐州700余里、济宁东至泗水县的漫长河道疏浚淤塞,修筑堤防。维修、建造大小桥梁156座。设都水分司及会源、石佛、师庄闸等署。不仅如此,还"潜为石窦以纳积潦","募民采马蔺之实种之新河两崖,以固其溃沙"。

皇帝元年夏六月,都水丞张侯改作济州会源闸成。明年春二月,具功状,遣其属孟思敬至京师请文勒石。

惟我元受命,定鼎幽蓟,经国体民,绥和四海[1]。辨方物以定贡赋,穿河渠以逸漕度。乃改任城县为济州,以临齐、鲁之交,据燕、吴之冲,道汶、泗以会其源,置闸以分其流,西北至安民入于新河埭。于临清地降九十尺[2],为闸十六,以达于永济渠。南至沽头,地降百十有六尺,为闸十。又南入于河。北至奉符为闸一,以节泗水。东北至于兖州,为闸一,以节汶水。而会源之闸制于其中。岁益久,政日弛,弊日滋,漕度用弗时,先皇帝以为忧。

延祐六年冬[3],诏以侯分治东阿[4],始修复旧政,诞布新令[5],严暴横之禁,杜奸利之门。南疏北导,靡所宁处。明年冬,以当代请去,弗许。行视济闸,峻怒狠悍,岁数坏舟楫,土崩石泐[6],岌不可持。乃伐石区里之山,转木淮海之滨,度功即工,大改作焉。

明年皇帝建元至治三月甲戌朔,侯朝至于河上,率徒相宜导水。东行堨其下上而竭其中[7],以储众材。彻故闸,夷坳泓[8],徙其南二十尺,降七尺以为基,下错植巨栗如列星，贯以长松，实以白石，概视其地无有罅漏。衡五十尺，纵一百六十尺。八分其纵，四为门。纵孙其南之三[9]，北之一，以敌水之奔突震荡。五分其衡，二为门容，折其三以为两墉。四分其容，去其一以为门崇，廉其中而翼其外，以附于防。三分门，纵间于北之二，以为门，中夹树石，凿以纳悬板。五分门崇，去其一以为凿。崇翼之外，更为石防以御水之洄洑冲薄[10]，纵皆二百三十尺。爰琢爰甃，犬牙相入，苴以白麻[11]，固以白胶，磨砻刓礸[12]，关以劲铁。厓削砥平，浑如天成。冠以飞梁，偃如卧虹。越六月十有三日乙卯讫工，大会群吏，宴于河上以落之。工徒咸在[13]，旄倪四集[14]，酒举乐作，挥锸决堨，舣棹鱼贯，水平舟行，伐鼓欢呼，进退闲暇[15]。其称侯之功，颂侯之德，雷动云合。且拜曰：圣天子继志述事，不易任，以成厥功，惟亿万年享天之休。

是役也，以工计，石工百六十人，木工十人，金工五人，土工五人，徒千四百二十人。以材计，木万一百四十有一，石五千一百二十有八，甓[16]二亿一千二百有五十。以斤计，铁二万五千五百，麻二千三百，石之灰二亿三万三百三十有四。以石计，粟千二百有五十。视他闸三之[17]，视旧倍之。其出于县官者，铁若麻木十之七，石五之一，粟五之三。余一以便宜调度[18]，不以烦民，此其大较也[19]。

初，侯至之明年，凡河之溢者辟之，壅者涤之，决者塞之。拔其藻荇，使舟无所底[20]；禁其刍牧[21]，使防有所固。隆其防而广其趾，修其石之岩陀穿漏者[22]，筑其壤之疏恶者，延袤赢七百里[23]。防之外增为长堤，以阏暴涨[24]，而河以安流。潜为石窦以纳积潦[25]，而濒河三郡之田民皆得耕种。又募民采马蔺之实种之新河两涯，以锢其渍沙。北自临清，南至彭城，东至于陪尾，绝者通之，郁者斯之[26]，为杠九十有八，为梁五十有八，而挽舟之道无不夷矣。

乃建分司及会源、石佛、师庄三闸之署，以严官守。树河伯、龙君祠八，故都水少监马之贞、兵部尚书李奥鲁赤、中书断事官忙速祠三[27]，以迎休报劳。凡河之所经，命藏水以待暍者[28]，种树以待休者。遇流莩则男女异葬之[29]，饿者为粥以食之，死而藏、饥而活者岁数千人。是以上知其忠，下信其令，用克果于兹役也[30]。侯亦勤且能矣。

然古者三载考绩，三考黜陟幽明[31]，故人才得以自见。方世祖皇帝时，天清地宁，群贤满朝，少监马公之徒得以陈力载劳，垂功无穷者，虑之远，择之审，任之专也。向使侯竟代去，虽怀甚忠极智，无能究于其职，是亦侯之所遇也。惟兹闸地最要，役最大，马氏之后侯之功为最盛，故详于是碑，以告后之人。侯名仁仲，河南人。辞曰：

昔在至元，惟忠武王，自南还归。请开河渠，自鲁涉齐，以达京师。
河渠既成，四海率从，万世是资。朝帆夕樯，垂四十年，孰慢而隳。
翼翼张侯，受命仁宗，号令风驰。征工发徒，既涤既修，济闸攸基。
先鸡而兴，既星而休，触冒炎曦。疾者药之，死者槥之[32]，奚有渴饥。
拊循劳徕[33]，信赏必罚，勿亟勿迟。十旬之间，適溃于成[34]，智罔或遗。
洋洋河流，中有行舟，若遵大逵。舳橹相衔，罔敢后先，亦罔敢稽。
贤王才侯，自北自南，顾盼嗟咨。曰惟京师，为天下本，本隆则固。

惟帝世祖,既有南土,河渠是务。四方之供,于万千里,如出跬步。
圣继明承,命官选才,惟侯之遇。昔者舟行,日不数里,今以百数。
昔者舟行,岁不数万,今以亿虑。惟公乃明,惟勇乃成,惟廉则恕。
汶泗之会,有截其闸,有莞其树[35]。功在国家,名在天下,永世是度。

【注释】

[1] 绥和:安和。
[2] 临清:今属山东聊城。
[3] 延祐六年:1319年。
[4] 东阿:今属山东聊城,南临黄河。
[5] 诞布:广泛宣布。
[6] 泐:音 lè,裂开,解裂。
[7] 堨:音 è,拦水的土堰。
[8] 坳泓:谓积水渊潭。坳,音 ào,山间平地。
[9] 孙:通“逊”,退让。
[10] 洄洑:湍急回旋的流水。
[11] 苴:音 jū,填补(缝隙)。
[12] 磨砻刓磢:谓磨治刓削,修整涤洗。
[13] 工徒:谓工匠役夫。
[14] 旄倪:老人和小孩。
[15] 闲暇:谓平安无事,悠闲从容。读此数句,深感古人的竣工仪式也挺有气势和排场,“剧场”感亦很强烈。
[16] 甓:音 pì,砖。
[17] 三之:谓三倍于他闸。
[18] 便宜:谓方便合适。
[19] 大较:谓大致情况。
[20] 舟无所底:谓舟行无碍。
[21] 刍牧:割草放牧。
[22] 岩陀:谓石头坡。
[23] 延袤:谓绵延。赢:有余。
[24] 阏:音 è,阻挡。
[25] 石窦:石穴。
[26] 郁:积结。斯:劈,砍。
[27] 马之贞:字和之,沧州人。至元十七年(1280)任汶、泗都漕运使,二十一年任工部员外郎,相视开浚会通河。二十三年调充都转运司副使。时寿张尹韩仲晖、太史院令史边源相继建议开河引汶水通舟于卫河。马氏奉命与二人勘视、规划,商定施工计划。计划经中书省批准,二十五年冬上奏,定二十六年正月兴工。马之贞参与主持其事,六月河成,长265里,自安山至临清,名会通河。二十七年任都水少临,二十九年领河道提举。大德七年(1303)任都水大监,建孟阳泊石闸。又曾改建土罡城闸堰。以石作堰,防积沙淤高致溢害。后人称之。

李奥鲁赤,即李处巽。至元十九年,济州河开工,二十年竣工,由李氏主持。自任城穿河,导洸、汶、泗水至须城县(今东平)安山镇,长130余里,称济州河。又遍浚北至东阿、南至济宁以南共 300 余里河道。建任城以东八石闸。东阿临清段尚由陆运。二十六年以兵部尚书主持开会通河。

[28] 暍:音 yè,中暑。

[29] 流莩:流浪而饿死的人。莩:音 piǎo,同“殍”,饿死之人。

[30] 克果:能成功,能实现。

[31] 三考:古代官吏考绩之制。指经三次考核决定升降赏罚。黜陟:退进,降升。幽明:谓善恶、贤愚。

[32] 槥:音 huì,小棺材。

[33] 拊循:安抚,抚慰。劳徕:慰劳。

[34] 遹:音 yù,句首语气词。

[35] 菀:音 wǎn,茂盛貌。

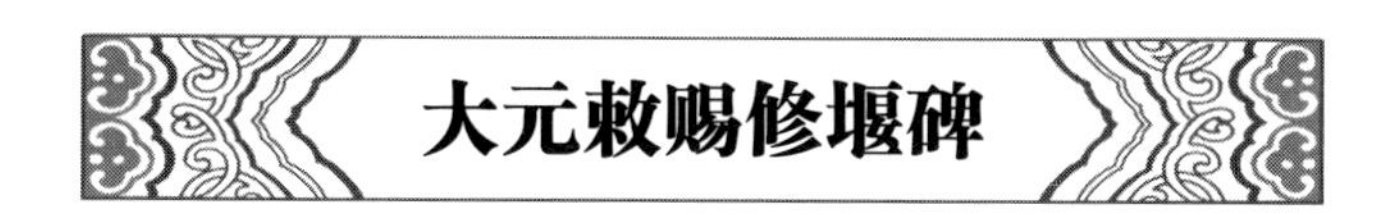

大元敕赐修堰碑

元・揭傒斯

【提要】

本文选自《揭傒斯全集》(上海古籍出版社 1985 年版)。

1334 年都江堰的这次大修贡献尤大者当数吉当普和张弘。

都江堰位于成都平原西部的岷江上。战国时期,秦蜀郡太守李冰父子依前人治水经验访察水脉,因地制宜,因势利导,基本完成了都江堰的排、灌水利工程。工程由创建时的鱼嘴分水堤、飞沙堰溢洪道、宝瓶口引水口三大主体工程和百丈堤、人字堤等附属工程构成。科学地解决了江水自动分流、自动排沙、控制进水流量等问题,使川西平原成为“水旱从人”的“天府之国”。在以后的岁月里,各朝各代都对都江堰进行了不同程度的修治。在元代以前,都江堰都是以砂石筑堤,年年修治,耗费巨大,百姓负担沉重。到元代,都江堰已经毁坏严重,不仅不能造福百姓,反而屡屡伤害百姓。

元惠宗元统二年(1334),吉当普出任佥四川肃政廉访司事。吉当普到任后发现,都江堰每年有 132 处堤防要进行治理,所需兵役多则万人,少则千人。经过深入细致的考察后,他意识到,倘若年年如此修治,不仅劳民伤财,结局仍是“水失其道,民失其利,吏乘其弊”。于是,吉当普在 132 处堤防中,选择 32 处要害堤防,打算集中人力物力进行重点治理。随后,吉当普又召见灌州通判张弘,谋划固堰护堤及役作之法。

张弘行事缜密慎重,他虽觉吉当普言之有理但并不急于上马,而是“出私钱试以小堰”,“堰成,水暴涨而堰不动”。于是,张弘捉笔行书邀请行省官员、蒙古军七翼之长、郡县守宰,下及乡里之老,军政官员和群众代表会商,大家“各陈利害,咸以为便”,一致赞成大修都江堰方案。

1335 年底,在吉当普的主持下,都江堰修治工程正式开始。由于都江堰位居大江中流,以往各代用砂石竹木所砌筑的堤坝经不起水流的冲击而屡建屡塌。对此,吉当普创造性地提出了“以铁制堰”“甃石护堤”的综合治理方案,在要害的江段,两岸都砌筑鹅卵石,中间铁筋穿连固护;堤面上,“取桐实之油,刀麻为丝,和石之灰”以补罅漏,抵御水渍;针对历年来容易崩塌的堤段,则以“密筑江石以护之,上植杨柳,旁种蔓荆”,沿堤植树“数以百万计”,于是,都江堰大堤上树木栉比鳞次,大堤赖以为固。

短短的 5 个月内,大修工程共计使用石工 700 人,铁匠 700 人,木工 250 人,役徒(小工)3 900 人,而蒙古族士兵就占其中的 2 000 人。而为这次工程组织的粮食超过 1 000 石,取于山中的石材百万余方,石灰 6 万多斤,桐油 3 万多斤,铁 6.5 万斤,人力物力耗费巨大,且大都出于民间集资及捐税。文中说,工程完毕后,资金还有剩余,也不退还百姓,而由官府保管,“岁取其息,以备祭祀,若淘滩修堰之供”;同时,免除灌口兵民所承担的其他徭役,让他们专门出力管理这座千年古堰。

都江堰经过吉当普、张弘的治理后,彻底改变了以往修治后数月就无法使用的情况。工程完工后,元顺帝擢吉当普为监察御史,并令时任史官的揭傒斯为之立碑记功:“惟吉当普才大而德敏,忧深而知远,不枉其道,不屈其志,临难忘身,为国忘家,安于命而勇于义,而知所先务,故事可立而功可建。”

江水出蜀西南徼外[1],东至于岷山,而禹导之。秦昭王时,蜀太守李冰凿离堆[2],分其江以灌川、蜀,川、蜀以饶。自秦历千数百年,所过冲薄荡啮,大为民害。有司岁治堤防百三十三所,役兵民多者万人,少者千人,其下犹数百人,人七十日,不及七十日,虽事治,不得休息。不役者,日三缗[3]。富绌于赀,贫绌于力,上下交病。会其费,岁不下七万缗。毫发出于民,十九藏于吏,概之出入不足以更费。

至今上皇帝即位之明年,佥四川廉访司事吉当普巡行周视,得要害之处三十有二,余悉罢之。且召灌州判官张弘计曰:“若甃之石,则役可罢,民可苏,弊可除,胡惮而莫之为?”弘曰:“公虑及此,此生民之福,国家之幸,万世之利也。弘请出私钱试以小堰。”堰成,水暴涨,堰不为动。乃具文书会行省及蒙古军七翼之长、郡县守宰、乡遂之老[4],各陈便宜,皆曰便。复祷祠与神约:“昔凿离堆以富川、蜀,建万世之利,神之功也。今水失其道,民失其利,吏乘其弊若此,而神弗之救,是神之惠弗终也。神克相余,余治;神弗余相,请与神从事。”卜之吉。

于是征工发徒,以至元改元十有一月朔肇事于都江堰。都江即禹凿之处,分水之源也。盐井关限其西北,水西关据其西南,江南北皆东行。北旧无江,冰凿以辟沫水之害。中为都江堰,少东为大、小钓鱼。又东跨二江为石门,以节北江之水。又东为利民台,台之东南为侍郎、杨柳二堰。其水自离堆分流入于南江。南江东至鹿角,又东至金马口,又东过大安桥,入于成都,俗称大皂江。江之正源也。北江少东为虎头山,为斗鸡台。台有水则尺[5],为之画凡十有一,水及其九,其民喜,过则忧,没其则则困。乃书“深淘滩,低作堰”六字其傍,为治水之法。皆冰所为也。又东为离堆。又东过凌虚、步云二桥。又东至三石洞,酾为二渠,其一自上马骑东流，过陴入于成都，古谓之内江，今府江是也；其一自三石洞北流，过将军桥，又北过四石洞，折而东流，过新繁，入于成都，古谓之外江；此冰所穿二江也。南江自利民台有支流，东南出万工堰，又东为骆驼，又东为碓口，绕青城而东，鹿角之北涯，有渠曰马坝，东流至成都，入于南江。渠东行二十余里，水决其南涯四十有九，岁疲民力以塞之。乃自北涯凿二渠与杨柳渠合，东行数十里，复与马坝渠会，而渠始安流。自金马口之西凿二渠，合金马渠东南入于新津江，罢蓝淀、黄水、千金、白水、新兴至三利十二堰。

北江三石洞之东为外应、颜上、五斗诸堰。外应、颜上之水皆东北流，入外江。五斗之水入于马坝渠，皆内江之支流也。外江东至崇宁，亦为万工堰。堰之支流自北而东为三十六洞，过清白堰，东入彭、汉之间，而清白堰水溃其南涯，延袤三里余，有司因溃以为堰，堰辄坏，乃疏其北涯旧渠，直流而东，罢其堰及三十六洞之役。

嘉定之青神，有堰曰鸿化，则授成其长吏，使底其功[6]，应期而毕[7]。若成都之九里堤，崇宁之万工堰，彭之堋口、丰润、千江、石洞、济民、罗江、马脚诸堰，工未及施而诏亦责长吏及农隙为之。诸堰都江及利民台之役最大，侍郎、杨柳、外应、颜上、五斗次之，鹿角、万工、骆驼、碓口、三利又次之。而都江又居大江中流，故以铁万六千斤铸为大龟，贯以铁柱，而镇其源，以捍其浮艖[8]，然后即工。

诸堰皆甃以山石，范铁以关其中，取桐实之油，刀麻为丝，和石之灰以苴罅漏[9]，御水潦。岸善崩者，密筑江石以护之。上植杨柳，旁种蔓荆，栉比鳞次，赖以为固，盖以数百万计。所至或疏旧渠而导其流，以节民力；或凿新渠而杀其势，以益民用。遇水之会，则为石门，以时启闭而泄蓄之。凡智力所及，无不为也。

初，郡县及兵家共掌都江之政。延祐七年[10]，其兵官奏请独任郡县，乃以其民分治下流诸堰，广其增修而大其役，民苦之，至是复合焉。常岁获水之用，仅数月，堰辄坏，今虽缘渠所置碓硙纺绩之处以千万数[11]，四时流转而无穷。

其始至都江，水深广莫可测，忽有大洲涌出其西南，方可数里，人得用事其间。入山伐石[12]，崩石已满，随取而足，所向皆然。蜀故多雨，自初役至于工毕，无雨雪，故力省而功倍，民不知劳，若有相之者[13]，亦其忠诚所感如此。致烦天子赐酒之使，相望于道；省台劝工之檄[14]，不绝于吏；所溉六州十二县之民，咸歌舞焉。而下至郡县，上至藩部，恶其害已，且疾且怨，或决三洞之水以灌其次，或毁都江之石以害其成，挠之百端[15]，不拔益固。甫越五月，大功告成。百一恒费，民永休享[16]，古未有也。而吉当普会以监察御史召，省台上其功，诏臣傒斯纪之于碑。

臣闻水先五行，食首八政，九畴所叙，其次可观矣[17]。夫水者，衣食之原也。然所以为利，亦所以为害，在善导之而已。禹平水土，犹己溺之，后稷播种，犹已饥之，万世有称焉。是故为政不本于农，不先于水，是为不知务。不知务，是为冥行之臣[18]。李冰一凿离堆，民受其赐。吉当普才大而德敏，忧深而知远，不枉其道，不屈其志，临难忘身，为国忘家，安于命而勇于义，而知所先务，故事可立而功可建。其在四川，若请罢盐运使司、正盐井之法以去其奸利，置安抚使抚四方流寓之民，使安其耕凿；及居台端[19]，知无不言，言无不合，诚国之宝也。判官张弘，殚智竭虑，终始克相其成，虽百折而不悔，亦今之贤有司乎！

是役也,石工、金工皆七百人,木工二百五十人,徒三千九百人,而蒙古军居其二千。粮为石千有奇,石之材取于山者百万有奇,石之灰以斤计六万有奇,油半之,铁六万五千,麻五千。最其工之直[20],物之价,以缗计四万九千有奇,皆出于民之庸积[21]。而在官者余廿万一千八百缗,责灌守以贷于民,岁取其息,以备祭祀,若淘滩修堰之供。仍蠲[22]灌之兵民常所徭役,以专其堰事。

呜呼!后之莅此土者,尚永鉴于兹,勿怠其政,堕其事,以为民病,以为国家之忧。臣拜手稽首而作颂曰:

凿离堆兮江势分,川蜀饶兮民忘为秦。秦可忘兮国有人,何后世兮忘吾民。岁伐竹兮历岩嶓[23],载乱石兮堰江涛。堰无功兮民孔劳[24],民孔劳兮天不吊。龙伯怒兮江妃笑,岂江为之患兮惟人自。厚龙节兮绣衣,炜皇皇兮不我遗。召龙工兮汝为,汝讵知兮余所期。江滔滔兮广且深,鼋鼍出没兮蛟龙昼吟。下不可以极兮上若有所临,洲澶漫兮江之心。吾伐石兮石自摧,吾召民兮民子来。堰既作兮民无患菑[25],此岂余之功兮神汝哀。神洋洋兮工既毕,堰永固兮民安逸。川、蜀饶兮国之实,千万年兮功不失。惟帝之力兮臣之职。

【注释】

[1] 徼外:边外。徼:jiào,边界。

[2] 离堆:都江堰工程中从玉垒山截断的山丘部分,称之。

[3] 缗:音 mín,钱币单位,一缗即一串,一串一千文。

[4] 乡遂:泛指都城以外的地方。周制:王畿郊内置六乡,郊外置六遂。

[5] 水则尺:习称"水则"。中国古代的水尺,又叫水志。李冰修都江堰时立了三个石人,以水淹至石人身某部位,衡量水位高低和水量大小。至宋代,已改为刻石十画,两画相距一尺的水则。北宋时,江河湖泊已普遍设立水则。主要河道上已有记录每日水位的水历。

[6] 底其功:谓摸清工程量。

[7] 应期:谓如期。

[8] 艖:音 chā,小船。

[9] 苴:音 jū,补填。

[10] 延祐七年:1320 年。

[11] 碓硙:音 duì wèi,舂米磨粉用具。都江堰流所过之处,以水为动力的磨坊、织坊彼彼皆是。

[12] 伐石:李冰修都江堰需要大量的石头,在没有火药的年代,李冰想到了用火烧水浇的取石之法。李冰先让役夫在玉垒山岩石下架起高高的木材堆,一直烧到岩石发红,再用冰凉的江水一瓢瓢泼向滚烫的石面。经过热胀冷缩,待坚硬的岩石自然迸裂、酥松之后,李冰再派人身系长绳,攀岩挥锤,凿打取石。8 年之后,人们终于在玉垒山开凿出了一条宽 20 米,高 40 米,长约 80 米的山口。后来,人们为了纪念李冰,也因其形似瓶口,人们称其为"宝瓶口"。因开凿玉垒山分离的石堆,人们叫它"离堆"。

[13] 有相:谓有贵相。此指如有贵人相助。

[14] 檄:古时官府征调、声讨文书。

[15] 挠:阻止,阻挠。

[16] 休享:谓安享其成。

[17] 八政:国家施政的八个方面。具体内容不一,食、货、祀、司空、司徒、司寇、宾、师多称“八政”。九畴:传说中天帝赐给禹治理天下的九类大法。

[18] 冥行:谓盲目行事。

[19] 台端:即台杂。《通典・职官六》:侍御史之职有四,谓推、弹、公廨、杂事……台内之事悉主之,号为台端,他人尊之曰端公。

[20] 最:总计,合计。

[21] 庸积:谓日常、平时的积累。

[22] 蠲:音 juān,免除。

[23] 嶅:音 áo,亦写作“嶅”,山多小石。

[24] 孔劳:非常劳苦。

[25] 菑:音 zī,通“灾”。

大五龙灵应万寿宫碑

元・揭傒斯

【提要】

本文选自《古今图书集成・山川典》卷一五六(中华书局、巴蜀书社 1985 年影印本)。

道教名山武当山位于湖北省丹江口市,处大巴山东段。

五龙灵应万寿宫是道教著名宫观。在武当山天柱峰北。相传唐代贞观年间(627—649)均州太守姚简受太宗之遣于武当山上祈雨,忽见五龙从天而降,于是便在此建五龙祠;宋代改祠为观,称五龙灵应观;元代至元二十三年(1286)升观为宫,名“五龙灵应宫”,元仁宗时赐额“大五龙灵应万寿宫”,宫由“元教太宗师臣全节实出私钱万缗为之”,续之者道成、张道真、吴明复、邵明庚、李明良,大殿“其屋壮丽严峻,洞达高广,盖与兹山相雄”。

可惜,万寿宫元末毁于兵火。明代永乐十一年(1413),五龙宫已有宫殿 200 多间,赐额“兴圣五龙宫”。清嘉庆年间更是达到 850 间,五龙宫成为武当山可与紫霄宫相媲美的庞大宫殿建筑。有诗曰:“层层历落怪松,拥殿千朵芙蓉”(明王世贞)。后因年久失修、屡遭火焚,大部分建筑先后废圮,至 1930 年,仅存宫门、红墙、碑亭及泉池、古井等 25 万平方米的建筑遗址。

至元二年[1],岁在丙子,武当山大五龙灵应万寿宫武当殿成。元教太宗师、特进上卿、总摄江淮荆襄等处道教吴全节为集贤院[2],言:翼轸之墟[3],襄、汉、均、房之间,有山焉。根蟠八百里,峰之高者七十有二,岩之幽者三十有六,涧之深者二十有四。天垂地接,阳嘘阴噏,不可名状。名曰"太和之山"元武神得道其中,改号"武当"谓非元武不足当此山也。

山多神宫仙馆。其大者有三,曰:五龙、紫霄、真庆。而"五龙"居其首。唐贞观中,均州守姚简祷雨是山[4],五龙见。即其地建五龙祠。宋真宗时,升祠五龙观,赐额曰"五龙灵应之观"。其后废于靖康之祸。孙真人元政兴之,又废于金术之兵。

皇元受命,与天地合德。大兴老氏之教,扶运翼世以迎休祥[5]。山中有道之士汪思真,奋然特起,辟草莱,剪蒙翳[6],一举而新之。先太宗师上卿张留孙初总摄江淮荆襄道教,奏以其山叶希真朝觐天子,大信其道。至元二十三年,诏改其观为"五龙灵应宫",以希真主之。居八年,而侯道懋继之。又二十年,而续道成继之。仁宗皇帝天寿节[7],实与元武神同,遂加赐额曰:"大五龙灵应万寿宫",仍甲乙住持。岁遣使以是日建金箓醮祝,釐其山[8]。自是,累朝岁遇天寿节,一如故事。此后,大建元武殿,宜得词臣文而勒之石,以彰国家之美,以重此山。

明年三月二日,集贤以闻诏,以命臣傒斯。臣傒斯窃谓,名山大川能出云雨以泽万物,产财用以利万民,毓英贤以辅万世[9],必宅天地之奥,当阴阳之会。磅礴融液,与大化终始。故中必有神出幽入冥,此感彼应如风之入谷,所触皆通;水之在地,无往不达。况此山葆乎中和,统乎阴阳;应变合行,与神俱藏。群仙四朝而特起乎中央,非元武焉足以当之?则其宫室之崇,享祀之严,应国家之运,为生民之依者,固有在矣。

殿之建,元教太宗师臣全节实出私钱万缗为之,倡而住山绩道成、张道真、吴明复、邵明庚、李明良先后赞而成之。其屋壮丽严峻,洞达高广,盖与兹山相雄。世所称神仙曰:殷长生、房长须、马明生、田蓑衣之徒皆成道于此,是以论人杰必本于地灵也。其辞曰:

> 虚危之精元武君,上临元天贵且尊。穹龟赑屃螣蛇蜿[10],手指北斗酌乾坤。武当之上号太和,神君居之降百魔。五龙守卫严不诃,冷气自少元气多。神君生在天地先,谷神自养天地根。二十四气如环旋,七十二候无颇偏。四十二载升元天,元天之乐不可言。身着元衣坐紫府[11],苍龙在左右白虎。朱方翼翼朱鸟举,腾精蹑景我为主。百灵守之谁敢侮,或按长剑坐横庭。吐纳日月含风霆,五龙冉冉随降升。倏而去之若流星,忽而来兮雨冥冥。鬼车九头匝火屋,山鬼倚树惟一足[12]。飞蝗蔽天食百谷,长蛟鼓浪沉平陆。神君一顾赤尔族,神君自居武当山。人能学之尽得仙,前有殷房后马田,陈抟尹轨相攀援[13]。新开大殿凌紫烟,璇题藻井相钩连[14]。神君居之乐无边,保我圣历亿万年。

【注释】

[1] 至元二年:此为"后至元",1336年。元顺帝年号。

[2] 吴全节(1269—1346):元代著名玄教道士。字成季,号闲闲,饶州(今江西鄱阳)人。13岁学道于龙虎山上清正一宫之达观堂,师李宗老。至元二十四年(1287),张留孙至京师,吴成为倚侍留孙左右的大弟子。后一路青云,至治二年(1322),继张留孙之后,任玄教掌教,制授特进上卿、玄教大宗师、总摄江淮荆襄等处道教、知集贤院道教事,佩一品印。掌教前后,一如

其师张留孙，参与宫廷政事，举荐贤能，疏解朝臣之间的龃龉，为其玄教的发展提供了良好的政治环境。吴全节儒道兼修，兼收并蓄，撰《灵宝玉鉴》。

[3] 翼轸：二十八宿中的翼宿和轸宿。古为楚之分野。

[4] 姚简：字易夫。唐贞观八年(634)，太宗废淅州复设均州，任命姚简为武当节度使，均州刺史。贞观年间(627—649)，天下大旱，飞蝗遍地。朝廷下令有司祈祷于名山大川，均无感应。姚简奉旨在武当山祈雨，听说武当山五龙岭上有个五龙池，其五条龙常呼风唤雨。姚简立刻自背干粮，独自前去。千辛万苦终于在来到五龙池，祈雨得雨，天下解除了旱情。因此，唐太宗下令在姚简遇到五龙君的地方建"五龙祠"。唐随后建有太乙、延昌等宫观庙宇。得到皇帝的批准，姚简弃官隐居武当山潜心修道。姚简修持道德，"志幕虚玄、成真正道"，后在武当山悟道成仙。宋代初期，武当山祈雨屡见成效，姚简被晋封为"忠智威烈王"，敕建庙祠于紫霄宫东天门，名"威烈观"。

[5] 休祥：吉祥。

[6] 蒙翳：遮蔽，覆盖。

[7] 天寿节：金元时期以天子的生日为天寿节。

[8] 釐：音 lí，治理，管理。

[9] 毓：养育。

[10] 赑屃：音 bì xì，猛壮有力貌。螣蛇：古书上说的一种能飞的蛇。螣，音 téng。

[11] 元衣：即"玄衣"，黑衣。按：避康熙玄烨讳，文中"玄"常作"元"。

[12] 鬼车：《齐东野语》：俗称九头鸟。又《本草纲目》：鬼车状如鸺鹠，而大者翼广丈许，昼盲夜瞭，见火光则堕。山鬼：山精。传说中的一种独脚怪物。

[13] 陈抟(871—989)：五代宋初著名道教学者。字图南，自号"扶摇子"，赐号"希夷先生"。他继承汉代以来的象数学传统，并把黄老清静无为思想、道教修炼方术和儒家修养、佛教禅观汇归一流，对宋代理学有较大影响。后人称其为"陈抟老祖" "睡仙"等。尹轨：字公度，山西太原人。生卒年月不详，传说为尹喜之弟(一说为"弟子")。"博学五经，尤明天文星气河洛谶纬，晚乃学道。"常腰佩漆竹筒十数枚，中皆有药，施舍乡民。常起居林麓间，服黄精。百余岁。尹轨在陕西终南山楼观台入道，传说这里是尹喜故宅，是楼观派道家学派的发祥地。楼观派是尹喜结草为楼，观星望气而得名"楼观"。晋惠帝永兴(304—306)中，尹轨在此传道。后楼观派渐显于世。隋唐时期达于鼎盛，安史之乱后渐趋式微。元代合并于全真道。

[14] 璇题：玉饰的椽头。

广州增城县学记

元 · 揭傒斯

【提要】

本文选自《揭傒斯全集》(上海古籍出版社 1985 年版)。

广州增城县学是县尹左祥所为。盱江(今江西南城县东南)人左祥泰定乙丑年(1325)封承直郎,授香山县尹(元代设"达鲁花赤"为县长,由蒙族人担任;下设县尹主持政务),在任多年。于处理政务与办学方面,有所贡献,志书载赞词云:"留心政教,尝作劝学篇以训士,刻谕俗编以警民。寻迁儒学修义斋,时与士子讲濂洛关闽之学,俾有所依归。"任满调迁增城县尹,很快增城政事清净。

于是,左祥在郑聪老捐宅为学舍的老宅上重新修缮县学。所修县学规模宏敞:大殿、讲堂、左右庑舍、先贤祠各有差等,层次分明;"内环崇墉、外缭松竹",读书环境安静清幽;学堂北面不远就是山峦,"植松五千余株,而亭其上,可俯览一邑之胜"。县学缮毕,儒生复其业,诸生有书读,百姓得其所。正如作者所告:道非圣人所独得,非有愚智、远迩、古今之间,学则至焉。尽管增城远在岭表之外,左祥到任即刻修缮风吹雨打50余年的县学。他的这一举动受到乡贤民众的交口称赞。

后来,左祥擢升万州知州,卒于任内。香山、增城两县士民俱奉祀之。

入其邑,人民聚,田野辟,学校修,其政可知矣。在国初,广之增城孔子庙火于兵,进士李肖龙刻木主祠于士人郑聪老家[1]。郑遂以宅为学。历五十余年,未有能复之者。

至顺二年[2],前翰林从事盱江左祥繇广州香山令、潮州经历加奉议大夫尹增城,得故址城西冲霄门外百八十步,面凤台,负龟山,水萦回如带,始合谋迁之。于是列士输币[3],群工效能,顾济、阳复选其材,顾宗兴、张悟道、李寿、李惟佑、郑元善董其役。始是年冬,讫明年秋。

凡为殿六楹[4],崇四寻有三寸,广六筵有五尺[5],深如广而去其筵有八尺。堂四楹,崇三仞七寸有半[6],广十有七筵七尺有五寸,深视广而去其八筵六尺有五寸。门之楹如堂之数,崇不及仞三尺四寸有半,广如之,深不及筵二尺有五寸。左右为庑皆十有二楹,崇二仞有一尺,广二筵有二尺。堂之东为乡先贤崔清献公祠四楹[7],崇二仞有一尺,广二筵有八尺,深如广而去其二尺。内环崇墉,外缭松竹。堂之北有山,又植松五千余株,而亭其上,可俯览一邑之胜。乃休工息徒,以舍菜礼告成于庙[8]。崇儒师,使申其教;复诸生,使修其业;和民人,使获其所,而政声作矣。又因南雄教授李显求刻石之文于余,以著久远。

遂告之曰:学校者,所以明道设教之地也。道非圣人所独得,非有愚智、远迩、古今之间,学则至焉。增城虽僻在岭表[9],声明文物与中州等,而不能以圣人之学立身,弃其身者也;不能以圣人之治治民,弃其民者也。弃身者殃,弃民者亡。故立身莫先于学,治民莫先于兴学。左君治香山既能以兴学为首务,今又以治增城,弗弃其民矣。二邑之士亦皆能有以立其身矣乎!

重为告曰:夫子万世南面享天子之礼乐,天下皆知为圣。增城既庙祀夫子,又祠崔公,岂不以为贤乎?贤如崔公则祀之,况有不止如崔公者乎?君子亦务学哉!至顺三年十月,具官揭傒斯记[10]。

【注释】

[1] 李肖龙:字叔膺,增城(今属广东)人。咸淳七年(1271)进士,入仕途为赣州司户。为政爱民,惩治奸恶,政声溢路。累官至朝议大夫。入元不仕,复县学。有《五教编》等传世。

[2] 至顺二年:1331 年。

[3] 列士:有名望的人。

[4] 楹:堂屋前部的柱子。古代计算房屋的单位,一说一列为一楹,一说一间为一楹。

[5] 筵:竹席。《说文》:筵,一丈。

[6] 仞:古时测量深度的单位。仞与尺的比例关系一向没有明确的实数,说一仞为四尺、五尺六寸、七尺、八尺的都有,一般认为是八尺。

[7] 崔清献:名与之(1158—1239),字正子,一字正之,号菊坡。广东增城人。南宋名臣。家境贫寒,得友人的资助读书中进士。入仕途为知县、户部员外郎等。嘉定七年(1214)为直宝谟阁,代理扬州军政以抗金。其间,金兵不敢入侵扬州。后累官浙东、四川,任四川制置使等职。端平二年(1235),为广东经略安抚使。其时,广东发生兵变,叛军围困广州,攻城,崔与之上城墙温谕安抚乱兵,军士服其恩威而纷纷下跪弃械,乱告平定。官至右丞相。官至显贵而不养妓,不增置秋产,不受各方馈赠,以"无以财货杀子孙,无以政事杀民,无以学术杀天下后世"句自警,谥曰清献。其词造诣颇高,"开岭南宋词之始";所治儒学的"菊坡学派"亦被认定是岭南历史上的第一个学术流派。

[8] 舍菜礼:又称舍采,释菜。古代学子入学以苹蘩之属祭祀先圣先师称之。

[9] 岭表:岭外。

[10] 具官:谓具位。时揭傒斯为艺文监丞参检校书籍事。

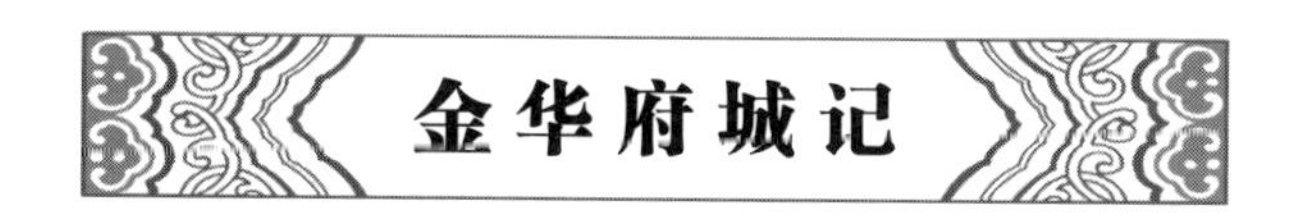

金华府城记

元·黄 溍

【提要】

本文选自《古今图书集成·职方典》卷一〇一〇(中华书局、巴蜀书社 1985 年影印本)。

金华地处浙江中西部,秦朝始设县,三国吴宝鼎元年(266)为东阳郡所在地,南朝梁时改置金华郡,以后一直是郡、州、路、府所在地。金华南扼括苍,西控赣湘,居两浙要冲,历来为兵家必争之地。

宋宣和四年(1122),知州范之才重筑金华城,"周十里,基三丈,面广三之一,而高倍之。旧为门十有一,后窒其四而存其七"。时为北宋末年。230 年后的元末自然是圮坏不堪,无法抵御陈友谅等起义军的攻打。

于是,袭父荫守御浙江的伯颜不花"爰颁其役于州县,州县之长吏各率所部之民来听要束",准备重修金华城。"大家则量地而赋工,中产则输财而佐费";但是匆忙之中,是筹划不周,还是别的原因,到城已高、役已毕时却发现"池未深"。官府只有采取"出钱僦值,募闲民来即工,而官给其食"的方式,"推求故道,疏凿而浚涤之",各州县长吏轮番督阵疏浚。

竣工的金华城墙仍循旧基,周"以尺计者一万七千七百九十(元代一尺等于今0.312米),厚二寻有四尺,高二寻有二尺",金华城周长5.5公里以上。"而西北二门皆环以瓮城,甃石为路,修与城等;垒甓为堞,其崇五尺。屋与门观之上者七,以谨候望;屋于雉堞之间者三十有六,以严巡徼。"陈友谅大汉政权活动的区域正在西北方向的江西、湖北一带。金华此番修城全为战备。

工程起于至正十二年(1352)春闰三月,这年秋七月完工。

修金华的伯颜不花至正十八年(1358),陈友谅大将王奉国率军,号称20万,攻打信州(今江西上饶)。第二年正月,伯颜不花自衢州(今属浙江)率援兵至。一直守到六月,终因粮绝,伯颜不花"力战不胜,遂自刎"。

金华文脉昌盛,李清照《题八咏楼》"千古风流八咏楼,江山留与后人愁。水通南国三千里,气压江城十四州"中的八咏楼就在金华。金华2007年成为国家历史文化名城。

婺在吴为东阳郡,梁为金华郡。隋置婺州,国朝即州建路,设总管府。而郡城之创始,靡得而详。图志载:宋宣和四年,知州事范之才重筑,周十里,基三丈,面广三之一,而高倍之。旧为门十有一,后窒其四而存其七。东曰赤松,南曰八咏、曰清波、曰长仙、曰通远,西曰朝天,北曰旌孝。逮今二百有三十年,圮坏弗葺非一日矣。

圣人在御,八荒我闼[1];皇灵所被,封守有截。隐然若天险之不可升,不假参以人力也。顾以承平滋久,执事者习于因循,忽于细微。不测之变起乎仓猝,中区俶扰而旁州比县民讹不宁[2]。

于是,行中书省用江东浙西列郡之请,俾治其故城而新之,以备非常。谓浙东地濒巨海,尤关于要害。并下其事于帅阃[3],令郡府相其便利而讲行修筑之政焉。

婺实肃政廉访司治所,今副使伯嘉讷、奉政公佥事忝满铁穆尔、朝列公奉议王公武暨照磨、王君某咸以为有备乃可以无患,此古之良规,今之切务。属总管太中、陈侯伯颜不花亟谋兴作,佥事铁木迭尔奉议公适至,交赞其议,而陈侯伯颜不花亦自任为己责而不敢后。

爰颁其役于州县,州县之长吏各率所部之民来听要束[4],资粮既具,匠佣既集,乃揆日以庀事。大家则量地而赋工,中产则输财而佐费,廧落屏蔽,次第就绪。

然以古之言地利者,盖曰高城深池。今外濠湮塞,城已高而池未深也,不可惮其勤而诿于方来[5]。由是,役既辍而复举,籍向之役所不及者,使出钱为僦直,募闲民来即工,而官给其食。推求故道,疏凿而浚涤之。州县长吏则更休迭进以董其役,副使公首尾亲临督视,命寮属相继总其功,程而为之经画[6],劝相经历,某官某继至,副使公藉其佽助为多焉。

城之绵亘,悉仍其故址。以尺计者一万七千七百九十,厚二寻有四尺,高二寻有二尺,以今昔之度准之,俱有加于旧。缜壮雄峻[7],则昔之所无也。七门并启,扃键如式,而西北二门皆环以瓮城,甃石为路,修与城等。垒甓为堞,其崇五尺。

屋于门观之上者七，以谨候望[8]；屋于雉堞之间者三十有六，以严徼巡[9]。其南因大溪以为险，北、东、西三面壕之，修以尺计者八千六百二十有五，广六寻二尺有八寸，深二寻有六寸，跨以三钓桥[10]，遏以三石坝，壤高水绝，则列树七星桩以防其空郄[11]，屋于壕堑之旁者三十有六，而栖戍卒于其中。

凡城之役，起至正十二年春闰三月己亥，讫其年秋七月乙酉。壕之役起是年冬十月丁卯，讫明年夏五月甲申。滨于城居者有恃而无恐，往役者以分之所宜，为而忘其劳。陈侯使序次颠末以授溍，曰："其为我书而镂诸城隅，用昭示于后人。"

溍窃惟易于萃戒不虞，而重门击柝，有取于豫，使节所涖[12]。婺为会府，民物萃聚，殷盛丛剧[13]，儆戒无虞，而阴销潜弭奸觎之萌[14]，诚有不容缓者。邻境之枹鼓相闻[15]，而婺独安堵如故[16]。居安虑危，思患预防，及是闲暇而汲汲焉。图所以固吾圉，夫岂过计也哉？矧今风纪之司[17]，弘宣德化，而人知尊君亲上。抚字之官[18]，博施恩信而人乐趋事赴功，且将以民心为垣墉，士气为楼橹，精神翕合与山川之脉络相为流通，益重金汤之势而于地利人和两尽之矣。国之保障永永是赖[19]，嗣为政者所当知也，可无书乎？

【作者简介】

黄溍(1277—1357)，婺州义乌(今浙江省义乌)人，字文晋，又字晋卿。元代著名史官、文学家、书法家、画家。仁宗延祐间进士，任台州宁海(今浙江省宁海)县丞，累擢侍讲学士知制诰等职。生平好学，博览群书，清风高节。文思敏捷，才华横溢，史识丰厚，诗、词、文、赋及书法、绘画无所不精。有《日损斋稿》33 卷，《义乌县志》7 卷，《日损斋笔记》1 卷，《黄文献集》10 卷等。

【注释】

[1] 八荒：又称八方。谓极远处。闳：门。

[2] 俶扰：开始扰乱，骚乱。俶：音 chù，开始。

[3] 井下：谓井井有条地陈述。帅阃：谓地方军事统帅府。阃：音 kùn，门槛。

[4] 要束：禁约，约定共同遵守的内容或条款。

[5] 方来：将来。

[6] 经画：经营谋划。

[7] 缜壮：谓坚固、壮固。

[8] 候望：伺望，侦察。

[9] 徼巡：巡察，巡逻。

[10] 钓桥：吊桥。古代城门外护城河上的桥，可以吊起。

[11] 空郄：同"空隙"，空着的地方。

[12] 重门击柝：谓建重重门户，夜晚巡更。指严加提防。《易经·系辞下》：重门击柝以待暴客，盖取诸豫。柝：音 tuò，梆子。涖：音 lì，同"莅"，临。

[13] 丛剧：谓繁荣。

[14] "阴销潜弥"句：谓以智谋巧妙将非分之谋消灭在萌芽状态。

[15] 枹鼓：谓战鼓。枹：音 bāo，鼓槌。

[16] 安堵：安居。

[17] 矧：音 shěn，况且、何况。风纪之司：谓伯颜不花帅府。风纪：谓军队。

[18] 抚字:谓安抚体恤百姓。
[19] 永永:长远,长久。

崂山聚仙宫记

元・张起岩

【提要】

本文选自《古今图书集成・山川典》卷二九(中华书局、巴蜀书社 1985 年影印本)。

聚仙宫,又名韩寨观。位于崂山区沙子口镇幸福村东,离烟云涧 0.5 公里。创建于元代泰定二年(1325)。该宫由著名道士李志明、王志真创建,张起岩为之撰写了这篇碑文。聚仙宫旧有玉皇、真武、三清诸殿。

张起岩在《记》中描述,崂山连峰复岭,绵结环抱,檐楹轩户,隐见于烟云杳霭之间的绝峻之处有上清宫,登之常使人有遗世之念。可是,由于上清宫位处高出半天的山顶,“众颇以登降为劳”,于是“南下转而西二十里,近山之趾,始得平衍,为宫殿,为门垣。请于掌教大宗师,赐额‘聚仙宫’。而簪裳之士云集于是,即山垦田以供其饩,取材以供其用。”

实际上,聚仙宫就是上清宫的下院(又称脚庙)。从碑铭可知,地势高旷的上清宫虽是仙窟洞府,但位置偏远,物资运输极度不便。于是,全真教华山派传人刘志坚请其徒弟李志明在上清宫西南二十里的一块平原建起聚仙宫。这里依山面海,交通方便,土地肥沃,风景优美。经梯子石可到太清宫,沿着天门涧可以到上清宫。李志明和徒弟王志真得到即墨县尉栾克刚的帮助,多方募捐,盖起了一个和太清宫大小差不多的庙宇,召集人员开垦荒芜土地,种植树木,把粮食、建筑材料等,源源不断地运至上清宫。聚仙宫靠近大海,陆地、海上交通方便,上清宫需要的货物在此采办聚集,来往人员在此落脚。故,华山派掌教大师赐名“聚仙宫”。

明代陈沂诗云:“遥观海上有仙家,楼依群峰住赤霞。来就青沧息嘉树,道人于此贩胡麻。”地处交通要道的聚仙宫成为善男信女、文人墨客云集之地。但清末以来,战火不断,聚仙宫逐渐废颓,最后只存真武殿和建庙时所栽的数株桂花树、银杏树。建国后至 1959 年底,聚仙宫还有道士 2 人、庙殿 9 间、住房 8 间、地 43 亩、山峦 50 亩。后因国防需要,聚仙宫和附近的土地建为军事设施。院中仅存银杏树 3 株,一雄二雌,均有六七百年树龄。

秦汉时期的皇帝求仙地唐宋以来道教大兴。宋末元初,成吉思汗与南宋皇帝几乎是同时派人来到崂山请邱处机,南去还是北行在弟子们中形成激烈争论。邱处机毅然决定北行,力劝成吉思汗“欲一天下者必不嗜杀人”。成吉思汗接受了邱处机的建议,将汉文化引入其方略之中,敕封邱处机为“国师”并令其“掌管天下道事”。从此,崂山道教开始进入全盛时期。后延至明、清数代而长久不衰,极盛时期崂山有上百处道教庙场,对外称为“九宫八观七十二庵”。“全真七子”更是名震天下。

自王重阳之东也，而全真氏之教盛行。其徒林立山峙，云蒸波涌以播敷[1]，恢弘其说。于是并海之名山胜境[2]，率为所有。至若下插巨海，高出天半，连峰复岭，绵结环抱，蟠据数百里，长松交荫，飞泉喷薄，珍草奇木，骈生间出。檐楹轩户，隐见于烟云杳霭之间[3]；凭高引领，历览无际，使人有遗世之念，则为劳山上清宫。

盖即墨为齐东饶邑，而山在邑东南五十里，陡绝入海、鲸波漾洄，挟倭本，引吴会。顾揖莱牟[4]，襟带齐楚，风飘浪舶，瞬息千里。上清宫据山之巅，又全得其胜，是宜为仙真之窟宅，人天之洞府也。然其地峻极，众颇以登降为劳，南下转而西二十里，近山之趾，始得平衍，为宫殿，为门垣[5]。请于掌教大宗师，赐额"聚仙宫"。而簪裳之士云集于是[6]，即山垦田以供其饩，取材以供其用。通元隐真子李志明实主张是，提点王志真实纲维是，助其成者，则县尉栾克刚也。

工既告成，为塑像。又辇石，欲记其迹。俾道士沈志和持书来请文。栾在胶西为名族，尝从事山东宣阃[7]，与余有一日之雅。计志和跋履往返千里余[8]，乌乎可拒？遂即其图，记以序列之。

当五代时，有华盖真人刘姓者，自蜀而来，遁迹此山。宋祖闻其有道，召至阙，廷留。未几，坚求还山，敕建太平兴国院以处之。上清、太清二宫，其别馆也。志明大德初元受华楼刘尊师之请[9]，爱其胜绝，奠居。又阅一纪，其徒林志远、志全，即昆嵛云霞洞延之至，筑为环堵明霞洞，洞在上清之岭又三里许。块处二十五年，远近信向稽首问道者，络绎相属[10]。今年八十，步履轻健。计平昔迁居四十处，度徒几五百，其志行可知已。

夫老氏之为道，以虚无为宗，以重元为门[11]。秦汉以来号方士者，始有神仙不死之说。若全真为教，大概务以安恬冲澹，合其自然。含垢忍辱，苦心励行，持之久而行之力，斯为得之。隐真子心契道真，处于环堵[12]，恬然自如。不言而人自化，不动而众皆劝是。其真积之至，故能易硗确而轮奂[13]，于斯以为祈天永命之所，是则可尚也。已铭曰：

> 兹山峻秀横天东，下插沧海高凌空。丹崖翠壁何穹窿，琼枝琪树分蒙茸[14]。明霞霁映扶桑红，灵扃太宇相招融。仙驭隐见空明中，鸾鹤缥缈翔天风。有客寓迹白云峰，翠华为盖冰雪容。道价辉赫闻九重，凤书远召来崆峒[15]。卜基芟落荆榛丛，翚飞鸟革如神工[16]。长春宴毕留仙踪，乘云一去追无从。空余夜鹤鸣长松，隐真学道知其宗。环堵块居神内充，志行超卓惊凡庸。谈说恳款开愚聋，向风景仰众所同。善誉殷殷声隆隆，作室要嗣先人功。徒役竭蹶惟虔共，平地突起真仙宫。隐然背负层冈雄，高门朱碧环崇墉。秘境清廓犹方蓬，簪裳云集必敬恭。上祝国祚绵无穷，为民祈祐除灾凶。占云望海元关通，姑射仙人或可逢[17]。愿斥物万成年丰，庙堂无事安夔龙[18]。
>
> 泰定二年记。

【作者简介】

张起岩(1285—1353)，字梦臣，号华峰，山东禹城人。元延祐二年(1315)左榜状元。授集贤修撰。转为国子监博士，升监丞，进为翰林院侍制，兼国史院编修官。历任监察御史、礼部尚书、中书省参议,官至翰林院侍讲。至元三年(1337),出为南台侍御史,入中台,出任燕南廉访使。打击豪富,不容放贷害人、称霸作恶。贫穷百姓凭张起岩做主而吐怨愤之气。至正元年(1341),升任南台中丞、进为翰林承旨。张起岩奉诏修撰辽、金、宋史。任国史院总裁官。累迁至荣禄大夫、翰林承旨学士。由于他熟悉金代、宋代典故,且历史知识渊博,故总裁《三史》编修时,据理审定、深厚醇雅,论证充足。辽、金、宋三史修成。后上书辞官归里。有《华峰漫稿》《华峰类稿》《金陵集》等传世。

【注释】

[1] 云蒸:谓云气升腾。播敷:传布。

[2] 并海:谓海边一带。

[3] 杳霭:云雾缥缈貌。

[4] 莱:即山东莱州。牟:即牟州,在今山东牟平一带。

[5] 趾:山脚。平衍:平坦广宽。

[6] 簪裳:冠簪和章服。古代仕宦者所服,因以借指仕宦。

[7] 从事:属官。宣阃:即宣抚使。阃,音 kǔn。

[8] 跋履:谓旅途辛劳奔波。

[9] 大德:元成宗年号,1297—1307 年。

[10] 信向:信赖。此谓信徒。块处:谓独处。

[11] 重元:即重玄。很深的哲理。《老子》:玄之又玄,众妙之门。玄作“元”,避康熙讳。

[12] 环堵:四面环着每面一方丈的土墙。形容狭小、简陋的居室。

[13] 硗确:土地坚硬瘠薄。轮奂:美轮美奂。谓屋宇高大众多。

[14] 蒙茸:蓬松杂乱貌。

[15] 道价:谓在修道方面的声望。凤书:诏书。崆峒:仙山。山东海中有岛名“崆峒”。

[16] 芟:音 shān,铲除杂草。翚飞鸟革:谓宫室壮丽。《诗经·斯干》:如鸟斯革,如翚斯飞。

[17] 元关:即玄关。此谓入道的法门。姑射:山名。《庄子》:藐姑射之山,有神人居焉,肌肤若冰雪,绰约若处子。

[18] 夔龙:相传为舜二臣名。夔为乐官,龙为谏官。

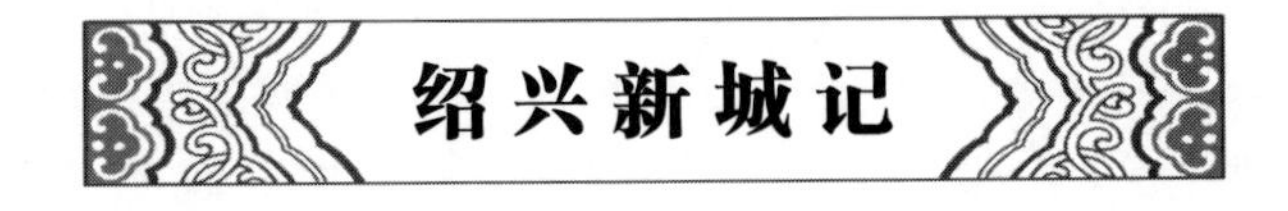

绍兴新城记

元·杨维桢

【提要】

本文选自《传世藏书》(海南国际新闻出版中心 1995 年版)。

至正十二年(1352)已是元朝末年,此时各地农民起事者不绝如缕,江南尤甚。

这年秋天，绍兴开始筑城。第二年三月，新城告竣。这座原为韩世忠所增筑的绍兴城方圆达45里，赫赫为巨构。风雨侵蚀、损毁颓塌七八十年后，终于不能在多难的世界里庇护黎民百姓了。

但是，筑城乃大役，须全体官民出钱出力、戮力同心。佥事迈满咕穆于是一边出布告号召大家出钱出力，一边自己带头献出俸金。不足怎么办？“以田为之赋，粮二十石以上，出若干缗钱，筑若干丈尺；四十石上数倍之，三石、五石助赀办各有差。”而那些没有田地的人，参加筑城，管吃。

由于全城动员，加上百姓积极性空前高涨，城脚厚达四丈（元制一丈合今3.12米），城头宽一丈四尺、周垣四十五里的新城一个月就完工了，而且应对战事的各种机关、设置应有尽有。

兵荒马乱的岁月，如此大城当然是好，不过杨维桢告诫说：“城之掌固者不易，城之守固者尤不易。”

至正十二年秋九月，越人筑新城，明年春三月告成，郡高年余文昌等谒余钱唐次舍，以记请，且道其事始末曰：“城本宋南渡蕲王韩世忠之所筑[1]，辟而广之，周垣凡四十五里，入我朝七八十年，驯至圮废[2]。淮夷梗化，挻祸于大江之南[3]，狼藉州郡，如无人之境，守封疆者始思城郭之所恃。而我绍兴距筑唐仅百里近。钱唐既陷，越人皇皇焉挈幼扶老，走山浮海以遁，不知长林大薮贼之乌合乌钞者尤甚[4]，则又奔播来归[5]，户以数计者万又五千。时则浙东肃政府分镇于越，而佥事迈满咕穆公劳徕吾民者[6]，实有以为之倚也。既而集父老喻之曰：“城池大役也，岂易劳吾民。然劳于始，而利厥终。钱唐大方面，贼直抵行垣者[7]，以城池之废也。始苏界常湖贼越门而去者，以城池之新固也，汝民所自闻。幸相与惩苟且，思经久之图。”民始难之，公又为条告其赀力[8]，先辍俸金，率郡县吏及郡之民饶于财者。不足则以田为之赋，粮二十石上，出若干缗钱，筑若干丈尺；四十石上数倍之，三石、五石助赀办各有差。无田者，佣工而就食。民乃悦来，如子听父事，量功命日[9]，不期月落其成。

城为趾厚凡四寻，为身尽寻有四尺，面凡七尺，外铜键石，而又垒辟四尺为埤堄[10]。戍有木谯[11]，卫有校联[12]，蔺石渠荅之具无不整备[13]。城为趾门凡五[14]、水门者六，四门又各为瓮城，唯趾焉重门以代瓮城。门皆梁石为洞，上各置望楼，又倚北之蕺山为伐虎之亭。城既新，门亦稍更旧名。东五瑞，水曰朝京，东南稽山，今曰会稽，水曰东门；西常喜，今曰常禧，水曰澄清；西北西郭，今曰承恩，水曰拱辰；北曰昌安，今曰泰安，水曰永定；南水曰植利，今曰兴利。

役大事重，非名文家，无以书。吾子郡人也，幸有以属比其事于石，不唯识废兴岁月，且俾越之人万子孙知有金汤不拔之固，与民社相永永也[15]。

余惟《春秋》城内与外者凡二十有九，圣人一一书之。谨王制重力也，而城虎牢之[16]，《书》责郑有而不守，覆弃为寇资，则知城筑兴于要害者，固亦《春秋》之所许也。而况于越，襟大海、肘长江，申禹氏之巡丘、句践氏之伯基，有国者之雄藩也，视其得与荒城野郭夷而视之乎？

吁！一方之役小,四海之系大;一时之劳暂,万世之利永也。虽然,城之掌固者不易[17],城之守固者尤不易。守非直三巡三鼜之戒也[18],忠义为之维,道德为之维,道德为之基,众心为之凭,守固之工也。职于是者,尚思有以励己德结人心。摅卧薪之忠愤[19],以无忘昔人执仇之义,以雪吾大国之耻,其可也。不然,守政不修,人皆敌国也。虽有金汤,吾为此惧。是为记。

公系出国族,通文史。尝为南台监察,折狱辨讼[20],扶树名理,严严有丰采云。

【作者简介】

杨维桢(1296—1370)字廉夫,号铁崖,又号铁笛道人、铁冠道人、东维子等。会稽(今浙江诸暨)人。泰定四年(1327)进士。授天台县尹,改绍兴钱清盐场司令,后除杭州四务提举,历建德路推官,升江西儒学提举。值兵乱,遂浪迹浙西山水间。张士诚招之,不赴,徙居松江(今属上海)。明初修纂礼乐,诏征遗逸之士,明太祖赐安车诣阙廷。洪武三年(1370)正月杨至京师,留百余日,以疾请归,至家卒。其诗名擅一时,号为"铁崖体",古乐府尤号名家。有《东维子文集》30 卷,《铁崖古乐府》10 卷等。

【注释】

[1] 韩世忠(1089—1151),字良臣,绥德(今陕西绥德)人。18 岁应募从军,屡建战功,累官至少保,授武宁、安北军节度使,京东、淮东路宣抚处置使,驻楚州(今江苏淮安)。宋金和议,韩世忠抗疏言秦桧误国,连疏乞解枢密职,不言国事。二十一年(1151)卒,追封通义郡王。孝宗朝,追封蕲王。

[2] 驯:逐渐。

[3] 挻祸:引发祸乱。挻:音 shān,引,引发。

[4] 大薮:谓大湖泽。乌钞:谓胡乱劫抢。钞,通"抄"。

[5] 奔播:奔逃。

[6] 佥事:官名。古代府衙中的属官。芄:音 wū。呫:音 tiē。劳徕:亦作"劳来",安抚慰问。

[7] 行垣:古代防御战具,用以布阵阻塞。

[8] 赀力:资力。赀,通"资"。

[9] 量功:估算工程量。命日:限定日期。

[10] 埤堄:音 pí nì,城上凹凸起伏、设有射孔的矮墙。

[11] 木谯:谓木制的望楼。

[12] 校联:谓营垒相连。

[13] 蔺石:守城时用以御敌的礌石。渠荅:铁蒺藜。守城御敌的战具。

[14] 趾门:谓陆上城门。

[15] 民社:指人民和社稷。

[16] 虎牢:虎牢关。位于今河南荥阳汜水镇。春秋鲁隐公五年,郑败燕师于此。鲁襄公二年,晋悼王会诸侯于戚以谋郑,用孟献子"请城虎牢以逼郑"之计,开始在此筑城。

[17] 掌固:谓城墙修筑得很牢固。掌:本谓脚底,此谓基址。

[18] 鼜:音 qì,守夜鼓声。

[19] 摅:音 shū,抒发。
[20] 折狱:谓判决诉讼案件。

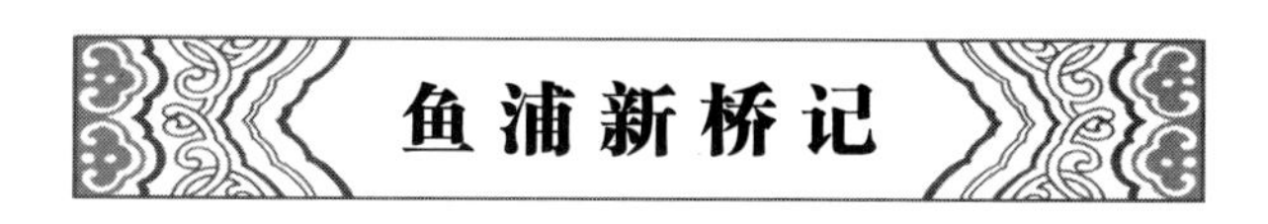

鱼浦新桥记

元·杨维桢

【提要】

本文选自《传世藏书》(海南国际新闻出版中心 1995 年版)。

从文中的叙述可见,鱼浦在元末是四方辐辏、商贾汇聚的要道,所谓"商旅提携、樵苏负荷者胥此乎道焉"。没有桥,大家只能登舟奔渡,常有"蹴踖覆溺之患"。

负责萧山县兵事的赵诚镇守鱼浦,当然也深感无桥的不便。于是在县治安泰之后便召集耆老——地方上极孚众望的老人,告知:易舟为梁,从根本上解除涉浦之病。百姓欢呼响应,无忤词。人心齐,泰山移。不到 3 个月,桥便修成:桥长五百尺,洞十有五,洞楹十有六,堤其两旁栈板栏翼亘其长。

按照杨维桢的叙述,"红寇陷杭"即元至正十二年(1352)七月,红巾军首领徐寿辉破昱岭关,占领杭州。兵荒马乱的岁月,负责一方平安的县主簿赵诚,除暴安良之余,还"免民于险阻",百姓当然额手称庆,呼桥为"惠政"。

至正十三年秋八月,萧山县鱼浦新桥成,浦耆老许士英来谒予钱唐曰:"浦之西北距浙江东南明、越,抵台、婺,商旅提携、樵苏负荷者胥此乎道焉[1],晨出暮返,奔渡挐舟,不无蹴踖覆溺之患[2]。

县主簿赵君某,领帅檄来镇于兹,兵事既饬,大协民望,爰集耆老而告曰:'是浦为民涉之病,盍易舟而梁乎!'浦民咸响应,无忤词。桥不三月而底于成。长凡五百尺,洞十有五,洞楹十有六,堤其两旁栈板栏翼亘其长[3]。

吁! 昔无而今有创,实功之难也,桥出没于潮汐之险又难也。先是红寇陷杭,君方莅政,浦之西南依山徼[4],群恶少乘隙虐民,民相挺解散,君尽按捕之,一境赖以安。今桥成,又免民于险阻,即向者弭盗安民之心复推其效于是桥也。愿子志以文,且为赵君颂。"

余曰:"出事于昔人之所难,而得于今日之所易,非浦之不可以桥于昔也,惠而知为政者鲜也。若赵君之不难于是桥,谓惠而知为政者非欤? 郑子产春秋惠人也,至捐一车则人皆以为笑。彼溱洧之可涉,民犹病之,况是浦之难,奚啻十倍[5]。长吏以民者,可以不知为政乎? 西门豹凿十二渠[6],渠各有桥。至汉,长吏以桥绝驰道,相比不便,欲合三渠为一桥,邺父老确弗从,以为西门君法式不可更,长吏终听之。惠政之及人者,至今照耀史册。程子曰'一命之士,苟存心于利物,于人必有所济'。赵君之存心得之矣。浦民歌诵,当不减郑舆人之颂。君之法式,当与邺父老同一确守,岂非百世之利也哉?”

浦父老复以桥名请,于是颜其桥为“惠政”。吁!君之惠政,不惟是也。君名诚,字君实,世家于渤云。铭曰:

江水汤汤,界浦之疆。涉浦作渡,民病于杭。赵君为政,惠而有方。

谁谓浦广,不可以梁。惟彼梁也,西门之光也。德之长也,民之不能忘也。

【注释】

[1]樵苏:砍柴打草的人。胥:全,都。

[2]拏舟:撑船。拏:音 ná,牵引。蹴踖:音 cù jí,绯徊不前貌。

[3]栈板:闸门中的闸板。

[4]山徼:山中地界。

[5]奚:疑问代词,哪里。啻:音 chì,仅仅,只有。

[6]西门豹:战国时魏国人。治邺,沿漳河开挖 12 条水渠,根治了水患,史称“西门十二渠”,为战国时四大灌溉工程之一。

芗林记

元·杨维桢

【提要】

本文选自《传世藏书》(海南国际新闻出版中心 1995 年版)。

芗林在今上海七宝镇西的小涞江畔(今七宝沪星村一带),有位名士徐九龄家中古屋百十楹,称芗林堂。平畴大陆、呀渊疏川、乔木扶疏之际的徐氏老宅远远近近少有人烟,虽显偏僻,但宅屋左边百步左右“凿池数十亩,池上植松柏、栝桧、桂椒、梅橘、桃杏,草则芝兰、菊芷、荃荪、薰茝、钩连”,真可谓浓阴匝地、枝繁叶茂。船行五十里来到这里的杨维桢自然是要盘桓一番的。“径凹近回坳,孤村郡色遥。林深缠薜荔,藤蔓集鵁鶄。屋筑穿花磴,溪喷带叶潮。渔舟疑入树,耕犊欲窥巢。蔽芾园驱日,芳菲草秀葽。丛篁邀过客,透木醮层霄。不雾影常暗,非山色更饶。”杨维桢笔下,乡味野趣如此动人,于是这位独领元文坛 40 年的诗人用他那清秀俊逸的诗句继续吟道:“苍茫招隐遁,迢僻涤尘嚣。云碍潇湘竹,人行翠浪桥。落霞筛锦绣,吟蛄噎箾韶。仿佛桃源洞,依稀太古樵。携锄画中出,燃火树间摇。樛倚飞帘白,葩妍戏蝶娇。日间应吠犬,枝杪可悬瓢。机飧联歌牧,疑闻别境谣。”(《宿徐九龄芗林堂》)

孤村野景因了徐九龄的隐逸之志,“草木不以物香,而以人馨”。因为相得,杨维桢盘桓汇列四时之生香的池塘旁，品茗啸歌，流连不去，额匾池塘曰：芗林。

淞之邑带江枕海，聚为山者曰笴、曰雪、曰神、曰小昆、小金，地皆平畴大陆[1]、呀渊疏川[2]，突而高、郁而秀、蟠而踞之者，则乔木之林，大姓之所宅也。

去邑之北五十里，其川为蒲汇，北反为小莱，崖小莱古屋百十楹者，九龄徐氏之居也。去居左介一百步[3]，凿池数十亩，池上植松柏、栝桧[4]、桂椒、梅橘、桃杏，草则芝兰、菊芷、荃荪、薰茝、钩连[5]，汇列四时之生香，未尝一日断也，因额池塘曰"芗林"。

予过海上，九龄榻予堂者数夕。临分，出楮笔曰[6]："先生海上还，喜笑怒骂皆成文章，醉墨所及，一草一木有光，于芗林独无言乎？"予曰："草木之香细矣，因人而馨者大且远矣哉。栗里松柳以处士香，晋竹林以七贤香，濂溪莲以茂叔香[7]，罗浮村梅以苏长公香[8]，草木不以物香，而以人馨也，信矣！不然，虽梓泽乎泉林木之绮交锦错者，不香也。"吾爱龄之人品魁垒[9]，操行极高茂。

尝与予论今人出处曰："今之称豪杰者，弯弧运槊走戎马间[10]，水出火入即可苟且顷富贵，高者摇颊鼓舌，闳声高议，以惊动所事，自谓陶王铸霸，以徼其所宾，而为士之大庆；不知大忧者在其踵，触罗踏阱[11]，卒自跲踣[12]，而祸及其孥[13]，权不能庇，势不能掖。嘻！若是者，懵甚而悖亦滋甚。予不卒抵嘻戏，幸极返故庐[14]，与一草一木同华而共实，先人之赐，先生之教也。"予闻其言，韪之曰[15]："此吾子之德馨也，馨之被于芗林草木者也。"故乐为志芗林，并录其语，为学之信且悖者告也。

【注释】

[1] 平畴：谓平坦的田野。

[2] 呀渊：谓深广的水面。

[3] 左介：左向。

[4] 栝桧：guā guì，常绿乔木，木材桃红色，有香气，可作建筑材料。

[5] 荃荪：香草。茝：音 chǎi，一种香草。

[6] 楮笔：谓纸笔。楮，音 chǔ。

[7] 濂溪：周敦颐，字茂叔，号濂溪先生。北宋理学家。有《爱莲说》："独爱莲之出于污泥而不染，濯清涟而不妖，中通外直，不蔓不枝，香远溢清，亭亭净植，可远观而不可亵玩焉。"

[8] 罗浮：在今广东有罗浮山。苏轼有诗"罗浮山下梅花村，玉雪为骨冰为魂"。

[9] 魁垒：谓高超特出。

[10] 弯弧：拉弓。

[11] 触罗：投入罗网。

[12] 跲踣：音 jiá bó，跌倒，绊倒。

[13] 孥：音 nú，妻儿。

[14] 幸：希望。极：谓尽快。

[15] 韪：是，附和。

阳桥记

元·伯笃鲁丁

【提要】

本文选自《古今图书集成·职方典》卷一四〇五(中华书局、巴蜀书社1985年影印本)。

桂林市秀峰、象山两区相衔,榕湖、杉湖接合部的水面——宋时称南阳江,宽40丈,江上建有风雨长廊式桥,名"青带桥",取唐韩愈"江作青罗带"诗之名,又取"以济不通"意别称"通济桥",江中修建有团城,南面为拖板桥,景色殊为壮丽。阳桥是府城桂林的重要交通桥之一。

可是,至元五年(1339)冬月的一场大火让至元癸未(1283)年重修的阳桥化为灰烬。天寒地冻的十一月里,原本"左右为商贾所藏宝物番货,以有易无,日以千百计"的阳桥一下子断了,老幼病弱、提携往来者无不病涉。于是,推官唐棣、县尹吴正卿,加上青庵道人胡道真纷纷趋事,造桥者鸠工集材,筹款者呼吁捐缯帑。阳桥"始于六年孟春,凡四阅月而成"。身为广西肃政廉访副使的伯笃鲁丁将之录入桥记。

阳桥所在的南阳江,其水源自城西南,由阳江引入,沿城下东流至漓江。明朝,阳桥改建为石桥,解缙书"永镇三江"铭其上。洪武间(1368—1398)桂林城南扩,榕湖、杉湖变成内湖,桥也变成了城中津梁。2000年,桂林中山路大规模改造,阳桥再次重建,变为三跨连续曲梁桥,主体为钢筋混凝土,外辅花岗岩和大理石,桥长34米,宽50米,双向6车道。

静江为广西都会。其城之南门[1],凡往来东西二道,两江、交趾[2]、海南北诸州者莫不由是焉。是岂特为广西一都会而已,城下鉴湖水水通漓江,门南有桥曰:"通济",所以利病涉。桥左右为商贾所藏宝物番货[3],以有易无,日以千百计。是又岂特为病涉之利而已?讥征者亦视此为要。

至元五年冬十二月,遭火延毁。时天冱寒[4],老者、弱者、伛偻而提携者,皆病于厉揭[5]。盖国中之市当涉者众,往往争先,有垫溺之忧。宪司大夫患之,责于连帅,帅择属官之廉且能者经营之。

于是,监郡教化推官唐棣、录事长官也先下尼、临桂县尹吴正卿咸在是选。青庵道人胡道真曰:"官爱吾民如是,尚坐视而不思补报乎?"首倡居民各捐缯币有差。

经始于六年孟春,凡四阅月而成。一日,郡之士民造余,请曰:"前至元癸未重修斯桥,乃毁。于今至元己卯,是岂偶然?兹落成,愿丐一言[6],以纪诸大夫士之功于不朽。”余曰:“夫十日配十二子数,将周六十,兴废定矣。今憧憧往来,自辰及酉不绝,又岂能保其久而不废耶?虽然《传》曰:‘岁十一月,徒杠成。十二月,舆梁成。’盖其农功已毕,可用民力也。今东作方兴,民事不可缓,而乃官不知役民,民不知役力,桥成而无怨叹之声。此孟轲氏所谓以佚道使民,虽劳不怨者,是可书矣。”是为记。

【作者简介】

伯笃鲁丁,又名鲁至道,其生活的年代约1300—1360年间。至治元年(1321)中进士。至元三年(1337),迁广西任肃政廉访副使。相继任赣州路、建州路达鲁花赤,漳州路总管,后迁礼部侍郎。

【注释】

[1] 静江:今广西桂林。
[2] 交趾:今越南北部。
[3] 番货:谓进口货品。
[4] 冱寒:闭寒。谓不得见日,极为寒冷。冱,音hù。
[5] 厉揭:涉水。连衣涉水谓厉,提衣涉水称揭。
[6] 愿丐:谓前来讨求。

柳 庄 记

元·鲍 恂

【提要】

本文选自《古今图书集成·职方典》卷八八九(中华书局、巴蜀书社1985年影印本)。

柳庄在今浙江桐乡,元末时程德刚居于此。这里原名张荡,“苍莽弥野,人境荒寂”。程德刚“作屋一区”,虽然仅数楹,但“涂塈粉饰”之后,“朴而不华,简而不陋”,莫不完美。程君又在屋宇附近“植高柳数十本,取竹与苇间以樊之”。数年之后,“柳郁然成阴,环映室庐,如在林谷”,以至于行者过此,纷纷指而谓“此程君德刚之居也”。

居于此,生计何取?程君在房屋附近“辟腴田十余亩以植嘉谷,树墙下以桑,果园蔬畦亦莫不修治”。

好一幅农桑耕隐图!程德刚,字克柔,通法律,负才气,不愿出仕,耕隐张荡,庐旁亲手栽植的杨柳郁然成阴,随之更居地名为“柳庄”,自号柳庄居士。元将路成率兵过皂林镇,大肆抢掠。德刚不顾安危,力陈利害,说服路成约束部众,一方遂得平安。

鲍恂与德刚所居相距才数里,鲍经常盘桓于此,“款洽数日,兴尽乃还”,当然要为记以载录柳庄这位“戴幅巾,曳短杖”的程德刚,他的嬉憩、啸歌、瞻眺……“随所意欲,悠然自适”。

好一幅“柳庄居士”图。

柳庄,今已难寻矣。

柳庄者,崇德程君德刚之所居也[1]。在凤鸣市之东南二里,其地曰:“张荡”。苍莽弥野,人境荒寂。君作屋一区,于其上旁植高柳数十本,取竹与苇间以樊之[2]。其屋仅数楹,朴而不华,简而不陋,涂塈粉饰[3],莫不完美。又辟旁近腴田十余亩以植嘉谷,树墙下以桑,果园蔬畦亦莫不修治。

不数年,所植柳郁然成阴,环映室庐,如在林谷。行者过而望之,咸指之曰:“此程君德刚之居也。”君因名之曰:“柳庄”。

余家去柳庄数里而近,每乘兴往造[4],君辄觞余以酒,款洽数日[5],兴尽乃还。君因以记请。予谓:“柳,易生之物也。自君始植迄于今,雨露之所养,日夜之所息,一枝一叶赖以滋长,至于高且大焉。君所望于柳者若是而已夫,恶知今日居于斯而辄以是名之也。君于闲暇时,戴幅巾[6]、曳短杖,过所植柳下,或步以嬉,或憩以休,或坐以啸歌,或倚以瞻眺,随所意欲,悠然自适。若有顷刻不忘夫柳者,当君始居柳庄时。不过从人之所慕而偶名之耳,又乌知今日居于斯而有是乐也。夫既著以美名,而又得其所乐,则植之柳以偿夫君之志者,盖亦多矣。自是以往,柳日益茂,君之子孙日蕃以昌,程氏之兴必自兹始,而柳庄之居不亦当矣哉!”君素隐德弗仕,今年逾七十,精明强健,其享福尚未艾,是宜称之曰:“柳庄处士,君以为何如?”君闻余言喜而谢曰:“某不敏,固不敢言。然此乃所深愿也。”

余遂以是说为记,并定为柳庄处士云。

【作者简介】

鲍恂,生卒年不详,字仲孚,崇德(今浙江桐乡)人。元顺帝至元元年(1335),登进士第。荐为翰林,婉辞。张士诚据吴中(今苏州),聘为教授,坚辞不出。明洪武四年(1371),初以科举取士,应召为会试考官。试毕,即辞归乡里。太祖朱元璋遣召其入京城,时年八十余,赐坐垂询,欲拜为文华殿大学士。鲍恂以年老多疾辞。返里后,与贝清江、程柳庄于嘉兴濮川(今桐乡濮院)之西溪结社讲学,又筑室于殳山泾,耕桑自乐。自号环中老人,学者称西溪先生。有《西溪漫稿》《大易钩玄》《学易举隅》《易传大义》《卦爻要义》等。

【注释】

[1] 崇德:今浙江桐乡。

[2] 樊:作动词。谓扎篱笆。

[3] 塈:音 jì,涂抹屋顶。

[4] 造:谓造访,做客。

[5] 款洽:亲密,亲切。

[6] 幅巾:谓古代男子以全幅细绢裹头的巾帽。

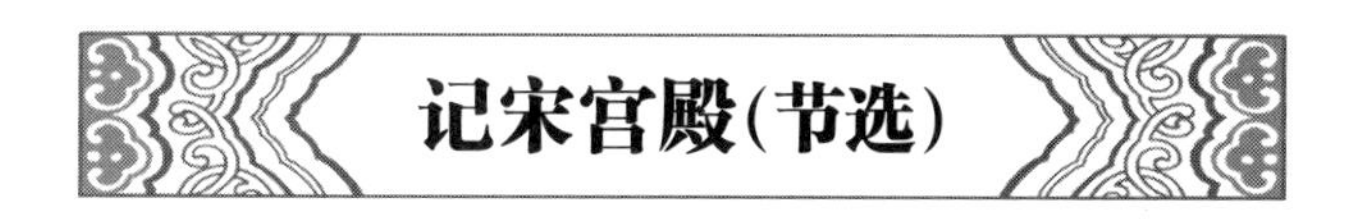

记宋宫殿(节选)

元·陶宗仪

【提要】

本文选自《南村辍耕录》(齐鲁书社 2007 年版)。

宋代分为北宋、南宋两段,宫殿分别位于今天的河南开封(北宋时称"东京""汴梁")及浙江杭州(南宋时称"临安")。

东京汴梁作为帝王皇宫所在地,五代梁始,唐、晋继之。北宋的皇宫是仿照洛阳宫殿的模式,在五代旧宫的基础上扩充建造的。扩建者调整了宫殿建筑群组的主轴线。这条轴线一直延伸,经东京的州桥、内城南门朱雀门,至外城南门南薰门,使宫殿在东京城中成为最壮丽的建筑群。

东京宫殿又称大内、宫城。据《宋史·地理志》载,宫城周长四五里,南三门,中曰乾元(明道二年改称宣德),东曰左掖,西曰右掖;东西两门曰东华、西华,北一门曰拱宸。宫殿包括有外朝、内廷、后苑、学士院、内诸司等部分。宫殿外朝部分主要有大庆殿,是举行大朝会的场所,大殿面阔九间,两侧有东西挟殿各五间,东西廊各 60 间,殿庭广阔,可容数万人。西侧文德殿是皇帝主要政务活动场所,北侧紫宸殿是节日举行大型活动的场所,西侧垂拱殿为接见外臣和设宴的场所,集英殿及需云殿、升平楼是策试进士及观戏、举行宴会的场所。外朝以北,垂拱殿之后为内廷,是皇帝和后妃们的居住区,有福宁、坤宁等殿。皇室藏书的龙图、天章、宝文等阁以及皇帝讲筵、阅事之处也在内廷。宫殿北部为后苑。后期又在东南部建明堂。

因旧宫基础上扩建新殿,宋东京宫殿内的要建筑群没能沿一条中轴线安排。建筑群中,只有举行大朝的大庆殿一组建筑的中轴线穿过宫城大门。而外朝的文德、垂拱等殿宇,只好安排在大庆殿的西侧,中央官署也随之放在文德殿前,出现了两条轴线并列的局面。标志着宫殿壮丽景象的宫城大门宣德门为"冂"形的城阙,中央是城门楼,门墩上开 5 门,上部为带平座的七开间四阿顶建筑,门楼两侧有斜廊通往两侧朵楼,朵楼又向前伸出行廊,直抵前部的阙楼。宣德楼采用绿琉璃瓦,朱漆金钉大门,门间墙壁有龙凤飞云石雕。

北宋宫殿建筑群的特点是主殿作"工"字殿形式。大庆殿群楼是一组带廊庑的建筑群,正殿面阔九间,并带左右挟屋各 5 间,殿后有阁,东西廊各 60 间,前有大庆门及左右日精门,殿址现已发掘,其台基成凸字形,东西宽约 80 米,南北最大进深 60 多米。

东京皇城外还有内城、外城。皇城居于城市中心,内城围绕在皇城四周,外城

(亦称罗城)平面近方形,东墙长 7 660 米,西墙长 7 590 米,南墙长 6 990 米,北墙长 6 940 米。罗城东、西、南三面皆 3 门,北面 4 门,此外还有专供河流通过的水门 10 座。

东京城内的通道主要有城市道路与河流系统。全城的主干道称为御路的有 3 条:一条从皇城南门至外城南门的南北向干道,宽 200 米,是全城的主轴线;第二条为皇城南侧的东西向干道;第三条是在皇城东侧的南北向干道。此外,还有一些次要道路,组成不规则的道路网,反映了不受里坊约束的特点。东京的河道史称"四水贯都",即汴河、蔡河、五丈河、金水河。在城墙外又各有护城河一道,四水通过护城河相互沟通,使得河道在城内作为运输通路非常方便,可将东南方粮食和物资运入城内。金水河通往宫殿区,供给宫廷园林用水。

东京的城市结构开始就没有封闭的里坊。以坊巷为骨架的宋东京,城市面貌颇具特色,变化颇富。其一,主要街道成为繁华商业街,皇城正南的御路两旁有御廊,允许商人交易,州桥以东、以西和御街店铺林立,潘楼街也为繁华街区;其二,住宅与商店分段布置,如州桥以北为住宅,州桥以南为店铺;其三,有的街道住宅与商店混杂,如马行街;其四,集中的市与商业街并存,如大相国寺,被称为"瓦市",其"中庭、两庑可容万人","每一交易,动计千万"。在一些街区还存在夜市,如马行街"夜市直至三更尽,才五更又复开张",有许多酒楼、餐馆通宵营业。随着经济的发展和文化的繁荣,还出现了集中的娱乐场所——瓦子,由各种杂技、游艺表演的勾栏、茶楼、酒馆组成,全城有五六处。

北宋末,东京人口估计约有 130 万—190 万,是当时世界屈指可数的大城市。东京的城市结构冲破了传统的里坊制,较多地服从经济发展的需要,是中国历史上都城布局的重要转折点,对元明清等几代都城营建都产生了较大的影响。

1127 年,金人占领东京,北宋宫殿沦为废墟。

陶宗仪录载的这篇《汴故宫记》详细叙述了杨奂 1239 年春天看到的已经废弃的宋宫殿规模制度。城门、桥梁、宫殿、楼阁、馆轩、苑囿,乃至宣徽院、御药院、武器署……"其制度简素",没有"千门万户、朱壁华丽"之饰。

靖康后,南宋高宗赵构以临安(今杭州)为行在。南宋建都有两种方案:一是在风景优雅的西溪新建皇宫,坐北朝南;另一种方案便是选择凤凰山东面,在昔日吴越国行宫的基础上,扩建南宋宫殿。赵构选择了改建吴越国王宫,一可节省财力与人力,二是此乃全城的制高点,可以控制形势。

皇宫营造一直秉持精致而不奢靡的做法,工程从绍兴二年(1132)开始到绍兴二十八年(1158),初具规模。其位置在临安城南端,范围从凤凰山东麓至万松岭以南,东至中河南段,南至五代梵天寺以北的地段。据明万历《钱塘县志》载:南宋大内共有殿三十,堂三十三,斋四,楼七,阁二十,轩一,台六,观一,亭九十。此外,还建有太子居住的东宫和高宗、孝宗禅位退居的宫殿德寿宫,位置在临安大内以北。宫殿布局基本上承袭了《周礼》中"前朝后寝"的传统格局。

大内分为外朝、内廷、东宫、学士院、宫后苑五个部分。外朝居于南部和西部,内廷偏东北,东宫居东南,学士院靠北门,宫后苑在北部。宫城四周有皇城包围,皇城的南门为丽正门,北门为和宁门,东部有东华门,西部只有府后门。宫城有南北宫门与皇城南北门相对。

内朝殿宇众多,皇帝寝殿有福宁殿、勤政殿。另有嘉明殿为皇帝进膳之所。皇后寝殿为华殿、坤宁殿、慈元殿、仁明殿、受厘殿等。宫内还有皇帝与群臣议事的选德殿、讲学的崇政殿及藏书阁等。东宫内既有太子读书使用的宫殿如新益堂,寝殿彝斋,也有太后使用的慈宁殿,还有博雅楼、绣春堂等园林建筑。

值得一提的是,临安宫殿一殿往往拥有多种功能,一殿多用、一殿多名较为普遍,这是南宋初期宫室制度的一个突出特点。例如端诚殿,作为明堂郊祀时称“端诚”,策士唱名时又称“集英”,宴对奉使曰“崇德”,武举授官曰“讲武”,匾额随时更换,功能立刻变样。

临安的皇宫后苑尤值一提,其建设以西湖山水为楷模营设园林,匠心颇具,可称作是宋代临安园林的集大成之作。

后苑正中凿有一个十多亩大的水池,时称“小西湖”,池中有水月、境界、澄碧三亭及芙蓉阁。池周围遍布亭阁廊轩,倒影水中,别成画境。湖侧叠石为山,高十余丈,玲珑剔透,洞室相连,有“小飞来峰”之称。山下有一溪带,溪中又建一亭名清涟。登峰俯瞰,景色迷人。

以“小西湖”和“小飞来峰”为中心,皇宫后苑分为东南西北四区,尽收杭州四季美色。

东区,以赏春景为主,按照大园套小园的建设格局,使人在咫尺间感受变化无穷。每逢春光明媚之季,东区境内花团锦簇、群芳荟萃。花丛中还设有风轮,风吹轮转,立刻播撒芳香满园。

西区,以赏秋景为主,广种桂花、菊花。南宋时杭州菊花的品种已达到70余种,金秋时节,花事阑珊,唯独秋菊摇曳,招展风霜之中,天空、亭榭灿烂无比。

南区,以赏夏景为主,中有翠寒堂,是皇帝纳凉避暑之地。堂四周栽有古松,酷暑难当之日,蝉噪蛙鸣,而这里却长松修竹、浓翠蔽日,爽清非常。

北区,以赏冬景为主,用楠木制成的明远楼周围遍布各色梅花。料峭冬日,霜白雪飘,梅花朵朵傲霜、瓣瓣迎雪,竞相怒放,其态其香,粘连脚步。

南宋临安,宫不大,但精致;园子也不大,但惬意。赵构的这一选择,直接影响了杭州数百年来以御街为中心的城市格局,繁华的市中心也逐渐在皇宫以北成型,延续至今;宫殿、园林的如此安排,打破了治国平天下与冶游享乐的距离尺寸,于是,高超的营造工艺渐渐使临安城变成了“山外青山楼外楼,西湖歌舞几时休。暖风熏得游人醉,直把杭州当汴州”(林升《题临安邸》)的享乐之地。

廉访使杨文宪公奂[1],字焕然,乾州奉天人。尝作《汴故宫记》云:“己亥春三月,按部至于汴,汴长史宴于废宫之长生殿,惧后世无以考,为纂其大概云。皇城南外门曰南薰。南城之北新城门曰丰宜,桥曰龙津桥,北曰丹凤,而其门三。丹凤北曰州桥,桥少北曰文武楼[2],遵御路而北横街也。东曰太庙,西曰郊社。正北曰承天门,而其门五,双阙前引[3]。东曰登闻检院,西曰登闻鼓院[4]。检院之东曰左掖门,门之南曰待漏院。鼓院之西曰右掖门,门之南曰都堂。承天之北曰大庆门。而日精门左,升平门居其东,月华门右,升平门居其西。正殿曰大庆殿。东庑曰嘉福楼,西庑曰嘉瑞楼。大庆之后曰德仪殿,德仪之东曰左升龙门,西曰右升龙门。正门曰德隆,曰萧墙[5],曰丹墀,曰隆德殿。隆德之左曰东上阁门,右曰西上阁门,皆南向。东西二楼,钟鼓之所在,鼓在东,钟在西。隆德之次曰仁安门,仁安殿东则内侍局,内侍之东曰近侍局,近侍之东曰严祗门,宫中则曰撒合门。少南曰东楼,即授除楼也,西曰西楼。仁安之次曰纯和殿,正寝也。纯和西曰雪香亭,雪香之北,后妃位也,有楼。楼西曰琼香亭,亭西曰凉位,有楼。楼北少西曰玉清殿。纯和之次曰宁福殿,宁福之后曰苑门。由苑门而北曰仁智殿,有二大石,左曰敷锡神运万岁峰,右曰玉京独秀太平岩,殿曰山庄。庄之西南曰翠微阁。苑门东曰仙韶院,院北曰涌翠峰,峰之洞曰大涤涌翠,东连长生殿。殿东曰涌金殿,涌金之东曰蓬莱殿。长生西浮玉殿,浮玉之西曰瀛洲殿。长生之南曰阅武殿,阅武南曰内藏库。由严祗门东曰尚食局,尚食东曰宣徽院[6],宣徽北曰御药院,御药北曰右藏库,右藏之东曰左藏。宣徽东曰点检司,点检北曰秘书监,秘书北曰学士院,学士之北曰谏院,谏院之北曰武器署。点检之南曰仪鸾局,仪鸾之南曰尚辇局。宣徽之南曰拱卫司,拱卫之南曰尚衣局,尚衣之南曰繁禧门,繁禧南曰安泰门。安泰西与左升龙门直,东则寿圣宫,两宫太后位,本明俊殿试进士之所。宫北曰徽音殿,徽音之北曰燕寿殿,燕寿殿垣后少西曰震肃卫司,东曰中卫尉司。仪鸾之东曰小东华门,更漏在焉。中卫尉司东曰祗肃门,祗肃门东少南曰将军司。徽音、寿圣之东曰太后苑,苑之殿曰庆春,庆春与燕寿并。小东华与正东华对。东华门内正北尚厩局,尚厩西北曰临武殿。左掖门正北尚食局,局南曰宫苑司,宫苑司西北曰尚酝局、汤药局、侍仪司,少西曰符宝局、器物局,西则撒合门。嘉瑞楼西曰三庙,正殿曰德昌,东曰文昭殿,西曰光兴殿,并南向。德昌之后,宣宗庙也。宫西门曰西华,与东华直,其北门曰安贞。二大石外,凡花石、台榭、池亭之细并不录。观其制度简素[7],比土阶茅茨则过矣[8],视汉之所谓千门万户、珠璧华丽之饰,则无有也。然后之人因其制度而损益之,以求其称,斯可矣。"

……

陈随应[9]《南度行宫记》云:"杭州治旧钱王宫也[10],绍兴因以为行宫。皇城九里,入和宁门,左,进奏院玉堂;右,中殿外库至北宫门。循廊左序,巨珰幕次[11],列如鱼贯。祥曦殿朵殿[12],接修廊为后殿,对以御酒库、御药院、慈元殿、外库、内侍省、内东门司、大内都巡检司、御厨、大章等阁。廊回路转,众班排列。又转内藏库,对军器库。又转便门,垂拱殿五间,十二架,修六丈,广八丈四尺。檐屋三间,修广各丈五。朵殿四,两廊各二十间,殿门三间,内龙墀折槛[13]。殿后拥舍七间,为延和殿。右便门通后殿。殿左一殿,随时易名,明堂郊祀曰端诚,策士唱名曰集英,宴对奉使曰崇德,武举及军班授官曰讲武。东宫在丽正门内,南宫门外,本宫会议所之侧。入门,垂杨夹道,间芙蓉,环朱栏。二里至外宫门节堂,后为财帛、生料二库[14],环以官属直舍[15]。转外窑子,入内宫门廊。右为赞导春坊直舍,左讲堂七楹,匾新益,外为讲官直舍。正殿向明,左圣堂,右祠堂。后凝华殿,瞻箓堂,环以竹,左寝室,右齐安,位内人直舍百二十楹。左彝斋,太子赐号也。接绣香堂便门,通绎已堂,重檐复屋,昔杨太后垂帘于此,曰慈明殿。前射圃,竟百步,环修廊右转,雅楼十二间。左转数十步,雕阑花甃[16],万卉中出秋千,对阳春亭清霁亭,前芙蓉,后木樨。玉质亭,梅绕之。由绎已堂过锦胭廊,百八十楹,直通御前廊外,即后苑。梅花千树,曰梅岗亭,曰冰花亭,枕小西湖,曰水月境界,曰澄碧。牡丹曰伊洛传芳,芍药曰冠芳,山茶曰鹤,丹桂曰天阙清香。堂曰本支百世,佑圣祠曰庆和，泗洲曰慈济，钟吕曰得真，橘曰洞庭佳味，茅亭曰昭俭，木香曰架雪，竹曰赏静，松亭曰天陵偃盖。以日本国松木为翠寒堂，不施丹雘，白如象齿，环以古松。碧琳堂近之。一山崔嵬，作观堂，为上焚香祝天之所。吴知古掌焚修[17]，每三茅观钟鸣，观堂之钟应之，则驾兴。山背芙蓉阁，风帆沙鸟履舄下[18]。山下一溪萦带，通小西湖，亭曰清涟。怪石夹列，献瑰逞秀，三山五湖，洞穴深杳，豁然平朗，翚飞翼拱[19]。凌虚楼对瑞庆殿，损斋、缉熙、崇政殿之东，为钦先、孝思、复古、紫宸等殿。木围即福宁殿，射殿曰选德坤宁殿，贵妃、昭仪、婕妤等位宫人直舍蚁聚焉。又东过阁子库，睿思殿，仪鸾、修内、八作、翰林诸司，是谓东华门。”

右二记书法详赡[20]，宋之宫阙，概可见矣。

【作者简介】

陶宗仪(1321—1407)，字九成，号南村，黄岩清阳人(今属浙江台州)人。明初文史学家。

元末元至正八年(1348)三月，饱读经书的陶宗仪举进士不第，八月避兵出游浙东、浙西。入明后，定居云间(今上海松江)，开馆授课。终身不仕。人称“南村先生”。工书法，勤于笔记，随身携带笔墨，遇事即记。著有《书史会要》《南村辍耕录》《说郛》《南村诗集》等。

笔记《南村辍耕录》共30卷，近600条，记录了宋元时期的政治、经济、社会、文化等各个方面的史料，有掌故、典章、文物，还论及小说、戏剧、书画和有关诗词本事等。书中所记多为作者耳闻目睹，较为真实，为研究元代社会状况及回族、维吾尔族史提供了重要素材。该书有元末刻本及明刻本多种，流播广泛。

【注释】

[1] 杨奂(1186—1255)，字焕然，号紫阳，乾州奉天(今陕西咸阳乾县)人。屡试不举。天兴二年(1233)，微服北渡。蒙古太宗九年(1237)，以儒生就试，两中赋论第一，授河南路征收课税所长官，兼廉访使。招致一时名士，日与商略条画，务求简易。宪宗三年(1253)，请老归乡，筑堂曰归来。五年卒，年七十。谥文宪。以余力为诗文，下笔即有可观。在金时，与赵秉文、李纯甫等交游，有“关西夫子”之称。著述多已散佚。今存明人宋廷佐辑《还山遗稿》二卷。

[2] 少：通“稍”。

[3] 双阙：古代宫殿、祠庙、陵墓前两边高台上的楼观。

[4] 登闻检院：简称检院。是宋朝受理向朝廷直诉案件的三个法定机关之一，专门受理诣阙投诉者的上诉状。“检”指密封书状。检院处理鼓院不予受理的书状。未经鼓院者，检院不得接受。登闻鼓院：简称鼓院，是宋初管理登闻鼓的机关，专门受理诣阙投诉者的上诉状。凡欲向皇帝报告公私利害、朝政缺失、昭雪冤案等，都可经登闻鼓院进状上闻。登闻鼓院不接收的，再向登闻检院进状。

[5] 萧墙：面对国君宫门的小墙。一名“塞门”，又称“屏”。“萧”通“肃”，臣至此，肃然也。

[6] 宣徽院：官署名。唐肃宗以后设宣徽南北院使，以宦官充任。总领宫中诸司及三班内侍的名籍和郊祀朝会宴飨供帐等事宜。五代及宋以大臣充任，宋南渡后废。

[7] 简素：简约朴素。

[8] 土阶茅茨：谓泥土为台阶，茅草作屋顶。

[9] 陈随应：生卒年不详。

[10] 钱王:五代吴越国属钱氏,都临安,营宫室,南宋因之。

[11] 巨珰:指有权势的宦官。幕次:临时搭起的帐篷。

[12] 朵殿:大殿的东西侧堂。

[13] 龙墀:犹丹墀,借指皇帝。折槛:典出《汉书·朱云传》。汉槐里令朱云朝见成帝时,请赐剑以斩佞臣安昌侯张禹。成帝大怒,命将其斩首。云攀殿槛,抗声不止,槛为之折。经大臣劝解,云得免死。后修槛时,成帝命留折槛,以表彰直谏之臣。后世殿槛正中一间横槛独不施槛杆,谓之折槛,本此。

[14] 生料:需进一步加工后才能用来制成产品的原料。

[15] 直舍:古代官员在禁中当值办事的地方。

[16] 甃:装饰。

[17] 吴知古:南宋理宗时女尼,受宠幸,在宫掖招权纳贿。焚修:焚香修行。

[18] 履舄:谓交错穿梭。履:单底的鞋子。舄:音 xì,复底的鞋子。

[19] 翚飞:形容宫室的高峻壮丽。语出《诗·小雅·斯干》:"如翚斯飞"。朱熹集传:"其檐阿华采而轩翔,如翚之飞而矫其翼也。"

[20] 详赡:详细丰富。

元·陶宗仪

【提要】

本文选自《南村辍耕录》(齐鲁书社 2007 年版)。

至元四年(1267),忽必烈移都燕京,随后将之命名为"大都"。

大都的营造者是刘秉忠,大都是在金中都故城的基础上重建的。新都城的营造较为严格地按照儒家经典《周礼·考工记》中"匠人营国,方九里,旁三门,国中九经九纬,经涂九轨,左祖右社,面朝后市"的描述进行的。

1267 年皇城和宫殿的营建开始。皇城以大宁宫太液池中的琼华岛为中心,西岸是太后居住的隆福宫和太子居住的兴圣宫;东岸是"大内"。大内南部是以大明殿为中心的举办典礼朝会的外朝区,北部是以延春阁为中心的日常办公和生活的内廷区。大内以北是御花园。太庙建在城东,即"左祖";社稷坛建在城西,即"右社"。

1272 年,忽必烈改正在建设中的"中都"为"大都"。1274 年,大都的宫殿建成,这年正月初一,忽必烈在新宫殿中举办大典,接受百官朝贺。大都的营建至 1276 年基本完工。

大都四面城墙定位准心是中心台,其位置在今北京鼓楼。以此为基准,大都城为南北向略长于东西向的长方形,周长约 60 里,面积约为 50 平方公里,相当于唐长安城面积的五分之三,接近宋东京的面积,是金中都城的 2.7 倍。大都开 11

个城门，北面是健德门、安贞门，东面是光熙门、崇仁门、齐化门，南面是文明门、丽正门、顺承门，西面是平则门、和义门、肃清门。城门相对之间都有通衢大道，即《考工记》说的“九经九纬”。考古发掘证实，大街宽度为28米，其他主要街道宽度为25米，小街宽度为大街的一半，火巷(胡同)宽度大致是小街的一半。由于城市轮廓方整，街道砥直规则，使城市格局显得格外壮观。

城内筑构大致情况：

中心台以南为皇城。皇城四周建红墙，又称“萧墙”，其正门称棂星门，左右有千步廊。萧墙的东墙外为漕运河道。皇城并非以大内宫城轴线为基准、东西对称，而是以太液池为中心，四周布置三座宫殿——大内、隆福宫和兴圣宫，这种布局反映了蒙古人“逐水而居”的特点。大内正门为崇天门，北面为厚载门，东为东华门，西为西华门。崇天门前有金水河，河上有周桥(相传为今北京故宫内之断虹桥)。

纵横街道所分隔成的方格地块，即为“坊”，坊内是居住区或衙署区。大都城中共有49个坊，每个坊都有吉祥的名称。忽必烈曾下诏：“旧城居民之迁京城者，以赀高及居职者为先，仍定制以地八亩为一分；其或地过八亩及力不能作室者，皆不得冒据，听民作室。”(《元史·世祖本纪》)这个诏书应是北京城里关于房地产规定的最早的文件。

需要指出的是，由于宫室采取了环水布置的办法，而新城的南侧又受到旧城的限制，城区大部分面积不得不向北推移。元大都新城中的商市分散在皇城四周的城区和城门口居民汇集地带。其中东城区是衙署、贵族住宅集中地，商市较多，有东市、角市、文籍市、纸札市、靴市等，商市性质明显反映官员的需求；北城区因郭守敬开通通惠河使海子(积水潭)成了南北大运河的终点码头，沿海子一带形成繁荣的商业区，米市、面市、帽市、缎子市、皮帽市、金银珠宝市、铁器市、鹅鸭市，乃至歌台酒馆一应俱全；稍北的钟楼大街也很热闹，鼓楼附近便有一处全城最大的“穷汉市”——劳力买卖市场；西城区则有骆驼市、羊市、牛市、马市、驴骡市，牲口买卖汇集于此；南城区即金中都旧城区，有南城市、蒸饼市、穷汉市，以及新城前三门外关厢地带的车市、果市、菜市、草市、穷汉市等。由于前三门外是水陆交通的总汇，所以商市、居民麇集，形成城乡结合部和新旧二城交接处的繁华地区。元大都的商市与居民区的分布，基本按照“前朝后市”(《礼记·考工记》)的理念实行，但规划受到的制约因素影响很明显，城市生活及对外交通等日常自发因素作用的印迹也很明显。

大都营造，严格按典而行，名称也不例外。如城门名称，大都出自《易经》：丽正门(《易经·离卦》：“重明以丽乎正，乃化成天下”)、文明门(《易经·乾卦》：“见龙在田，天下文明”)、安贞门(《易经·讼卦》“复即命，渝安贞，不失也”)等，不一而足。

元大都城市建设上的另一个创举是在市中心设置高大的钟楼、鼓楼作为全城的报时机构。中国古代历来利用里门、市楼、谯楼或城楼击鼓报时，但在市中心单独建造钟楼、鼓楼，上设铜壶滴漏和鼓角报时则尚无先例。《马可·波罗游记》述云：“新都的中央，耸立着一座高楼，上面悬着一口大钟，每夜鸣钟报时。第三次钟响后，任何人都不得在街上行走。除非遇有紧急事务，如孕妇分娩或有人生病，非出外请医生不可者可以例外。但是，如果遇到这种情况，外出的人必须提灯。”“夜间，有三四十人一队的巡逻兵，在街头不断巡逻，随时查看有没有人在宵禁时间——即第三次钟响后——离家外出。被查获者立即逮捕监禁。”

大都城北面为何少开一处城门?

元大都虽是体现《考工记》规划思想最为彻底的一座都城,但北墙不依"旁三门"之制,只开安贞、健德二门。熟读经史的刘秉忠,"尤邃于易及邵氏经世书","天文、地理、律历、三式六壬遁甲之属,无不精通"(《元史·刘秉忠传》),刘氏以风水理论指导大都营建是很正常的事情。

依风水观点,南属阳,北属阴。元大都是一座规整而对称的城市,如果南北两垣均开三门,则阳气从南门入大都后沿中轴线北行,经皇城、宫城至北墙,随即由对称之门而泄,不吉之形。为防"气泄",设计者将北墙改为二门:挡气留吉;元大都北墙只开二门在风水上还有一种含义:古人认为数有阴阳,一三五七九为阳数,二四六八为阴数;方位上南为阳,北为阴——故南城门取阳,辟三门;北门属阴,设二门。

元大都营都理念影响深远。

至元四年正月,城京师,以为天下本。右拥太行,左注沧海,抚中原,正南面,枕居庸,奠朔方,峙万岁山,浚太液池,派玉泉,通金水,萦畿带甸,负山引河[1]。壮哉帝居!择此天府。城方六十里,里二百四十步。分十一门,正南曰丽正,南之右曰顺承,南之左曰文明,北之东曰安贞,北之西曰健德,正东曰崇仁,东之右曰齐化,东之左曰光熙,正西曰和美,西之右曰肃清,西之左曰平则。大内南临丽正门,正衙曰大明殿,曰延春阁。宫城周回九里三十步,东西四百八十步,南北六百十五步。高三十五尺。砖甃。至元八年八月十七日申时动土[2],明年三月十五日即工。分六门。正南曰崇天,十一间,五门。东西一百八十七尺,深五十五尺,高八十五尺。左右趓楼二[3]。趓楼登门两斜庑,十门。阙上两观皆三趓楼,连趓楼东西庑各五间。西趓楼之西,有涂金铜幡竿。附宫城南面,有宿卫直庐[4]。凡诸宫门,皆金铺、朱户、丹楹、藻绘、彤壁、琉璃瓦饰檐脊。崇天之左曰星拱,三间,一门。东西五十五尺,深四十五尺,高五十尺。崇天之右曰云从,制度如星拱。东曰东华,七间,三门。东西一百十尺,深四十五尺,高八十尺。西曰西华,制度如东华。北曰厚载,五间,一门。东西八十七尺,深高如西华。角楼四,据宫城之四隅,皆三趓楼,琉璃瓦饰檐脊。直崇天门,有白玉石桥三虹,上分三道,中为御道,镌百花蟠龙。星拱南有御膳亭,亭东有拱辰堂,盖百官会集之所。东南角楼。东差北有生料库,库东为柴场,夹垣东北隅有羊圈。西南角楼,南红门外留守司在焉。西华南有仪鸾局,西有鹰房。厚载北为御苑。外周垣红门十有五,内苑红门五,御苑红门四。此两垣之内也。

大明门在崇天门内,大明殿之正门也,七间,三门。东西一百二十尺,深四十四尺,重檐。日精门在大明门左,月华门在大明门右,皆三间,一门。大明殿,乃登极正旦寿节会朝之正衙也,十一间,东西二百尺,深一百二十尺,高九十尺。柱廊七间,深二百四十尺,广四十四尺,高五十尺。寝室五间,东西夹六间,后连香阁三间,东西一百四十尺,深五十尺,高七十尺。青石花础,白玉石圆碣[5],文石甃地,上藉重茵[6],丹楹金饰,龙绕其上。四面朱琐窗,藻井间金绘,饰燕石,重陛朱阑,涂金铜飞雕冒。中设七宝云龙御榻,白盖金缕褥,并设后位,诸王百寮怯薛官侍宴坐床[7],重列左右。前置灯漏,贮水运机,小偶人当时刻捧牌而出[8]。木质银裹漆瓮一,金云龙蜿绕之,高一丈七尺,贮酒可五十余石。雕象酒桌一,长八尺,阔七尺二寸。玉瓮一、玉编磬一、巨笙一。玉笙、玉箜篌,咸备于前。前悬绣缘朱帘,至冬月,大殿则黄猫皮壁幛,黑貂褥;香阁则银鼠皮壁幛,黑貂暖帐。凡诸宫殿乘舆所临御者,皆丹楹、朱琐窗[9],间金藻绘,设御榻,茵褥咸备[10]。屋之檐脊皆饰琉璃瓦。文思殿在大明寝殿东,三间,前后轩,东西三十五尺,深七十二尺。紫檀殿在大明寝殿西,制度如文思。皆以紫檀香木为之,缕花龙涎香,间白玉饰壁,草色髹绿其皮为地衣[11]。宝云殿在寝殿后,五间,东西五十六尺,深六十三尺,高三十尺。

凤仪门在东庑中,三间,一门,东西一百尺,深六十尺,高如其深。门之外有庖人之室,稍南有酒人之室。麟瑞门在西庑中,制度如凤仪。门之外有内藏库二十所[12],所为七间。钟楼,又名文楼,在凤仪南;鼓楼,又名武楼,在麟瑞南:皆五间,高七十五尺。

嘉庆门在后庑宝云殿东,景福门在后庑宝云殿西,皆三间一门,周庑一百二十间,高三十五尺。四隅角楼四间,重檐。凡诸宫周庑,并用丹楹、彤壁、藻绘、琉璃瓦饰檐脊。延春门在宝云殿后,延春阁之正门也,五间,三门,东西七十七尺,重檐。懿范门在延春左,嘉则门在延春右,皆三间,一门。延春阁九间,东西一百五十尺,深九十尺,高一百尺,三檐重屋。柱廊七间,广四十五尺,深一百四十尺,高五十尺。寝殿七间,东西夹四间,后香阁一间。东西一百四十尺,深七十五尺,高如其深。重檐,文石甃地,藉花毳茵[13],檐帷咸备。白玉石重陛,朱阑,铜冒,楯涂金雕翔其上[14]。阁上御榻二。柱廊中设小山屏床,皆楠木为之,而饰以金。寝殿楠木御榻,东夹紫檀御榻[15]。壁皆张素画,飞龙舞凤。西夹事佛像。香阁楠木寝床,金缕褥,黑貂壁幛。慈福殿又曰东暖殿,在寝殿东,三间,前后轩。东西三十五尺,深七十二尺。明仁殿又曰西暖殿,在寝殿西,制度如慈福。景耀门在左庑中,三间,一门,高三十尺。清灏门在右庑中,制度如景耀。钟楼在景耀南,鼓楼在清灏南,各高七十五尺。周庑一百七十二间,四隅角楼四间。玉德殿在清灏外,七间,东西一百尺,深四十九尺,高四十尺。饰以白玉,甃以文石,中设佛像。东香殿在玉德殿东,西香殿在玉德殿西,宸庆殿在玉德殿后,九间,东西一百三十尺,深四十尺,高如其深。中设御榻,帘帷茵褥咸备。前列朱阑,左右辟二红门,后山字门三间。东更衣殿在宸庆殿东,五间,高三十尺。西更衣殿在宸庆殿西,制度如东殿。隆福殿在大内之西,兴圣宫之前。南红门三,东西红门各一,缭以砖垣[16]。南红门一,东红门一,后红门一。

光天门,光天殿正门也。五间,三门,高三十一尺,重檐。崇华门在光天门左,膺福门在光天门右,各三间,一门。光天殿七间,东西九十八尺,深五十五尺,高七十尺。柱廊七间,深九十八尺,高五十尺。寝殿五间,两夹四间,东西一百三十尺,高五十八尺五寸。重檐,藻井,琐窗,文石甃地,藉以毳茵,悬朱帘,重陛,朱阑,涂金雕冒楯。正殿缕金云龙樟木御榻,从臣坐床重列前两傍。寝殿亦设御榻,茵褥咸备。

青阳门在左庑中,明晖门在右庑中,各三间,一门。翥凤楼在青阳南,三间,高四十五尺。骖龙楼在明晖南,制度如翥凤。后有牧人、宿卫之室。寿昌殿又曰东暖殿,在寝殿东,三间,前后轩,重檐。嘉禧殿又曰西暖殿,在寝殿西,制度如寿昌,中位佛像,傍设御榻。针线殿在寝殿后,周庑一百七十二间,四隅角楼四间。侍女直庐五所,在针线殿后。又有侍女室七十二间,在直庐后。及左右浴室一区,在宫垣东北隅。文德殿在明晖外,又曰楠木殿,皆楠木为之,三间,前后轩一间。盝顶殿五间[17],在光天殿西北角楼西,后有盝顶小殿。香殿在宫垣西北隅,三间,前轩一间,前寝殿三间,柱廊三间,后寝殿三间,东西夹各二间。文宸库在宫垣西南隅,酒房在宫垣东南隅,内庖在酒房之北。兴圣宫在大内之西北,万寿山之正西,周以砖垣。南辟红门三,东西红门各一,北红门一。南红门外,两傍附垣有宿卫直庐,凡四十间,东西门外各三间。南门前夹垣内,有省院台百司官侍直板屋。北门外,有窨花室五间[18]。东夹垣外,有宦人之室十七间,凌室六间,酒房六间。南、北、西门外,棋置卫士直宿之舍二十一所,所为一间。外夹垣东红门三,直仪天殿吊桥。西红门一,达徽政院。门内差北,有盝顶房二,各三间。又北,有屋二所,各三间。差南,有库一所及屋三间。北红门外,有临街门一所,三间。此夹垣之北门也。兴圣门,兴圣殿之正门也,五间,三门,重檐,东西七十四尺。明华门在兴圣门左,肃章门在兴圣门右,各三间,一门。兴圣殿七间,东西一百尺,深九十七尺。柱廊六间,深九十四尺。寝殿五间,两夹各三间,后香阁三间、深七十七尺。正殿四面,朱悬琐窗,文石甃地,藉以毳茵,中设扆屏榻[19],张白盖帘帷,皆锦绣为之。诸王、百寮、宿卫官侍宴坐床,重列左右。其柱廊寝殿,亦各设御榻,茵褥咸备。白玉石重陛,朱阑,涂金冒楯,覆以白磁瓦,碧琉璃饰其檐脊。

弘庆门在东庑中,宣则门在西庑中,各三间,一门。凝晖楼在弘庆南,五间,东西六十七尺。延颢楼在宣则南,制度如凝晖。嘉德殿在寝殿东,三间,前后轩各三间,重檐。宝慈殿在寝殿西,制度同嘉德。山字门在兴圣宫后,延华阁之正门也,正一间,两夹各一间,重檐,一门,脊置金宝瓶。又独脚门二,周阁以红板垣。延华阁五间,方七十九尺二寸,重阿,十字脊,白琉璃瓦覆,青琉璃瓦饰其檐,脊立金宝瓶,单陛,御榻、从臣坐床咸具。东西殿在延华阁西,左右各五间,前轩一间。圆亭在延华阁后。芳碧亭在延华阁后圆亭东,三间,重檐,十字脊,覆以青琉璃瓦,饰以绿琉璃瓦,脊置金宝瓶。徽青亭在圆亭西,制度同芳碧亭。浴室在延华阁东南隅东殿后,傍有盝顶井亭二间,又有盝顶房三间。畏吾儿殿在延华阁右[20],六间,傍有窨花半屋八间。木香亭在畏吾儿殿后。东盝顶殿在延华阁东版垣外,正殿五间,前轩三间,东西六十五尺,深三十九尺。柱廊二间,深二十六尺。寝殿三间,东西四十八尺。前宛转置花朱阑八十五扇。殿之傍有盝顶房三间,庖室二间,面阳盝顶房三间,妃嫔库房一间,缝纫女库房三间,红门一。盝顶之制,三椽,其顶若笥之平,故名。西盝顶殿在延华阁西版垣之外,制度同东殿。东殿之傍,有庖室三间,好事房二,各三间,独脚门二,红门一。妃嫔院四,二在东盝顶殿后,二在西盝顶殿后。各正室三间,东西夹四间,前轩三间,后有三椽半屋二间。侍女室八十五间,半在东妃嫔院左,西向,半在西妃嫔院右,东向。室后各有三椽半屋二十五间。东盝顶殿红门外有屋三间,盝顶轩一间,后有盝顶房一间庖室一区,在凝晖楼后,正屋五间,前轩一间,后披屋三间,又有盝顶房一间,盝顶井亭一间。周以土垣,前辟红门。酒房在宫垣东南隅庖室南，正屋五间，前盝顶轩三间，南北房各三间。西北隅盝顶房三间，红门一，土垣四周之。学士院在阁后西盝顶殿门外之西偏，三间。生料库在学士院南。又南，为鞍辔库[21]。又南，为军器库。又南，为牧人、庖人宿卫之室。藏珍库在宫垣西南隅，制度并如酒室，惟多盝顶半屋三间、庖室三间。

万寿山在大内西北太液池之阳，金人名琼花岛，中统三年修缮之，至元八年赐今名[22]。其山皆叠玲珑石为之，峰峦隐映，松桧隆郁，秀若天成。引金水河至其后[23]，转机运㪺[24]，汲水至山顶，出石龙口，注方池，伏流至仁智殿后，有石刻蟠龙，昂首喷水仰出，然后由东西流入于太液池。山前有白玉石桥，长二百余尺，直仪天殿后。桥之北有玲珑石，拥木门五，门皆为石色。内有隙地，对立日月石。西有石棋枰，又有石坐床，左右皆有登山之径，萦纡万石中，洞府出入，宛转相迷，至一殿一亭，各擅一景之妙。山之东有石桥，长七十六尺，阔四十一尺半，为石渠以载金水，而流于山后以汲于山顶也。又东，为灵圃，奇兽珍禽在焉。广寒殿在山顶，七间，东西一百二十尺，深六十二尺，高五十尺。重阿藻井，文石甃地，四面琐窗，板密其里，遍缀金红云，而蟠龙矫蹇于丹楹之上。中有小玉殿，内设金嵌玉龙御榻，左右列从臣坐床。前架黑玉酒瓮一，玉有白章[25]，随其形刻为鱼兽出没于波涛之状，其大可贮酒三十余石。又有玉假山一峰，玉响铁一悬。殿之后有小石笋二，内出石龙首，以噀所引金水[26]。西北有厕堂一间。仁智殿在山之半，三间，高三十尺。金露亭在广寒殿东，其制圆，九柱，高二十四尺，尖顶上置琉璃珠。亭后有铜幡竿。玉虹亭在广寒殿西，制度如金露。方壶亭在荷叶殿后，高三十尺，重屋八面，重屋无梯，自金露亭前复道登焉[27]，又曰线珠亭。瀛洲亭在温石浴室后，制度同方壶。玉虹亭前仍有登重屋复道，亦曰线珠亭。荷叶殿在方壶前，仁智西北，三间，高三十尺，方顶，中置琉璃珠。温石浴石在瀛洲前、仁智西北，三间，高二十三尺，方顶，中置涂金宝瓶。圜亭，又曰胭粉亭，在荷叶稍西，盖后妃添妆之所也，八面。介福殿在仁智东差北[28]，三间，东西四十一尺，高二十五尺。延和殿在仁智西北，制度如介福。马湩室在介福前[29]，三间。牧人之室在延和前，三间。庖室在马湩前。东浴室更衣殿在山东平地，三间，两夹。

太液池在大内西，周回若干里，植芙蓉。仪天殿在池中圆坻上[30]，当万寿山，十一楹，高三十五尺，围七十尺，重檐，圆盖顶。圆台址，甃以文石，藉以花裀，中设御榻，周辟琐窗，东西门各一间，西北厕堂一间，台西向，列甃砖龛，以居宿卫之士。东为木桥，长一百廿尺，阔廿二尺，通大内之夹垣。西为木吊桥，长四百七十尺，阔如东桥。中阙之，立柱，架梁于二舟，以当其空。至车驾行幸上都[31]，留守官则移舟断桥，以禁往来。是桥通兴圣宫前之夹垣。后有白玉石桥，乃万寿山之道也。犀山台在仪天殿前水中，上植木芍药。隆福宫西御苑在隆福宫西，先后妃多居焉。香殿在石假山上，三间，两夹二间，柱廊三间，龟头屋三间。丹楹，琐窗，间金藻绘，玉石础，琉璃瓦。殿后有石台，山后辟红门，门外有侍女之室二所，皆南向并列。又后直红门，并立红门三。三门之外，有太子斡耳朵荷叶殿二[32]，在香殿左右，各三间。圆殿在山前，圆顶上置涂金宝珠，重檐。后有流杯池，池东西流水。圆亭二，圆殿有庑以连之。歇山殿在圆殿前，五间。柱廊二，各三间。东西亭二，在歇山后左右,十字脊。东西水心亭在歇山殿池中,直东西亭之南,九柱,重檐。亭之后,各有侍女房三所,所为三间,东房西向,西房东向。前辟红门三,门内立石以屏内外,外筑四垣以周之。池引金水注焉。棕毛殿在假山东偏,三间,后盝顶殿三间。前启红门,立垣以区分之。仪鸾局在三红门外西南隅,正屋三间,东西屋三间,前开一门。

史官虞集曰:"尝观纪籍所载,秦、汉、隋、唐之宫阙,其宏丽可怖也,高者七八十丈,广者二三十里。而离宫别馆,绵延联络,弥山跨谷,多或至数百所。嘻,真木妖哉[33]!由余有言:使鬼为之,则劳神矣;使人为之,则苦人矣。由余当秦穆公之时为是,俾见后世之侈何如也[34]?虽然,紫宫著乎玄象,得无栋宇有等差之辨?而茅茨之简,又乌足以重威于四海乎?集佐修经世大典,将作所疏宫阙制度为详,于是知大有径庭于古也。方今幅员之广,户口之夥[35],贡税之富,当倍秦汉而参隋唐也,顾力有可为而莫为,则其所乐不在于斯也。孔子曰:'禹吾无间然矣[36],卑宫室而尽力乎沟洫。'重于此则轻于彼,理固然矣。"

【注释】

[1] 引河:大都引水事关重大,总其责是郭守敬。元时,郭守敬任都水监。他的治水才华,在元大都水系建设中得到充分展现。漕运、供水、灌溉水源等都解决得很好。具体做法:引玉泉水济漕运;重开金口河,引浑河(今永定河)水入运河;开金水河专用水道,引玉泉山水至大内太液池;开通通惠河实现南北大运河贯通,使南来之运粮船能直抵大都城内积水潭码头。郭守敬的治水活动形成的白浮泉瓮山河、长河、坝河、通惠河与瓮山泊、积水潭等湖泊,形成了大都城"两入、两出、两蓄"的水系格局。

[2] 至元:元世祖忽必烈年号,1264—1294年。

[3] 趓楼:门侧小楼。趓,同"垛"。

[4] 直庐:古时侍臣值宿之处。

[5] 磶:音 xì,承柱的圆石墩。

[6] 藉:(以草等)垫。茵:音 yīn,垫子。

[7] 怯薛:元朝的禁卫军称之。汉文意为轮流值宿守卫之意。怯薛起源于草原部落贵族亲兵,后来发展成为封建制的宫廷军事官僚集团,是元代官僚阶层的核心部分。担任宿卫的怯薛人员称"怯薛歹",入元后怯薛歹成为近侍大官。

[8] 灯漏:是陈列在元朝皇宫大明殿前的计时仪器,是世界上最早脱离了天文仪器的独立自鸣钟,由郭守敬制造。该钟运行原理是以水流带动机械装置走动,已具备了显示小时和分针、报时、调节走时快慢等功能。

[9] 朱琐窗:谓朱红色细密繁复的木制窗户。

[10] 茵褥:坐卧的垫具。

[11] 草色髹:草色漆。

[12] 内藏库:官署名,属太府监。宋太平兴国三年(978)置,属太府寺。掌内府珍宝财物,掌出纳用诸王缎匹、纱罗、绒棉、香货等。

[13] 毳茵:毛毯。毳:音 cuì,鸟兽的细毛。

[14] 楯:栏杆的横木。

[15] 夹:夹室。

[16] 缭:缠,绕。

[17] 盝顶:中国传统屋顶之一。盝顶梁结构多用四柱,加上枋子抹角或扒梁,形成四角或八角形屋面。盝:音 lù,古代小型妆盒。常多重套装,顶盖与盝体相连,呈方形,盖顶四周下斜。

[18] 窨花室:制作花茶的房间。

[19] 扆屏榻:谓屏风榻。扆,音 yǐ,一种屏幕。

[20] 畏吾儿:即维吾尔。元朝统一后,维吾尔族在四等人的等级划分中,处在第二等,地位较高。

[21] 辔:音 pèi,驾驭牲口的嚼子和缰绳。

[22] 中统:忽必烈年号,1260—1264 年。至元:忽必烈年号,1264—1294 年。

[23] 金水河:元大都城内的河湖水系分为两个系统,一是由高梁河、海子、通惠河构成的漕运水系统;一是由金水河、太液池构成的宫苑用水系统。

为使水路运输直达大都,在都水监郭守敬主持下,于至元二十九年(1292)八月兴工,导昌平白浮泉水,西折南转,汇集诸流,入瓮山泊,经高梁河,至和义门北入都城,汇入积水潭,东南出文明门,东至通州张家湾,尾注白河,总长 164 里,构成大都漕运系统。金水河则引玉泉山水从和义门南 120 余米处入城,然后沿北沟沿(今赵登禹路)南行再转东,至今灵境胡同西口内分为南北 2 支,南支入太液池(今中海),再从崇天门南面的周桥下东流入通惠河;北支沿皇城西墙外北流,再折而向西,入太液池北岸(今北海),构成大都宫苑用水系统。

[24] 斛:音 jū,挹,舀。

[25] 白章:白色的花纹。

[26] 噀:音 xùn,含在嘴里喷出。

[27] 复道:楼阁等有上下两重通道,称之。

[28] 差:稍微。

[29] 马湩:马乳。亦指用马乳酿成的马奶酒。湩:音 dòng,乳汁。

[30] 圆坻:即今位于北海公园南门外西侧的团城所在地。辽时开挖湖中泥土形成一个水中岛屿,称圆坻;金时,将建造大宁宫而挖湖的泥土扩充了圆坻并在上面盖了一座宫殿,使其成了大宁宫的一部分;忽必烈造大都,以此为大内东西两宫的中间地带,其上增建了通往大内和西宫的木桥和仪天殿。环岛四周砌了石城,称为“圆城”。

[31] 上都:元上都位于今内蒙古锡林郭勒盟正蓝旗金莲川,是元世祖忽必烈登基即位之地。此后,一百年间,元朝先后有 6 位皇帝在这里登基。上都当时与巴黎、罗马等大都市并为巨都,在欧洲影响广泛。13 世纪意大利人马可·波罗多年侨居这里,写下他的传世之作《马可·波罗游记》。

忽必烈统一中国后,将燕京(今北京)作为皇城,称之为大都,上都城逐渐退居于陪都地位。不过,元朝实行两都制,上都城仍然是元朝重要的政治、经济、文化活动中心。每年 4 月,元朝皇帝便来上都,9 月秋凉返回大都,皇帝在上都的时间长达半年之久。

史载,元上都曾拥有 11 万人口,城垣周长约 9 公里。城内有官署约 60 所,各种寺庙堂观 160 余处,驿道四通八达,为漠北与中原的交通枢纽。

上都全城由宫城、皇城、外城三重城墙组成。宫城在皇城的中部偏北,是全城的核心,有东华、西华、御天三门,城墙用砖包镶。主要宫殿楼阁和官署、宫学建在宫城内。宫城建有水晶、大明、鸿禧等殿,大安、延春等阁,华严、乾元等寺庙。宫城内还有泉池涌突其间,园林特征十分明显。大安阁是宫城内最主要的建筑,也是上都城的象征。它是元世祖用金朝南京(开封)熙春阁的材料筑成,建于 1266 年。皇城在全城的东南角,城墙外砌砖石,寺庙、国学和部分大型建筑在皇城内。外城北部是皇家苑囿和金顶大帐“棕毛殿”的建筑所在。城外东、南、西有关厢,其范围很大,建筑遗迹甚多,百姓民居和商肆店铺工匠仓库主要集中在关厢地带。每年春夏秋三季,上都城的城外比城内更繁华,流动人口数十万,乃至上百万之多,城区方圆数十公里。此外,在都城附近还有一座面积很大的御花园,亭榭楼台、大理石宫殿、奇花异卉、麋鹿獐麂,一应俱全。

在上都城的西北面,有一条铁竿渠,始建于元大德年间,这是元代著名科学家郭守敬设计的,也是我国北方草原唯一完整保留下来的水利工程。

元上都遗址是我国草原城市遗址中规模最大、级别最高、保存最完好的一座城市遗址。1988 年被国务院定为国家级重点文物保护单位。

[32] 斡耳朵:蒙古语,意为宫帐。成吉思汗时建斡耳朵宫帐制,设大斡耳朵及第二、第三、第四等 4 斡耳朵,分别属于 4 个皇后。大汗的私人财富,分属四斡耳朵。大汗死后,由斡耳朵分别继承。元朝建立后,为四大斡耳朵设置专门管理机构,征收五户丝和江南户钞。元廷封宗王甘麻剌和他的子孙为晋王,镇守漠北,兼领四大斡耳朵,称为“守宫”。忽必烈也有四大斡耳朵,同样占有大量财富和私属人口。其他皇帝都各有斡耳朵,死后都由后纪继承守宫,并设专门官衙管理。

[33] 木妖:谓在兴造宅邸、宫殿建筑上穷奢极侈。

[34] 由余:春秋时晋国人,流亡于戎。后奉命出使秦国。秦穆公设离间计收他为谋臣,遂灭十二戎国,扩疆千里,称霸西戎。秦穆公(? 一前 621),春秋时代秦国国君,春秋五霸之一。嬴姓,名任好。在位 39 年。谥号穆。秦穆公非常重视人才,其任内获得了百里奚、蹇叔、丕豹、公孙支等贤臣的辅佐,曾协助晋文公回到晋国夺取王位。周襄王时出兵攻打蜀国和其他位于函谷关以西的国家,开地千里,因而周襄王任命他为西方诸侯之伯,遂称霸西戎。俾:音 bǐ,卑。

[35] 夥:音 huǒ,多。

[36] 间然:非议,异议。

写像诀(二则)

元・陶宗仪

【提要】

本文选自《南村辍耕录》(齐鲁书社 2007 年版)。

陶宗仪记录了王绎的画论《写像秘诀》。

《写像秘诀》中,王绎著有《彩绘法》《写真古诀》《收放用九宫格法》等,提出了一系列影响深远的观点:“写真之法,先观八格,次看三庭。眼横五配,口约三匀。明其大局,好定寸分。”“三庭”“五配”即现代美术说的人脸“三停五眼”;“八格”,即用“田、由、国、用、目、甲、风、申”八个汉字表达人的脸型。面偏方为“田”,上削下方为“由”,方者为“国”,上方下大为“用”,倒挂形长是“目”,上方下削为“甲”,腮阔为“风”,上削下尖为“申”;“三庭”,乃发际至眉线为上庭,眉线至鼻准为中庭,鼻准下至地阁为下庭。相术以三庭匀称为佳,今美术技法画正常人是“三停”相等;

“五配”，即人脸正面的宽度基本为五只眼睛的宽度。两眼间（山根）为一眼宽，两眼外（鱼尾）各为一眼宽；“三匀”，两颐（面颊）各一嘴宽，下庭共三嘴宽。

至于画法，王绎于“彼方叫啸谈话之间”，静而求其“本真性情发见”，默而识之、成竹在胸后，先兰台（鼻的左侧）庭尉（鼻的右侧），次鼻准（鼻尖　鼻梁）……极富经验的王绎深谙人物肖像之道。

王绎的画论影响深远，其审美理论上的贡献亦巨。

写像诀

王思善绎[1]，自号痴绝生，其先睦人，居杭之新门，笃志好学，雅有才思。至正乙酉间[2]，槜李叶居仲广居[3]，寓思善之东里，教授，余从永嘉李五峰先生孝光往访之[4]。时思善在诸生中，年方十二三，已能丹青，亦解写真。先生即俾作一圆光小像[5]，面部仅大如钱，而宛然无毫发异。先生喜，作文以华之。尔后余复托交于其尊人日华晔，遂与思善为忘年友。思善继得吴中顾周道逵绪言开发，益造精微。是故于小像特妙，非惟貌人之形似，抑且得人之神气。尝授余秘诀并采绘法，今著于此，与好事者共之。

写像秘诀

凡写像，须通晓相法。盖人之面貌部位，与夫五岳四渎，各各不侔，自有相对照处，而四时气色亦异。彼方叫啸谈话之间，本真性情发见，我则静而求之，默识于心，闭目如在目前，放笔如在笔底。然后以淡墨霸定，逐旋积起。先兰台庭尉，次鼻准。鼻准既成，以之为主。若山根高，取印堂一笔下来[6]；如低，取眼堂边一笔下来；或不高不低，在乎八九分中，则侧边一笔下来。次人中，次口，次眼堂，次眼，次眉，次额，次颊，次发际，次耳，次发，次头，次打圈。打圈者，面部也。必宜如此一一对去，庶几无纤毫遗失。近代俗工，胶柱鼓瑟[7]，不知变通之道，必欲其正襟危坐，如泥塑人，方乃传写。因是万无一得，此又何足怪哉！吁，吾不可奈何矣！

【注释】

[1] 王绎(1333—?)，元末著名肖像画家。字思善，号痴绝生，睦州（今浙江建德）人。少年时“笃志好学，雅有才思”，喜绘画，十二三岁“已能丹青，亦能写真”，画小像精细逼真，后经顾逵指授，技艺精进，达到“非惟貌人之形似，抑且得人之神气”。

其传世作品有至正二十三年(1363)作《杨竹西小像图》卷，是其唯一存世作品（与倪瓒合作），现藏于故宫博物院。王绎描绘杨谦（号竹西居士，松江人）肖像，倪瓒补景。杨谦面部用细笔勾出，略染淡墨，衣纹则用极简练的铁线描法，线条洗练概括，造型准确传神，突出表现了主人公的高洁不凡。

[2] 至正：元顺帝妥欢帖睦尔年号，1341—1368年。

[3] 槜李叶：古地名，在今浙江嘉兴一带。槜，音 zuì。

[4] 李孝光(1285—1350)：元代词作家。字季和，温州乐清（今属浙江）人。早年隐居在雁荡五峰山下，四方之士前来受学，声播日广。至正四年(1344)应召为秘书监著作郎。

[5] 圆光:佛教谓菩萨头顶上的圆轮金光。

[6] 印堂:额部两眉之间的部位。

[7] 胶柱鼓瑟:典出《史记·廉颇蔺相如列传》。谓用胶把柱粘住后奏琴,柱不能移动,就无法调弦。喻固执拘泥,不知变通。

三原县重建龙桥楼记

元·赵公谅

【提要】

本文选自《古今图书集成·职方典》卷五一九(中华书局、巴蜀书社 1985 年影印本)。

今陕西省三原县龙桥在元代是县治所在地,"至元二十有四年,始徙三原县治于镇之巽维"。三原地处关中平原中部,因境内有孟侯原、丰原、白鹿原而得名。原内有清峪河、浊峪河、赵氏河三大水系。龙桥便是跨越清峪河的桥梁,不知何时,一位苏姓道士修此桥楼。"道士既去,而楼之两厦寖为镇人所据,板而扉之,以为贸易之所。"

面对如此情形,新县令赵公谅虽然"窃以馆传之费不给为忧",窃思收回公产桥楼,但得等待时机。恰巧,第二年二月二日,桥楼因为隔壁大火延及,"片椽不存"。于是,赵公有了疏通这南北之要冲之路,以便车马之往来、以利病涉之人通行的机遇。

事关重大,赵公谅征询僚佐意见之后决定重建桥楼。"桥之工落成于是年之春季,其楼之后。高朗平阔,翼然坦然。"有了通衢大道,要冲之地的龙镇很快就成为财源汇聚之地,经营一年下来,便"获货三千余缗"。所以赵公谅兴奋地说,"月增岁积,自有余饶可以救荒政,可以代逋租",百姓受益匪浅!

初,龙镇之有桥楼,人谓道士苏其姓者之所为成立也,厥功茂焉。道士既去,而楼之两厦寖为镇人所据[1],板而扉之,以为贸易之所。

至元二十有四年[2],始徙三原县治于镇之巽维[3],而通衢之尺地有偿,百金价者。

元统癸丑夏,予适宰是邑,窃以馆传之费不给为忧,未遑措置[4]。明年二月二日夜,桥楼以邻火延及其门,遂片椽不存。噫!岂物之废兴亦有时耶?况是境也,路当南北之要冲,地据东西之都会。加以车马之往来,商贾之凑集,厉揭而病涉者可胜叹[5]哉!

予甚惧之,乃谋诸僚佐而重建焉。由是智者献策,力者施功,富者输财,巧者炫艺,其桥之工即落成于是年之春季,其楼之后。高朗平阔,翼然坦然,实货泉之橐钥[6],髦俊之喉衿也[7]。

今竞营之周岁[8],获货三千余缗。典是邑者,诚能规运而行之[9],撙节而用[10]之,月增岁积,自有余饶可以救荒政,可以代逋租[11],民亦受赐不浅矣,岂独给馆传之费[12]哉?

予以瓜期之[13]迫,仅成其功,未见效。惟同志者勉之,或者借运行之名而肆侵渔之毒,要节用之誉而怀湮没之私,有天理,有国宪,兹不复著云。

至正二年丙子三月吉日[14],县君赵公谅撰。

【作者简介】

赵公谅,生卒年不详。至正间官工部尚书,曾在陕西临潼营居善书院。有礼殿5间,仪门、两庑及棂星门,中作讲堂,置东西两斋,前门3间,后为学师居屋,庖廪皆备,并购田若干亩取租以供日常供给及延师之资,聘名士以教弟子。

【注释】

[1] 寖:音jìn,渐渐。

[2] 至元:元世祖忽必烈年号,1264—1294年。

[3] 巽维:西南。

[4] 措置:处置。

[5] 厉揭:涉水。连衣涉水谓厉,提衣涉水谓揭。《诗・匏有苦叶》:深则厉,浅则揭。

[6] 货币:钱币,货币。橐钥:古时冶炼时用以鼓风吹火的装置,犹今之风箱。喻指本源。

[7] 髦俊:才智杰出之士。喉衿:亦作"喉襟",喻要害之地。

[8] 竞营:钻营。此谓不规范管理经営者。

[9] 规运:谓规范运营。

[10] 撙节:节约。

[11] 逋租:谓欠租。逋:音bū,拖欠。

[12] 馆传:驿站客舍。

[13] 瓜期:谓任期届满。

[14] 至正二年:1342年。

庆远城池图记

元・罗 咸

【提要】

本文选自《古今图书集成・职方典》卷一四〇五(中华书局、巴蜀书社1985年影印本)。

庆远在元代,处于"百粤之间,连城数十……控西南之边,隶五县,羁縻十七州,扼东七十二寨",可谓是战略要地。罗咸来守,正赶上"偏丁寇乱,室庐新毁",于是他一边平乱,一边在"公退之暇,周览形势,稽度力用",勘查调研,测算财工,盘算着营造新城。

与其他筑城不同,庆远充分利用了水、山等自然形态,采用筑城、编栅等多种方式进行营造,所谓"导管陂,疏龙塘,环流汇于城南,引溉前注渚为西壕,溢东关。光涵玻璃,冷浸城址",这是理水"筑城";在香山寺所在处,凿取磐石,囊括塞堵岐路;同时在五通庙修浚涵窦,蓄积淫潦;"自西原庙之西,葺篑相土,随地凹凸,植以排栅,缭以崇垣,缅联栉比,丛篁蔽亏,包络龙溪,百堵皆作"……水、土、石、竹、排栅,筑城材料不一而足,其城"上溯浪浦,下逮彭步,延袤十里,江流激湍,相为首尾"。

登上高高的城楼,水淼淼为重湖,"巨浸拍天,群峰倒影,回波澄纹,廛市鳞次,宛在空明"。

修城在这里也碰到了基本农田被占用的情况,但最终百姓利益还是得服从官府意志。

庆远城形如舟。《庆远府志·地理志》引旧《志》云:"城如舟形,东西南三关外平衍十余里,小石联绵散布,旧有谣云'铁锁练孤舟,千年永不休。天下大乱,此处无忧。天下大旱,此处半收。'"(见中国艺术研究院红楼梦研究所校注《红楼梦》,人民文学出版社1994年版)对照宜州地形,《庆远府志·地理志》的描写确实是再形象不过了:城南原来的"关口",现在还叫"关口"。出了关口,只要在较高的地点鸟瞰,整个城区就像一只橄榄形的孤舟,系着一条长长的锁链,悠闲地停泊在龙江岸边。

郡有城,城有图,所以述古,所以垂后也。百粤之间,连城数十,惟兹郡兼兵民之任,控西南之边,隶五县,羁縻十七州[1],扼东七十二寨。其俗悍骜鲠治[2],前乎作牧,登埤击柝[3],日事捍御,不遑他务。

今年春,余来幕府,偏丁寇乱[4],室庐新毁。思所以辑宁之者[5],公退之暇,周览形势,稽度力用。导管陂,疏龙塘,环流汇于城南,引溉前注渚为西壕,溢东关。光涵玻璃,冷浸城址。凿磐石于香山寺,囊括岐路,甃函窦于五通庙[6],蓄泄淫潦。又自西原庙之西,葺篑相土[7],随地凹凸,植以排栅,缭以崇垣,缅联栉比,丛篁蔽亏,包络龙溪,百堵皆作,人奋户趋。遏敌数十余所,参错其间。徼巡委于擘张,贾勇料其丁壮[8]。上溯浪浦,下逮彭步,延袤十里,江流激湍,相为首尾。

凭高墉以游目,则渺为重湖,巨浸拍天,群峰倒影,回波澄纹,廛市鳞次,宛在空明,微茫浩荡若蓬岛。虽武夫千群,不能超而越也。

先是,民间规利[9],屡贿于官,欲垦为田者辄阻其事,发言盈庭,是用溃于成。余既集众力以就绪,乃进父老而问故:龙江蜿蜒,石碛犀利[10];北山岁崒[11],翠接九龙;青鸟天门,左右翔翥[12],此山川之清淑也。

冯三元以文章擢魁天下,至登端揆[13]。三吴继踵,或轶驾仙踪,或抗志忠毅,或寄迹吏隐,皆生而名扬,殁而庙食,此人物之杰出也。又如清献赵公以政事著绩[14],兖国吕公以弭盗策动,苏府君之节概余威震乎殊俗,黄太史之流芳清风[15],凛然高阁。余皆以饬以构,式崇明祀,景行先哲。又虑其久而或泯也,勒之贞珉[16]。凡图有未备则载之于文,文有未悉则见之于图。俾同志以来者知所考证云。

【作者简介】

罗咸,生平不详。

【注释】

[1] 羁縻:系联。

[2] 悍骜:凶猛。鲠治:谓阻塞,妨碍治理。

[3] 埤:城上女墙。柝:音 tuò,梆子。

[4] 偏丁:谓偏僻地区的百姓。

[5] 辑宁:安抚,安定。

[6] 函窦:谓蓄水池堰。

[7] 葺篑相土:谓修补工具,勘察地形。

[8] 徼巡:巡察。擘张:用手拉开弓弩。此谓勇士。贾勇:谓考察、选拔勇敢之士。

[9] 规利:谋求利益。

[10] 石碛:多石的沙滩。

[11] 㟜崒:音 lí zú,连绵耸峙貌。

[12] 翔翥:飞翔。

[13] 冯三元:即冯京(1021—1094),北宋大臣,字当世。宋代藤州镡津(今广西藤县)人。1048 年至 1049 年的乡试、会试、殿试中,他连中解元、会元、状元。时任朝廷宰相见冯京才华横溢,先后将两位千金嫁给他,留下了"两娶宰相女,三魁天下元"的佳话。入仕途通判荆南军,直集贤院,判吏部南曹,同修起居注,试知制诰。岳父富弼当政,避嫌出知扬州,改江宁府。累官知开封府、太原府。神宗立,改御史中丞。熙宁三年(1070),擢枢密副使。四年,进参知政事。因数论新法,出知亳州,历渭州、成都府、河阳府。哲宗即位,拜保宁军节度使、知大名府,改镇彰德。以太子少师致仕。谥文简。端揆:谓相位。

[14] 赵清献:即赵抃(1008—1084)。字阅道,号知非子,北宋衢州(今浙江衢州)西安人。宋仁宗嘉祐间进士,曾为江原县令。宋仁宗嘉祐年间,赵抃入蜀时,没有前呼后拥的随从,单人独骑,仅携一琴一鹤赴任。到职后,经常微服查访人间疾苦。他严惩坑害百姓衙役,处决罪行累累的不法僧道和地痞流氓。又曾教育和释放因受蒙骗、被裹胁而参加"妖祀"的群众。放监那天,百姓欢声雷动,呼他为"赵青天""铁面御史"。官龙图阁学士,资政殿大学士,以太子少保致仕。卒谥"清献"。

[15] 黄太史:即黄庭坚(1045—1105)。字鲁直,号山谷道人,晚号涪翁,洪州分宁(今江西九江修水)人。治平进士。曾任吉州太和县(今江西泰和县)知县,元祐初,召为校书郎,后擢起居舍人。仕途多舛,累被罢贬。崇宁二年(1103)十一月,以"幸灾谤国"罪,流放到宜州除名羁管。卒于宜州(今广西宜山)。有《豫章黄先生文集》《山谷琴趣外篇》等传世。

[16] 贞珉:石刻碑铭的美称。

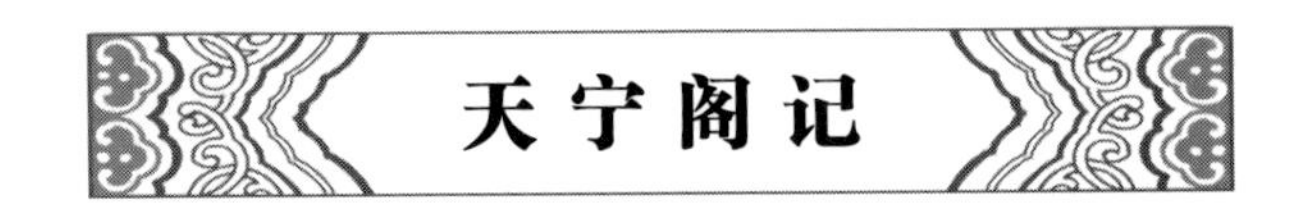

天宁阁记

元·崇 琛

【提要】

本文选自《古今图书集成·职方典》卷一〇六(中华书局、巴蜀书社 1985 年影印本)。

现河北正定隆兴寺大悲阁,又名佛香阁、天宁阁。阁在隆兴寺内,是寺院主体建筑之一,高 33 米,五檐三层,面阔七间,深五间,歇山顶,上盖绿琉璃瓦,外形庄严端正。初建时,阁内有木制楼梯从底层直达楼顶。

大悲阁内最为神奇的当数铜铸大菩萨像。依崇琛所述,"金铜大佛像始在城外大悲寺。石晋之乱,寺为契丹所焚,遗像仅存。后周世宗毁以铸钱。"北宋开宝四年(971),宋太祖赵匡胤驻跸正定,于七月在隆兴寺复建大悲阁,并以铜铸大悲菩萨像置于阁内。

铜佛有 42 臂,故又称"千手千眼观音",通高 22 米余,下有 2.2 米高的石须弥座,是我国现存铜像中最高的一座。像体纤细颀长,比例匀称,衣饰流畅,腰部以下尤佳,富有宋代艺术风格。须弥座的上枋,壶门内刻有纹饰图案、伎乐、飞天、盘龙等精美雕刻,均吹宋风。

这尊观音菩萨铜像,是宋代铸造的原物。42 只手中,两手在胸前合十,左、右两侧各有 20 只手侧举。在侧举的 40 只手中,分别拿着日、月、净瓶、金刚杵、乾坤带等法器,象征着菩萨拥有的法力。但菩萨像左、右两侧的 40 只铜铸手臂,已经在清康熙末年被锯掉。今天看到的这 40 只手臂,是人们用木头制作后安装上去的,手中仍然拿着各种法器。

到了元代仁宗时,"以大悲阁历岁既久","栏槛腐朽,绮绘黯然。盖瓦级砖或破缺疏漏,大佛之像金彩黯昧"。于是,仁宗赐黄金 250 余两重修。

正定大铜佛和沧州狮子、定州塔、赵州桥一起誉为河北四宝。

隆兴寺还有一宝,即隋代所刻龙藏寺碑。碑在大悲阁东侧。开府长史兼行参军张公礼撰文,未著书丹人姓名。但也有撰、书均为张公礼之说。碑通高 3.15 米,宽 0.90 米,厚 0.29 米。碑文楷书 30 行,行 50 字,凡 1 500 余字。碑为龟趺。碑额呈半圆形,浮雕六龙相交,造型别致,刻工精细。

碑系隋恒州刺史鄂国公王孝仙奉命为劝奖州内士庶万余人修造龙藏寺而立。它高大庄严,书法艺术向称隋碑第一,碑文字体结构朴拙,用笔沈挚,给人古拙幽深之感。在书学之递嬗上地位显要,是不可多得的艺术珍品。上海图书馆藏旧拓本,为传世最古、存字最多、捶拓最精之本。

真定，河朔巨镇。其地禹贡冀州之域，次大梁[1]，居昴毕之分，战国为赵，汉隶恒山。民俗尚气节，颇类燕蓟，故多慷慨悲歌之士。

境内佛寺莫大于龙兴，其创基始于隋。今寺内浮图，开皇旧址也[2]。金铜大佛像，始在城外大悲寺。石晋之乱[3]，寺为契丹所焚，遗像仅存，后周世宗毁以铸钱。既而帝崩，国随以亡。宋兴，艺祖伐罪河东[4]，师次滹阳[5]，问其人寺废像毁之故。诏复之。于是，更卜胜地于龙兴寺，范铜为像三十二相，高七丈三尺，四十二臂所执之物，皆有所寓，以像大圣应变之迹，阴阳莫测之神。宇以层阁，翼以重楼，仰而望之，如仙人宫殿峙于烟空。多宝佛塔涌于平地，经始之绪，碑刻详焉。

嗟乎！由隋而唐，唐而宋，宋而我朝，七百余岁矣，而寺与像罹乱世而废，逢治世而兴，其废兴之数抑有系于天者欤!?

皇元启祚北天，混一四[6]海。世祖皇帝丕弘佛教以赞化育[7]，法乾以易而易，知坤以简而易，从之道为政，尚仁厚而务宽大。是以其政不严而治，无为而成，和气荐臻[8]，重熙累洽[9]，吏无弊于繁文，民不患于苛扰。故统元之治[10]，人以谓不减贞观之盛。

仁宗潜邸时，尝从太后之怀宁幸龙兴，登阁而望，徙倚久之，居春宫赐获鹿之田亩五千为寺恒业[11]。既而践大位，以寺之大悲阁历岁既久，虽尚完固，而栏槛腐朽，绮绘黯然。盖瓦级砖或破缺疏漏，大佛之像金彩黯昧。赐黄金二百五十余两。钞币为锭计者九千七百余，诏书祥院使阿剌卜花、律师崇琛募工修治，谕燕南道肃政廉访司率总管府官属视役。未逾期，碧瓦朱栏，金碧流绚，焕然一新，如始作矣。琛以寺之载兴，勒铭于石。

惟佛氏之教，被于中国久矣。其道兼百氏而一以贯之，犹江汉滔滔，莫不朝宗于海，其视诸子盖众流耳[12]。世俗徒谓道莫大于仁义，教莫正于礼乐刑政焉，知九州之外，六经之表，又有大于是者乎？所谓慈悲之道，盖亦恻隐之心而已。夫乐以天下慈也，忧以天下悲也，苟能推慈悲之道以及于人，仁覆于天下矣。此大悲之像所为而设也。盖徒观其像而未知其义，睹其迹而不察其道，或谓其言为闳阔，谓其事为怪诞，是恶足与游乎大方之外，言乎至道之奥哉？且天地之间恢诡谲怪之物[13]，何可胜数？岂以人所未见，遂谓诞妄乎？世徒知八彩重瞳、蒙琪之面[14]、龙凤之姿，为圣人之表焉，知圣人人也其状犹若此，况圣人而神者哉。是以国家建祠宇，崇像设，所以神其道，竦斯民之瞻望[15]，教之以敬，导之以善也。然则上栋下宇不为壮也，绮甍丹雘不为侈也[16]，不若是不足以彰其道胜且大焉。

琛，傅氏。乃无极人也，素以律行称[17]。

【作者简介】

崇琛，元代僧人，俗姓傅，生平不详。

【注释】

[1] 大梁：十二星次之一。配十二时辰为酉时，配二十八宿为胃、昴、毕三宿。

[2] 开皇:隋文帝杨坚年号,581—600年。

[3] 石晋之乱:后唐时,大将石敬瑭以对契丹称臣、割燕云十六州代价,称帝,国号晋。此后,燕云十六州便成为辽南下掠夺的基地,贻害数百年。

[4] 艺祖:谓有文德之祖。此谓宋太祖。

[5] 滹阳:滹沱河之阳(北),即今正定一带。

[6] 混一:统一。

[7] 丕弘:大力弘扬。

[8] 荐臻:接连而来。

[9] 重熙累洽:谓前后功绩相继,累世升平。

[10] 统元之治:谓世祖忽必烈统治之时。统元:世祖年号中统、至元,1260—1294年。

[11] 获鹿:在今河北省西南。

[12] 众流:谓普普通通的学术流派。

[13] 恢诡谲怪:奇异怪诞。谲:音jué,奇异多变。

[14] 八彩重瞳:传说尧眉毛有8种颜色,舜眼睛有两颗瞳仁,均是帝王之相。蒙琪之面:《荀子》:仲尼之状,面如蒙琪。谓圣人孔子的脸如螃蟹样。

[15] 竦:音sǒng,肃敬,恭敬。此作动词。

[16] 绮甍丹臒:谓鲜丽的屋脊,鲜红的颜色。甍:音méng,屋脊,屋栋。臒:音huò,赤石风化后的东西,可为颜料。

[17] 无极:今属河北。律行:谓僧徒持守戒律的行为。

永济桥记

元·林仰节

【提要】

本文选自《古今图书集成·职方典》卷一〇四三(中华书局、巴蜀书社1985年影印本)。

永福县(今福建永泰县)治以东30里的桃源,在元代是一处南通莆、泉,北接三山驿道的要冲之道,溪流其间,必须有座桥梁。"古有板桥,曰:東新",可是屡修屡坏,以至"三十余年迄未有起废者"。

至正(1321—1368)初年,秦亨安长道元来永福为邑宰。诸事皆理之后,找来先前修桥人黄潜夫的孙子文实、信儒会同云际寺僧人自虔掌领此事。"召匠计工,重新创建",在旧桥的北面约百步处"改筑新基,以坚石固其岸,以巨木壮其址。累石为座,高四十尺。座之上横架层木,砌之以石,长一十丈,阔二丈。覆以亭栋,高一十八尺,旁翼以阑,长与桥等"。从林仰节的描述可以看出,桥以石为座、为护岸,以巨木加固基址;座上横着架设数层长30余米、宽6米余的木头充为路面基础,上铺石板;30余米的桥面上,盖起高近6米的桥亭,覆盖全桥面。不仅如此,还在桥边构建起耳房以供过客休憩。

永济桥开始于至正辛巳(1342)年十一月,竣工于第二年三月。

永福县治之东三十里曰桃源。南通莆、泉,北接三山,驿道之要冲也。溪流其间,古有板桥曰“东新”。时张道人有风飘水流火烧之谶,其后为风飘所坏,黄知县与进士黄潜夫再造。至元癸巳复圮于水[1],邑宰李良杰偕潜夫之子君泽重建,成之数年,复遭丙丁之厄[2]。道人之言至是皆验。三十余年迄未有起废者。

至正初元,洛阳刘侯由制省掾出宰,兹邑修弊抉蠹,事无不理。于是,召匠计工,重新创建,命潜夫之孙文实、信孺偕云际寺僧自虔领其事,于旧桥北百步改筑新基,以坚石固其岸,以巨木壮其址。累石为座,高四十尺。座之上横架层木,砌之以石,长一十丈,阔二丈。覆以亭栋,高一十八尺,旁翼以阑,长与桥等。经始于至正壬午孟冬,迄功于次年癸未季春,名以至正纪年也。

桥西复创小庵以奉普庵禅师,右间民以奉刘侯寿祠,其左列诸檀越[3],复创耳房以供过客游息之所,至是皆就。邑之儒学教谕刘懋生子勉使来福宁求文以记[4],且曰:“侯之为县,未及期年而修盖三皇庙及儒学,改立社稷、风雨、雷师坛,修养济院,设际留、常平二仓,造通津浮桥以济经行,疏沟渠以通秽污,平三宗华等不决之讼,招林伯成等二百余户避差逃移之民,禁停丧以厚风俗,均徭役以惠贫穷。因善政不可殚纪,今创是桥以便往来,不扰而办,不速而成,非勒之坚珉以传不朽,后之人亦孰从而知之?”

余闻而韪焉[5]。孟氏之言曰:岁十一月,徒杠成。十二月,舆梁成。民未病涉也。古之人于桥梁,岁岁必修,其勤也如此。自李宰之后,其县宰已易数十百人,三十年间漫不修理。刘侯之起废若此,其职事修举可知已。且侯招逃役六十余户,征欠粮二十石及盐课钞数百锭[6],祈晴而时旸[7],即应修宪而众工立办。士民歌咏盛德,见于诗章者比比皆是,以其所见质其所闻,善政彰彰,讵有量哉!侯名秦亨安长道元,至正三年癸未进士[8]。

承事郎前集庆路句容县尹兼劝农事林仰节撰。

【作者简介】

林仰节,生平不详。

【注释】

[1] 至元癸巳:1293年

[2] 丙丁:古代以十干配五行,丙丁属火,因称火灾为丙丁。

[3] 檀越:施主。

[4] 福宁:元置福宁州,治今福建霞浦县。

[5] 韪:是。此谓应允。

[6]盐课:谓盐税。
[7]旸:音 yáng,日出貌。
[8]至正三年:1343年。

筑城曲

元・梦观道人

【提要】

本诗选自《元诗选》(中华书局1987年版)。

蒙元统治中土近90年间,由于民族歧视政策等原因,汉族等与统治者的冲突、斗争始终不息,元末更为剧烈。至正十一年(1351)爆发的红巾军大起义终于导致元朝覆灭。在这前后,泉州农民起义也彼伏此起,连绵不断。至元二十五年(1288)安溪湖头张治团起义;至正三年(1343),泉州刘应总起义;至正十四年(1354),安溪李大定、南安吕光甫起义,都围攻泉州府城,严重威胁元朝在闽南的统治。

为了阻止农民军的进攻,元朝统治者驱使人民修筑泉州城。偰玉立任泉州达鲁花赤(元代路州地方官名)时,正值兵乱,便开拓南罗城至江滨与翼城连接,并加厚增高城垣,缮修的泉州城周30里,高2丈1尺(合6.55米)。东、西、北城垣基宽2丈4尺(合7.488米),外砌以石;南城垣基宽2丈(合6.24米),内外皆石。

"吏胥督役星火催,万杵哀哀亘云起",大圭写道,官家说用钱雇人,可是诺言终成空,城成之后民力耗尽,民心纷解,这样下去,盗贼真的来了,谁来与你一起守城?大圭在诗中回顾了南宋末蒲寿庚关闭泉州城不纳宋帝赵昺的史实,对统治阶级不顾民生、不聚民心,仅依赖坚固城垣的行为不以为然,指出"为国不在城有无"。

筑城筑城胡为哉?使君日夜忧贼来。
贼来犹隔三百里,长驱南下无一跬[1]。
吏胥督役星火催,万杵哀哀亘云起[2]。
贼来不来城且成,城下人语连哭声。
官言有钱雇汝筑,钱出自我无聊生。
收取人心养民力,万一犹能当盗贼。
不然共守城者谁?解体一朝救何得。

吾闻金汤生祸枢[3]，为国不在城有无。
君不见泉州闭门不纳宋天子，当时有城乃如此。

【作者简介】

梦观道人，名大圭，字恒白，姓廖氏，泉州晋江人，自号“梦观道人”。得法于妙恩，博极群书。著《梦观集》及《紫云开士传》。

【注释】

[1] 跬：音 kuǐ，半步。
[2] 亘云：谓城墙高耸，如云气绵延。
[3] 祸枢：祸机。

《秀野轩图卷》题诗选

元·张天民 等

【提要】

诸诗选自《故宫博物院藏历代绘画题诗存》（山西教育出版社 1998 年版）。

《秀野轩图卷》，元人朱德润绘。

朱德润（1294—1365），字泽民，号睢阳散人。原籍睢阳（今河南商丘），居昆山（今属江苏）。经赵孟頫推荐入仕，知遇于英宗硕德八剌，官至镇东行中书省儒学提举。英宗死后，回家闲居近 30 年。一度出仕，不久又因病辞官。诗学李白。书法宗王羲之，点画遒劲，格调清丽。山水画初师许道宁，后法郭熙，作品苍润秀逸，笔墨精致。

现藏故宫博物院的《秀野轩图》为纸本，淡设色，纵 28.3 厘米，横 210 厘米。作品题款：“至正二十四年四月十日，睢阳山人时年七十有一，朱德润画并记。”可知为朱氏晚年之作。

“秀野轩”是朱德润的朋友周景安的读书场所。画家描绘了秀野轩周围的环境：疏树平野，坡岸汀渚，山峦绵延，烟云苍茫；临溪丛林掩映处，一轩宏敞，轩内主宾对座。小溪潺潺与行人的朗朗笑语，汇成一首富有生活气息的交响乐。此画构图采用平远法，朱德润将近景、中景、远景有机地结合起来，把秀野轩和轩后的山峰作为重点，着力加以描绘，将秀野轩安排在画的右面，让汀岸、远山向左方延伸，使整个画面疏密有致、层次分明、境界开阔，深深烙上文人的隐逸情趣：青山之麓、绿水之滨，起高轩、筑别墅，邀嘉朋、会良友、研讨诗文书画——一幅元代江南生活优裕的文人“乱世”中自营自足的理想生活图卷。

朱德润在画后自题《秀野轩记》，文辞优美，点画遒劲，格调清新。此画钤“乾隆宸翰”“宣统御览之宝”“宝笈重编”“顶墨林父秘笈印”等印，曾被项元汴、高士奇及清内府收藏,被《佩文斋画谱》《江村画目》等书著录。

元代以来,此画题诗不断。

我忆天池与玉遮,幽轩水木澹清华[1]。
竽笙远振风林竹,锦绮晴连晓径花。
山罽敷床朝看雨[2],涧泉漱石夜分茶[3]。
番阳大篆睢阳画[4],不负春陵处士家。

——元·张天民

【作者简介】

张天民(1281—?),京口人,寓吴(今江苏苏州)工诗文,书法,与朱德润友善。

【注释】

[1]水木清华:谓园林景色清朗秀丽。

[2]山罽:山民用毛制的毡毯一类织物。罽:音 jì。

[3]漱石:石,指牙齿。南朝宋刘义庆《世说新语·排调》:“孙子荆(孙楚)年少时欲隐,语王武子(王济),当‘枕石漱流’,误曰‘漱石枕流’。王曰:‘流可枕,石可漱乎?’孙曰:‘所以枕流,欲洗其耳;所以漱石,欲砺其齿。’”后用“漱石枕流”等借指洗去凡俗隐居或闲逸生活,又称人品质的高洁无尘。分茶:烹茶待客之礼。

[4]番阳大篆:《秀野轩图卷》引首有番阳(号玉雪波翁)大篆题“秀野轩”三字。睢阳:指朱德润。

昔年曾作轩中客,今日重题秀野诗。
四槛彩云晴缥缈,逶墙苍雪晓参差。
雨余山气侵茶鼎,风过林香落酒卮。
念我松楸[1]浑咫尺,倚栏长是不胜思。

——元·朱斌

【作者简介】

朱斌,生卒年不详。吴郡(今江苏苏州)人。工诗文,书法。

【注释】

[1]松楸:松树与楸树。

霁色青芜外，开轩此独幽。
竹深频理径，山近不为楼。
茶与邀僧共，花期报客游。
看图怜到晚，借屐拟相求。

——明·张羽

【作者简介】

张羽(1333—1385)，字来仪，号静居。浔阳(今江西九江)人。早年随父宦江浙，后与徐贲约定侨居吴兴(今浙江湖州)，为安定书院山长，再徙于吴中(今江苏苏州)。与高启、杨基、徐贲称为“吴中四杰”。洪武初两番入京，为太常丞。后流放岭南，未半道召还，投江而死。有《静居集》传世。

高馆罢零雨，前荣飏微风。
菲菲碧萝花[1]，吹落酒罇中。
移席俯流水，挥弦度秋鸿。
遥思独乐意，邈哉谁与同。

——明·王行

【作者简介】

王行(1331—1395)，元末明初吴县(今属江苏)人，字止仲，号淡如、半轩，又号楮园。元末曾为巨富沈万三家塾师，并授徒讲学，与名士交。入明，为凉国公蓝玉宾客，受洪武帝召见。终因蓝玉之狱，株连而死。工书画，尤善泼墨山水。有《楮园集》《半轩集》等。

【注释】

[1] 菲菲：错杂貌。碧萝：女萝。一种绿色攀援植物。亦指隐士居所。

屋里青山屋外溪，水流云度坐中知。
繁花翠竹春来好，古木苍藤晚更奇。
教子读书兼学稼，留人炊黍复烹葵。
鹿门风景青门趣，都在斜阳曳杖时。

——元·张吉

【作者简介】

张吉，生卒年月不详。寓吴(今江苏苏州)。工诗文、书法。活动于元末明初。

高士闲门开,远山如鬓水如苔[1]。
几时脱却尘中鞅[2],布袜青鞋屡往来。

——元·瞿庄

【作者简介】

瞿庄,生卒年月不详。

【注释】

[1] 鬓:疑为"鬘"。鬘,音 xiān,好发貌。

[2] 鞅:音 yāng,套在马颈上的皮带。此谓束缚。

琅玕芝草绕轩幽[1],日静簾垂不上钓。
忆得玩游联玉麈,仍同骑鹤赴玄洲[2]。

朵朵峰峦拥绿鬟,桐荫多处地尤悭。
居人一览钟神秀,霁月光风咏关间。

香袅铜奁春昼迟,囱分华影覆参差。
只输我辈烟霞侣,恒得凭□歌紫芝[3]。

霭霭凉云雨后阴,抱琴升酒憩中林。
眉山不独知司马,安也还孤识我心。

——明·薛穆

【作者简介】

薛穆,生卒年不详。字公远,号澹园,吴江(今江苏吴江)人。洪武(1368—1398)中为柳州通判。能诗文,善楷书。亦精于画,尤长墨竹,师法元人。

【注释】

[1] 琅玕:翠竹的美称。

[2] 玄洲:出自东方朔《十洲记》,西王母所称海中十洲之一,其上多有异物。

[3] 紫芝歌:秦末,商山四皓东园公、绮里季、夏黄公、角里先生见秦施暴政,避秦焚书坑儒,退入商山隐居,作《紫芝歌》:"莫莫高山,深谷逶迤。晔晔紫芝,可以疗饥。唐虞世远,吾将何归?"后常用作隐居典故。

古苔十亩青山麓，窈窕幽华映深竹。
中有幽人昼掩扉，袅袅藤梢上书屋。
清风出谷洒秋香，返照穿林破春绿。
不省睢阳画里看，细路经丘杖藜熟[1]。

——元·王彝

【作者简介】

王彝，生卒年月不详。号青城王彝。寓吴(今江苏苏州)。工诗文、书法。

【注释】

[1] 杖藜：谓拄着手杖行走。藜，野生植物，茎坚韧，可为杖。

东山淑气晓，环翠南亩斜。红物我两忘，天理见欣欣，花木总春风。

——元·徐珪

【作者简介】

徐珪，生卒年月不详。

湿翠浮草芽，空青散木梢。
轻舟理横塘，归人渡清晓。
栖鸦返故巢，潜鳞跃新藻。
倒景淡斜晖，回飚荡晴昊。
衡门夜不扃，燕坐事幽讨。
落叶秋自飘，残花春懒扫。
爱此轩中人，朱颜常不老。
我欲往从之，税驾苦未早[1]。
挥手谢孤云，去去没苍徼。

——明·余尧臣

【作者简介】

余尧臣，生卒年不详。字唐卿，永嘉(今属浙江)人。元末寓吴中，与高启、王行等称“北郭十友”。初为张士诚客。入明，授新郑丞。

【注释】

[1] 税驾：解驾，停车。此谓休息，退休。税，通“脱”。

背郭幽居如画里,断林春水绿回环。
树连烟外啼林寺,门对湖中过雨山。
送客马嘶清荫去,钩簾鸟度乱花还。
十年奔走风尘际,肯借凭栏一日闲。

——元·周世衡

【作者简介】

周世衡,生卒年月不详。工诗文、书法。

春风十里翡翠屏,玉遮对峙峨嵋青。
清白石杂花竹园,放画图钟坠灵高(人)。
开轩当对景酌酒,赋诗白日静四簷。
风作翠涛声入窗,簾卷晴霞影我家。
托趺[1]耕渔问结屋,读书湖上山抱琴。
访予从兹始布袜,青鞋相往还南州[2]。

——元·徐达佐

【作者简介】

徐达佐,生卒年月不详。寓吴。工诗文,书能隶、楷、行。

【注释】

[1] 托趺:谓立身歇足。趺:音 fu,足迹。

[2] 青鞋:草鞋。青鞋布袜,谓隐者。南州:泛指南方地区。

幽居谢尘喧,启户瞰平陆。
东皋夜来雨[1],百卉如膏沐。
泓泓水浮溪,靄靄云出谷。
鸟啼麦风暖,蚕眠柘烟绿。
忘形绝众累,居宠有深辱。
挥弦对青山,夕阳见樵牧。

——元·金觉

【作者简介】

金觉,生卒年月不详。工诗文、书法。

【注释】

[1] 东皋：水边的向阳高地，亦泛指田园、原野。

十年归向山中往，每得从容访隐居。
云气白霏檐外雨，竹光青映案头书。
凭栏画静听呦鹿[1]，凿沼泉香爱畜鱼。
因忆轩中旧宾客，江湖清梦未应疏。

——元·董远

【作者简介】

董远，生卒年月不详。工诗文、书法。

【注释】

[1] 呦鹿：谓鹿鸣声。典出《诗经》。

轩宇何清旷，凭临散烦襟。
从兰霭幽芬，修篁结重阴。
兹焉惬赏遐，逍遥真素心[1]。
斯诚苟不昧，访予西山岑[2]。

——元·惠祯

【作者简介】

惠祯，生卒年月不详。工诗文、书法。

【注释】

[1] 素心：本心，素愿。
[2] 岑：小而高的山。

轩居面苍岑，种艺杂花竹。
竹影画扶疏，花香时馥郁。
坐对云山高，庭阴桑柘绿。
石田春雨余，幽歌听樵牧。
冠盖岂不荣[1]，谁能受羁束。
韬囊琴满床，插架书连屋。

门前好客来,槽前酒应熟。

——元·张均

【作者简介】

张均,生卒年月不详。工诗文、书法。

【注释】

[1] 冠盖:古代官吏的帽子和车盖。谓官宦。

江晚洲渚交,雨晴草菲菲。
前山霭欲暗,罟[1]师渡水归。
望烟知君家,花竹隐半扉。
乍休田中耒,犹响林下机。
此乡即桃源[2],乱后事有稀。
开图身已到,不知尘境非。

——明·高启

【作者简介】

高启(1336—1374),字季迪,长洲(今江苏苏州)人。元末曾隐居吴淞江畔的青丘,因自号青丘子。明初受诏入朝修《元史》,授翰林院编修。洪武三年(1370),拟委任其为户部右侍郎,固辞不赴。1374年被朱元璋借苏州知府魏观一案腰斩于南京。与杨基、张羽、徐贲合称“吴中四杰”。有《高太史大全集》、文集《凫藻集》、词集《扣舷集》等传世。

【注释】

[1] 罟:音gǔ,网。
[2] 桃源:桃花源。陶渊明所构之与世隔绝的乐土。

先公笔悠然。记昔时:
松楸先陇近,花竹故人稀。
图画留遗迹,云山起远思。
投闲身未遂,感慨一题诗。

——明·朱吉

【作者简介】

朱吉,字季宁。生卒年月不详。入明,洪武中授户科给事中。后改中书舍人,为湖广按察佥事。长于文,有《三畏稿》传世。

秀野轩高瞰水滨，无边光景四时新[1]。
十亩树荫都是雨，一庭草色自生春。
好山作画开屏障，啼鸟如歌送酒巡。
晴色锦波题亦尽，幽花修竹总清真。

——元·虞堪

【作者简介】

虞堪，生卒年不详。字克用，一字胜伯，别字叔胜，号青城山樵。长洲(今江苏苏州)人。元末隐居不仕。1368年后为云南府学教授，卒于官。家藏书丰富，多手自编辑。诗文清润典丽。有《希澹园诗》《鼓枻稿》。

【注释】

[1] 原注：此用晦庵先生语，当是起句。

何处问幽寻，轩居湖上林。
竹荫看坐钓，苔迹想行吟。
嶂日斜明牖，渚风到凉琴。
相过有邻叟，应只论闲心。

——明·徐贲

【作者简介】

徐贲(1335—1393)，明初画家、诗人。字幼文，祖籍四川，居毗陵(今江苏常州)，后迁平江(今江苏苏州)城北，号北郭生。张士诚抗元，招为僚属，贲避居湖州蜀山(在今浙江吴兴)。洪武中，被荐入朝，官至河南左布政使，以军队过境，犒劳失时，下狱死。与高启、杨基、张羽并称“吴中四杰”。擅画山水，取法董源、巨然，笔墨清润。亦精墨竹。存世画迹有《蜀山图》等，诗有《北郭集》。

澄士耽小隐，幽居水竹便。
开轩眄秀野，据榻吟高天。
佳话每今日，良朋自昔年。
吴中故多士，渤海独成缘。

——清·弘历

【作者简介】

爱新觉罗·弘历(1711—1799)，满族，是清朝第六任皇帝，清人入关后的第四任皇帝，史称乾隆皇帝。雍正元年(1723),弘历被其父雍正秘密建储,十一年封为和硕宝亲王,开始参与军国要务。雍正十三年(1735),雍正去世,弘历即位,改年号乾隆,开始施展其"文治武功"。乾隆在位 60 年,退位后又当了 3 年太上皇,无疾而终,终年 89 岁。乾隆时期,主持编修文化典籍,兴建、维护皇家园林,蠲免天下钱粮,统一整个新疆,完善治理西藏,修砌浙江海塘……件件都是大事、要事。此外,他整理老满文史料,贡献诗文才华。一生仅诗歌就有 42 000 余首,而《全唐诗》所收有唐一代 2 200 多位诗人的作品,才 48 000 多首。

刘秉忠传(节选)

明·宋　濂等

【提要】

本文选自《元史》卷一五七(岳麓书社 1998 年版)。

刘秉忠(1216—1274),字仲晦,初名侃,邢州(今河北邢台县)人。曾为和尚,元朝的开国元勋和丞相,郭守敬老师,元朝国号的拟定者,北京城的修建者,是元代著名的政治家、元曲作家、阴阳风水学家和建筑专家。

年十三,为质子于帅府。十七,为邢台节度使府令史,以养其亲。居常郁郁不乐,一日,投笔叹曰:"吾家累世衣冠,乃汩没为刀笔吏乎!丈夫不遇于世,当隐居以求志耳。"1238 年,辞去吏职,先入全真道教,后在天宁寺(今邢台西大寺)出家为僧,拜虚照禅师为师,法名子聪,号藏春散人,后出外云游遇海云禅师,海云禅师以其"博学多才艺",推荐给元世祖忽必烈,受重用。

1251 年,蒙哥即大汗位,以忽必烈管理漠南汉地军国庶事。忽必烈将营帐移到金莲川,并在 1256 年命子聪在当地建立一座新城。1258 年,新城建成,定名开平,忽必烈称帝后改为上都。1260 年,忽必烈称帝,命其制定各项制度,如立中书省为最高行政机构,建元中统等。至元元年(1264),忽必烈命他还俗,复刘氏姓,赐名秉忠,授光禄大夫、太保、参领中书省事(丞相)、同知枢密院事。至元六年,订立朝仪。至元三年,刘秉忠又受命在原燕京城东北设计建造一座新都城。新城规模宏伟,工程浩大,在刘秉忠等主持下,进展很快。至元八年,刘秉忠建议忽必烈取《易经》"大哉乾元"之意,将蒙古更名为"大元",忽必烈采纳了。刘秉忠还主持了大都的营建。至元九年,忽必烈根据刘秉忠的建议,命名新都为大都。至元十一年正月,大都宫阙建成。八月,秉忠无疾端坐而卒,年五十九岁。

忽必烈闻之惊悼,出内府钱具棺敛,护其丧还葬大都。十二年,赠太傅,封赵国公,谥文贞。成宗时,赠太师,谥文正。仁宗时,又进封常山王。有元一代,汉人位封三公者,仅刘秉忠一人而已。

刘秉忠对元代的贡献主要体现在:

一改蒙古统一中国过程中的大肆烧杀掳掠,变农田为牧场的政策,介绍了一整套封建治国平天下的经验和理论,采取一系列措施,奖励农桑,兴修水利,设立学校，统一建立官制，“以天下为己任，事无巨细，凡有关国家大体者，知无不言，言无不听”（《元史》）。建议一一被接受。

注意选择人才。他认为：“君子所存者大，不能尽小人之事，或有一短；小人所拘者狭，不能同君子之量，或有一长。”（《元史·刘秉忠传》）其中郭守敬、张文谦、张易、王恂等，都是他的学生，后都经其推荐入仕元朝，分别成为著名的数学家、农学家、天文学家、水利学家及大学者，与刘秉忠一起被誉为邢州五杰。刘秉忠先后为朝廷举荐的人才达数十人，许多都成为元朝重臣。

一心为国，淡泊名利。刘秉忠在朝事忽必烈三十多年，“参帷幄之密谋，定社稷之大计”，始终以民生为本，以国家利益为上，积极谋事、干事，从不居功自傲。他“轻富贵如浮云，等功名于梦幻”（刘秉忠语）。一次，忽必烈赏赐刘秉忠白金千两，秉忠婉言谢绝：我只是一个山野鄙人，非常幸运地得到皇帝您的赏识，吃喝用度都是朝廷供给，白金对我说来没有什么用处。刘秉忠“斋居蔬食”，终其一生。

概而言之，刘秉忠为庞大的元帝国设计了一整套法制、典章、礼仪等制度，同时还为元帝国设计建立了京城大都、上京开平；建议薄赋、高薪、养廉、治贪，其高薪养廉的思想，已经超越了时代；建议重教轻刑，端正国家和百姓的鱼水关系；请求忽必烈储粮就近，减税法，禁用奢侈品，特别是禁用珍珠宝石和金银等；重视教育，主张大力兴办学校，以备国家从中选拔官员；特别强调县级官吏的重要性，认为县宰正直、能干与否，关系到一方老百姓能否过上安定、富足的生活，国家能否确保一方平安、富庶。

1260 年 6 月 4 日，忽必烈在刘秉忠设计建成的都城开平即位，听从刘秉忠建议颁布年号为“中统”，含中国正统之意，开元朝皇帝使用年号之先例。1264 年，又改年号为“至元”，取自《易经》“至哉坤元”。朝廷旧臣，山林贤逸之士，量才录用，朝野上下，一片生机。因此，我们可以毫不夸张地说，刘秉忠就是大元帝国建国的设计师，还是上京、大都的规划设计师。

刘秉忠长于诗词，诗风沉郁豪迈。有《藏春集》6 卷、散曲 12 首传世。

刘秉忠，字仲晦，初名侃，因从释氏，又名子聪，拜官后始更今名。其先瑞州人也[1]，世仕辽，为官族。曾大父仕金，为邢州节度副使，因家焉，故自大父泽而下，遂为邢人。庚辰岁，木华黎取邢州[2]，立都元帅府，以其父润为都统。事定，改署州录事，历巨鹿、内丘两县提领，所至皆有惠爱。

秉忠生而风骨秀异，志气英爽不羁。八岁入学，日诵数百言。年十三，为质子于帅府[3]。十七，为邢台节度使府令史，以养其亲。居常郁郁不乐，一日，投笔叹曰：“吾家累世衣冠，乃汩没为刀笔吏乎[4]！丈夫不遇于世，当隐居以求志耳。”即弃去，隐武安山中。久之，天宁虚照禅师遣徒招致为僧，以其能文词，使掌书记。后游云中，留居南堂寺。世祖在潜邸，海云禅师被召，过云中[5]，闻其博学多材艺，邀与俱行。既入见，应对称旨，屡承顾问。秉忠于书无所不读，尤邃于《易》及邵氏《经世书》[6]，至于天文、地理、律历、三式六壬遁甲之属，无不精通。论天下事如指诸掌。世祖大爱之，海云南还，秉忠遂留藩邸。后数岁，奔父丧，赐金百两为葬具，仍遣使送至邢州。服除,复被召,奉旨还和林……

初,帝命秉忠相地于桓州东滦水北,建城郭于龙冈,三年而毕,名曰开平[7]。继升为上都,而以燕为中都。四年,又命秉忠筑中都城,始建宗庙宫室。八年,奏建国号曰大元,而以中都为大都。他如颁章服,举朝仪,给俸禄,定官制,皆自秉忠发之,为一代成宪[8]。

十一年,扈从至上都,其地有南屏山,尝筑精舍居之。秋八月,秉忠无疾端坐而卒,年五十九。帝闻惊悼,谓群臣曰:"秉忠事朕三十余年,小心慎密,不避艰险,言无隐情。其阴阳术数之精,占事知来,若合符契,惟朕知之,他人莫得闻也。"出内府钱具棺敛,遣礼部侍郎赵秉温护其丧还葬大都。十二年,赠太傅,封赵国公,谥文贞。成宗时,赠太师,谥文正。仁宗时,又进封常山王。

秉忠自幼好学,至老不衰,虽位极人臣,而斋居蔬食,终日淡然,不异平昔。自号藏春散人。每以吟咏自适,其诗萧散闲淡,类其为人。有文集十卷。

【作者简介】

宋濂(1310—1381),明朝开国元勋,字景濂,号潜溪,别号玄真子、玄真道士、玄真遁叟。谥号文宪。浦江(今浙江浦江)人,汉族。至正二十年(1360),与刘基、章溢、叶琛同受朱元璋礼聘,尊为"五经"师。洪武初主修《元史》,官至学士承旨、知制诰。后因牵涉胡惟庸案,谪茂州(今四川茂汶),中途病死。著作有《宋学士文集》《孝经新说》《送东阳马生序》等。

【注释】

[1] 瑞州:今属辽宁。唐置威州,辽置来州归德军。

[2] 庚辰岁:1220 年。邢州:今河北邢台。

[3] 质子:古时派往别国做人质的人,多为王子或诸侯之子。

[4] 衣冠:谓官宦。汩没:埋没,沉浮。

[5] 云中:今内蒙古托克托东北。

[6]《经世书》:即北宋大儒邵雍《皇极经世书》,其太极、两仪、四象、八卦尤为奥妙。

[7] 开平:今内蒙古正蓝旗。

[8] 成宪:法律、规章制度。

石抹按只传

明·宋　濂等

【提要】

本文选自《元史》卷一五四(岳麓书社 1998 年版)。

石抹按只所造舟桥、船只在元军灭宋的西线战事中发挥了巨大的作用。

泸州一战，“宋兵于沿江撤桥据守，按只相地形，造浮桥，师至无留行”，一路长驱直入。“自马湖以达合江、涪江、清江，凡立浮桥二十余所”，均为石抹按只所为。

不仅会造浮桥，按只还会用军队中积攒的牛皮，作皮船以渡水作战，“破其军，夺其渡口”，然后按只再“为浮桥以济师”。

按只还精于水战，颇立军功。所以，中统三年（1262），元廷命他为“河中府船桥水手军总管，佩金符”。

石抹按只，契丹人，世居太原。父大家奴，率汉军五百人归太祖。

岁戊午，按只代领其军，从都元帅纽璘攻成都[1]。时宋兵聚于灵泉，按只以所部兵与战，大败之，杀其将韩都统。又从都元帅按敦攻泸州，按只以战舰七十艘至马湖江，宋军先以五百艘控扼江渡，按只击败之。时宋兵于沿江撤桥据守，按只相地形，造浮桥，师至无留行[2]。宋欲挠其役，兵出辄败，自马湖以达合江、涪江、清江，凡立浮桥二十余所。及四川平，浮桥之功居多。

己未[3]，宋以巨舰载甲士数万，屯清江浮桥，相距七十日。水暴涨，浮桥坏，西岸军多漂溺。按只军东岸，急撤浮桥，聚舟岸下，士卒得不死，又援出别部军五百余人。先锋奔察火鲁赤以闻，宪宗遣使慰谕，赏赐甚厚。叙州守将横截江津[4]，军不得渡，按只聚军中牛皮，作浑脱及皮船[5]，乘之与战，破其军，夺其渡口，为浮桥以济师。中统三年，授河中府船桥水手军总管，佩金符，以立浮桥功也。

至元四年[6]，从行省也速带儿攻泸州，按只以水军与宋将陈都统、张总制战于马湖江，按只身被二创，战愈力，败之。六年正月，也速带儿领兵趋泸州，遣按只以舟运其器械、粮食，由水道进。宋兵复扼马湖江，按只击败之，生获四十人，夺其船五艘。复以水军一千，运粮于眉、简二州[7]，军中赖之。九年，从征建都蛮，岁余不下，按只先登其城，力战，遂降之。军还，道病卒。

【注释】

[1] 戊午：1258 年。纽璘：又作纽邻。智勇善谋，随军征四川，后被众推为长，率部大败宋军于灵泉山，平成都及彭、汉、怀、绵等州，以功升都元帅。

[2] 留行：阻挡，阻碍。

[3] 己未：1259 年。

[4] 叙州：今四川宜宾。

[5] 浑脱：北方民族中流行的用整张剥下的动物皮制成的革囊或皮袋，作为渡河浮囊。

[6] 至元四年：1267 年。

[7] 眉：今四川眉州市。简：今四川简阳市。

郭守敬传(节选)

明·宋 濂等

【提要】

本文选自《元史》卷一六四(岳麓书社 1998 年版)。

郭守敬(1231—1316),字若思,河北邢台人。我国元代杰出的科学家,在天文、水利、数学、仪器仪表制造等方面成就卓著。

年轻的郭守敬早早就显示出超人的才华。邢台县北郊有一座石桥,金元战争时,桥被破坏,桥身陷入泥淖中。日深月久,其准确位置无人说得清。郭守敬河道上下游查勘一番,便指出旧桥基位置。据他指点,果然挖出湮没的桥基。石桥修复后,元好问专门写了一篇碑文。那年,郭 20 岁。

得老师刘秉忠荐,郭守敬入刘秉忠同窗张文谦幕中。1260 年,跟随张文谦到大名路(今河北大名一带),到各处勘测地形,筹划水利方案。1262 年,他被张文谦推荐给忽必烈。初见元世祖的郭守敬当面提出了六条水利建议:修复从当时的中都(今北京)到通州(今通县)的漕运河道;第二、三条是邢台地方城市用水和灌溉渠道的建议;第四是关于磁州(今河北磁县)、邯郸一带水利的建议;第五、六条是中原(今河南境)沁河合理利用和黄河北岸渠道建设建议。元世祖随即任命他为提举诸路河渠,掌管各地河渠的整修和管理等工作,很快又升其为副河渠使。

至元元年(1264),张文谦被派往西夏(今宁夏、甘肃、青海、新疆及内蒙古西部一带)巡察河防水利设施,郭守敬随行。黄河两岸修筑的诸多水渠在成吉思汗征战西夏时,水闸水坝都被毁坏。郭守敬一到,立即疏通旧渠,开凿新渠,兴修水闸、水坝。回上都后,被任命为都水少监,协助都水监掌管河渠、堤防、桥梁、闸坝等的修治工程。后擢都水监、工部郎中。

郭守敬是大都水系的规划、设计者。其中最为重要的就是通惠河的开凿。这条从神山(今昌平凤凰山)到通州高丽庄的运河,全长 160 多里,连同全部闸坝工程在内,只用了一年半的时间,1293 年秋天竣工。自此,南来粮船可直驶入大都城中的积水潭上,大都帆樯云集,蔚成水乡。

作为天文学家的郭守敬主持制定《授时历》、研制天文、计时仪器,创获丰富。他与王恂、阿尼哥合作,在大都兴建了一座新的天文台,台上安置的就是他创制的诸多天文仪器。

郭守敬,字若思,顺德邢台人。生有异操,不为嬉戏事。大父荣[1],通五经,精于算数、水利。时刘秉忠、张文谦、张易、王恂同学于州西紫金山,荣使守敬从秉忠学。

中统三年,文谦荐守敬习水利,巧思绝人。世祖召见,面陈水利六事:其一,中都旧漕河[2],东至通州,引玉泉水以通舟,岁可省雇车钱六万缗。通州以南,于蔺榆河口径直开引,由蒙村跳梁务至杨村还河,以避浮鸡淘盘浅风浪远转之患[3]。其二,顺德达泉引入城中,分为三渠,灌城东地。其三,顺德沣河东至古任城[4],失其故道,没民田千三百余顷。此水开修成河,其田即可耕种,自小王村经滹沱,合入御河,通行舟筏。其四,磁州东北滏、漳二水合流处[5],引水由滏阳、邯郸、洺州、永年下经鸡泽,合入沣河,可灌田三千余顷。其五,怀、孟沁河[6],虽浇灌,犹有漏堰余水,东与丹河余水相合。引东流,至武陟县北,合入御河,可灌田二千余顷。其六,黄河自孟州西开引,少分一渠,经由新、旧孟州中间,顺河古岸下,至温县南复入大河,其间亦可灌田二千余顷。每奏一事,世祖叹曰:"任事者如此,人不为素餐矣。"授提举诸路河渠。四年,加授银符、副河渠使。

至元元年[7],从张文谦行省西夏。先是,古渠在中兴者[8],一名唐来,其长四百里,一名汉延,长二百五十里,它州正渠十,皆长二百里,支渠大小六十八,灌田九万余顷。兵乱以来,废坏淤浅。守敬更立闸堰,皆复其旧。二年,授都水少监。守敬言:"舟自中兴沿河四昼夜至东胜[9],可通漕运,及见查泊、兀郎海古渠甚多,宜加修理。"又言:"金时,自燕京之西麻峪村,分引卢沟一支东流,穿西山而出,是谓金口。其水自金口以东,燕京以北,灌田若干顷,其利不可胜计。兵兴以来,典守者惧有所失,因以大石塞之。今若按视故迹,使水得通流,上可以致西山之利,下可以广京畿之漕。"又言:"当于金口西预开减水口,西南还大河,令其深广,以防涨水突入之患。"帝善之。十二年,丞相伯颜南征,议立水站[10],命守敬行视河北、山东可通舟者,为图奏之……

二十八年,有言滦河自永平挽舟逾山而上[11],可至开平;有言泸沟自麻峪可至寻麻林。朝廷遣守敬相视,滦河既不可行,泸沟舟亦不通。守敬因陈水利十有一事。其一,大都运粮河,不用一亩泉旧原,别引北山白浮泉水,西折而南,经瓮山泊,自西水门入城,环汇于积水潭,复东折而南,出南水门,合入旧运粮河。每十里置一闸,比至通州,凡为闸七,距闸里许,上重置斗门,互为提阏[12],以过舟止水。帝览奏,喜曰:"当速行之。"于是复置都水监,俾守敬领之。帝命丞相以下皆亲操畚锸倡工,待守敬指授而后行事。先是,通州至大都,陆运官粮,岁若干万石,方秋霖雨,驴畜死者不可胜计,至是皆罢之。三十年,帝还自上都,过积水潭,见舳舻蔽水,大悦,名曰通惠河,赐守敬钞万二千五百贯,仍以旧职兼提调通惠河漕运事。守敬又言:于澄清闸稍东,引水与北霸河接,且立闸丽正门西[13],令舟楫得环城往来。志不就而罢。三十一年,拜昭文馆大学士、知太史院事。

大德二年[14],召守敬至上都,议开铁幡竿渠,守敬奏:"山水频年暴下,非大为渠堰,广五七十步不可。"执政吝于工费,以其言为过,缩其广三之一。明年大雨,山水注下,渠不能容,漂没人畜庐帐,几犯行殿。成宗谓宰臣曰:"郭太史神人也,惜其言不用耳。"七年,诏内外官年及七十,并听致仕,独守敬不许其请。自是翰林太史司天官不致仕,定著为令。延祐三年卒[15],年八十六。

【注释】

[1] 大父:祖父。

[2] 中都:今北京。金朝称中都,元称大都。

[3] 蒙村:在今河北香河。杨村:在今天津武清。浮鸡淘:地名。盘浅风浪远转:谓淤浅、风浪及远绕。

[4] 顺德:今河北邢台。沣河:今沙河。古任城:今山东济宁。

[5] 磁州:今河北邯郸。

[6] 怀:怀州,今河南沁阳。孟:孟州,今河南孟州。金时孟州因河患,北向筑城为上孟州,原城为下孟州。沁河:发源于山西沁源,流经山西、河南,在武陟附近汇入黄河,全长450公里。

[7] 至元元年:1264年。

[8] 古渠:位于今宁夏回族自治区的古灌渠有多条,创始于西汉元狩年间(前122—前117),引黄溉田。为大规模屯田的成果。唐代宁夏引黄灌区有薄骨律渠、汉渠、胡渠、御史渠、百家渠、光禄渠、尚书渠、七级渠、特进渠等。北宋前期宁夏一度为西夏政权辖地。《宋史·夏国传》:今银川、灵武一带有唐徕渠、汉延渠,无旱涝之忧。1032年至1048年还曾修建长300里的李王渠。后200余年间渐渐废湮。

[9] 东胜:即东胜州。916年,辽太祖率兵攻入胜州(今内蒙古准噶尔旗十二连城),将其居民移至黄河东岸,在今托克托县另筑州城称东胜州。

[10] 水站:驿站之一种。元时在治内广设驿站,总数在1 500处以上。是当时世界上最先进的信息传递方式。

[11] 滦河:发源于河北张家口的巴彦古尔图山北麓。上游闪电河经内蒙古自治区多伦折向东南,最后注入渤海湾。全长885公里,上游流经坝上地区,河床宽浅,水流迂缓,沿河有众多沼泽地。承德以下夏季可通行小船,是旧时军事给养运往承德地区的唯一水路,也是河北各地至长城外地区的贸易路线。永平:今河北卢龙县。

[12] 提阏:水闸。

[13] 丽正门:元大都城南面三门之中门,今称正阳门。

[14] 大德二年:1298年。

[15] 延祐三年:1316年。

阿尼哥传

明·宋　濂等

【提要】

本文选自《元史》卷二〇二(岳麓书社1998年版)。

阿尼哥(1244—1306),元朝建筑师,雕塑家,工艺美术家。尼波罗国(今尼泊尔)人。中统元年(1260),元世祖忽必烈令国师八思巴在乌思藏(今西藏)营造金塔,征工匠于尼波罗,得80人。阿尼哥应募领队,时17岁,八思巴令其监领这一工程。次年,塔成。八思巴劝他削发出家,收为弟子,携至大都,入觐世祖。应世祖命修葺宋针灸铜人像,像成,关鬲脉络齐备,工匠皆叹服,由此受到重用。至元十年(1273),设诸色人匠总管府,他任总管,统管18个四品以下司局。十三年,世祖遣使往尼波罗迎其妻。十五年,诏还俗,令领将作院事。

在大都,阿尼哥先后领建大寺庙九座、塔三座、祠二座、道宫一座;大都、上都各大寺、祠、观塑像多出其手。其中,大都圣寿万安寺(今北京白塔寺)白塔最为著名。

今天白塔矗立的地方,原有一座辽朝舍利塔。忽必烈看中了这个地方,决定在此修建一座新式的喇嘛塔。至元八年(1271),阿尼哥领受任务,历时八年,修成白塔。

白塔是典型的覆钵式佛塔,俗称为"喇嘛塔",依据阿尼哥从尼泊尔带来的佛塔样式建造而成。由于表面一般都涂抹着白灰,颜色洁白,又俗称"白塔"。白塔高50.9米,由塔基、塔身和塔刹三部分组成。塔基是两层平面呈"亚"字形须弥座,座上以砖雕成巨型莲花座承托塔身;塔身为体量巨大的圆形覆钵丘,下部微有内收,外形粗壮而稳健;塔刹刹座平面亦呈"亚"字形,座上树立着下大上小、呈圆锥形的13重相轮,相轮之上为铜制华盖,华盖四周悬挂36块宽1米、高2米的流苏铜花板,每一块花板下均缀一铜铃。华盖上面为一座5米高的铜制鎏金覆钵式小塔,以充刹顶。

阿尼哥还精于造像术、泥塑和铜铸,皆称绝艺。前代塑像法传自印度,称汉式造像;阿尼哥传入尼波罗法,号梵式造像,以后逐渐盛行。凡所制作天文仪器、织造图像及其他工艺品,无不精妙。

阿尼哥,尼波罗国人也,其国人称之曰八鲁布。幼敏悟异凡儿,稍长,诵习佛书,期年能晓其义。同学有为绘画妆塑业者,读《尺寸经》,阿尼哥一闻,即能记。长善画塑,及铸金为像。中统元年,命帝师八合斯巴建黄金塔于吐蕃,尼波罗国选匠百人往成之,得八十人,求部送之人未得[1]。阿尼哥年十七,请行,众以其幼,难之。对曰:"年幼心不幼也。"乃遣之。帝师一见奇之,命监其役。

明年,塔成,请归,帝师勉以入朝,乃祝发受具为弟子[2],从帝师入见。帝视之久,问曰:"汝来大国,得无惧乎?"对曰:"圣人子育万方,子至父前,何惧之有。"又问:"汝来何为?"对曰:"臣家西域,奉命造塔吐蕃,二载而成。见彼土兵难,民不堪命,愿陛下安辑之[3],不远万里,为生灵而来耳。"又问:"汝何所能?"对曰:"臣以心为师,颇知画塑铸金之艺。"帝命取明堂针灸铜像示之曰:"此宣抚王楫使宋时所进,岁久阙坏,无能修完之者,汝能新之乎?"对曰:"臣虽未尝为此,请试之。"至元二年,新像成,关鬲脉络皆备[4],金工叹其天巧,莫不愧服。凡两京寺观之像,多出其手。为七宝镔铁法轮[5],车驾行幸,用以前导。原庙列圣御容,织锦为之,图画弗及也。

至元十年[6],始授人匠总管,银章虎符。十五年,有诏返初服,授光禄大夫,大司徒,领将作院事,宠遇赏赐,无与为比。卒,赠太师、开府仪同三司、凉国公、上柱国,谥敏慧。

【注释】

[1]部送:谓押送囚犯、官物、畜产等。

[2]祝发:削发出家为僧尼。受具:佛教语。“受具足戒”的略语。具足戒,指比丘所受之二百五十戒,比丘尼所受五百戒。

[3]安辑:安抚,使安定。

[4]关鬲:同“关格”。中医学术语。《素问》:人迎与寸口俱盛四倍以上为关格。又谓胸腹之间。

[5]镔铁:谓精铁。

[6]至元十年:1273年。

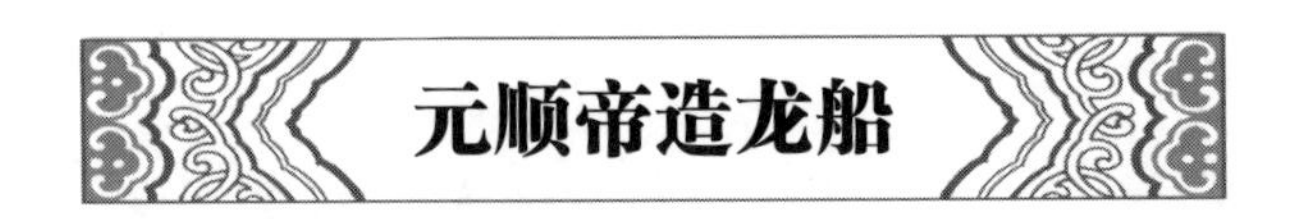

元顺帝造龙船

明·宋 濂等

【提要】

本文选自《元史》卷四三(岳麓书社1998年版)。

元顺帝(1320—1370),又称元惠宗,是元朝最后一位皇帝,也是北元的第一位皇帝。

元顺帝是元明宗的长子,1330年他的母亲被杀,他被驱逐,先至高丽,后到广西桂林。费尽周折即位后,废除很多排挤汉人的政策,恢复科举,下令修撰辽、金、宋三史。1350年后,元朝境内相继发生通货膨胀、水灾,徭役加重等灾祸,导致1351年红巾军起义。起义军的势力日炽,朝廷内部又生皇帝和皇太子(即元昭宗)之间的明争暗斗,因此元顺帝无法有效地控制政局,各地将领各行其是,给明太祖朱元璋提供了巩固地位的机会。

1368年朱元璋建立明朝,改元洪武,命其将领徐达率领的军队逼近大都(今北京),元顺帝退至上都,后逃往应昌(今内蒙古克什克腾旗境)。虽组织反攻大都,但都被明军击退。

元顺帝自幼便颇富巧思。他曾经自己设计制作一个宫漏,高约六七尺,宽为高度的一半,各种漏壶都隐藏在一个特制的木柜中。柜子上设置西方三圣殿。柜腰立一位身姿绰约的玉女,手捧时刻筹,随时间的推移而浮出水面。柜腰左右立两位身着金甲的神人,一位悬钲,另一位挂钟,夜间两位神人按更点击钲鸣钟,分毫不差。钟钲齐鸣时,旁边的狮凤便翩翩起舞。木柜东西两侧,有6位日月宫飞仙立于宫前,每当子午时至,飞仙双双前进,飞渡仙桥,到达三圣殿,不久又回到宫前,伫立不动。

元顺帝还是船舶设计师。1354年,元顺帝在内苑建造龙船,命令内官供奉少监塔思不花监工。他亲自设计图纸,命令工匠照图营造。这条龙船首尾长近32米,宽超6米,前面为瓦廉棚、穿廊、两暖阁,后面为殿楼,龙身和殿宇用五彩金妆。

船上有水手24人,这些水手身着紫衫,腰系金荔枝带,四带头巾。元顺帝常乘此船,在宫内的海子上戏耍游赏。龙船行走时,它的龙首、眼、口、爪、尾都能动弹,活灵活现,奇妙非常。

元顺帝巧思如此!

帝于内苑造龙船,委内官供奉少监塔思不花监工。帝自制其样,船首尾长一百二十尺,广二十尺,前瓦帘棚、穿廊、两暖阁[1],后吾殿楼子,龙身并殿宇用五彩金妆,前有两爪。上用水手二十四人,身衣紫衫,金荔枝带,四带头巾,于船两旁下各执篙一。自后宫至前宫山下海子内[2],往来游戏。行时,其龙首眼口爪尾皆动。又自制宫漏[3],约高六七尺,广半之,造木为匮,阴藏诸壶其中,运水上下。匮上设西方三圣殿,匮腰立玉女捧时刻筹,时至,辄浮水而上。左右列二金甲神,一悬钟,一悬钲[4],夜则神人自能按更而击,无分毫差。当钟钲之鸣,狮凤在侧者皆翔舞。匮之西东有日月宫,飞仙六人立宫前,遇子午时,飞仙自能耦进[5],度仙桥,达三圣殿[6],已而复退立如前。其精巧绝出,人谓前代所鲜有。

【注释】

[1] 瓦帘棚:指瓦覆棚、帘遮门。穿廊:指龙船首尾有廊房串联。暖阁:指有取暖设备的房屋。

[2] 海子:湖。

[3] 宫漏:古代宫中计时器。用铜壶滴漏,故称宫漏。

[4] 钲:古代乐器名。形如铃,有柄,上下通。

[5] 耦:音 ǒu,二人并肩耕地曰耦。耦进:谓并肩前进。

[6] 三圣殿:西方三圣殿供奉阿弥陀佛、观世音菩萨和大势至菩萨。

贾鲁传(节选)

明·宋　濂等

【提要】

本文选自《元史》卷一八七(岳麓书社1998年版)。

贾鲁(1297—1353),字友恒,元代高平(今山西高平)人。泰定(1324—1328)初,授东平路儒学教授,后改任潞城县尹,迁户部主事。至正三年(1343),诏修辽、金、宋三史,召贾鲁为宋史局官。历任中书省检校、检察御史、山北廉访副史、工部郎中等职。其间,针对当时“黄河决溢,千里蒙害,浸城郭,飘室庐,坏禾稼”,沿河人民背井离乡，卖儿卖女的悲惨局面，贾鲁曾多次领导治理黄河。

至正四年(1344)五月，黄河决河改道。河水在山东曹县向北冲决白茅堤，平地水深二丈余。六月，又向北冲决金堤，沿岸州县皆遭水患。今河南、山东、安徽、江苏交界地区成为千里泽国。元廷下令大规模治理黄河。

至正八年(1348)二月，元政府在济宁郓城立行都水监，任命贾鲁为都水使者，次年五月，立山东、河南等处行都水监，专治河患。贾鲁循行河道，往返数千里，掌握了河患的要害所在，将观察所见绘制成图，提出修筑北堤，以制横溃；疏塞并举，挽河东行，以复故道两种方案，后一方案被采纳。

至正十一年(1351)四月初四日，诏命贾鲁为工部尚书、充总治河防使，进秩二品，授以银印。征发民工15万、军士2万，兴役治河。

面对奔腾咆哮的黄河，贾鲁采取疏、浚、塞并举的方略。疏浚中，凡生地新开，凿之以通；故道高低，取之以平；河身广狭，导之以直；淤塞之道，浚之以深；泽水之地，开渠以排洪。塞堵中，凡薄垒之堤，增之以固；决河之口，筑堤坝以塞其流。贾鲁在三百余里的治黄工地上亲自指挥，督人巡察，宜疏则疏，宜塞则塞，需防则防，需泄则泄，使河槽高不壅，低不潴(聚水)，淤不塞，狂不溢，因势利导，因地制宜，在堵截山东曹县黄陵冈大堤决口时，因决口势大，又遇秋汛，河口刷岸北行，回旋急，难以堵截，贾鲁用27艘大船做一“方舟”，方舟装石，依次下沉，层层筑起“石船大堤”，大堤合龙时，水势猛急，若自天降，怒吼咆哮，犹撼船堤，“观者股栗，众议腾沸”，以为难合。贾鲁神色不动，机解捷出，对施工人员“日加奖谕，辞旨恳切，众皆感激赴工”，终于完成黄陵岗浩大截流。治河工程从四月二十二日兴工，七月就凿成河道280多里，八月将河水决流引入新挖河道，九月通行舟楫，十一月筑成诸堤，全线完工，使河复归故道，南流合淮入海，治河大功告成。此次治河共疏通280余里的黄河故道及支流，堵塞大小决口107处，修筑北岸大堤250余公里。

大功告成，贾鲁回朝，向顺帝上《河平图》。至正十三年(1353)五月，身为中书左丞的贾鲁，突然病卒，年57岁。

贾鲁治河成就，受到当时和后人高度评价，顺帝授了荣禄大夫、集贤大学士；并命翰林学士欧阳玄撰《河平碑》文，以赞其功。清人徐乾说：“古之善言河者，莫如汉之贾让，元之贾鲁。”清代水利专家靳辅对贾鲁所创的用石船堵塞决河的方法，非常赞赏：“贾鲁巧慧绝伦，奏历神速，前古所未有。”后人为了纪念他，山东、河南各有一条河被命名为“贾鲁河”。

此文可与《至正河防记》(《河平碑》)合而读之。

贾鲁，字友恒，河东高平人。幼负志节，既长，谋略过人。延祐、至治间，两以明经领乡贡。泰定初，恩授东平路儒学教授，辟宪史，历行省掾[1]，除潞城县尹[2]，选丞相东曹掾，擢户部主事，未上。一日，觉心悸，寻得父书，笔势颤缩，即辞归。比至家，父已有风疾[3]，未几卒。

鲁居丧服阕[4]，起为太医院都事。会诏修辽、金、宋三史，召鲁为《宋史》局官。书成，选鲁燕南山东道奉使宣抚幕官，考绩居最，迁中书省检校官。上言：“十八河仓，近岁沦没官粮百三十万斛，其弊由富民兼并，贫民流亡，宜合先正经界。然事体重大，非处置尽善，不可轻发。”书累数万言，切中其弊。俄拜监察御史，首言御史有封事[5]，宜专达圣聪，不宜台臣先有所可否。升台都事，迁山北廉访副使，复召为工部郎中，言考工一十九事。

至正四年，河决白茅堤，又决金堤，并河郡邑，民居昏垫[6]，壮者流离。帝甚患之，遣使体验，仍督大臣访求治河方略，特命鲁行都水监。鲁循行河道，考察地形，往复数千里，备得要害，为图上进二策：其一，议修筑北堤，以制横溃，则用工省；其一，议疏塞并举，挽河东行，使复故道，其功数倍。会迁右司郎中，议未及竟。其在右司，言时政二十一事，皆见举行。调都漕运使，复以漕事二十事言之，朝廷取其八事：一曰京畿和籴[7]，二曰优恤漕司旧领漕户，三曰接连委官，四曰通州总治豫定委官，五曰船户困于坝夫，海运坏于坝户，六曰疏浚运河，七曰临清运粮万户府当隶漕司，八曰宣忠船户付本司节制。事未尽行。既而河水北侵安山[8]，沦入运河，延袤济南、河间[9]，将隳两漕司盐场，实妨国计。

九年，太傅、右丞相脱脱复相，论及河决，思拯民艰，以塞诏旨，乃集廷臣群议，言人人殊。鲁昌言："河必当治。"复以前二策进，丞相取其后策，与鲁定议，且以其事属鲁。鲁固辞，丞相曰："此事非子不可。"乃入奏，大称帝旨。十一年四月，命鲁以工部尚书、总治河防使，进秩二品，授以银章，领河南、北诸路军民，发汴梁、大名十有三路民一十五万，庐州等戍十有八翼军二万供役，一切从事大小军民官，咸禀节度，便宜兴缮[10]。是月鸠工，七月凿河成，八月决水故河，九月舟楫通，十一月诸埽诸堤成[11]，水土工毕，河复故道，事见《河渠志》。帝遣使报祭河伯，召鲁还京师，鲁以《河平图》献。帝适览台臣奏疏，请褒脱脱治河之绩，次论鲁功，超拜荣禄大夫、集贤大学士，赏赉金帛，敕翰林承旨欧阳玄制《河平碑》，以旌脱脱劳绩，具载鲁功，且宣付史馆，并赠鲁先臣三世。

寻拜中书左丞，从脱脱平徐州。脱脱既旋师，命鲁追余党，分攻濠州，同总兵官平章月可察儿督战。鲁誓师曰："吾奉旨统八卫汉军，顿兵于濠七日矣。尔诸将同心协力，必以今日巳、午时取城池，然后食。"鲁上马麾进，抵城下，忽头眩下马，且戒兵马弗散。病愈亟，却药不肯汗，竟卒于军中，年五十七。十三年五月壬午也。月可察儿躬为治丧，选士护柩还高平，有旨赐交钞五百锭以给葬事。

【注释】

[1] 省掾：中枢各省的佐治官员。

[2] 潞城：今属山西长治。

[3] 风疾：谓风痹、半身不遂等症。

[4] 服阕：谓丧期结束。阕：停止，终了。

[5] 封事：密封的奏章。古时奏疏事，为防泄漏，以皂囊封缄，故称。

[6] 昏垫：陷溺。谓困于水灾。

[7] 和籴：古时官府以议价交易为名向民间强制征购粮食。籴：音 dí，买进粮食。

[8] 安山：在今山东泗水县。

[9] 延袤：绵延伸展。

[10] 便宜：谓可根据实际情形斟酌处置。

[11] 埽：音 sào，把树枝、秫秸、石头等捆紧做成的圆柱形东西，以保护堤岸防水冲刷。

后　记

春至秋来，树绿了，又挂果了，年年依旧的只有窗外的车水马龙，还有窗前寻文觅字的我。

选定篇目、提要钩沉、校对文字、注释疑难……工作枯燥但静水之下有急流：宋辽金元是中国古代建筑的大发展时期，无论是城市营造、街坊布局、酒楼夜市、园林山水、桥梁水利、庙观塔陵，还是八方会通、中外交流都在前代的基础上有了长足的发展，《营造法式》则以制度条文将工程技术与施工管理以法规的形式固定了下来；宋代的造园技术趋向写意，讲究风水，试图融自然美与人工美于一体，山水、岩壑、花木、亭榭等更多地是用来表现主人的意趣与精神境界，如苏舜钦的沧浪亭、司马光的独乐园。

辽与金虽地处边外，虽然其民族习居"穹庐"，但向中原学习并发扬光大的努力同样成绩不菲。应县佛宫寺释迦塔、大同善化寺大殿、天津蓟县独乐寺观音阁……辽朝学习唐宋建筑技术并加以独特发展；金朝的工匠几乎都是汉人，袭辽学宋，著者如山西五台山佛光寺文殊殿，鸿篇巨构，蔚为一宗。

元代大都的营造体现的仍是汉风，但空前广阔的疆域和空前混杂的民众，元朝的建筑呈现出八方齐奏、百花齐放的态势：中原和江南的城市进一步繁荣起来，宗教建筑种类越来越多，边远地区的构筑营造渐渐兴盛。不仅如此，新的装饰题材与雕塑、新的建筑样式等等纷纷出现。

……

编写的过程是快乐的，尤其是当长久系怀、久谋而不得的篇章突然豁然眼前，那种快乐是无法用言辞形容的，比如《合川钓鱼城记》。这座影响中国历史进程的城池，被欧洲人称为"东方麦加城""上帝折鞭处"，但记录当时历史的原始文字遍寻而不得，无意间在《古今图书集成》中"碰"见……类似的篇章还有不少。

编写的过程更是学习的过程。在提要、注释的过程中，笔者仿佛进入到沉沉的历史大幕后，感受着古人的慷慨陈词、据理力争、修心养性、自我超越、拈花一笑……知道了很多原本不知道的史实，如度牒、船闸，如力谏减少城堡修筑、请求疏浚湖渠，如数百吨的巨梁是如何架到桥墩上至今不解其妙：中华民族从来都不缺少活力，从来都不缺少聪明绝顶之人，如怀丙、丁谓者。

编写的过程是缓慢而又漫长的，常常因为自己才疏学浅而脑麻涩、手扼腕，一个字的读音、一个词的注释，一个掌故的寻索，虽然漫长的求证之后，这些问题基本都找到了答案,但是展现在大家面前的文稿中仍有尚待解决的问题,甚至有因孤陋寡闻而自己制造出来的新问题。虽然,常常自我安慰说尽力了,但读者的智慧是强大而无穷的,发现了,请告之。

掐指算来,本书的撰写前前后后已历经 4 个寒暑。4 年里,妻子刘艳丽给了我强大的鼓励与支持,同济大学出版社支文军社长、封云研究员耳提面命从不言歇,宣传部黄昌勇部长(现上海戏剧学院副院长)、老友姜锡祥时时敦促,编辑曾广钧倾注大量心血,古文献专家洪邦军前辈不辞劳苦校核书稿,古建老专家路秉杰更是不辞年高事繁,谆谆教诲……是他们在我懈怠时敦促鼓励,迷茫时指引方向,由衷地感谢他们!

由于能力所限,虽然自己尽了最大努力,但疏漏之处肯定难免。白纸黑字,责全在我,还望海内外方家不吝赐教!

编　者
于己丑岁尾冬日暖阳下之寓所南窗
庚寅夏再缀　壬辰冬校定